普通高等职业教育建筑工程类“十三五”规划教材

基础工程施工

主　编　秦继英
副主编　徐向东　王小静
主　审　雷　霆

黄 河 水 利 出 版 社
·郑州·

内 容 提 要

本书是普通高等职业教育建筑工程类"十三五"规划教材,遵循"结合实际,满足要求,过程控制,合理分类"的指导原则组织编写,并采取校企结合方式,使教材内容更贴近生产实践。本书主要内容包括绪论、工程地质勘察报告识读、地基基础施工准备、基坑工程施工、浅基础工程施工、桩基础工程施工、地基处理、特殊土地基处理、职业训练。

本书既可作为职业院校建筑工程施工专业的教材,也可供从事建筑工程施工的技术人员阅读参考。

图书在版编目(CIP)数据

基础工程施工/秦继英主编.—郑州:黄河水利出版社,2017.6

ISBN 978-7-5509-1668-5

Ⅰ.①基… Ⅱ.①秦… Ⅲ.①基础施工-高等职业教育-教材 Ⅳ.①TU753

中国版本图书馆CIP数据核字(2016)第319499号

组稿编辑:贾会珍 电话:0371-66028027 E-mail:110885539@qq.com

出 版 社:黄河水利出版社 网址:www.yrcp.com

地址:河南省郑州市顺河路黄委会综合楼14层 邮政编码:450003

发行单位:黄河水利出版社

发行部电话:0371-66026940、66020550、66028024、66022620(传真)

E-mail:hhslcbs@126.com

承印单位:河南承创印务有限公司

开本:787 mm×1 092 mm 1/16

印张:18.75

字数:433千字 印数:1—4 000

版次:2017年6月第1版 印次:2017年6月第1次印刷

定价:38.00元

前 言

本书根据职业学校建筑施工专业的培养目标和相关施工单位用人需要编写，以基础工程施工顺序为主线，突出职业教育培养初、中级技能型人才的特点，体现针对性、实用性和实践性，注重生产一线的专业知识和技能培养，强调以形成学生实际操作技术和能力为目的的实践性教学；着重提高学生自学、适应的能力，培养实践能力和创新精神，将材料、构造、施工图、质量控制、安全生产等相关知识融入施工操作主线中，既方便学生理解和掌握，又最大限度地与施工过程相吻合。另外，围绕学生毕业后到生产第一线工作需要的知识和技能进行综合性的实训，注重对学生现场实际动手能力的培养。本书中附有大量照片、施工工艺流程图、施工验收规范等内容，以及各类思考与练习题，为教学提供了方便；另外，照片、Flash、录像等施工资料，师生可以通过二维码形式学习，有助于学生自学。

本书由河南建筑职业技术学院秦继英担任主编；由河南建筑职业技术学院徐向东、王小静担任副主编；由郑州市第一建筑工程集团有限公司总工程师雷霆担任主审，并为本书的知识构架把关，保证其实用性。本书编写分工如下：秦继英编写绪论、项目5、项目7和项目8实训任务8.1；徐向东编写项目6；王小静编写项目1和项目8实训任务8.2；河南建筑职业技术学院戚晓鸽编写项目4和项目8实训任务8.4；河南建筑职业技术学院邢通、黄河科技学院王龙姣编写项目2、项目3和项目8实训任务8.3。

本书在编写过程中严格遵守国家和行业的现行标准规范，还参考了大量文献，在此谨向这些文献的作者致以诚挚的感谢。

本书可能存在不妥之处，欢迎读者提出宝贵意见，以便我们今后在修订中进一步完善。

编 者

2017年2月

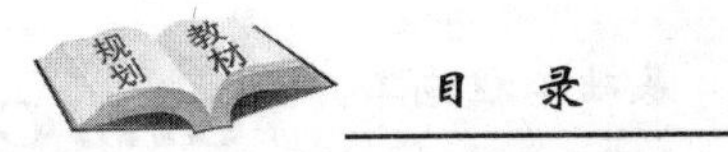

目 录

GHJC

绪 论

0.1 地基与基础工程概述

0.1.1 地基与基础的概念

地基与基础是建筑物的根本,任何建筑物都坐落在某个土层上。在建筑工程中,构筑物自身的所有荷载及其所承受的各种荷载作用都传递到基础上(见图 0-1、图 0-2)。基础是将结构承受的各种作用传递到地基上的结构组成部分。它的作用是承受上部结构的全部荷载,并把这些荷载连同本身的重量一起传给地基。

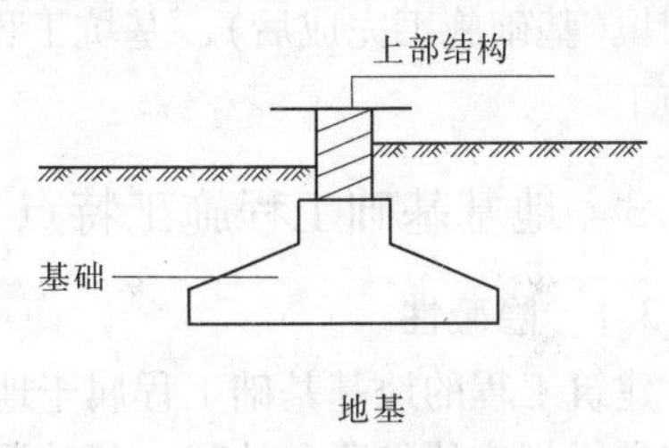

图 0-1 基础剖面图

基础是建筑物的重要承重构件,对整个建筑的安全起保证作用,并且对地基的变形具有一定的调整能力。因此,基础必须具有足够的强度和耐久性,保证在外力和地基反力的作用下不发生破坏。基础底面至室外设计地面的垂直距离,称为基础埋深。基础根据埋深和施工工艺的差异分为浅基础和深基础。通常把埋置深度不大,只需经过开挖、排水等一般施工方法即可建成的基础称为浅基础。土质不良、埋深较大,并需采用施工机械通过特殊的施工方法才能完成的基础称为深基础(如桩基础、墩基础、地下连续墙、沉井基础)。

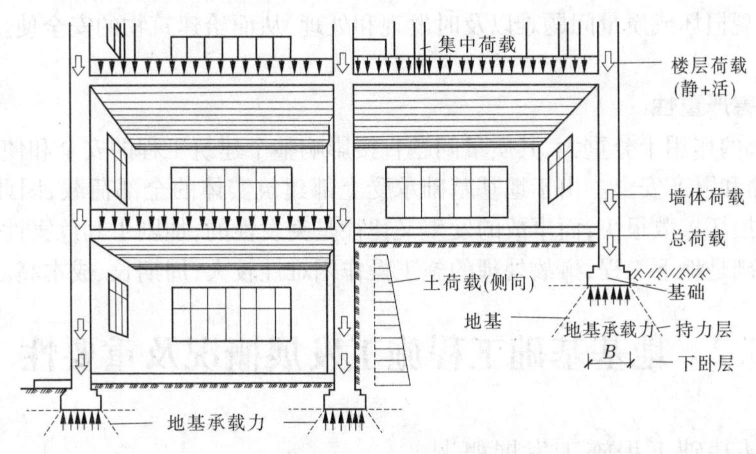

图 0-2 基础与地基

地基是在基础下面受上部结构荷载影响较大的那部分土层或岩体。地基必须具有一定的承载能力，才能够支承基础传来的荷载，保证变形满足构筑物的安全要求。地基土中直接对基础进行支承的土层称为持力层；持力层下面的土层称为下卧层，如图0-2所示。地基土层在荷载作用下将产生压缩变形，随着土层深度的增加土的压缩变形量逐渐减小，在达到一定深度以后土的压缩变形可忽略不计。荷载与基础、地基的传递如图0-2所示。

地基的主要作用是承载建筑物竖向荷载，地基是整个工程的基础，是建筑工程的重要组成部分，是建筑物安全和正常使用的保障。因此，地基必须具有足够的承载力，满足建筑物的变形要求。地基有天然地基和人工地基两种。

0.1.2　地基基础工程施工过程

在地基与基础工程施工中，首先应阅读地质报告、审阅施工图，做相应的施工前准备，然后进行基坑工程施工。基坑工程包括基坑支护、基坑降水、基坑土方开挖、验槽和土方回填（基础施工完成后）。基坑工程施工完成，通过质量检查，完成验收，最后进行基础的施工。

0.1.3　地基基础工程施工特点

0.1.3.1　隐蔽性

建筑工程的地基基础工程属于地下隐蔽工程，一般在工程整体施工完成后，会对地基基础进行相应的隐藏和处理。基础深埋地下，既可以利用覆盖其上的土层和混凝土层对地基进行适当的保护，避免受到外界的影响和破坏，也可以使建筑物整体更加美观。

0.1.3.2　复杂性

我国工程地质条件非常复杂，淤泥质土、湿陷性黄土、冻土、溶岩地质等分布广泛。同时，我国地震频发，对地基基础的影响是非常大的。如此复杂的地质条件加大了地基基础工程的施工难度。

0.1.3.3　潜在性

地基基础工程是地下工程，在竣工后还会进行封闭式处理，无法对其进行定期的质量检查，因此出现损坏或质量问题难以及时发现和处理，从而给建筑物的安全使用埋下许多潜在的危险。

0.1.3.4　危害严重性

地基基础的作用十分重大，其质量问题直接影响整个建筑工程的安全和使用，直接危及人们的生命和财产安全。由于地基基础承受上部建筑实体的全部荷载，因此一旦出现局部损坏，其损坏扩散很快，而事故的发生又往往是突发性的，加剧了其危害性和严重性。另外，地基基础是地下工程，事故处理的施工操作困难性较大、周期长、成本高。

0.2　地基基础工程施工发展概况及重要性

0.2.1　地基基础工程施工发展概况

近年来，随着建筑行业的不断发展，以及城市化进程的加快，我国建筑物的层数和高度不断创出新高,由此带来越来越多的深基坑、大基础施工。另外,随着我国经济的发展和城市生活的需要,全国性地开始了城市综合管廊(综合管廊是建成隧道空间,将电力、通信、燃气、供热、给排水等各种工程管线集于一体,设有专门的检修口、吊装口和监测系统,实施统一规划、统一设计、统一建设和管理,是保障城市运行的重要基础设施和"生命线")建设。大量的深基坑支护施工和深基础施工,使地基基础工程无论是在设计理论上,还是在施工技术上,都得到了迅速发展,出现了很多新型的支护结构形式和施工方法。

虽然目前地基基础工程设计理论和施工技术有了突飞猛进的发展,但仍有许多问题需要在工程实践中研究和探讨。

0.2.2 地基基础工程施工重要性

地基基础工程是隐蔽工程,市政等影响因素很多,再加上工程地质条件极其复杂且差异巨大,使这一工程领域变得很复杂;尤其是在地质条件复杂时,施工中稍有不慎就有可能给工程留下隐患(这些隐患往往在主体施工完成甚至使用时才暴露出来),处理比较困难。大量工程实践表明,整个建筑物工程的成败,在很大程度上取决于地基基础工程的质量和水平。建筑工程事故的发生,很多与地基基础工程的质量问题有关,如建筑物的沉降、墙体开裂、歪斜甚至是建筑物的倾覆。因此,我们要高度重视建筑工程的地基施工,严格按照相关的地基施工技术标准,控制好每一个施工细节,规范施工操作流程,确保建筑工程地基施工的质量。

随着地基基础工程的发展,地基基础工程费用占比越来越高,在地质条件复杂的地区更是如此。根据统计,地下部分结构成本约占建筑结构成本的50%,即地下部分结构成本大概占到工程总造价的25%~35%,其节省建设资金的潜力很大。地基基础工程在整个建筑工程中的重要性是显而易见的。

0.3 本课程的特点

基础工程施工是一门综合性、实践性很强的课程,它涉及工程地质学、土力学、建筑材料、建筑结构、结构识图和建筑施工技术等几个学科的基本知识。学习本课程,应掌握工程地质的基本知识,学会阅读、运用工程地质勘察资料,识读地基基础施工图,掌握常用基础形式的施工方法;另外,对工程地质勘察及验槽工作的现场参观教学、土工试验等,也是学习中一个非常重要的实践环节。

我国地域辽阔,由于自然地理环境不同,分布着多种多样的土类。某些土类(如湿陷性黄土、软土、膨胀土、红黏土和多年冻土等)还具有不同于一般土类的特殊性质。如果作为地基使用,必须针对其特性采取适当的工程措施。

大量工程实践证明,地基基础问题的发生和解决带有明显的区域性特征,因此学习过程中必须紧密联系和结合工程实践经验、地方条件,才能使所学课程内容更有意义。

0.4 本课程的知识目标、能力目标

0.4.1 知识目标

(1)掌握常见工程土的特点、常用的反映土的工程性质的指标的物理意义和工程应用,能够通过试验确定土的工程性质指标。

(2)能够正确识读地质勘察报告。

(3)熟悉土方施工准备的工作内容、土方开挖与填土压实的一般要求、常用土方机械的名称及其适用范围,相关的质量控制要点,能够进行简单的土方量计算。

(4)掌握常见基坑支护的做法,以及其施工安全要点和质量验收等。

(5)掌握常用的降水方法,以及其施工要点等。

(6)了解浅基础设计原则,能够识读常见基础的平法表示,能够进行钢筋下料计算,掌握基础施工要点和质量验收等。

(7)了解桩基础的特点、设计原则,能够识读桩基础的施工图,掌握常用桩基的施工要点及检测技术等。

(8)掌握地基处理的原则,了解地基处理的方法和机制,掌握常见地基处理的施工要点和质量验收要点等。

(9)掌握特殊土地基的特点及其施工注意事项等。

0.4.2 能力目标

(1)具有阅读、使用工程地质勘察资料的能力。

(2)具有做常规土工试验,熟练填写试验报告的能力。

(3)具有根据地基土性质确定施工方法、施工机械的能力。

(4)具有指导工程场地平整、基坑开挖与回填压实的能力。

(5)具有根据施工图纸和有关图集进行独立基础、条形基础、筏板基础、桩基的钢筋配料计算和图纸交底能力。

(6)具有一定的浅基础、桩基础和地基处理的施工能力。

(7)具有根据相关规范参与地基基础工程验收的能力。

(8)具有较好的责任意识、团结协作等职业素质。

项目1 工程地质勘察报告识读

【知识目标】

1. 掌握土的组成、物理性质指标、物理状态指标等基本性质。
2. 了解地基土的应力分布、压缩性、抗剪强度等基本力学性质。
3. 掌握地基土的工程分类方法。
4. 理解工程地质勘察的方法。
5. 正确理解工程地质勘察报告中的名称及符号。

【能力目标】

1. 能够自主完成土工试验并进行数据分析。
2. 能测定土的物理性质和物理状态指标,并能够根据指标对土的性质和状态做出判断。
3. 能够判断地基土的类别。
4. 能够正确识读工程地质勘察报告,并选择合适的地基基础施工方案和施工方法。

【知识脉络图】

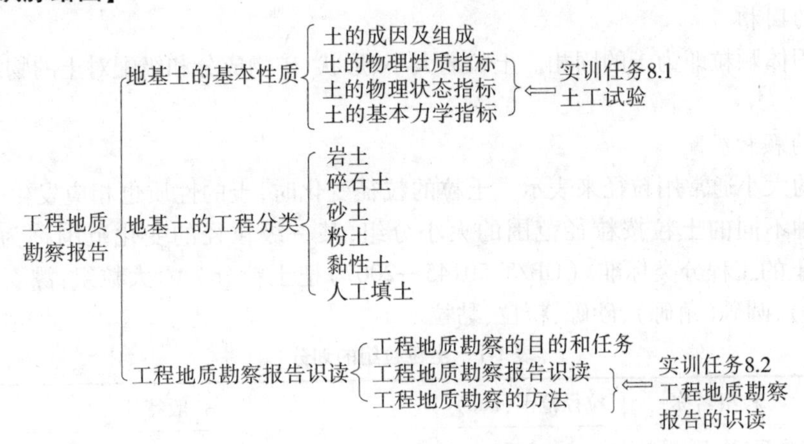

1.1 地基土基本性质与工程分类

1.1.1 土的成因及组成

地球表面的整体岩石,在大气中经受长期的风化、剥蚀后形成形状不同、大小不一的颗粒,这些颗粒在不同的自然环境下堆积,或经搬运和沉积而形成沉积物,当沉积年代不长时,沉积颗粒在压紧硬结成岩石之前的一种松散物质即形成了土(如图1-1所示)。土是一种集合体,土粒之间的孔隙中包含着水和气体,因此土是一种三相体。岩石在不同的风化作用下形成不同性质的土。风化作用主要有物理风化、化学风化和生物风化等。

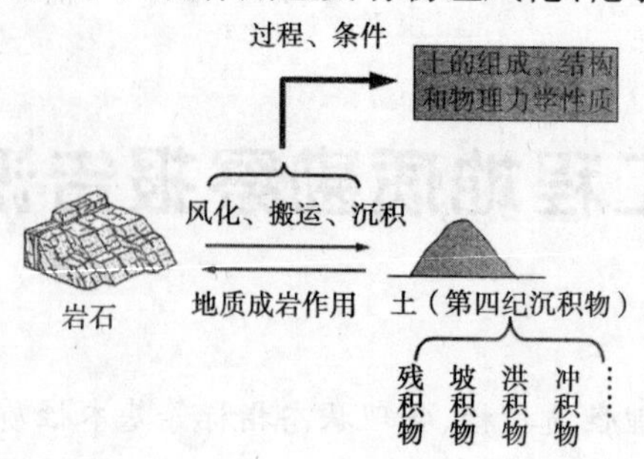

图 1-1　土的形成

1.1.1.1　土的组成

土是由固体颗粒、水和气体三部分组成的三相体。固相物质分无机矿物颗粒和有机质，其构成土的骨架，骨架之间存在着大量孔隙，孔隙中充填着水和空气。

二维资料 1.1

【特别提示】

土的三相组成的比例不是固定的，它随着环境的变化产生相应的变化，对土的力学性能有很大影响。空气易被压缩，水能从土中流出或流进，当土只有土粒和空气，或是土粒和水组成二相体系时，前者为干土，后者为饱和土。

1. 土的固相

土的固体颗粒即为土的固相。土粒的大小、形状、矿物成分和级配对土的物理性质有显著影响。

1）土的颗粒级配

颗粒的大小通常用粒径来表示。土粒的粒径变化时，土的性质也相应发生变化。工程上将各种不同的土粒按粒径范围的大小分组，某一级粒径的变化范围称为粒组，见表 1-1。《土的工程分类标准》（GB/T 50145—2007）把土粒分为六大粒组：漂石（块石）、卵石（碎石）、圆砾（角砾）、砂砾、粉粒、黏粒。

表 1-1　土粒粒组的划分

粒组统称	粒组名称		粒径范围（mm）	一般特征
巨粒	漂石（块石）颗粒		≥200	透水性很大，无黏性、无毛细水
	卵石（碎石）颗粒		200～20	
粗粒	圆砾（角砾）颗粒	粗	20～10	透水性很大，无黏性，毛细水上升高度不超过粒径大小
		中	10～5	
		细	5～2	
	砂砾	粗	2～0.5	易透水，当混入云母等杂质时透水性减小，而压缩性增加；无黏性，遇水不膨胀，干燥时松散；毛细水上升高度不大，随粒径变小而增大
		中	0.5～0.25	
		细	0.25～0.075	

续表 1-1

粒组统称	粒组名称	粒径范围(mm)	一般特征
细粒	粉粒	0.075～0.005	透水性小,湿时稍有黏性,遇水膨胀小,干时稍有收缩;毛细水上升高度较大、速度较快,极易出现冻胀现象
	黏粒	≤0.005	透水性很小,湿时有黏性、可塑性,遇水膨胀大,干时收缩明显;毛细水上升高度大,但速度较慢

土粒大小及其组成情况,通常以土中各个粒组的相对含量(各粒组占土粒总量的百分数)来表示,称为土的颗粒级配(粒度成分)。对于粗粒土,可以采用筛分法;对于细粒土(粒径小于0.075 mm),则必须用比重计法测定其粒度成分。筛分法是用一套不同孔径的标准筛把各种粒组分离出来的方法(见图1-2)。比重计法是利用不同大小的土粒在水中的沉降速度不同来确定小于某粒径的土粒含量的方法(见图1-3)。

图 1-2　筛分法

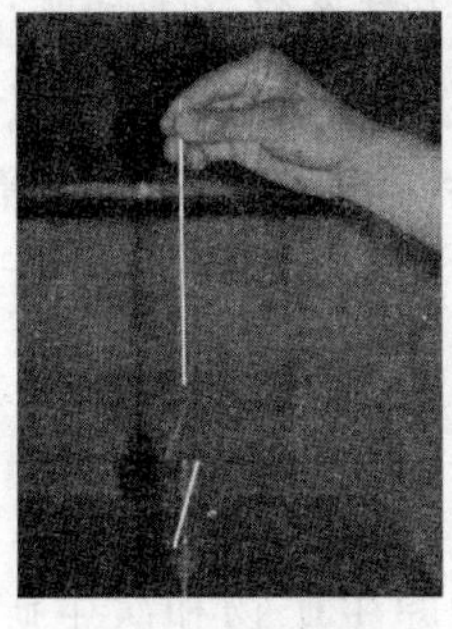

图 1-3　比重计法

颗粒级配曲线的横坐标(按对数比例尺)表示某一粒径,以 mm 表示,纵坐标表示小于某粒径的土粒的累计质量百分数,如图1-4所示。

二维资料 1.2

【特别提示】

(1)由于土体中所含粒组的粒径往往相差几千、几万倍甚至更大,且细粒土的含量对土的性质影响很大,必须清楚表示,故将粒径的

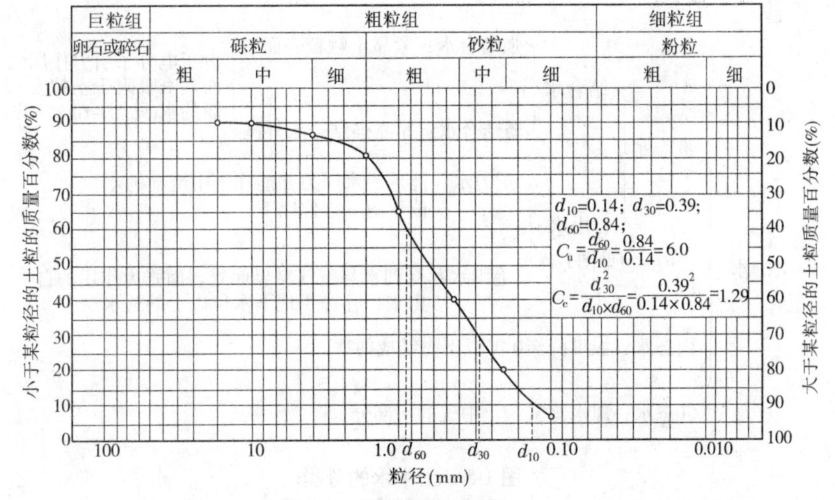

图 1-4　颗粒级配曲线

坐标取对数坐标。

(2)用土的颗粒级配曲线可以比较直观地判别土的颗粒级配好坏,尤其适用于几种土级配相对好坏的比较。

(3)根据曲线的坡度和曲率可以判断土的级配状况。若曲线平缓,表示土粒大小均有,即级配良好;若曲线较陡,则表示颗粒粒径相差不大,粒径较均匀,即级配不良。

工程上常采用不均匀系数 C_u 和曲率系数 C_c 定量描述土的级配特征。

$$C_u = \frac{d_{60}}{d_{10}} \tag{1-1}$$

$$C_c = \frac{d_{30}^2}{d_{10} \times d_{60}} \tag{1-2}$$

式中 d_{10}——有效粒径,小于某粒径的土粒质量占总质量的10%时相应的粒径;

d_{60}——限制粒径,小于某粒径的土粒质量占总质量的60%时相应的粒径;

d_{30}——小于某粒径的土粒质量占总质量的30%时相应的粒径。

不均匀系数 C_u 反映大小不同粒组的分布情况,$C_u<5$ 的土称为匀粒土,级配不良;C_u 越大,表示粒组分布范围越广,$C_u>10$ 的土级配良好。但如 C_u 过大,表示可能缺失中间粒径,属不连续级配,故需同时用曲率系数来评价。当同时满足 $C_u \geqslant 5$,$C_c=1\sim3$ 时,土的级配良好;否则,级配不良。

2)土粒的矿物成分

二维资料 1.3

土粒的矿物成分可分为原生矿物和次生矿物。一般粗颗粒的砾石、砂等都由原生矿物构成,成分与母岩相同,性质比较稳定,其工程性质表现为无黏性、透水性较大、压缩性较低,常见的如石英、长石和云母等。次生矿物主要是黏土矿物,其成分与母岩完全不同,其性质较不稳定,具有较强的亲水性,遇水易膨胀。常见的黏土矿物有高岭石、伊利石、蒙脱石。

2. 土的液相

土中的水按其形态可分为固态水、液态水和气态水,具体见图1-5~图1-7。

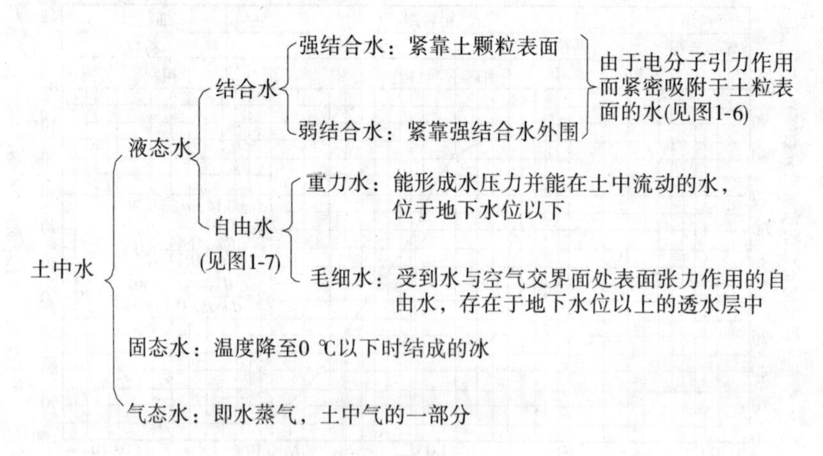

图1-5 土中水的分类

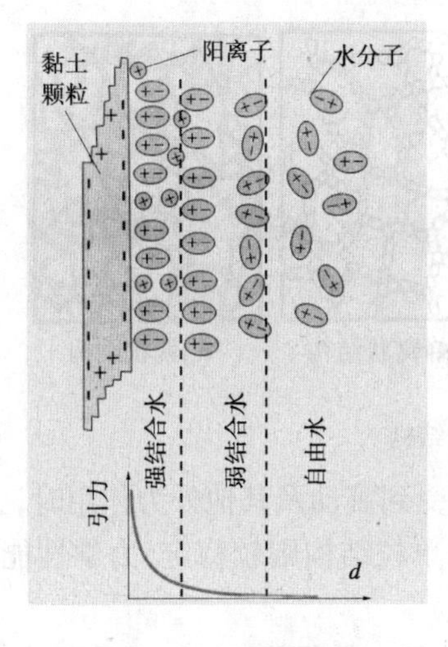

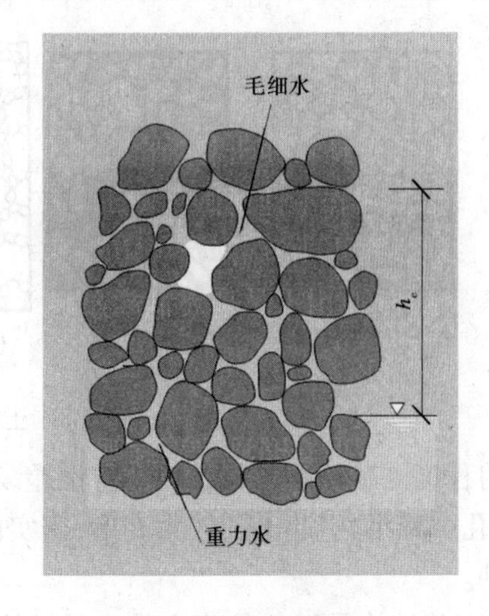

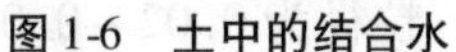
图1-6 土中的结合水　　图1-7 土中的自由水

【知识/应用拓展】

(1)注意毛细水的上升高度和速度对建筑物地下部分的防潮措施及地基土的浸湿和冻胀有重要影响。

(2)注意当地层温度降低到0 ℃以下时,土体便会因土中水冻结而形成冻土。某些细粒土在冻结时,未冻结区的水分(包括弱结合水和自由水)就会继续向冻结区迁移和集聚,使冰晶体不断扩大,在土层中形成冰夹层,土体随之隆起,体积膨胀,出现冻胀现象。当土层解冻时,土中集聚的冰晶体融化,土体随之下陷,出现融陷现象。土的冻胀和融陷是季节性冻土的特性,即土的冻胀性。

(3)注意地下水的水质、水位、渗压力等引起的一系列工程问题,如流砂、管涌、对基础的潜蚀等。

3. 土的气相

土的气相是指充填在土的孔隙中的气体,包括与大气连通的和不连通的两类。

与大气连通的气体对土的工程性质没有多大影响,它的成分与空气相似,当土受到外力作用时,这种气体很快从孔隙中挤出;但是密闭的气体对土的工程性质有很大的影响,密闭气体的成分可能是空气、水汽或天然气。在压力作用下这种气体可被压缩或溶解于水中,而当压力减小时,气泡会恢复原状或重新游离出来。

细粒土中与大气隔绝的封闭气泡,使土在外力作用下弹性变形增加,透水性减小。对于淤泥等有机质土,由于微生物的分解作用,在土中积聚了某些可燃性气体,使土层在自重作用下长期得不到压密,而形成高压缩性土层。

1.1.1.2 土的结构

土的结构是指土粒(或团粒)的大小、形状、互相排列及联结的特征。土的结构是在成土的过程中逐渐形成的,它反映了土的成分、成因和年代对土的工程性质的影响。土的结构按其颗粒的排列和联结可分为图1-8所示的三种基本类型。

(1)单粒结构是碎石土和砂土的结构特征。其特点是土粒间没有联结存在,或联结非常微弱,可以忽略不计。单粒结构的紧密程度取决于矿物成分、颗粒形状、粒度成分及

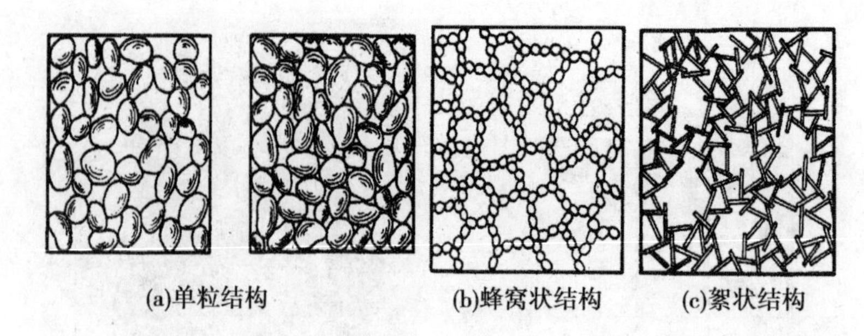

图 1-8　土的结构

级配的均匀程度。疏松的单粒结构稳定性差，当受到震动及其他外力作用时，土粒易发生移动，土中孔隙减小，引起土的较大变形；密实的单粒结构则较稳定，力学性能好，是良好的天然地基。

(2)蜂窝状结构是以粉粒为主的土的结构特征。粒径为 0.02 ~ 0.002 mm 的土粒在水中沉积时，基本上是单个颗粒下沉。在下沉过程中碰上已沉积的土粒时，如土粒间的引力相对自重而言已经足够大，则此颗粒就停留在最初的接触位置上不再下沉，形成大孔隙的蜂窝状结构。

(3)絮状结构是黏土颗粒特有的结构特征。悬浮在水中的黏土颗粒当介质发生变化时，土粒互相聚合，以边－边、面－边的接触方式形成絮状物下沉，沉积为大孔隙的絮状结构。

【特别提示】

以上三种结构以密实的单粒结构的土工程性最好，后两种结构的土如因扰动破坏天然结构，则强度低，压缩性大，不可作为天然地基。

1.1.1.3　土的构造

土的构造是指土体中各结构单元之间的关系，是从宏观的角度研究土的组成，其主要特点是土的成层性（如图 1-9 所示）和裂隙性。成层性是指土粒在沉积过程中，由于不同阶段沉积的物质成分、颗粒大小等不同，沿竖向呈现出成层特性；裂隙性是指土体被许多不连续的小裂隙所分割，破坏了土的整体性，强度低，渗透性高，工程性质差，有些坚硬和硬塑状态的黏性土具有此种构造。

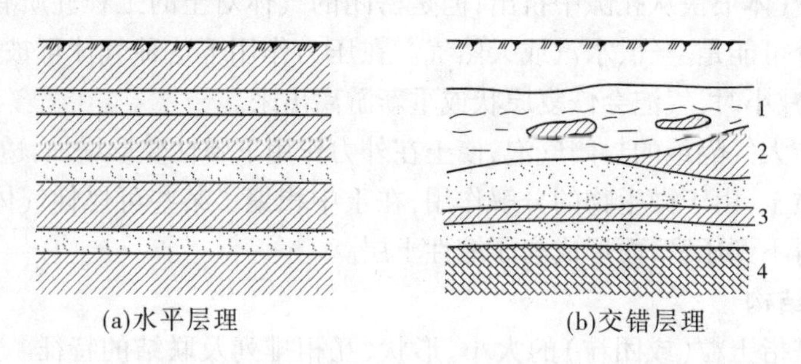

1—淤泥夹黏土透镜体；2—黏土尖灭；3—砂土夹黏土层；4—基岩

图 1-9　层状构造

【工程应用】

研究土结构和构造的工程意义：

(1)结构和构造直接影响土的物理力学性质。

(2)结构构造不同,地基承载力不同,如:

①无黏性土的单粒结构:紧密单粒结构可作为良好地基,疏松单粒结构未经处理不宜作为建筑物地基。

②进行地基基础设计时,要充分利用土粒间的联结强度(结构强度)。

③构造同样重要,如土的裂隙性对工程不利。

1.1.2　土的物理性质指标

1.1.2.1　土的三相图

土的三相在体积和质量上的关系称为土的三相比例指标。三相比例指标可反映土的干燥与潮湿、疏松与紧密等物理状态,是评价土的工程性质的基本物理性质指标。

为研究土的三相比例指标,在土中任取一体积为 V 的土体,由固体颗粒、水和气体组成,假设能够将三者分离开来,则构成如图 1-10 所示的土的三相图。

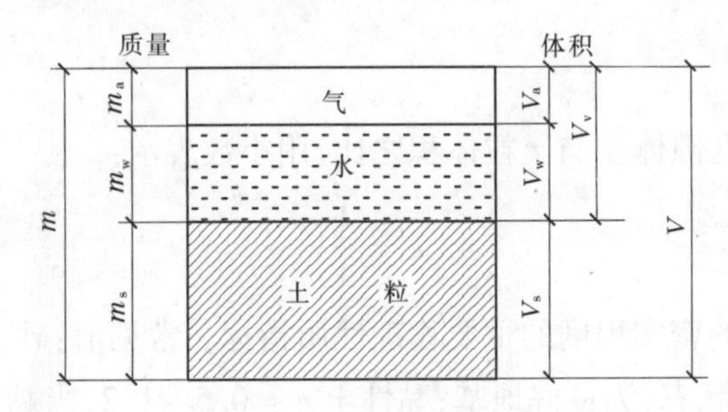

图 1-10　土的三相图

1.1.2.2　土的基本指标

1. 土的密度 ρ 和容重 γ

土的密度是单位体积土的质量,其单位是 g/cm^3,一般土的密度为 1.60~2.20 g/cm^3。

$$\rho = \frac{m}{V} \tag{1-3}$$

测定方法:土的密度用环刀法测定,环刀如图 1-11 所示。

二维资料 1.4

土的单位体积的重力称为重力密度,简称为容重(单位为 kN/m^3),即

$$\gamma = \frac{mg}{V} = \rho g \tag{1-4}$$

2. 土粒相对密度(土粒比重)

土粒相对密度定义为土粒的质量与同体积 4 ℃纯水的质量之比,无量纲。

$$G_s = \frac{m_s}{V_s \rho_w} \tag{1-5}$$

图 1-11　环刀

测定方法:比重瓶法。

土粒相对密度主要取决于土矿物成分,不同土类的土粒相对密度变化幅度不大,一般为2.60~2.80,在有经验的地区可按经验值选用。

3. 土的含水量 ω

土的含水量是指土中水的质量与土粒质量之比,以百分数表示,它是描述土的干湿程度的重要指标。

$$\omega = \frac{m_w}{m_s} \times 100\% \tag{1-6}$$

测定方法:烘干法或酒精燃烧法。

1.1.2.3 换算指标

二维资料1.5

测出上述三个基本试验指标后,就可根据土的三相图计算出三相组成中各种体积和质量,并由此确定其他的物理性质指标,即换算指标。

1. 孔隙比 e

孔隙比是指土中孔隙体积与土粒体积之比,用小数表示:

$$e = \frac{V_v}{V_s} \tag{1-7}$$

孔隙比是评价土的密实程度的重要物理性质指标。常见值:砂土 e =0.5~1.0,当砂土 e <0.6 时,呈密实状态,为良好地基;黏性土 e =0.5~1.2,当黏性土 e >1.0 时,为软弱地基。

2. 孔隙率 n

孔隙率是指土中孔隙体积与土的总体积之比,用百分数表示:

$$n = \frac{V_v}{V} \times 100\% \tag{1-8}$$

孔隙率也可用来表示土的松密程度,一般为30%~60%。

3. 饱和度 S_r

饱和度是指土中水的体积与孔隙体积之比,用百分数表示:

$$S_r = \frac{V_w}{V_v} \times 100\% \tag{1-9}$$

饱和度可描述土体中孔隙被水充满的程度。显然,干土的饱和度 $S_r=0$,当土被完全饱和时 $S_r=100\%$。砂土根据饱和度可划分为三种湿润状态:$S_r \leqslant 50\%$,稍湿;$50\% < S_r \leqslant 80\%$,很湿;$S_r > 80\%$,饱和。

4. 饱和密度 ρ_{sat} 和饱和容重 γ_{sat}

土体中孔隙完全被水充满时,单位体积的质量(重量)称为土的饱和密度 ρ_{sat}(饱和容重 γ_{sat}):

$$\rho_{sat} = \frac{m_s + V_v\rho_w}{V} \tag{1-10}$$

$$\gamma_{sat} = \rho_{sat}g \tag{1-11}$$

土的饱和密度一般为1.8～2.3 g/cm³。

5. 干密度ρ_d和干容重γ_d

单位体积中土粒的质量(重量)称为土的干密度ρ_d(干容重γ_d)

$$\rho_d = \frac{m_s}{V} \tag{1-12}$$

$$\gamma_d = \rho_d g \tag{1-13}$$

6. 有效密度ρ'和有效容重(浮容重)γ'

在地下水位以下,单位体积中土粒的质量(重量)扣除浮力后的质量(重量),即为单位土体积中土粒的有效密度(有效容重)

$$\rho' = \frac{m_s - V_s\rho_w}{V} \tag{1-14}$$

$$\gamma' = \rho' g \tag{1-15}$$

【特别提示】

(1)在同样条件下,上述几种容重在数值上的关系为:$\gamma_{sat} > \gamma > \gamma_d > \gamma'$。

(2)有效容重和饱和容重之间的关系为:$\gamma_{sat} = \gamma' + \gamma_w$。

(3)反映土的密度指标有五个:γ、γ_d、γ_{sat}、γ'、G_s。反映土的湿度指标有两个:ω、S_r。反映土的孔隙特征有两个:e、n。

1.1.2.4 三相指标的换算

设土粒体积$V_s = 1$,则根据孔隙比定义得:

$$V_v = V_s e = e, V = 1 + e$$

根据相对密度定义得:

$$m_s = G_s\rho_w V_s = G_s\rho_w$$

根据含水量定义得:

$$m_w = \omega m_s = \omega G_s\rho_w$$

$$m = m_s + m_w = G_s\rho_w(1 + \omega)$$

根据体积和质量关系得:

$$V_w = \frac{m_w}{\rho_w} = \omega G_s$$

由此可得到土的三相比例指标换算如图1-12所示。

土的三相比例指标换算公式见表1-2。

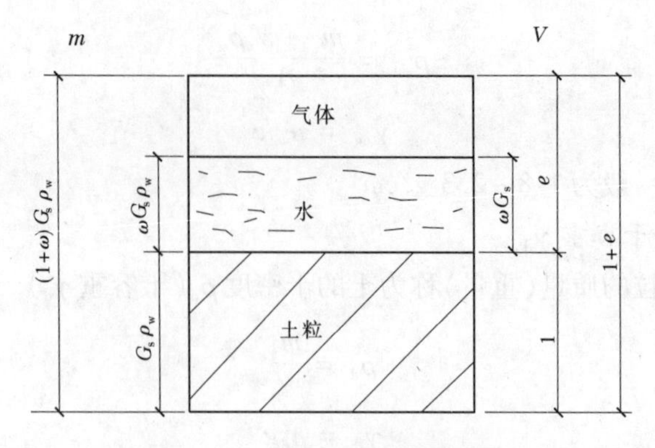

图 1-12　三相比例指标换算图

表 1-2　土的三相比例指标换算公式

名称	符号	三相比例表达式	常用换算公式	单位	常见的数值范围
土粒相对密度	G_s	$G_s=\frac{m_s}{V_s\rho_w}$	$G_s=\frac{S_r e}{\omega}$		黏性土:$G_s=2.72\sim2.76$ 粉土:$G_s=2.70\sim2.71$ 砂类土:$G_s=2.65\sim2.69$
含水量	ω	$\omega=\frac{m_w}{m_s}\times100\%$	$\omega=\frac{S_r e}{G_s}\times100\%$; $\omega=(\frac{\gamma}{\gamma_d}-1)\times100\%$		$\omega=20\%\sim60\%$
容重	γ	$\gamma=\frac{mg}{V}$	$\gamma=\frac{G_s(1+\omega)}{1+e}\gamma_w$; $\gamma=\frac{G_s+S_r e}{1+e}$	kN/m³	$\gamma=16\sim20$ kN/m³
干容重	γ_d	$\gamma_d=\frac{m_s g}{V}$	$\gamma_d=\frac{\gamma}{1+\omega}$; $\gamma_d=\frac{G_s}{1+e}\gamma_w$	kN/m³	$\gamma_d=13\sim18$ kN/m³
饱和容重	γ_{sat}	$\gamma_{sat}=\frac{m_s+V_v\rho_w}{V}g$	$\gamma_{sat}=\frac{G_s+e}{1+e}\gamma_w$	kN/m³	$\gamma_{sat}=18\sim23$ kN/m³
有效容重	γ'	$\gamma'=\frac{m_s g-V_s\gamma_w}{V}$	$\gamma'=\frac{G_s-1}{1+e}\gamma_w$	kN/m³	$\gamma'=8\sim13$ kN/m³
孔隙比	e	$e=\frac{V_v}{V_s}$	$e=\frac{(1+\omega)G_s\gamma_w}{\gamma}-1$; $e=\frac{G_s}{\gamma_d}\gamma_w-1$		黏性土和粉土:$e=0.4\sim1.2$ 砂类土:$e=0.3\sim0.9$

续表1-2

名称	符号	三相比例表达式	常用换算公式	单位	常见的数值范围
孔隙率	n	$n=\frac{V_v}{V}\times100\%$	$n=\frac{e}{1+e}$; $n=1-\frac{\gamma_d}{G_s\gamma_w}$		黏性土和粉土:$n=30\%\sim60\%$ 砂类土:$n=25\%\sim45\%$
饱和度	S_r	$S_r=\frac{V_w}{V_v}\times100\%$	$S_r=\frac{\omega G_s}{e}$; $S_r=\frac{\omega\gamma_d}{n\gamma_w}$		$S_r=0\sim100\%$

【例1-1】 某土样经试验测得体积为100 cm³,湿土质量为187 g,烘干后干土质量为167 g。若土粒的相对密度G_s为2.66,试求该试样的含水量ω、密度ρ、容重γ、干容重γ_d、孔隙比e、饱和度S_r、饱和容重γ_{sat}和有效容重γ'。

解

$$\omega=\frac{m_w}{m_s}\times100\%=\frac{187-167}{167}\times100\%=11.98\%$$

$$\rho=\frac{m}{V}=187/100=1.87(g/cm^3)$$

$$\gamma=\rho g=1.87\times10=18.7(kN/m^3)$$

$$\rho_d=\frac{m_d}{V}=\frac{167}{100}=1.67(g/cm^3)$$

$$\gamma_d=\rho_d g=1.67\times10=16.7(kN/m^3)$$

$$e=\frac{(1+\omega)G_s\rho_w}{\rho}-1=\frac{(1+0.1198)\times2.66}{1.87}-1=0.593$$

$$S_r=\frac{\omega G_s}{e}\times100\%=\frac{0.1198\times2.66}{0.593}\times100\%=53.7\%$$

$$\gamma_{sat}=\frac{G_s+e}{1+e}\gamma_w=\frac{2.66+0.593}{1+0.593}\times10=20.4(kN/m^3)$$

$$\gamma'=\gamma_{sat}-\gamma_w=20.4-10=10.4(kN/m^3)$$

二维资料1.6

1.1.3 土的物理状态指标

1.1.3.1 无黏性土的密实度

无黏性土工程性质的主要因素是密实度。若土颗粒排列紧密,其结构就稳定,压缩变形小,强度大,可作为良好的天然地基;反之,密实度小,结构疏松、不稳定,压缩变形大。因此,在工程中,常用密实度判断无黏性土的工程性质。

1.孔隙比

土的基本物理性质指标中,孔隙比e的定义就是土中孔隙的大小。e大,表示土中孔隙大,则土疏松;反之,土为密实。因此,可以用孔隙比来衡量土的密实度。

缺陷:①取原状砂样和测定孔隙比存在实际困难,故在实用上也存在问题。②没有考虑到颗粒级配这一重要因素对砂土密实状态的影响。

2. 土粒相对密实度 D_r

为了考虑颗粒级配对判别密实度的影响，将现场土的天然孔隙比 e 与该种土所能达到最密实时的孔隙比 e_{min} 和最疏松时的孔隙比 e_{max} 相对比，来表示孔隙比为 e 时土的密实度。

$$D_r = \frac{e_{max} - e}{e_{max} - e_{min}} \tag{1-16}$$

式中 D_r——土的相对密实度；

e_{max}——土的最大孔隙比；

e_{min}——土的最小孔隙比；

e——土的天然孔隙比。

当 $e = e_{max}$ 时，表示土处于最疏松状态，此时 $D_r = 0$；当 $e = e_{min}$ 时，表示土处于最密实状态，此时 $D_r = 1.0$。用相对密实度 D_r 判定砂土密实度的标准为：$D_r \leqslant \frac{1}{3}$ 时，疏松；$\frac{1}{3} < D_r \leqslant \frac{2}{3}$ 时，中密；$D_r > \frac{2}{3}$ 时，密实。

此方法的优点是在理论上比孔隙比能够更合理确定土的密实状态。

此方法的缺陷是测定 e、e_{max} 与 e_{min} 困难，通常多用于填方工程的质量控制中，对于天然土尚难以应用。

3. 标准贯入试验

虽然相对密实度从理论上能反映颗粒级配、颗粒形状等因素，但由于对砂土很难采取原状土样，故天然孔隙比不易测准。《岩土工程勘察规范》(GB 50021—2001)(2009 年修订版)用标准贯入试验(SPT)的锤击数 N 来划分砂土的密实度。

标准贯入试验是动力触探的一种，它利用一定的锤击动能(锤重 63.5 kg，落距 76 cm)，将一定规格的对开管式的贯入器打入钻孔孔底的土中，根据打入土中的贯入阻抗判别土层的工程性质(见图 1-13)。贯入阻抗用贯入器贯入土中 30 cm 的锤击数 N 表示，N 也称为标贯击数。常用标贯击数判别砂土的密实程度，见表 1-3。

标准贯入试验系统组成：
①贯入器；
②穿心落锤；
③穿心导向触探杆。

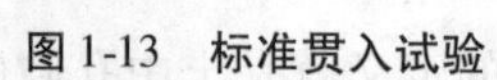

图 1-13　标准贯入试验

二维资料 1.7

表 1-3　砂土的密实度

标贯击数 N	$N>30$	$30\geqslant N>15$	$15\geqslant N>10$	$N\leqslant 10$
密实度	密实	中密	稍密	松散

1.1.3.2　黏性土的物理特性

1. 黏性土的稠度

稠度是指黏性土含水量不同时所表现出的物理状态,它反映土的软硬程度或土对外力引起的变化或破坏的抵抗能力的性质,是黏性土最重要的物理状态特征。

土中含水量很少时,由于颗粒表面电荷的作用,水紧紧吸附于颗粒表面,成为强结合水。按水膜厚薄不同,土表现为固态或半固态。当含水量增加时,吸附在颗粒周围的水膜加厚,土粒周围有强结合水和弱结合水,土体可以被捏成任意形状而不破裂,这种状态称为可塑状态。弱结合水的存在是土具有可塑状态的原因。当含水量再增加时,除结合水外,黏土中出现了较多的自由水,黏性土变成了液体,呈流动状态。

黏性土从一种状态过渡到另外一种状态的分界含水量称为界限含水量,如图 1-14 所示。工程上常用的界限含水量有塑限(ω_P)和液限(ω_L)。塑限是土从塑性状态转变为半固体状态时的分界含水量,液限是土从液性状态转变为塑性状态时的分界含水量。

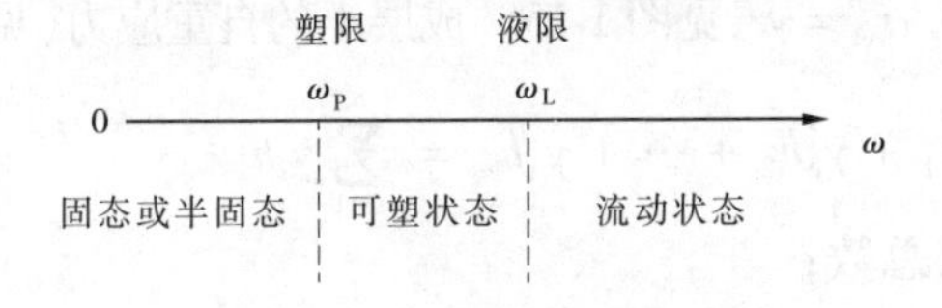

图 1-14　黏性土的稠度状态

二维资料 1.8

塑限、液限的测定方法可采用液塑限联合测定法测定,具体方法见实训任务 8.1。

2. 黏性土的塑性指数和液性指数

黏性土与粉土的液限与塑限的差值,称为塑性指数 I_P。

$$I_P = \omega_L - \omega_P \tag{1-17}$$

【特别提示】

计算时含水量要去百分号。

塑性指数表示土处在可塑状态的含水量变化范围,其值的大小取决于土颗粒吸附结合水的能力,亦即与土中黏粒含量有关。黏粒含量越多,土的比表面积越大,塑性指数就越高。一般根据塑性指数大小对黏性土进行分类。

土的天然含水量与塑限之差除以塑性指数称为液性指数 I_L,它反映了黏性土天然状态的软硬程度。液性指数在建筑工程中可作为确定黏性土承载力的重要指标。

$$I_L = \frac{\omega - \omega_P}{I_P} = \frac{\omega - \omega_P}{\omega_L - \omega_P} \tag{1-18}$$

根据 I_L 的大小可以判定土的软硬状态(见表 1-4)。

表 1-4　黏性土的状态

状态	坚硬	硬塑	可塑	软塑	流塑
液性指数	$I_L \leqslant 0$	$0 < I_L \leqslant 0.25$	$0.25 < I_L \leqslant 0.75$	$0.75 < I_L \leqslant 1.0$	$I_L > 1.0$

1.1.4　土的基本力学性质

1.1.4.1　地基中的应力

建筑物、构筑物、车辆等的荷载，通过基础或路基传递到土体上，在这些荷载及其他作用力（如渗透力、地震力等）的作用下，土中产生应力。土中应力的增加将引起土的变形，使建筑物发生下沉、倾斜以及水平位移；土的变形过大时，往往会影响建筑物的安全和正常使用。此外，土体中应力过大时，也会引起土体的剪切破坏，使土体发生剪切滑动而失去稳定。

地基中的应力按其产生原因可分为两大类：由土体本身的有效重量而产生的应力称为自重应力，由外荷载（如建筑物荷载、车辆荷载、土中水的渗透力、地震力等）的作用在土中产生的应力称为附加应力。

1. 自重应力

均质地基土的竖向自重应力为 $\sigma_{cz} = \gamma z$，见图 1-15。成层土的自重应力（见图 1-16）为：

$$\sigma_{cz} = \gamma_1 h_1 + \gamma_2 h_2 + \cdots + \gamma_n h_n = \sum_{i=1}^{n} \gamma_i h_i \tag{1-19}$$

式中　n——至计算层面上的土层总数；

h_i——第 i 层土的厚度，m；

γ_i——第 i 层土的容重，kN/m³，地下水位以上的土层取天然容重，地下水位以下的土层取有效容重，对毛细饱和带的土层取饱和容重。

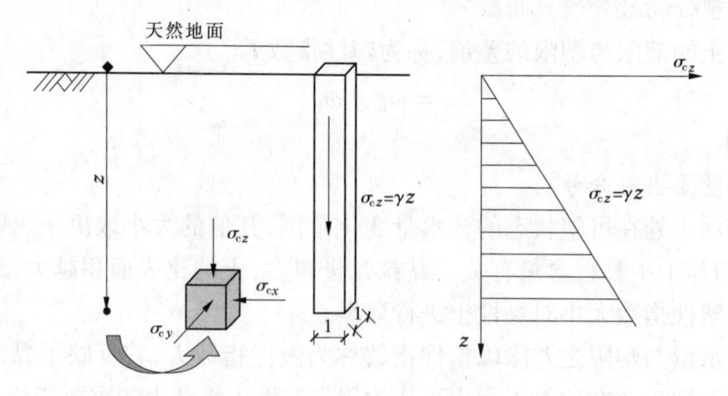

图 1-15　均质地基中的自重应力

土在自重作用下不仅产生竖向自重应力，也产生水平自重应力（见图 1-15）。其水平自重应力的数值大小是随着竖向自重应力变化而变化的：

$$\sigma_{cx} = \sigma_{cy} = K_0 \sigma_{cz} \tag{1-20}$$

式中　K_0——土的侧压力系数。

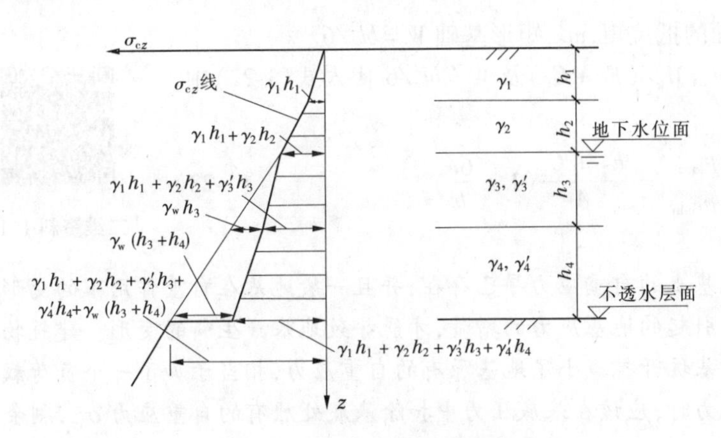

图1-16　成层土的竖向自重应力

二维资料1.9

2. 附加应力

1)基底压力

外加荷载与上部结构和基础重力全部都是通过基础传给地基的,作用于基础底面传至地基的单位面积压力称为基底压力。由于基底压力作用于基础与地基的接触面上,故也称为接触压力。其反作用力即地基对基础的作用力,称为地基反力。

中心荷载下的基础,其所受荷载的合力通过基底形心,基底压力假定为均匀分布,此时,基底平均压力标准值按下式计算(见图1-17):

$$p_k = \frac{F_k + G_k}{A} \tag{1-21}$$

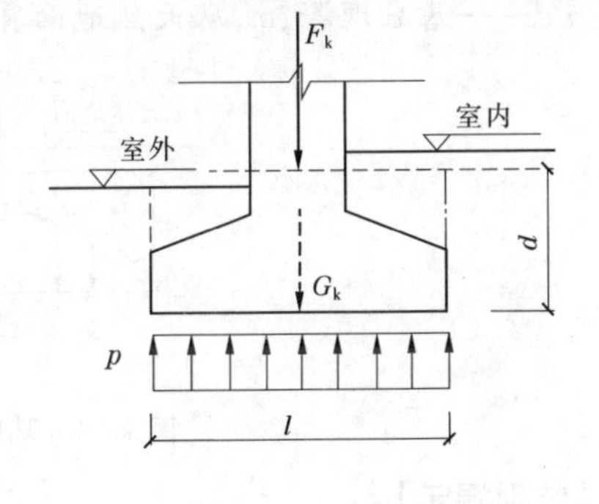

图1-17　中心荷载作用下的基底压力

式中　p_k——相应于荷载效应标准组合时的基底压力,kPa;

F_k——相应于荷载效应标准组合时,上部结构传至基础顶面处的竖向力,kN;

G_k——基础及底面以上回填土的总重,kN,$G_k = \gamma_G Ad$,其中γ_G为基础及回填土的平均容重,一般可取20 kN/m^3,地下水位以下应取有效容重,d从设计地面或室内外平均地面算起;

A——基础底面面积,m^2。

【特别提示】

对荷载沿长度方向均匀分布的条形基础,可沿长度方向取1 m作为计算单元,F_k、G_k为沿长度方向1 m上作用的荷载。

承受单向偏心竖直荷载作用的矩形基础,基底两端最大与最小压力p_{kmax}、p_{kmin}按材料力学的偏心受压公式计算,即

$$\begin{matrix} p_{kmax} \\ p_{kmin} \end{matrix} = \frac{F_k + G_k}{A} \pm \frac{M_k}{W} \tag{1-22}$$

式中　M_k——相应于荷载效应标准组合时,作用于基础底面形心处的力矩,kN·m;

W——基础底面的抵抗矩,m^3,矩形基础 $W=bl^2/6$。

将荷载的偏心距 $e=M_k/(F_k+G_k)$ 及 $W=bl^2/6$ 代入式(1-22)中,得

二维资料 1.10

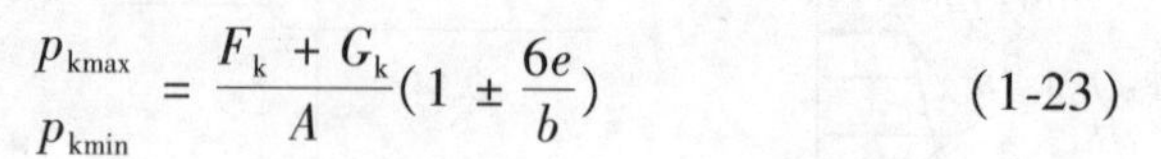

$$\begin{matrix} p_{kmax} \\ p_{kmin} \end{matrix} = \frac{F_k+G_k}{A}\left(1 \pm \frac{6e}{b}\right) \tag{1-23}$$

【知识链接】

建筑物修建前,地基土的自重应力早已存在,并且一般地基在自重作用下的变形已经完成,只有建筑物荷载引起的地基应力的增量,才能导致地基产生新的变形。建筑物基础一般都有埋深,修建时基坑开挖减小了地基原有的自重应力,相当于加了一个负荷载。因此,在计算地基附加应力时,应该在基底压力中扣除基底处原有的自重应力 σ_{cz},剩余的部分称为基底附加压力。

对于基底压力为均布的情况,其基底附加压力为 $p_0=p-\sigma_{cz}=p-\gamma_m d$,如图 1-18 所示。

对于偏心荷载作用下梯形分布的基底压力,其基底附加压力为:

$$\begin{matrix} p_{0min} \\ p_{0max} \end{matrix} = \begin{matrix} p_{min} \\ p_{max} \end{matrix} - \gamma_m d$$

式中 γ_m——基础底面标高以上的天然土体的加权平均容重,kN/m^3;

d——基础埋深,m,从天然地面算起,新填土地区则从老地面算起。

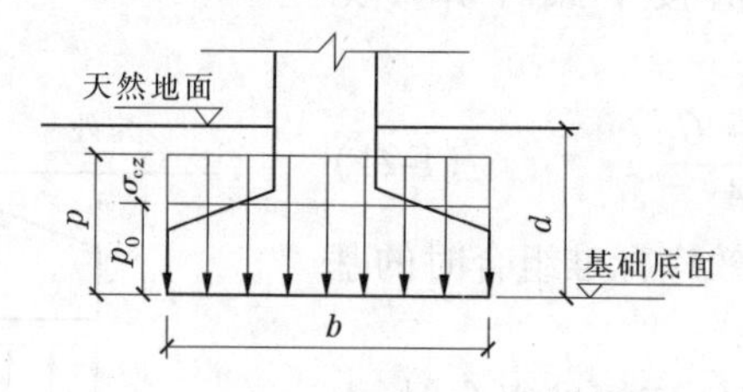

图 1-18 基底平均附加压力的计算

【特别提示】

(1)在一般情况下,建筑物建造前天然土层在自重作用下的变形早已结束,因此只有基底附加压力才能引起地基的附加应力和变形。

(2)在基底压力相同时,基础埋深越大,其附加压力越小,越有利于减小基础的沉降,根据该原理可以对基础采用补偿性设计,以减小地基的不均匀沉降。

二维资料 1.11

2)地基附加应力

地基附加应力是新增建筑物荷载在地基中产生的应力,是引起地基变形和破坏的主要原因。计算地基中的附加应力首先必须做出一些基本假定。一般假定地基土是各向同性的、均质的线性变形体,而且在深度和水平方向上都是无限延伸的,然后根据弹性理论的基本公式进行计算。

二维资料 1.12

1.1.4.2　地基的压缩性

在附加应力作用下，地基土体积缩小，从而引起建筑物基础的竖直方向位移(或下沉)称为沉降。为了保证建筑物的安全和正常使用，必须预先对建筑物基础可能产生的最大沉降量和沉降差进行估算。

1. 基本概念

土的压缩性是指土在压力作用下体积减小的性能。

在研究土的压缩变形中假定：土粒与水本身的微小变形可忽略不计，土的压缩变形主要是孔隙中的水和气体被排出，土粒相互移动靠拢，土的孔隙体积减小而引起的。因此，土体的压缩性被认为是孔隙体积减小的结果。

对于饱和土来说，孔隙中充满着水，土的压缩主要是孔隙中的水被挤出引起孔隙体积减小，压缩过程与排水过程一致，含水量逐渐减小。

孔隙水排出，土的压缩量随时间而增长的过程称为土的固结。

【特别提示】

(1)土体产生压缩的外因：附加应力的存在。

(2)土体产生压缩的实质：孔隙体积的减小。

(3)土体压缩的过程：土的固结。

【课堂讨论】

土体压缩前后，物理性质指标都发生了什么样的变化？最能体现土体压缩性的物理性质指标是什么？

2. 室内压缩试验与压缩性指标

1)压缩试验

室内压缩试验是取原状土样放入压缩仪内进行试验，压缩仪的构造如图1-19所示。由于土样受到环刀和护环等刚性护壁的约束，在压缩过程中只能发生垂向压缩，不可能发生侧向膨胀，所以又叫侧限压缩试验。

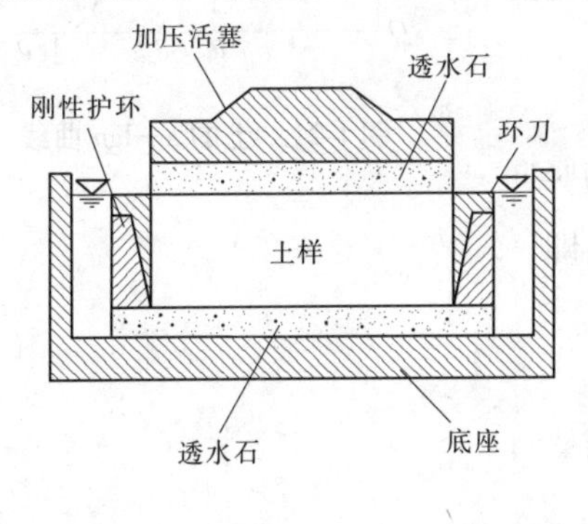

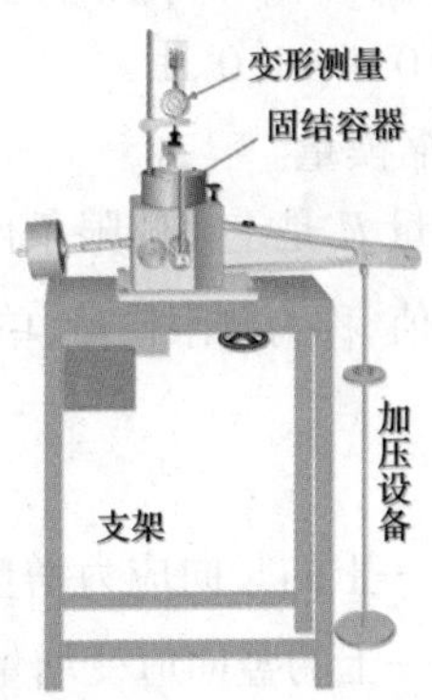

图1-19　侧限压缩试验装置与试验仪器

根据试验各级荷载 p_i 相应的稳定压缩量 s_i，可求得相应孔隙比 e_i，建立如图1-20所示的压力 p 与相应的稳定孔隙比 e 的关系曲线，称为土的压缩曲线。

2)压缩性指标

(1)压缩系数。

在压缩曲线(见图 1-20)上,当压力的变化范围不大时,可将压缩曲线上相应一小段 M_1M_2 近似用直线来代替。若 M_1 点的压力为 p_1,相应孔隙比为 e_1;M_2 点的压力为 p_2,相应孔隙比为 e_2,则 M_1M_2 段的斜率可用下式表示:

$$a = -\frac{\Delta e}{\Delta p} = \frac{e_1 - e_2}{p_2 - p_1} \tag{1-24}$$

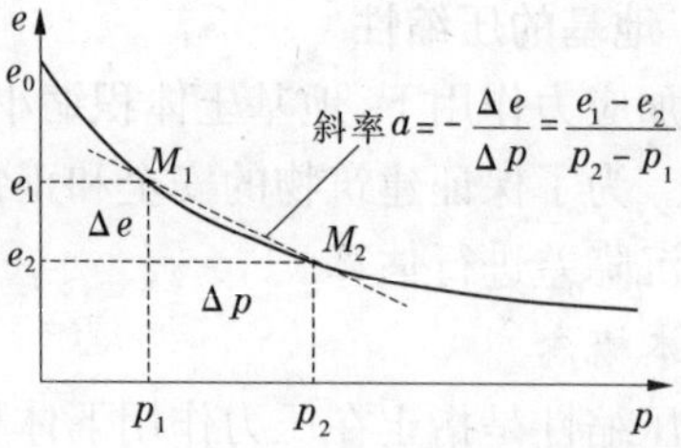

图 1-20　土的 e—p 压缩曲线

式中　a——压缩系数,MPa^{-1}。

从图 1-20 中可以看出,压缩系数随所取压力变化范围的不同而改变。在《建筑地基基础设计规范》(GB 50007—2011)中规定,以 $p_1 = 0.1$ MPa、$p_2 = 0.2$ MPa 相应的压缩系数 a_{1-2} 作为判断土的压缩性的标准(见表 1-5)。

表 1-5　土的压缩性分类

土的类别	高压缩性土	中压缩性土	低压缩性土
a_{1-2}(MPa^{-1})	≥0.5	0.1~0.5	<0.1

(2)压缩指数。

当采用半对数的直角坐标来绘制室内侧限压缩试验 e—p 关系时,就得到了 e—$\lg p$ 曲线(见图 1-21)。在 e—$\lg p$ 曲线中可以看到,当压力较大时,e—$\lg p$ 曲线接近直线,其斜率称为压缩指数 C_c:

$$C_c = \frac{e_1 - e_2}{\lg p_2 - \lg p_1} \tag{1-25}$$

压缩指数 C_c 越大,土的压缩性越大。一般而言,低压缩性土 $C_c < 0.2$,高压缩性土 $C_c > 0.4$,黏性土的 C_c 值一般为 0.1~1.0。

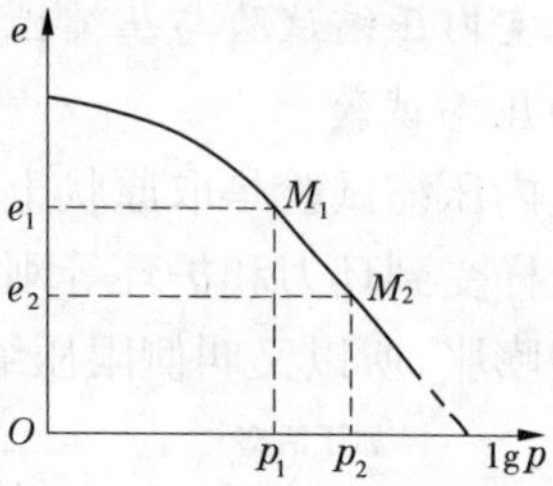

图 1-21　土的 e—$\lg p$ 曲线

(3)压缩模量。

压缩模量 E_s 是土在侧限条件下竖向压应力与竖向总应变的比值,称为侧限模量,单位为 MPa 或 kPa,即

$$E_s = \frac{\sigma_z}{\varepsilon_z} \tag{1-26}$$

式中　σ_z——土的竖向应力增量;

ε_z——土的竖向应变增量。

由 $\sigma_z = p_2 - p_1$,$\varepsilon_z = \frac{\Delta h}{h_1} = \frac{e_1 - e_2}{1 + e_1}$ 可得压缩模量 E_s 与压缩系数 a 之间的关系为:

$$E_s = \frac{p_2 - p_1}{e_1 - e_2}(1 + e_1) = \frac{1 + e_1}{a} \tag{1-27}$$

土的压缩模量 E_s 与土的压缩系数 a 成反比,E_s 愈大,a 愈小,土的压缩性愈低。

(4)变形模量。

土在无侧限条件下竖向压应力与竖向总应变的比值称为土的变形模量 E_0,单位是MPa。它是通过现场载荷试验求得的压缩性指标,能较真实地反映天然土层的变形特性。

土的变形模量与压缩模量之间存在以下关系:

$$E_0 = \beta E_s \tag{1-28}$$

$$\beta = 1 - \frac{2\mu^2}{1-\mu}$$

式中　μ——土的泊松比,一般为0~0.5。

式(1-28)给出了变形模量与压缩模量之间的理论关系,由于 $0 \leqslant \mu \leqslant 0.5$,所以 $0 \leqslant \beta \leqslant 1$。

(5)地基最终沉降量计算。

在外荷载作用下地基土层被压缩达到稳定时基础底面的沉降量称为地基最终沉降量。地基沉降有两方面的原因:一是建筑物荷载在土中产生附加应力,二是土具有压缩性。计算地基的最终沉降量,目前最常用的计算方法有分层总和法和《建筑地基基础设计规范》(GB 50007—2011)推荐的方法。

3)建筑物沉降观测

地基的均匀沉降一般对建筑物危害较小,而地基的不均匀沉降对建筑物的危害较大,较大的沉降差或倾斜可能导致建筑物开裂或局部构件断裂,危及建筑物的安全。

A.沉降观测的意义

建筑物的沉降观测能反映地基的实际变形情况以及地基变形对建筑物的影响,故建筑物的沉降观测对建筑物的安全使用具有重要意义:

(1)反映地基的实际变形以及地基变形对建筑物的影响程度。

(2)根据沉降观测资料验证地基设计方案的正确性、确定地基事故的处理方式以及检查施工的质量。

(3)将沉降计算值与实测值进行比较,可判断现行沉降计算方法的准确性,并推演新的更符合实际的沉降计算方法。

B.应进行变形观测的情况

下列建筑物应在施工期间及使用期间进行变形观测:

(1)地基基础设计等级为甲级的建筑物。

(2)复合地基或软弱地基上的设计等级为乙级的建筑物。

(3)加层、扩建建筑物。

(4)受邻近深基坑开挖施工影响或受场地地下水等环境因素变化影响的建筑物。

(5)需要积累建筑经验或进行设计反分析的工程。

C.沉降观测的主要内容

沉降观测的主要内容大致包括以下几个方面:

(1)收集资料和编写观测计划。

(2)水准基点设置。

(3)观测点设置。

(4)水准测量。

(5)观测资料整理。

D. 分类

地基变形按其变形特征划分为四大类：

(1)沉降量——一般指基础中点的沉降量。

(2)沉降差——相邻两基础的沉降量之差。

(3)倾斜——基础倾斜方向两端点的沉降差与其距离之比。

(4)局部倾斜——砌体承重结构沿纵向 6 ~ 10 m 内基础两点的沉降差与其距离之比。

E. 地基容许变形值的确定方法

地基容许变形值的确定方法主要有两种：理论分析方法和经验统计法。理论分析方法实质是进行结构与地基相互作用分析，计算上部结构中由于地基差异沉降可能引起的次应力或拉应力，然后在保证其不超过结构承受能力的前提下，综合考虑其他方面的要求，确定地基容许变形值；经验统计法是对大量的各类已建建筑物进行沉降观测和使用状况的调查，然后结合地基地质类型，加以归纳整理，提出各种容许变形值。

《建筑地基基础设计规范》(GB 50007—2011)列出了不同形式建筑物容许变形值，见表 1-6。

表 1-6　建筑物的地基变形容许值

变形特征	地基土类别	
	中、低压缩性土	高压缩性土
砌体承重结构基础的局部倾斜	0.002	0.003
工业与民用建筑相邻柱基的沉降差		
(1)框架结构	$0.002l$	$0.003l$
(2)砌体墙填充的边排柱	$0.0007l$	$0.001l$
(3)当基础不均匀沉降时不产生附加应力的结构	$0.005l$	$0.005l$
单层排架结构(柱距为 6 m)柱基的沉降量(mm)	(120)	200
桥式吊车轨面的倾斜(按不调整轨道考虑)		
纵向	0.004	
横向	0.003	
多层和高层建筑的整体倾斜		
$H_g \leqslant 24$	0.004	
$24 < H_g \leqslant 60$	0.003	
$60 < H_g \leqslant 100$	0.0025	
$H_g > 100$	0.002	
体型简单的高层建筑基础的平均沉降量(mm)	200	

续表 1-6

变形特征	地基土类别	
	中、低压缩性土	高压缩性土
高耸结构基础的倾斜		
$H_g \leqslant 20$	0.008	
$20 < H_g \leqslant 50$	0.006	
$50 < H_g \leqslant 100$	0.005	
$100 < H_g \leqslant 150$	0.004	
$150 < H_g \leqslant 200$	0.003	
$200 < H_g \leqslant 250$	0.002	
高耸结构基础的沉降量(mm)		
$H_g \leqslant 100$	400	
$100 < H_g \leqslant 200$	300	
$200 < H_g \leqslant 250$	200	

注:1. 本表数值为建筑物地基实际最终变形容许值。

2. 有括号者仅适用于中压缩性土。

3. l 为相邻柱基的中心距离(mm);H_g为自室外地面起算的建筑物高度(m)。

4. 倾斜指基础倾斜方向两端点的沉降差与其距离的比值。

5. 局部倾斜指砌体承重结构沿纵向 6~10 m 内基础两点的沉降差与其距离的比值。

1.1.4.3　土的抗剪强度

土的抗剪强度是指土体对外荷载所产生的剪应力的极限抵抗能力。在外荷载作用下,土体中将产生剪应力和剪切变形,当土中某点由外力所产生的剪应力达到土的抗剪强度时,土就沿着剪应力作用方向产生相对滑动,该点便发生剪切破坏。工程实践和室内试验都证实了土是由于受剪而产生破坏的,剪切破坏是土体强度破坏的重要特点,因此土的强度问题实质上就是土的抗剪强度问题。

在工程实践中,与土的抗剪强度有关的工程问题主要有三类:第一类是以土作为建造材料的土工构筑物的稳定性问题,如土坝、路堤等填方边坡以及天然土坡等的稳定性问题(见图 1-22(a));第二类是土作为工程构筑物环境的安全性问题,即土压力问题,如挡土墙、地下结构等的周围土体,它的强度破坏将造成对墙体过大的侧向土压力,可能导致这些工程构筑物发生滑动、倾覆等破坏事故(见图 1-22(b));第三类是土作为建筑物地基的承载力问题,如果基础下的地基土体产生整体滑动或因局部剪切破坏而导致过大的地基变形,将会造成上部结构的破坏或影响其正常使用(见图 1-22(c))。

土体发生剪切破坏时,将沿着其内部某一曲面(滑动面)产生相对滑动,而该滑动面上的切应力就等于土的抗剪强度。1776 年,法国学者库仑(C. A. Coulomb)根据试验结果(见图 1-23),将土的抗剪强度表达为滑动面上法向应力的函数,即

$$\tau_f = c + \sigma\tan\varphi \tag{1-29}$$

式中　τ_f——土的抗剪强度，kPa；

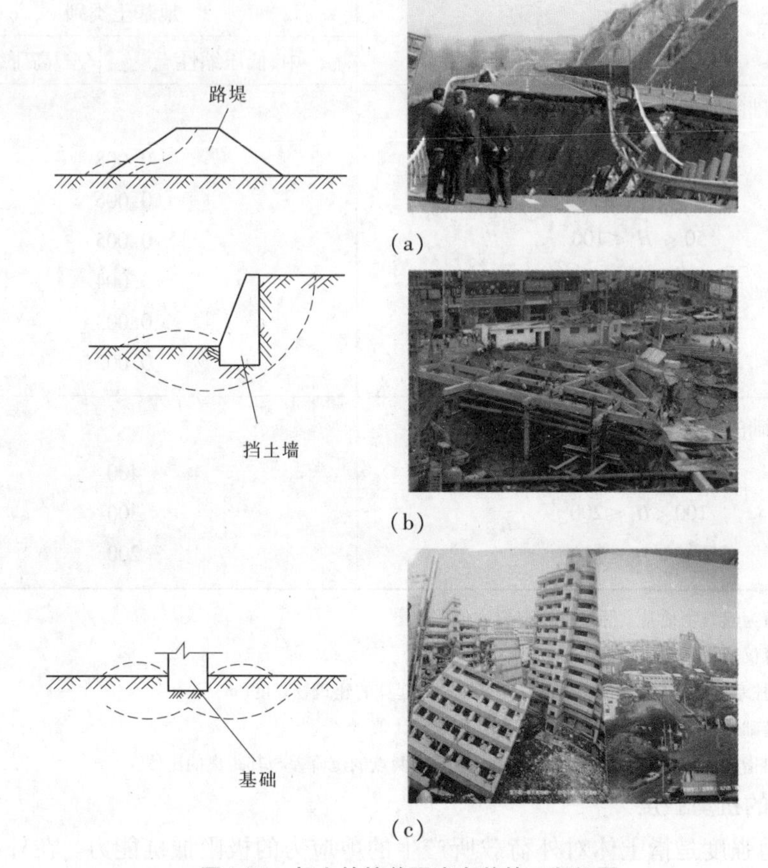

图1-22　与土的抗剪强度有关的工程问题

σ——剪切滑动面上的法向应力，kPa；

c——土的黏聚力，kPa，砂土 $c=0$；

φ——土的内摩擦角，(°)。

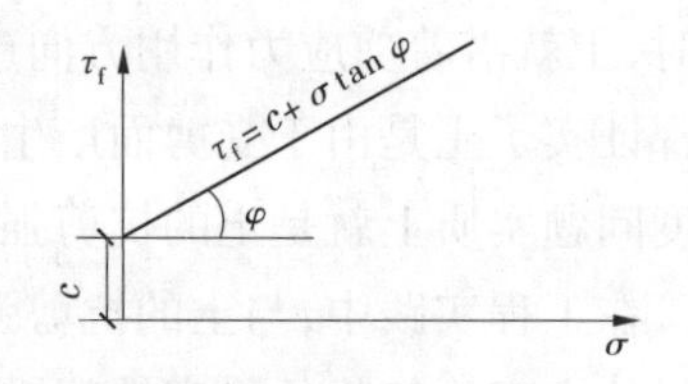

图1-23　土的抗剪强度曲线

上述土的抗剪强度数学表达式也称为库仑定律，它表明在一般应力水平下，土的抗剪强度与滑动面上的法向应力之间呈直线关系，其中 c、φ 称为土的抗剪强度指标。这一基本关系式能满足一般工程的精度要求，是目前研究土的抗剪强度的基本定律。

从式(1-29)中可以看出，黏性土抗剪强度由黏聚力和内摩擦力构成，无黏性土抗剪强度来源于土的内摩擦力，内摩擦力包括颗粒之间的表面摩擦力及相互嵌入和互锁作用产生的咬合力。无黏性土($c=0$)的抗剪强度包络线为一条经过原点的直线。

抗剪强度指标 c、φ 值，是土体的重要力学性质指标，在确定地基土的承载力、挡土墙的土压力以及验算土坡稳定性等工程问题中，都要用到土的抗剪强度指标。因此，正确测定和选择土的抗剪强度指标是土工计算中十分重要的问题。

二维资料1.13

土体的抗剪强度指标是通过土工试验测定的。室内试验常用的方法有直接剪切试验、三轴剪切试验和无侧限抗压试验；现场原位测试的方法有十字板剪切试验和大型直剪试验。

1.1.5　土的工程分类

《建筑地基基础设计规范》(GB 50007—2011)将地基的岩土分成六大类，即岩石、碎砌体石土、砂土、粉土、黏性土和人工填土。

1.1.5.1　岩石

岩石是颗粒间牢固联结,呈整体或具有节理裂隙的岩体。根据其坚硬程度划分为坚硬岩、较硬岩、较软岩、软岩、极软岩等五类,见表1-7。当缺乏单轴饱和抗压强度资料或不能进行该项试验时,可在现场通过观察定性划分。按风化程度可分为未风化、微风化、中风化、强风化和全风化。

表1-7　岩石坚硬程度的划分

坚硬程度类别	坚硬岩	较硬岩	较软岩	软岩	极软岩
饱和单轴抗压强度标准值(MPa)	$f_{rk}>60$	$30<f_{rk}\leqslant60$	$15<f_{rk}\leqslant30$	$5<f_{rk}\leqslant15$	$f_{rk}\leqslant5$

岩体还可根据完整性指数划分其完整程度,见表1-8。当缺乏试验数据时,可按《建筑地基基础设计规范》(GB 50007—2011)附录A表A.0.2确定。

表1-8　岩体完整程度划分

完整程度等级	完整	较完整	较破碎	破碎	极破碎
完整性指数	>0.75	0.75~0.55	0.55~0.35	0.35~0.15	<0.15

注:完整性指数为岩体纵波波速与岩块纵波波速之比的平方,选定岩体、岩块测定波速时应注意其代表性。

未风化的硬质岩石为优良地基。强风化的软质岩石工程性质差,地基承载力低于一般卵石地基的承载力。

1.1.5.2　碎石土

碎石土是指粒径大于2 mm的颗粒含量超过总质量的50%的土,按粒径和颗粒形状可进一步划分为漂石、块石、卵石、碎石、圆砾和角砾,具体划分见表1-9。

表1-9　碎石土的分类

土的名称	颗粒形状	粒组含量
漂石	圆形及亚圆形为主	粒径大于200 mm的颗粒超过总质量的50%
块石	棱角形为主	
卵石	圆形及亚圆形为主	粒径大于20 mm的颗粒超过总质量的50%
碎石	棱角形为主	
圆砾	圆形及亚圆形为主	粒径大于2 mm的颗粒超过总质量的50%
角砾	棱角形为主	

碎石土的密实度一般用定性的方法由野外描述确定,卵石的密实度可按超重型动力触探的锤击数划分。

1.1.5.3 **砂土**

砂土是指粒径大于2 mm的颗粒含量不超过总质量的50%且粒径大于0.075 mm的颗粒含量超过总质量的50%的土。砂土可再划分为五个亚类,即砾砂、粗砂、中砂、细砂和粉砂,具体划分见表1-10。

表1-10 砂土的分类

土的名称	粒组含量
砾砂	粒径大于2 mm的颗粒占总质量的25%~50%
粗砂	粒径大于0.5 mm的颗粒超过总质量的50%
中砂	粒径大于0.25 mm的颗粒超过总质量的50%
细砂	粒径大于0.075 mm的颗粒超过总质量的85%
粉砂	粒径大于0.075 mm的颗粒超过总质量的50%

1.1.5.4 **粉土**

粉土是指粒径大于0.075 mm的颗粒含量不超过总质量的50%,且塑性指数I_P不大于10的土。粉土是介于砂土和黏性土之间的过渡性土类,它具有砂土和黏性土的某些特征。

1.1.5.5 **黏性土**

黏性土是指塑性指数大于10的土。根据塑性指数大小,黏性土可再划分为粉质黏土和黏土两个亚类,$10 < I_P \leq 17$的为粉质黏土,$I_P > 17$的为黏土。

1.1.5.6 **人工填土**

人工填土是指由于人类活动而形成的堆积物。人工填土物质成分较复杂,均匀性较差。根据其物质组成和成因,人工填土可分为素填土、压实填土、杂填土、充填土等。

(1)素填土指由碎石土、砂土、粉土、黏性土等组成的填土。

(2)压实填土指经过压实或夯实的素填土。

(3)杂填土指含有建筑垃圾、工业废料、生活垃圾等杂物的填土。

(4)充填土指由水力充填泥沙形成的填土。

除上述六类土外,还有一些特殊土,包括淤泥、淤泥质土、膨胀土、湿陷性黄土、红黏土等,它们具有特殊的工程性质。

【常见问题解析】

当工程中遇到特殊土(淤泥、淤泥质土、膨胀土、湿陷性黄土、红黏土等)地基时,应怎样处理?

一般有两种处理方法:一是可以进行地基处理,主要方法有换土垫层法、机械压实法、强夯法、复合地基、预压地基处理等;二是可以选择做深基础,如桩基础、沉井基础、地下连续墙等。

1.2　工程地质勘察的目的和任务

1.2.1　工程地质勘察的目的

工程地质勘察是根据建设工程的要求,查明、分析、评价建设场地的地质、环境特征和岩土工程条件,编制勘察文件的活动。其目的在于以各种勘察手段和方法调查研究及分析评价建筑物与地基的工程地质条件,为建筑物选址、设计和施工提供所需要的基本资料。

1.2.2　工程地质勘察的主要任务

房屋建筑和构筑物(简称建筑物)的岩土工程勘察,应在收集建筑物上部荷载、功能特点、结构类型、基础形式、埋置深度和变形限制等方面资料的基础上进行。其主要工作内容应符合下列规定:

(1)查明场地和地基的稳定性、地层结构、持力层和下卧层的工程特性、土的应力历史和地下水条件,以及不良地质作用等。

(2)提供满足设计、施工所需的岩土参数,确定地基承载力,预测地基变形性状。

(3)提出地基基础、基坑支护、工程降水和地基处理设计与施工方案的建议。

(4)提出对建筑物有影响的不良地质作用的防治方案建议。

(5)对于抗震设防烈度等于或大于6度的场地,进行场地与地基的地震效应评价。

1.2.3　建筑工程勘察阶段

建筑物的工程勘察宜分阶段进行,可行性研究勘察应符合选择场址方案的要求;初步勘察应符合初步设计的要求;详细勘察应符合施工图设计的要求;场地条件复杂或有特殊要求的工程,宜进行施工勘察。

1.2.3.1　可行性研究勘察阶段

可行性研究勘察应对拟建场地的稳定性和适宜性做出评价,并应符合下列要求:

(1)收集区域地质、地形地貌、地震、矿产、当地的工程地质、岩土工程和建筑经验等资料。

(2)在充分收集和分析已有资料的基础上,通过踏勘了解场地的地层、构造、岩性、不良地质作用和地下水等工程地质条件。

(3)当拟建场地工程地质条件复杂,已有资料不能满足要求时,应根据具体情况进行工程地质测绘和必要的勘探工作。

(4)当有两个或两个以上拟选场地时,应进行比选分析。

1.2.3.2　初步勘察阶段

初步勘察应对场地内拟建建筑地段的稳定性做出评价,并进行下列主要工作:

(1)收集拟建工程的有关文件、工程地质和岩土工程资料以及工程场地范围的地形图。

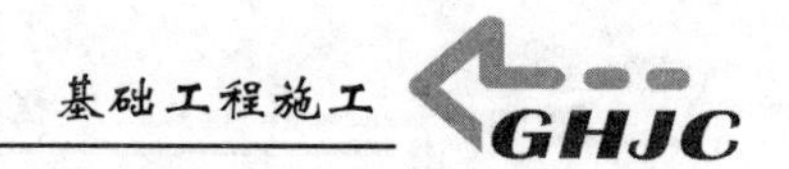

(2)初步查明地质构造、地层结构、岩土工程特性、地下水埋藏条件。

(3)查明场地不良地质作用的成因、分布、规模、发展趋势,并对场地的稳定性做出评价。

(4)对抗震设防烈度等于或大于6度的场地,应对场地和地基的地震效应做出初步评价。

(5)季节性冻土地区,应调查场地土的标准冻结深度。

(6)初步判定水和土对建筑材料的腐蚀性。

(7)高层建筑初步勘察时,应对可能采取的地基基础类型、基坑开挖与支护、工程降水方案进行初步分析评价。

1.2.3.3 详细勘察阶段

详细勘察应按单体建筑物或建筑群提出详细的岩土工程资料和设计、施工所需的岩土参数;对建筑地基做出岩土工程评价,并对地基类型、基础形式、地基处理、基坑支护、工程降水和不良地质作用的防治等提出建议。主要应进行下列工作:

(1)收集附有坐标和地形的建筑总平面图,场区的地面整平标高,建筑物的性质、规模、荷载、结构特点、基础形式、埋置深度、地基允许变形等资料。

(2)查明不良地质作用的类型、成因、分布范围、发展趋势和危害程度,提出整治方案的建议。

(3)查明建筑范围内岩土层的类型、深度、分布、工程特性,分析和评价地基的稳定性、均匀性和承载力。

(4)对需进行沉降计算的建筑物,提供地基变形计算参数,预测建筑物的变形特征。

(5)查明埋藏的河道、沟浜、墓穴、防空洞、孤石等对工程不利的埋藏物。

(6)查明地下水的埋藏条件,提供地下水位及其变化幅度资料。

(7)在季节性冻土地区,提供场地土的标准冻结深度资料。

(8)判定水和土对建筑材料的腐蚀性。

1.2.3.4 施工勘察阶段

基坑或基槽开挖后,岩土条件与勘察资料不符或发现必须查明的异常情况时,应进行施工勘察;在工程施工或使用期间,当地基土、边坡体、地下水等发生未曾估计到的变化时,应进行监测,并对工程和环境的影响进行分析评价。

【常见问题解析】

工程地质勘察是否必须进行四个阶段勘察?

场地较小且无特殊要求的工程可合并勘察阶段。当建筑物平面布置已经确定,且场地或其附近已有岩土工程资料时,可根据实际情况,直接进行详细勘察。

1.3 工程地质勘察的方法

工程地质勘察通常采用钻探取样、室内土工试验、触探及其他原位测试,有时也采用井探、槽探和其他地球物理勘探等。

1.3.1　勘探

当需查明岩土的性质和分布，采取岩土试样或进行原位测试时，可采用钻探、井探、槽探、洞探和地球物理勘探等。勘探方法的选取应符合勘察目的和岩土的特性。

1.3.1.1　钻探

钻探(见图1-24)是勘探方法中应用最广泛的一种，采用钻探机具向地下钻孔，用以鉴别和划分地层、观测地下水位，并采取原状土样和水样以供室内试验，确定土的物理、力学性质指标和地下水的化学成分。钻探方法一般分为回转式、冲击式、振动式和冲洗式四种，钻探示意图如图1-25所示。

图1-24　钻探施工

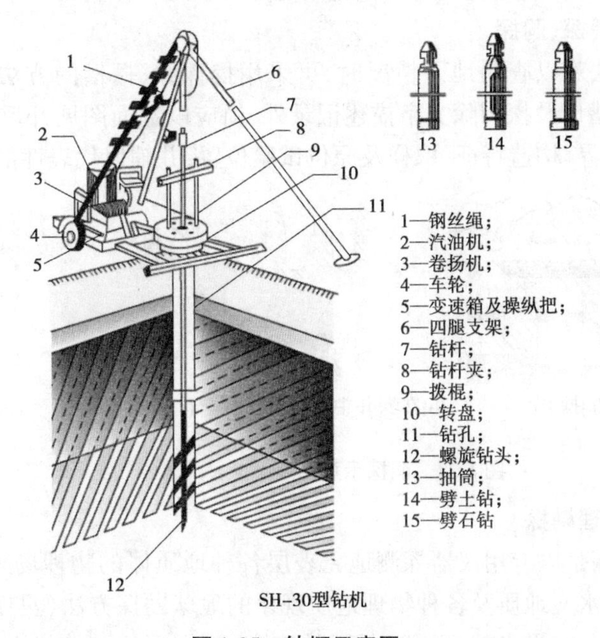

图1-25　钻探示意图

(1)回转式。利用钻机的回转器带动钻具旋转,磨削孔底地层而钻进,通常使用管状钻具,能取柱状岩芯标本(见图 1-26)。

图 1-26　岩芯标本

二维资料 1.14

(2)冲击式。利用钻具的重力和向下冲击力使钻头击碎孔底地层形成钻孔后,以插筒提取岩石碎块或扰动土样。

(3)振动式。将振动器高速振动所产生的振动力,通过连接杆及钻具传到圆筒形钻具周围土中,使钻头依靠钻具和振动器的重量进入土层。

(4)冲洗式。在回转钻进和冲击钻进的过程中使用了冲洗液。

1.3.1.2　**井探、槽探、洞探**

当用钻探方法难以查明地下情况时,可采用挖探井、探槽的方法进行勘探(见图 1-27)。对探井、探槽以及探洞除文字描述记录外,尚应以剖面图展开反映井、槽、洞壁及底部的岩柱、地层分界、构造特征、取样及原位试验位置,并辅以代表性部位的彩色照片。

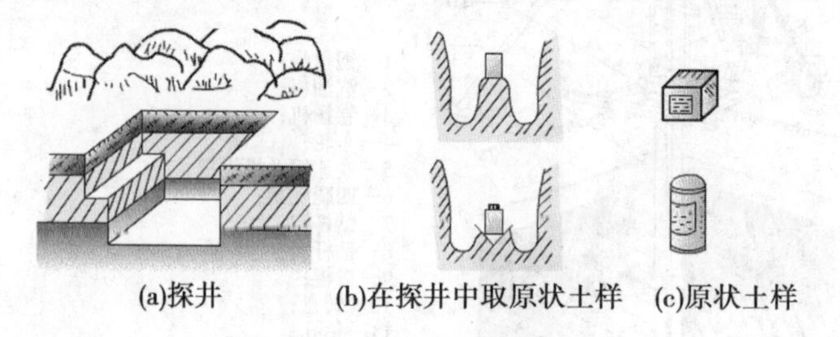

图 1-27　洞探示意图

二维资料 1.15

1.3.1.3　**地球物理勘探**

地球物理勘探是以专用仪器探测地壳表层各种地质体的物理场来进行地层划分,以此判明地质构造、水文地质及各种物理地质现象的地球勘探方法(见图 1-28)。与钻探相比,地球物理勘探具有设备轻便、成本低、效率高、工作空间广等优点。但由于它不能取样,不能直接观察,故多与钻探配合使用。

图 1-28　地球物理勘探施工现场

二维资料 1.16

1.3.2　原位试验

原位试验是在岩土原来所处的位置上，基本保持其天然结构、天然含水量及天然应力状态下进行测试的技术，与室内试验取长补短、相辅相成。

常用的原位测试方法主要有载荷试验、动力触探试验（圆锥动力触探试验、标准贯入试验）、静力触探试验、十字板剪切试验、旁压试验等。

1.3.2.1　载荷试验

载荷试验是在天然地基上模拟建筑物的基础荷载条件，通过承压板向地基施加竖向荷载，以测定承压板下应力主要影响范围内岩土的承载力和变形特性。浅层平板载荷试验适用于浅层地基土，深层平板载荷试验适用于埋深等于或大于 3 m 和地下水位以上的地基土，螺旋板载荷试验适用于深层地基土或地下水位以下的地基土。这里仅介绍浅层平板载荷试验。

浅层平板载荷试验是工程地质勘察中一项基本的原位测试试验，试验应布置在基础底面标高处具有代表性的地点，每个场地不宜少于 3 个，当场地内岩土体不均时，应适当增加。

载荷试验宜用液压千斤顶均匀加荷，如图 1-29 所示，由压重平台上的堆载提供反力，承压板面积不应小于 0.25 m^2，对软土则不应小于 0.5 m^2。在岩层中，承压板尺寸宜根据节理裂隙的密度确定。

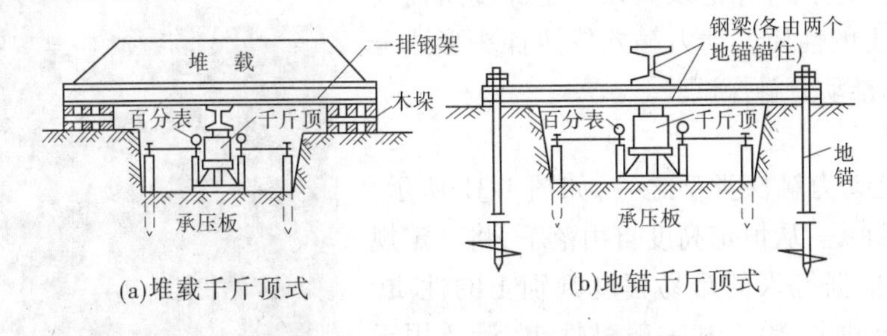

二维资料 1.17

图 1-29　浅层平板载荷试验示意图

试验时荷载应分级施加，加荷等级不应少于 8 级，最大加载量不应小于荷载设计值的 2 倍。开始加载时先按间隔 10 min、10 min、10 min、15 min、15 min，以后每隔 30 min 测读一次沉降。当连续 2 h 内，每小时沉降量小于 0.1 mm 时，则认为已趋稳定，可加下一级荷载。

当出现下列情况之一时，可终止试验：

(1)承压板周边的土出现明显侧向挤出，周边岩土出现明显隆起或径向裂缝持续发展。

(2)本级荷载的沉降量大于前级荷载沉降量的 5 倍，荷载与沉降曲线出现明显陡降。

(3)在某级荷载下 24 h 沉降速率不能达到相对稳定标准。

(4)总沉降量与承压板直径(或宽度)之比超过 0.06。

根据载荷试验成果分析要求，应绘制荷载 p 与沉降量 s 曲线，必要时绘制各级荷载下沉降量 s 与时间 t 或时间对数 lg$t$ 曲线，如图 1-30 所示。

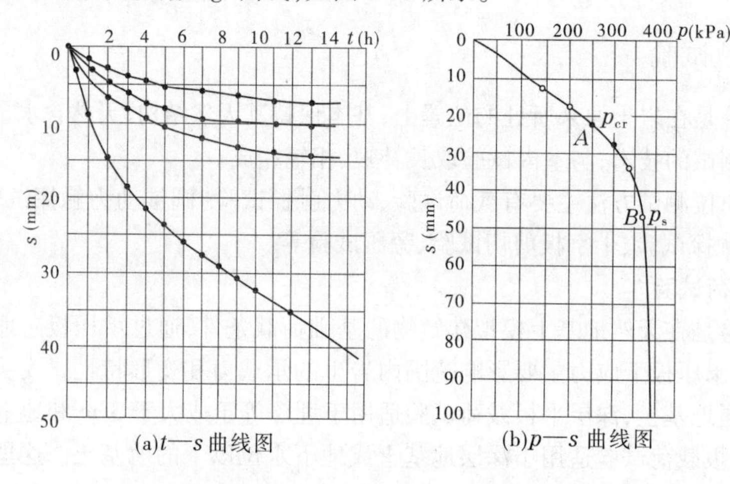

图 1-30　t—s 曲线和 p—s 曲线

应根据 p—s 曲线拐点，必要时结合 s—lg$t$ 曲线特征，确定比例界限压力和极限压力。当 p—s 呈缓变曲线时，可取对应于某一相对沉降值(s/d，d 为承压板直径)的压力评定地基土承载力。

1.3.2.2　动力触探试验

动力触探试验是利用一定的锤击能量，将与探杆相连的标准规格的探头打入土中，并记录贯入一定深度所需要的锤击数，以此判断土的性质。动力触探依照探头形式分为标准贯入试验和圆锥动力触探试验。

1. 标准贯入试验

标准贯入试验是动力触探类型之一，如图 1-31 所示，其利用规定质量的穿心锤，从恒定高度自由落下，将一定规格的探头打入土中，根据打入的难易程度判别土的性质。标准贯入试验适用于砂土、粉土和一般黏性土，最适用于 $N=2\sim50$击的土层。

图 1-31　标准贯入试验

标准贯入试验的目的为：采取扰动样，鉴别和描述土类，按颗粒分析结果定名。根据标准贯入击数 N，利用地区经验，对砂土的密实度、粉土和黏性土的状态、土的强度参数、变形模量、地基承载力等做出评价，判定饱和粉砂、砂质粉土的地震液化可能性及液化等级。

2. 圆锥动力触探试验

圆锥动力触探试验指利用锤击动能，将一定规格的圆锥探头打入土中，根据打入土中的阻抗大小判别土层的变化，对土层进行力学分层，并确定土层的物理力学性质，对地基土做出工程地质评价。

动力触探试验适用于强风化、全风化的硬质岩石、各种软质岩石及各类土。动力触探设备主要由探头和落锤两部分组成，可分为轻型、中型及重型三类。

1.3.2.3　静力触探试验

静力触探试验指通过一定的机械装置，将某种规格的金属探头用静力压入土层中，同时用传感器或直接量测仪表测试土层对触探头的贯入阻力，以此来判断、分析、确定地基土的物理力学性质（见图1-32）。静力触探试验主要设备为静力触探仪，其由贯入装置（包括反力装置）、传动系统和量测系统三部分组成。静力触探试验适用于黏性土、粉土和砂土，以及不易取得原状土样的饱和砂土、高灵敏度软黏土地层，主要用于划分土层、估算地基土的物理力学指标参数、评定地基土的承载力、估算单桩承载力及判定砂土地基的液化等级等。但是静力触探试验不能直接识别土层，而且对碎石类土和较密实的砂土层难以贯入，所以在工程地质勘察中它只能作为钻探的配合手段。

图1-32　静力触探试验

【常见问题解析】

常见的不良地质现象有哪些？

对工程建筑的安全和使用有不同程度的不良影响的地质现象称为不良地质现象，包括地震、崩塌、岩堆、滑坡、泥石流、多年冻土、岩溶、风沙、雪害等。

1.4　地基承载力的基本概念

地基承载力是指地基承受荷载的能力，即在保证地基强度和稳定的条件下，满足建筑物各类变形要求时地基所能承受的最大应力。确定地基承载力是一件比较复杂的工作，目前常用的方法主要有四种：

(1)根据载荷试验等原位测试成果确定。

(2)根据土的抗剪强度指标采用理论公式计算。

(3)根据室内试验指标,现场测试指标或野外鉴别指标,通过查规范所列表格得到承载力。不同行业、不同部门、不同地区的规范不同,其承载力不会完全相同,应用时注意使用条件。

(4)在土质基本相同的情况下,参照邻近建筑物的工程经验确定。

根据《建筑地基基础设计规范》(GB 50007—2011)的规定,当基础宽度大于3 m或埋置深度大于0.5 m时,从载荷试验或其他原位测试、经验值等方法确定的地基承载力特征值,尚应按下式修正:

$$f_a = f_{ak} + \eta_b \gamma (b - 3) + \eta_d \gamma_m (d - 0.5) \tag{1-30}$$

式中 f_{ak}——地基承载力特征值,kPa;

η_b、η_d——基础宽度和埋深的地基承载力修正系数,按所求承载力的土层类别查表1-11;

γ——基础底面以下土的容重,kN/m^3,地下水位以下取有效容重;

γ_m——基础底面以上土的加权平均容重,kN/m^3,地下水位以下取有效容重;

b——基础底面宽度,m,当基底宽度小于3 m时按3 m考虑,大于6 m时按6 m考虑;

d——基础埋置深度,m,一般自室外地面算起,在填方整平地区,可自填土地面标高算起,但填土在上部结构施工后完成时,应从天然地面算起,对于地下室,如果采用箱形基础,基础埋深自室外地面算起,在其他情况下,应从室内地面算起。

当计算所得的设计值$f_a < 1.1f_{ak}$时,可取$f_a = 1.1f_{ak}$。

表1-11 承载力修正系数

土的类别		η_b	η_d
淤泥和淤泥质土	$f_k \leqslant 50$ kPa	0	1.0
	$f_k > 50$ kPa	0	1.1
人工填土 e或$I_L \geqslant 0.85$的黏性土 $e \geqslant 0.85$或$S_r > 0.5$的粉土		0	1.1
红黏土	含水比$a_w > 0.8$	0	1.2
	含水比$a_w \leqslant 0.8$	0.15	1.4
e及I_L均小于0.85的黏性土		0.3	1.6
$e < 0.85$及$S_r \leqslant 0.5$的粉土		0.5	2.2
粉砂、细砂(不包括很湿与饱和时的稍密状态)		2.0	3.0
中砂、粗砂、砾砂和碎石土		3.0	4.4

注:1. 强风化的岩石可参照所风化成的相应土类取值。

2. 含水比$a_w = \omega/\omega_L$,其中ω为土的天然含水量,ω_L为土的液限。

1.5 工程地质勘察报告

1.5.1 工程地质勘察报告的内容

工程地质勘察的最终成果是以报告书的形式提出的。勘察工作结束后,将取得的野外工作和室内试验的记录与数据,以及收集到的各种直接和间接资料进行分析整理、检查校对、归纳总结后,做出建筑场地的工程地质评价。这些内容,最后要用简要明确的文字和图表编成工程地质勘察报告。报告要求资料完整、真实准确、数据无误、图表清晰、结论有据、建议合理、便于使用和适宜长期保存,并应因地制宜,重点突出,有明确的工程针对性。报告内容应根据内容要求、勘察阶段、地质条件、工程特点等具体情况确定,一般应包含下列内容:

(1)勘察的目的、要求和任务。

(2)拟建工程概况。

(3)勘察方法和勘察工作布置。

(4)场地地形、地貌、地层、地质构造、地下水、不良地质现象的描述与评价。

(5)场地稳定性与适宜性的评价。

(6)岩土参数的分析与评价。

(7)岩土体的利用、整治、改造方案及其分析和论证。

(8)工程施工和运营期间可能发生的岩土工程问题的预测及监控措施的建议。

(9)应附图表。根据工程的具体情况酌定,常见的图表包括:①勘探点平面布置图;②工程地质柱状图;③工程地质剖面图;④原位测试成果图表;⑤室内试验成果图表;⑥岩土利用、整治、改造方案的有关图表;⑦岩土工程计算简图及计算成果图表;⑧必要时,可附综合工程地质图、综合地质柱状图、地下水位线图、素描及照片等。

1.5.2 工程地质勘察报告的阅读

1.5.2.1 勘探点平面布置图

勘探点平面布置图是在建筑场地地形图上,把建筑物的位置、各类勘探点及测试点的位置、编号用不同的图例表示出来,并注明各勘探点和测试点的标高、深度、剖面线及其编号等。

1.5.2.2 钻孔柱状图

钻孔柱状图是根据钻孔的现场记录整理出来的。记录中除注明钻进的工具、方法和具体事项外,其主要内容是关于地基土层的分布(层面深度、分层厚度)和地层的名称及特征的描述。绘制柱状图时,应从上而下对地层进行编号和描述,并用一定的比例尺、图例和符号表示。在柱状图中还应标出取土深度、地下水位高度等资料。

1.5.2.3 工程地质剖面图

钻孔柱状图只反映场地一般勘探点处地层的竖向分布情况,工程地质剖面图则反映某一勘探线上地层沿竖向和水平向的分布情况。由于勘探线的布置常与主要地貌单元或地质构造轴线垂直,或与建筑物的轴线相一致,故工程地质剖面图能有效地标示场地工程地质条件。

工程地质剖面图绘制时,首先将勘探线的地形剖面线画出,标出勘探线上各钻孔的地层层面,然后在钻孔的两侧分别标出层面的高度和深度,再将相邻钻孔中相同土层分界点以直线相连。当某地层在邻近钻孔中缺失时,该层可假定于相邻两孔中间尖灭。

勘察报告案例

下面的工程案例章节标号与原报告相同,图和表编号做了适当修改。勘察报告完成于2008年6月,编制执行此前的规范。

1　序言

1.1　工程概况

拟建综合楼位于××市文体东路中段的北侧,其外形为长方形,建筑用地总面积428.46 m^2,建筑基底用地面积378.51 m^2,建筑总面积1 892.55 m^2,为一栋5层的多层建筑,拟采用框剪结构,建筑平面布置如图1-33所示。

1.2　勘察的目的、任务和技术要求

本次勘察是为拟建建筑物施工图设计提供详细的岩土工程资料,其主要任务是:

(1)查明拟建场地的地形地貌及场地内有无影响场地稳定性的不良地质因素,对场地稳定性做出评价。

(2)查明各岩土层的成因类型、地层构成、分布规律及其工程特性。

(3)提供场地各岩土层的物理力学性质指标值,对地基土的工程性能做出评价。

(4)查明地下水的分布情况、类型及埋藏条件,分析地下水和土对建筑材料的腐蚀性。

(5)划分场地土的类型及建筑场地类别,评价场地的地震效应。

(6)针对本工程的特点和存在的岩土工程问题,提出地基基础类型的建议方案。

1.3　勘察依据和执行标准(略)

1.4　勘察工作方法及工程量(略)

2　场地工程地质条件及水文地质条件

2.1　地理位置与地形地貌(略)

2.2　区域地质与区域地震(略)

2.3　地层与岩性

经勘察查明,在勘探深度范围内,自上而下各土层依次为杂填土(Q^{ml})和第四系中更新统冲洪积土(Q_2^{al+pl})。细分为五个工程地质层,层序分别为①层杂填土、②层黏土、③层中砂、④层粉质黏土和⑤层粗砂,各层岩性特征描述如下:

①层,杂填土(Q^{ml}):在场地各个钻孔中均有揭露,呈灰褐、灰黄色,由石英中细砂、建筑垃圾组成,松散,堆填时间已有15年,为旧房基。层厚0.50~1.10 m,平均层厚0.86 m。

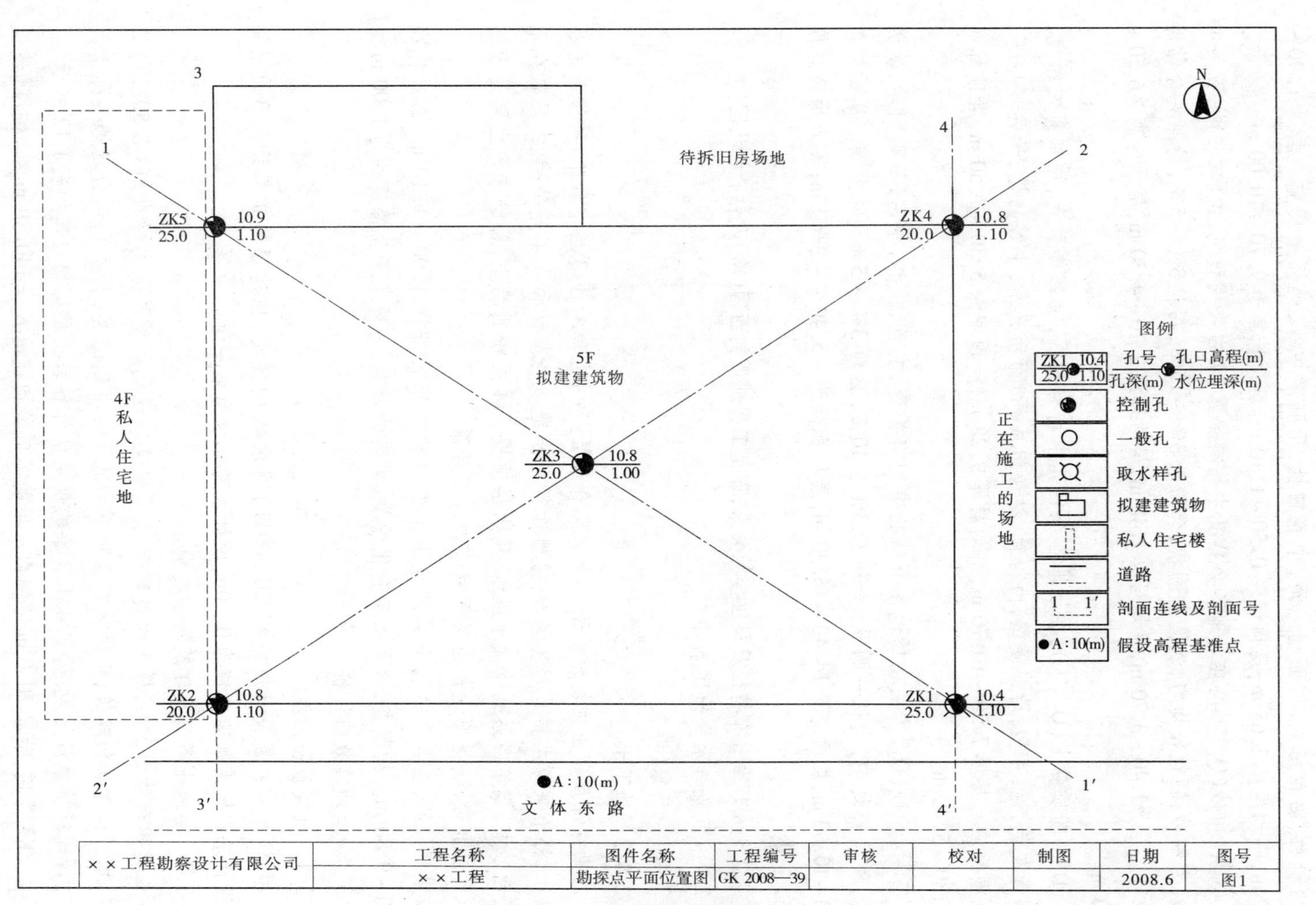

图1-33　勘探点平面布置图

②层，黏土（Q_2^{al+pl}）：在场地各个钻孔中均有揭露，褐红夹褐黄色，湿，可塑，局部硬塑状，由粉粒、黏粒组成，切面稍光滑，中等韧性，干强度中等，无摇振反应。层厚 1.90 ~ 3.50 m，平均层厚 2.65 m，层顶埋深 0.50 ~ 1.10 m，层顶标高为 9.70 ~ 10.00 m。

③层，中砂（Q_2^{al+pl}）：在场地各个钻孔中均有揭露，灰白夹褐黄色，饱和，松散，石英中砂，次为细砂，颗粒较均匀，次圆—圆状，含粉粒 3% ~ 15%，黏粒 3% ~ 5%，局部夹含黏性土中砂。层厚1.40 ~ 3.70 m，平均层厚 2.48 m，层顶埋深 2.70 ~ 4.30 m，层顶标高为6.50 ~ 7.80 m。

④层，粉质黏土（Q_2^{al+pl}）：在场地各个钻孔中均有揭露，上部褐黄色，中部青灰绿色，下部青灰色，湿，可塑，局部硬塑，由粉粒、黏粒组成，切面稍光滑，中等韧性，干强度中等，无摇振反应。层厚 7.70 ~ 10.70 m，平均层厚 9.28 m，层顶埋深 5.30 ~ 7.50 m，层顶标高为 3.30 ~ 5.40 m。

⑤层，粗砂（Q_2^{al+pl}）：在场地各个钻孔中均有揭露，灰色，饱和，中密，石英粗砂，次为中砂，颗粒较均匀，次圆—圆状，含粉粒 3% ~ 10%，黏粒 3% ~ 5%。未揭穿，揭露层厚 4.80 ~ 10.60 m，层顶埋深 14.40 ~ 16.30 m，层顶标高为 −5.40 ~ −3.60 m，最大揭露厚度 10.60 m。

以上地层埋藏分布特征及层位接触关系，详见工程地质剖面图（略）及钻孔柱状图（略）。

2.4　气象与水文地质条件

2.4.1　气象（略）

2.4.2　地下水

在勘探深度范围内场地地下水含水层有两层：第一层赋存于③层中砂中，属第四系孔隙潜水，补给来源主要是大气降水，排泄途径主要是地表蒸发和人工开采；第二层赋存于⑤层粗砂中，属第四系孔隙微承压水，隔水层顶板为④层粉质黏土，补给来源主要是大气降水和层间径流，排泄途径为层间越流和人工开采。

勘察期间，在各个钻孔中实测地下水混合稳定水位埋深 1.00 ~ 1.10 m，相对标高 9.30 ~ 9.80 m。据调查，地下水年变化受旱、雨季的影响，一般年变化幅度约为 1.00 m。

3　场地地震效应评价

3.1　抗震设防烈度

根据《建筑抗震设计规范》（GB 50011）附录 A 的规定，拟建场地抗震设防烈度为 8 度，设计基本地震加速度值为 0.20g，设计地震分组为第一组。

3.2　场地土类型及建筑场地类别

拟建建筑物为 5 层，属于丙类建筑，按《建筑工程抗震设防分类标准》（GB 50223）的规定，本工程为居住建筑，工程抗震设防不应低于标准设防类（丙类），结合场地实际情况并依据《建筑抗震设计规范》第 4.1.3 条的规定估计各岩土层剪切波速如表 1-12 所示。

以 ZK3 为例，估算 20.0 m 范围内土层的等效剪切波速 v_{se} = 140.30 m/s。按照《建筑抗震设计规范》第 4.1.1 ~ 4.1.6 条的有关内容，根据区域地质资料，拟建场地覆盖层厚度≤50 m，综合确定建筑场地类别为Ⅱ类，场地建设特征周期为 0.35 s。

表1-12 剪切波速估算值

土的类型	岩土名称和性状	土层剪切波速范围（m/s）
岩石	坚硬、较硬且完整的岩石	$v_s>800$
坚硬土或软质岩石	破碎和较破碎的岩石或软和较软的岩石，密实的碎石土	$800\geqslant v_s>500$
中硬土	中密、稍密的碎石土，密实、中密的砾砂，粗、中砂，$f_{ak}>150$ kPa的黏性土和粉土，坚硬黄土	$500\geqslant v_s>250$
中软土	稍密的砾、粗砂、中砂，除松散外的细砂、粉砂，$f_{ak}\leqslant150$ kPa的黏性土和粉土，$f_{ak}>130$ kPa的填土，可塑新黄土	$250\geqslant v_s>150$
软弱土	淤泥和淤泥质土，松散的砂，新近沉积的黏性土和粉土，$f_{ak}\leqslant130$ kPa的填土，流塑黄土	$v_s\leqslant150$

3.3 场地饱和砂土液化和软土震陷评价

场地地面下20 m深度范围内，分布的饱和砂土有③层中砂和⑤层粗砂。按照《建筑抗震设计规范》第4.3条的有关规定，③层中砂和⑤层粗砂的地质年代为第四纪中更新世，在第四纪晚更新世(Q_3)以前，可判为不液化土层。

场地勘探深度范围内①层杂填土，其承载力特征值$f_{ak}<100$ kPa，在强震作用下属可震陷软弱土层，该层厚度小，层厚0.50～1.00 m，在基坑开挖深度范围内，施工时已清除，不存在软土震陷的问题。

3.4 场地的抗震地段类别

场地原始地貌为波状冲洪积平原，后经人工平整，地形平坦，地下水位埋藏浅，不存在可液化的饱和砂土层和可震陷软土层，按《建筑抗震设计规范》第4.1.1条规定判定，本场地的建筑抗震地段类别属于可进行建设的一般场地。

4 岩土工程分析评价

4.1 标准贯入试验

本次勘察在4个钻孔中进行了34次标准贯入试验，试验结果汇总于标准贯入试验成果一览表（略）。各层土1—1′剖面的标贯试验击数实测值见图1-34（其他略），4号钻孔柱状图见图1-35（其他略），标贯试验成果的数理统计结果见表1-13（部分）。

由表1-13可知，②、④、⑤层的标准贯入试验击数修正值的统计值变异系数为0.118～0.150，反映出各岩土层内的土质均匀性较好；③层较薄，标准贯入试验仅有3次，未进行具体统计。

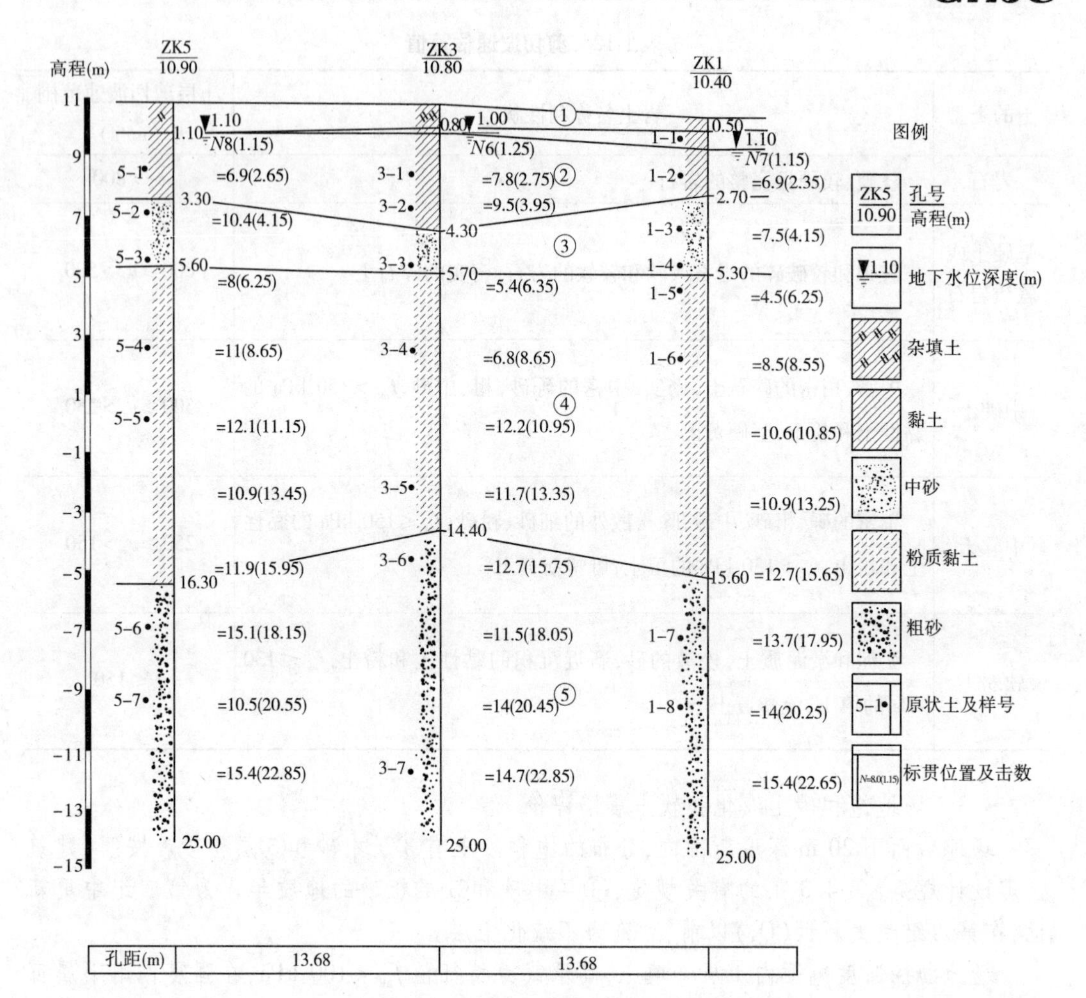

图 1-34　工程地质剖面图 1—1′

4.2　室内土工试验

本次勘察在 5 个钻孔中，采取土样 25 件，选做了比重、密度、含水量、液限、塑限、压缩、抗剪强度和颗粒分析等试验项目。室内各项土工试验结果汇总于土工试验报告表(略)中。

土层的主要物理力学指标统计值列于表 1-14(部分)，统计时删去了异常值。由表 1-14 可知：②层黏土、③层中砂、④层粉质黏土和⑤层粗砂的大部分指标变化范围相对较小，变异系数较小，反映同一层土的工程性能基本相近；仅②层黏土的液性指数、④层粉质黏土和⑤层粗砂的含水量和④层粉质黏土的剪切试验指标变化范围相对稍大，变异系数较大，反映上述土层局部的工程性能有差异。

4.3　各岩土层的工程性能评价

①层，杂填土：分布于整个场地，厚度不均，结构松散，为近期堆填，欠固结，均匀性差，强度低，工程性能差。

工程名称	综合楼		工程编号	GK 2008-039	钻孔编号	ZK4	X坐标(m)	
Y坐标(m)		孔口高程(m)	10.80	终孔深度(m)	20.00	开孔日期	2008-11-05	终孔日期 2008-11-05
开孔直径(m)		终孔直径(m)		初始水位(m)		稳定水位(m)	1.10	承压水位(m)

地层编号	地层年代	高程(m)	深度(m)	厚度(m)	柱状图图例 1:100	地层描述	取样编号	N(击)
①	Q^{ml}	10.00	0.80	0.80		杂填土：灰褐、灰黄色，由石英中细砂、建筑垃圾组成，松散，堆填时间已有15年		
②	Q_2^{al+pl}	7.00	3.80	3.00		黏土：褐红夹褐黄色，湿，可塑，由粉粒、黏粒组成，切面稍光滑，中等韧性，干强度中等，无摇振反应		
③	Q_2^{al+pl}	3.30	7.50	3.70		中砂：灰白夹褐黄色，饱和，松散，石英中砂，次为细砂，颗粒较均匀，次圆—圆状，含粉粒3%~15%，黏粒3%~5%，局部夹10~40 cm含黏性土中砂	•4-1	13(6.35)
④	Q_2^{al+pl}	-4.40	15.20	7.70		粉质黏土：上部褐黄色，中部青灰绿色，下部青灰色，湿，可塑，局部硬塑，由粉粒、黏粒组成，切面稍光滑，中等韧性，干强度中等，无摇振反应		
⑤	Q_2^{al+pl}	-9.20	20.00	4.80		粗砂：灰色，饱和，中密，石英粗砂，次为中砂，颗粒较均匀，次圆—圆状，含粉粒3%~10%，黏粒3%~5%		

制图		工程负责人		核对		图号	图3-4

图1-35 4号钻孔柱状图

表 1-13　标准贯入试验成果统计(部分)

层号	钻孔	深度(m)	实测击数(击)	修正击数(击)	统计
④粉质黏土	ZK1	6.25~6.55	5.0*	4.47*	实测击数 $N=10$ $\mu=13.40$ $\sigma=2.271$ $\delta=0.169$
	ZK1	8.55~8.85	10.0	8.50	
	ZK1	10.85~11.15	13.0	10.55	
	ZK1	13.25~13.55	14.0	10.91	
	ZK3	6.35~6.65	6.0*	5.35*	
	ZK3	8.65~8.95	8.0*	6.79*	
	ZK3	10.95~11.25	15.0	12.15	
	ZK3	13.35~13.65	15.0	11.67	
	ZK5	6.25~6.55	9.0	8.05	
	ZK5	8.65~8.95	13.0	11.03	修正击数 $N=10$ $\mu=10.77$ $\sigma=1.432$ $\delta=0.133$
	ZK5	11.15~11.45	15.0	12.11	
	ZK5	13.45~13.75	14.0	10.87	
	ZK5	15.95~16.25	16.0	11.89	

注:带“*”为异常值,未进行统计。

②层,黏土:可塑,局部硬塑状,分布于全场地,层位稳定,天然含水量平均值25.20%,天然孔隙比平均值0.79,压缩系数a_{1-2}平均值0.30 MPa^{-1},属中等压缩性土层,标准贯入试验击数修正值平均为7.44击,土质均匀性较好,$f_{ak}=140$ kPa,强度稍高,工程性能一般。

③层,中砂:稍密,分布于全场地,层位较稳定,天然压缩模量建议值$E_s=9.41$ MPa,标准贯入击数修正值平均为9.83击,土质均匀性较好,$f_{ak}=150$ kPa,强度稍高,工程性能一般。

④层,粉质黏土:可塑状,分布于全场地,层位稳定,天然含水量平均值24.83%;天然孔隙比平均值0.78,压缩系数a_{1-2}平均值0.29 MPa^{-1},属中等压缩性土层,标准贯入试验击数修正值平均为10.77击,土质均匀性较好,$f_{ak}=180$ kPa,强度较高,工程性能较好。

⑤层,粗砂:稍密—中密,分布于全场地,层位稳定,天然压缩模量建议值$E_s=9.32$ MPa,标准贯入击数修正值平均13.61击,土质均匀性较好,$f_{ak}=200$ kPa,强度较高,工程性能较好。

据表1-12、表1-13的统计结果,综合各土层的工程性能,并结合本地区建筑经验,各土层主要设计参数建议值列于表1-15,供地基基础设计时参考使用。

表 1-14　物理力学性质指标统计表（部分地层）

地层编号及名称	统计指标	物理性质指标									固结		直接快剪	
													快剪	
		含水量	容重	相对密度	孔隙比	饱和度	液限	塑限	液性指数	塑性指数	压缩系数	压缩模量	黏聚力	内摩擦角
		ω_0	γ	G_s	e	S_r	ω_L	ω_P	I_L	I_P	a_{1-2}	E_{a1-2}	c	φ
		%	kN/m^3			%	%	%		%	MPa^{-1}	MPa	kPa	°
②层黏土	统计频数	6	6	6	6	6	6	6	6	6	6	6	6	6
	最大值	29.00	19.58	2.73	0.86	92.05	42.80	23.50	0.43	19.30	0.32	6.24	52.20	21.90
	最小值	21.40	18.78	2.73	0.74	76.38	37.00	18.90	0.08	18.00	0.28	5.82	41.00	15.00
	平均值	25.20	19.12	2.73	0.79	87.17	39.20	20.60	0.25	18.60	0.30	6.03	45.37	17.83
	标准差	2.55	0.033	0.00	0.05	5.74	1.98	1.62	0.16	0.57	0.02	0.15	4.90	2.34
	变异系数	0.101	0.017	0.000	0.063	0.066	0.051	0.079	0.626	0.030	0.051	0.024	0.108	0.131
	标准值	27.32	19.39	2.73	0.83	91.93	40.85	21.94	0.12	19.07	0.31	6.16	41.30	15.89
③层中砂	统计频数	6	6	6	6	6	—	—	—	—	6	6	6	6
	最大值	23.10	20.22	2.66	0.75	89.05	—	—	—	—	0.23	11.63	28.00	32.00
	最小值	13.10	18.67	2.64	0.50	69.81	—	—	—	—	0.13	7.06	20.20	26.20
	平均值	19.31	19.44	2.66	0.63	80.79	—	—	—	—	0.18	9.41	25.23	30.12
	标准差	3.61	0.059	0.01	0.10	5.73	—	—	—	—	0.03	1.50	2.74	2.38
	变异系数	0.187	0.030	0.003	0.155	0.071	—	—	—	—	0.171	0.160	0.109	0.079
	标准值	22.31	19.93	2.66	0.71	85.54	—	—	—	—	0.20	10.66	22.96	28.14

表1-15 地基土设计参数建议值

层号及土名	设计参数				
	f_{ak}(kPa)	E_s(MPa)	γ(kN/m^3)	c_k(kPa)	φ_k(°)
①杂填土	70	(3.0)	(18.2)	—	24.0
②黏土	140	6.03	19.12	41.30	15.89
③中砂	150	9.41	19.44	22.96	28.14
④粉质黏土	180	6.23	19.07	37.22	14.67
⑤粗砂	200	9.32	20.26	24.20	29.86

注:括号内的为经验值,E_s、γ 为平均值,c_k、φ_k 为标准值。

4.4 地下水与土的腐蚀性评价(略)

5 场地稳定性和适宜性评价

本次勘察最大深度25 m,但未发现全新世活动断裂和影响场地稳定的不良地质因素,不存在可液化的饱和砂土层和可震陷软土层。根据《建筑抗震设计规范》第4.1.1条规定,场地位于强震区,该拟建场地属抗震不利地段。

场地按动力地质作用的影响程度划分,场地稳定性较好;场地按工程地质条件评价,其工程建设适宜性较好,适宜本工程建设。

6 地基与基础

拟建建筑物为一栋5层的多层建筑,无地下室,拟采用钢筋混凝土框剪结构,预计基坑开挖深度自文体东路路面起,在1.20~1.50 m范围内,基坑开挖后,基础底面涉及的浅层土体有②层。②层黏土,层底埋深为2.70~4.30 m,层厚1.90~3.50 m,平均层厚2.65 m,土质均匀性较好,f_{ak}=140 kPa,工程性能一般。

根据拟建建筑物的结构特征、荷载特点及场地浅层土体的工程地质条件,场地内拟建建筑物宜采用天然地基,基础形式为条形基础,基础埋深1.20~1.50 m(自文体东路中心路面计算)。

7 基坑施工

拟建建筑物无地下室,基坑开挖深度以内地层构成主要有:①层杂填土,层厚0.50~1.10 m,松散;②层黏土,可开挖厚度0.50~1.00 m,可塑,c_k=41.30 kPa,φ_k=15.89°。可自由放坡开挖,开挖时,坡度容许值(高宽比)为1:0.75。在场地西紧邻一栋高4层的住宅楼,该楼为框架结构,基础埋深为1.5 m,本工程槽开挖时采取可靠的支护措施(如木桩支护),快速修筑基础后回填土以确保邻近建筑的安全。

由于①层杂填土、②层黏土存在上层滞水以及居民生活废水与雨水的渗入,故在基坑底面四周和基坑顶应设置明沟排水系统,便于施工时排水。

8 施工环境与防护

施工场地周边为居民生活区,南侧为文体东路,有大量车辆和行人,施工时除采取措施避免基坑开挖危及相邻建(构)筑物安全外,还应注意噪声、振动等对周围环境及居民的影响。

另外,对施工场地周围需采取必要的围护措施,设立警示牌,以避免行人误入施工场地而造成人身事故。

9 结论及建议

(1)场地地貌单一,地形平坦,地层岩性构成较简单,未发现全新世活动断裂和影响工程建设的不良地质因素,不存在可液化的饱和砂土层和可震陷软土层,场地相对稳定,适宜本工程建设。

(2)自上而下地层依次为①杂填土、②黏土、③中砂、④粉质黏土和⑤粗砂。各土层的地基承载力特征值和其他工程设计参数建议值见表1-15。

(3)拟建场地抗震设防烈度为8度,设计基本地震加速度值为0.20 g,设计地震分组为第一组,建筑场地类别为Ⅱ类,设计特征周期为0.35 s。场地的建筑抗震地段类别属于可进行建设的一般场地,建筑工程抗震设防类别不低于丙类。

(4)在勘察期间,测得混合稳定水位为1.00~1.10 m,地下水对混凝土结构无腐蚀性,对钢筋混凝土结构中的钢筋和钢结构具有弱腐蚀性。土对混凝土结构和混凝土结构中的钢筋均无腐蚀性。

(5)地基与基础设计建议采用天然地基浅基础,基础形式为条形基础,以第②层黏土为建筑物基础的持力层,基础埋深为1.20~1.50 m(自文体东路中心路面计算)。

(6)拟建综合楼的基坑浅,可放坡开挖,坡度容许值(高宽比)为1:0.75,靠近已有建筑物地段,采取可靠的支护措施(如木桩支护),快速修筑基础后回填土以确保邻近建筑的安全。放坡时应在基坑底面四周和基坑顶边设置排水系统,便于进行施工排水。

(7)在基坑施工过程中,应及时通知勘察人员赴现场验槽。

(8)拟建建筑所在区域为多台风地区,建筑物设计要考虑风荷载影响。

【常见问题解析】

如何阅读勘察报告?

(1)文字部分:主要包括工程概况、勘察目的、勘察任务、勘察方法及完成工作量、依据的规范标准、工程地质条件、水文条件、岩土特征及参数、场地地震效应等,最后对地基做出综合评价,提出地基承载力等。

(2)表格部分:土工试验成果表、物理力学性质统计表、分层土工试验报告表等,主要对设计有用。

(3)图部分:平面图、图例、剖面图、柱状图等,现场施工应用较多。

【知识/应用拓展】

工程地质勘察报告在施工现场的运用:

(1)在看地质勘察报告的基础上与现场开挖的地层情况进行对比,检查是否与地质勘察报告吻合,主要看地层情况、厚度情况,因为这些指标直接与费用有关(特别是挖孔桩)。

(2)开挖到设计标高后,请地勘单位人员验槽确定是否与地勘相符并满足设计要求。发生不符情况时,应及时请相关单位确定处理方案。

(3)根据地基的类型选择是否做钎探并确定钎探间距。

(4)在钎探出现与地勘报告明显不符并有软弱下卧层(主要是砂层)的情况下,一般

将进行地基的处理，采用较多的是旋喷桩和挤密灌浆。

(5)在桩基础施工过程中出现与地勘报告明显不符的情况时，应该做施工勘察。

(6)地勘报告中平面图、图例、柱状图都比较容易看懂，而现场利用较多和理解可能产生差异的是剖面图。看剖面图主要是看发展的趋势，同时必须考虑当地地质条件的复杂性和不确定性。

(7)基坑降水方案的设计应按照地勘报告提供的相关参数(丰、枯水期的地下水位和渗透系数等)确定。

(8)土方开挖前地勘报告的作用及应用主要是是否采取护壁及护壁的结构形式。另外，根据开挖的深度计算可能的砂卵石开挖量，这是确定土方开挖单价需要考虑的主要因素。

(9)山区地区考虑临时设施(宿舍和道路)的布置，应避开或者远离可能发生地质灾害的地区。地下水位高度、持力层的深度、土质及分层用来确定土方开挖方法、机械设备的确定、降水的施工方案、基坑支护的方案等。

思考与练习

一、填空题

1. 土的三相组成是指________、________、________。

2. 工程上常用________来描述土的颗粒组成情况，这种指标称为粒度成分。

3. 试验土样体积60 cm^3，质量300 g，烘干后质量为260 g，则该土样的干密度为__________。

4. 试验土样自然状态下质量为300 g，恰好成为塑态时质量为260 g，恰好成为液态时质量为340 g，则该土样的液性指数为________，自然状态下土体处于________状态。

5. 在《建筑地基基础设计规范》中，将地基土分为________、________、________、________、________、________六种类型。

6. 按产生的原因不同，地基中的应力可分为________和________两种。

7. 土的压缩性指标包括________、________、________、________。

8. 建筑地基的变形包括________、________、________、________。

9. 工程地质的勘察阶段分为________、________、________、________。

10. 勘探的方法主要有________、________、________。

二、单项选择题

1. 已知土的$\gamma=17$ kN/m^3、$G_s=2.72$、$\omega=10\%$，则孔隙比为(　　)。

A. 0.66　　B. 0.76

C. 0.86　　D. 0.96

2. 已知某黏性土的液限为42%，塑限为22%，含水量为52%，则其液性指数、塑性指数分别为(　　)。

A. 20、1.5　　B. 20、30

C. 1.5、20　　D. 1.5、30

3. 下述试验方法中，属于粒度成分分析的试验是(　　)。

A. 沉降分析法　　B. 标准贯入试验

C. 搓条法　　D. 原位压缩试验

三、判断题

1. 土的含水量、密度、土粒相对密度是换算指标。(　　)

2. 含水量大于液限时，液性指数大于1。(　　)

3. 自重应力和附加应力都随着计算深度的增加而增大。(　　)

4. 土的压缩变形是由孔隙体积的减小引起的。(　　)

5. 土的抗剪强度是指土体抵抗剪切破坏的能力。(　　)

四、计算题

1. 在某土层中，用体积为72 cm^3的环刀取样。经测定，土样质量为129.1 g，烘干质量为121.5 g，土粒相对密度为2.70。问该土样的含水量、湿容重、饱和容重、浮容重、干容重各是多少？按上述计算结果，试比较该土样在各种情况下的容重有何区别。

2. 某砂土土样的天然密度为1.77 g/cm^3，天然含水量为9.8%，土粒相对密度为2.67，烘干后测定最小孔隙比为0.461，最大孔隙比为0.943，试通过天然孔隙比 e 和土粒相对密实度 D_r 来评价该土的密实度。

3. 某无黏性土样，标准贯入试验锤击数 $N=20$，饱和度 $S_r=85\%$，土样颗粒分析结果见表1-16。试确定该土样的名称和状态。

表1-16　土样颗粒分析结果

粒径(mm)	2～0.5	0.5～0.25	0.25～0.075	0.075～0.05	0.05～0.01	≤0.01
粒组含量(%)	5.6	17.5	27.4	24.0	15.5	10.0

项目 2　地基基础施工准备

【知识目标】

1. 了解施工前期技术及现场准备。

2. 掌握土方工程量的计算。

3. 了解(设备)物资与劳动组织准备。

【能力目标】

1. 能够明确识读方格网法计算土方工程量的设计。

2. 能够明确识读断面法计算土方工程量的设计。

【知识脉络图】

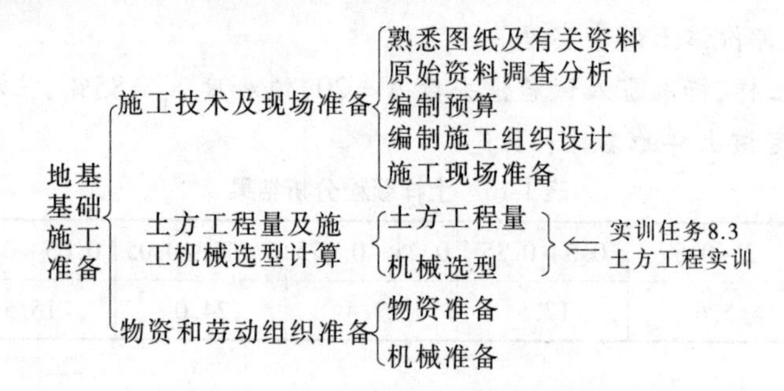

2.1　施工技术及现场准备

【任务导入】

在设备和人员进场之前,需要准备多项内容。一方面要准备相关的技术文件等纸面工作作为铺垫,另一方面要求现场的条件给予配合。比如进场前需要履行初步的合同,对一些纸上凭证进行审查签章;在施工机械材料运输到现场前,应进行必要的平整场地、修筑便道、通水通电等工序,用以提供进场的条件。

2.1.1　施工前期技术准备

技术准备是施工准备的核心。由于任何技术的差错或隐患都可能引起人身安全和质量事故,造成生命、财产和经济的巨大损失,因此必须认真做好技术准备工作。具体有如下内容。

2.1.1.1　熟悉、审查施工图纸和有关的设计资料

1. 熟悉、审查施工图纸的依据

(1)建设单位和设计单位提供的初步设计或扩大初步设计(技术设计)、施工图设计、

建筑总平面图、土方施工设计和城市规划等资料文件。

(2)调查、收集的原始资料。

(3)设计、施工验收规范和有关技术规定。

2. 熟悉、审查设计图纸的目的

(1)能够按照设计图纸的要求顺利地进行施工,生产出符合设计要求的最终建筑产品(建筑物或构筑物)。

(2)能够在拟建工程开工之前,使从事建筑施工技术和经营管理的工程技术人员充分地了解和掌握设计图纸的设计意图、结构与构造特点和技术要求。

(3)通过审查发现设计图纸中存在的问题和错误,使其改正,在施工开始之前,为拟建工程的施工提供一份准确、齐全的设计图纸。

3. 熟悉、审查设计图纸的内容

(1)审查拟建工程的建筑总平面图与国家、城市或地区规划是否一致,以及建筑物或构筑物的设计功能和使用要求是否符合卫生、防火及美化城市方面的要求。

(2)审查设计图纸是否完整、齐全,以及设计图纸和资料是否符合国家有关工程建设的设计、施工方面的方针和政策。

(3)审查设计图纸与说明书在内容上是否一致,以及设计图纸与其各组成部分之间有无矛盾和错误。

(4)审查建筑总平面图与其他结构图在几何尺寸、坐标、标高、说明等方面是否一致,技术要求是否正确。

(5)审查工业项目的生产工艺流程和技术要求,掌握配套投产的先后次序和相互关系,以及设备安装图纸与其相配合的土建施工图纸在坐标、标高上是否一致,掌握土建施工质量是否满足设备安装的要求。

(6)审查地基处理与基础设计同拟建工程地点的工程水文、地质等条件是否一致,以及建筑物或构筑物与地下建筑物或构筑物、管线之间的关系。

(7)明确拟建工程的结构形式和特点,复核主要承重结构的强度、刚度和稳定性是否满足要求,审查设计图纸中的工程复杂、施工难度大和技术要求高的分部分项工程或新结构、新材料、新工艺,检查现有施工技术水平和管理水平能否满足工期和质量要求并采取可行的技术措施加以保证。

(8)明确建设期限、分期分批投产或交付使用的顺序和时间,以及工程所用的主要材料、设备的数量、规格、来源和供货日期;明确建设、设计和施工等单位之间的协作、配合关系,以及建设单位可以提供的施工条件。

4. 熟悉、审查设计图纸的程序

审查设计图纸的程序通常分为自审阶段、会审阶段和现场签证等三个阶段。

(1)设计图纸的自审阶段。施工单位收到拟建工程的设计图纸和有关技术文件后,应尽快组织有关的工程技术人员熟悉和自审图纸,写出自审图纸记录。自审图纸记录应包括对设计图纸的疑问和对设计图纸的有关建议。

(2)设计图纸的会审阶段。一般由建设单位主持,由设计单位和施工单位参加,三方进行设计图纸的会审。图纸会审时,首先由设计单位的工程主设人向与会者说明拟建工程的设计依据、意图和功能要求,并对特殊结构、新材料、新工艺和新技术提出设计要求;

然后施工单位根据自审记录以及对设计意图的了解,提出对设计图纸的疑问和建议;最后在统一认识的基础上,对所探讨的问题逐一做好记录,形成“图纸会审纪要”,由建设单位正式行文,参加单位共同会签、盖章,作为与设计文件同时使用的技术文件和指导施工的依据,以及建设单位与施工单位进行工程结算的依据。

(3)设计图纸的现场签证阶段。在拟建工程施工的过程中,当发现施工的条件与设计图纸的条件不符,或者发现图纸中仍然有错误,或者因为材料的规格、质量不能满足设计要求,或者因为施工单位提出了合理化建议,需要对设计图纸进行及时修订时,应遵循技术核定和设计变更的签证制度,进行图纸的施工现场签证。当设计变更的内容对拟建工程的规模、投资影响较大时,要报项目的原批准单位批准。在施工现场的图纸修改、技术核定和设计变更资料,都要有正式的文字记录,归入拟建工程施工档案,作为指导施工、竣工验收和工程结算的依据。

2.1.1.2　原始资料的调查分析

为了做好施工准备工作,除要掌握有关拟建工程的书面资料外,还应进行拟建工程的实地勘测和调查,获得有关数据的第一手资料,这对于拟订一个先进合理、切合实际的施工组织设计是非常必要的,因此应该做好以下几个方面的调查分析:

(1)自然条件的调查分析。建设地区自然条件的调查分析的主要内容有:地区水准点和绝对标高等情况;地质构造、土的性质和类别、地基土的承载力、地震级别和裂度等情况;河流流量和水质、最高洪水和枯水期的水位等情况;地下水位的高低变化情况,含水层的厚度、流向、流量和水质等情况;气温、雨、雪、风和雷电等情况;土的冻结深度和冬雨季的期限等情况。

二维资料 2.1

(2)技术经济条件的调查分析。建设地区技术经济条件的调查分析的主要内容有:地方建筑施工企业的状况;施工现场的动迁状况;当地可利用的地方材料状况;地方能源和交通运输状况;地方劳动力和技术水平状况;当地生活供应、教育和医疗卫生状况;当地消防、治安状况和参加施工单位的能力水平状况。

二维资料 2.2

2.1.1.3　编制施工图预算和施工预算

(1)编制施工图预算。施工图预算是技术准备工作的主要组成部分之一,这是按照施工图确定的工程量、施工组织设计所拟订的施工方法、建筑工程预算定额及其取费标准,由施工单位编制的确定建筑安装工程造价的经济文件,它是施工企业签订工程承包合同、工程结算、建设银行拨付工程价款、进行成本核算、加强经营管理等方面工作的重要依据。

(2)编制施工预算。施工预算是根据施工图预算、施工图纸、施工组织设计或施工方案、施工定额等文件进行编制的,它直接受施工图预算的控制。它是施工企业内部控制各项成本支出、考核用工、“两算”对比、签发施工任务单、限额领料、进行经济核算的依据。

2.1.1.4　编制施工组织设计

施工组织设计是施工准备工作的重要组成部分,也是指导施工现场全部生产活动的技术经济文件。建筑施工生产活动的全过程是非常复杂的物质财富再创造的过程,为了正确处理人与物、主体与辅助、工艺与设备、专业与协作、供应与消耗、生产与储存、使用与维修以及它们在空间布置、时间排列上的关系,必须根据拟建工程的规模、结构特点和建设单位的要求,在原始资料调查分析的基础上,编制出一份能切实指导该工程全部施工活动的科学方案(施工组织设计)。

2.1.2 施工现场准备

施工现场是施工的全体参加者为实现优质、高速、低消耗的目标,而有节奏、均衡连续地进行施工安排的活动空间。施工现场的准备工作,主要是为了给拟建工程的施工创造有利的施工条件和物资保证。其具体内容如下。

2.1.2.1 做好施工场地的控制网测量

按照设计单位提供的建筑总平面图及给定的永久性经纬坐标控制网和水准控制基桩,进行厂区施工测量,设置厂区的永久性经纬坐标桩、水准基桩和建立场区工程测量控制网。

2.1.2.2 搞好“三通一平”

“三通一平”是指路通、水通、电通和平整场地。

(1)路通:施工现场的道路是组织物资运输的动脉。拟建工程开工前,必须按照施工总平面图的要求,修好施工现场的永久性道路(包括厂区铁路、厂区公路)以及必要的临时性道路,形成完整畅通的运输网络,为建筑材料进场、堆放创造有利条件。

(2)水通:水是施工现场生产和生活中不可缺少的。拟建工程开工之前,必须按照施工总平面图的要求,接通施工用水和生活用水的管线,使其尽可能与永久性的给水系统结合起来。做好地面排水系统,为施工创造良好的环境。

(3)电通:电是施工现场的主要动力来源。拟建工程开工前,要按照施工组织设计的要求,接通电力和通信设施,做好其他能源(如蒸汽、压缩空气)的供应,确保施工现场动力设备和通信设备的正常运行。

(4)平整场地:按照建筑施工总平面图的要求,首先拆除场地上妨碍施工的建筑物或构筑物,然后根据建筑总平面图规定的标高和土方竖向设计图纸,进行挖(填)土方的工程量计算,确定平整场地的施工方案,进行平整场地的工作。

2.1.2.3 做好施工现场的补充勘探

对施工现场做补充勘探是为了进一步寻找枯井、防空洞、古墓、地下管道、暗沟和枯树根等隐蔽物,以便及时拟订处理隐蔽物的方案,并进行实施,为基础工程施工创造有利条件。

2.1.2.4 建造临时设施

按照施工总平面图的布置,建造临时设施,为正式开工准备好生产、办公、生活、居住和储存等临时用房。

2.1.2.5 安装、调试施工机具

固定的机具要进行就位、搭棚、接电源、保养和调试等工作。对所有施工机具都必须在开工之前进行检查和试运转。

二维资料2.3

2.1.2.6 做好建筑构(配)件、制品和材料的储存和堆放

按照建筑构(配)件、制品和材料的需要量计划组织进场,根据施工总平面图规定的地点和指定的方式进行储存和堆放。

2.1.2.7　**及时提供建筑材料的试验申请计划**

按照建筑材料的需要量计划，及时提供建筑材料的试验申请计划。如钢材的机械性能和化学成分等试验，混凝土或砂浆的配合比和强度等试验。

2.1.2.8　**做好冬雨季施工安排**

按照施工组织设计的要求，落实冬雨季施工的临时设施和技术措施。

2.1.2.9　**进行新技术项目的试制和试验**

按照设计图纸和施工组织设计的要求，认真进行新技术项目的试制和试验。

2.1.2.10　**设置消防、保安设施**

按照施工组织设计的要求，根据施工总平面图的布置，建立消防、保安等组织机构和有关的规章制度，布置安排好消防、保安等措施。

2.2　土方工程量及施工机械选型计算

【任务导入】

场地平整是将需进行建筑工程施工范围内的自然地面，通过人工或机械挖填平整改造成设计所需要的平面，以利于现场平面布置和文明施工。因此，场地平整成为工程开工前的一项重要内容。

2.2.1　场地平整土方量计算

场地平整前，首先要确定场地设计标高，计算挖、填土方工程量，确定土方调配方案，组织人力物力进行平整工作。

场地平整土方量的计算方法有方格网法和断面法两种。

2.2.1.1　**方格网法**

方格网法用于地形较平缓或台阶宽度较大的地段，计算方法较为复杂，但精度较高。

1. 绘制方格网图

在地形图（比例一般为 1∶500）上，将建筑场地划分为若干个方格，尽量与测量的纵、横坐标网对应，方格边长主要取决于地形变化复杂程度，一般取 a = 10 m、20 m、30 m、40 m 等，并标注方格编号，如图 2-1所示。

二维资料 2.4

2. 计算场地设计标高

场地设计标高是进行场地平整和土方量计算的依据，合理选择场地设计标高，对减少土方量、提高施工速度具有重要意义。场地设计标高的确定要考虑满足总体规划、生产施工工艺、交通运输和场地排水等要求，并尽量使土方的挖填平衡，减少运土量和重复挖运。

如设计文件对场地设计标高无明确规定和特殊要求，可按照下述计算步骤和方法确定。

1）初步计算场地设计标高

场地设计标高（H_0）由各角点的自然地面标高（$H_n^{自}$）进行计算，而各角点的自然标高可通过等高线或测量得到，如图 2-2 所示，则按照“挖填平衡”原则：

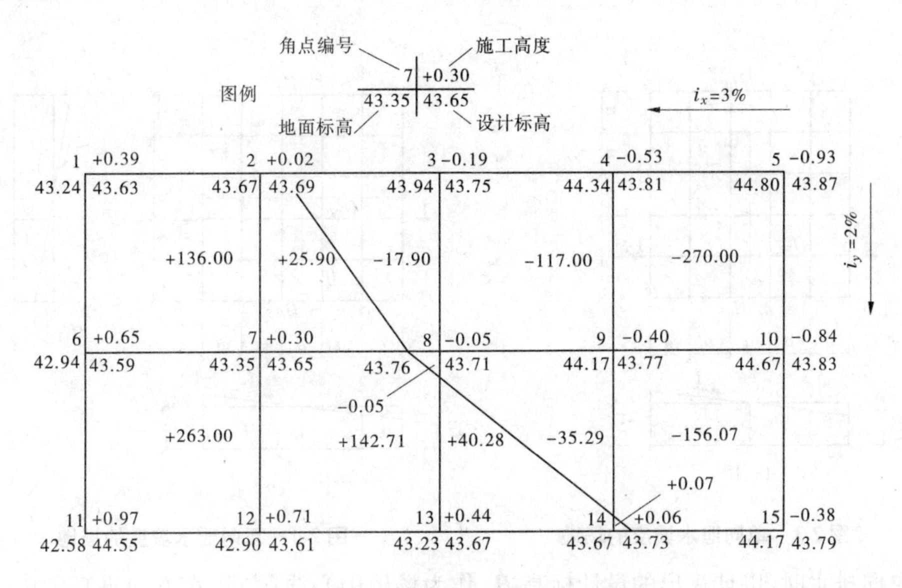

图 2-1　方格网法计算土方工程量

$$H_0 = \frac{\left(\sum H_1^{自} + 2\sum H_2^{自} + 3\sum H_3^{自} + 4\sum H_4^{自}\right)}{4N} \tag{2-1}$$

式中 $H_1^{自}$——1 个方格独有的角点自然地面标高,m;

$H_2^{自}$——2 个方格共有的角点自然地面标高,m;

$H_3^{自}$——3 个方格共有的角点自然地面标高,m;

$H_4^{自}$——4 个方格共有的角点自然地面标高,m;

N——方格数量。

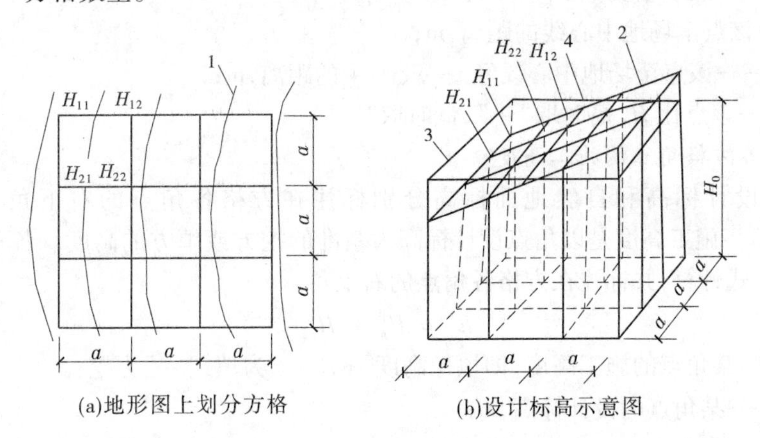

1—等高线;2—自然地坪;3—设计标高平面;4—自然地面与设计标高平面的交线(零线)

图 2-2　场地设计标高计算简图

2)场地设计标高的调整

按式(2-1)计算的 H_0 为一理论数值,实际尚需考虑其他因素对设计标高的影响。如未考虑场地的排水要求,见图 2-3 和图 2-4。

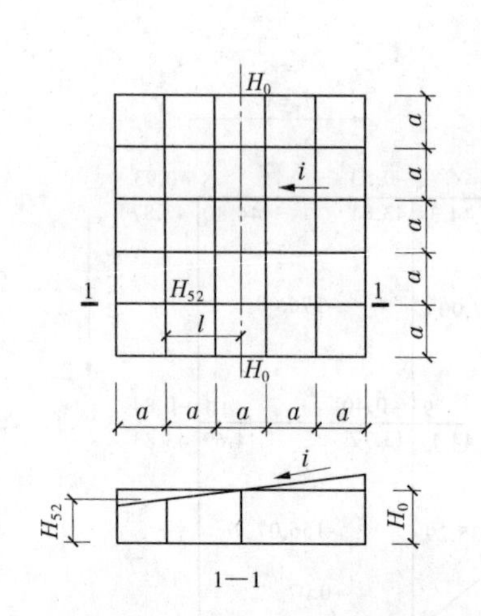

图 2-3　单向泄水坡度的场地

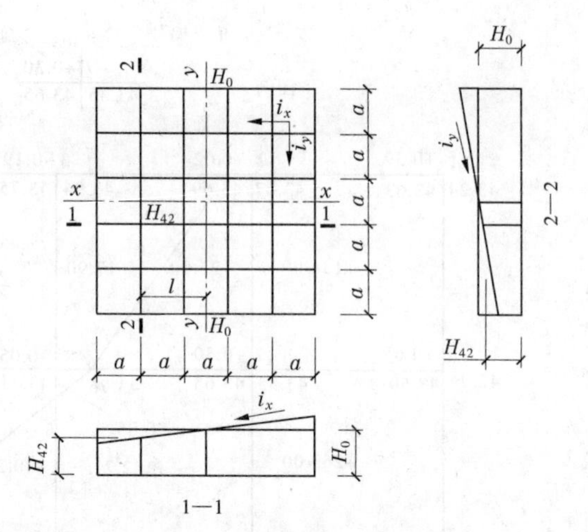

图 2-4　双向泄水坡度的场地

单向排水时，以计算出的设计标高 H_0 作为场地中心线（与排水方向垂直的中心线）的标高，场地内任意一点的设计标高为

$$H_n^{设} = H_0 \pm il \tag{2-2}$$

双向排水时，以计算出的设计标高 H_0 作为场地中心点的标高，场地内任意一点的设计标高为

$$H_n^{设} = H_0 \pm l_x i_x \pm l_y i_y \tag{2-3}$$

式中　$H_n^{设}$——某角点的设计标高，m；

i——场地的泄水坡度，$i \geq 2‰$；

i_x、i_y——泄水坡度，i_x、$i_y \geq 2‰$；

l——该点至场地中心线的距离，m；

l_x、l_y——该点至场地中心线经 $x—x$、$y—y$ 的距离，m；

±——该点比 H_0 高时取"＋"，低时取"－"。

3. 计算各方格角点的施工高度

将相应设计标高和自然地面标高分别标注在方格各角点的右下角和左下角，如图 2-1所示。施工高度是以角点设计标高为基准的挖方或填方的高度。各角点的施工高度 h_n 按下式计算，并标注在方格各角点的右上角。

$$h_n = H_n^{设} - H_n^{自} \tag{2-4}$$

式中　h_n——某角点的施工高度，即填挖高度，m，"＋"为填，"－"为挖；

$H_n^{设}$——某角点的设计标高，m；

$H_n^{自}$——某角点的自然地面标高，m。

4. 计算零点位置

当同一方格四个角点的施工高度同号时，该方格内的土方则全部为挖方或填方，如果同一方格中一部分角点的施工高度为"＋"，而另一部分为"－"，则此方格中的土方一部分为填方，另一部分为挖方，沿其边线必然有一不挖不填的点，即为"零点"，如图 2-5 所示。

零点位置按下式计算：

$$x_1 = \frac{h_1}{h_1 + h_2}a;\ x_2 = \frac{h_2}{h_1 + h_2}a \tag{2-5}$$

式中　x_1、x_2——角点至零点的位置,m;

h_1、h_2——相邻两角点的施工高度,m,采用绝对值;

a——方格网的边长,m。

在实际工作中,为省略计算,常采用图解法直接求出零点,如图 2-5 所示。用尺在各角上标出相应比例,用尺相连,与方格网相交点即为零点。

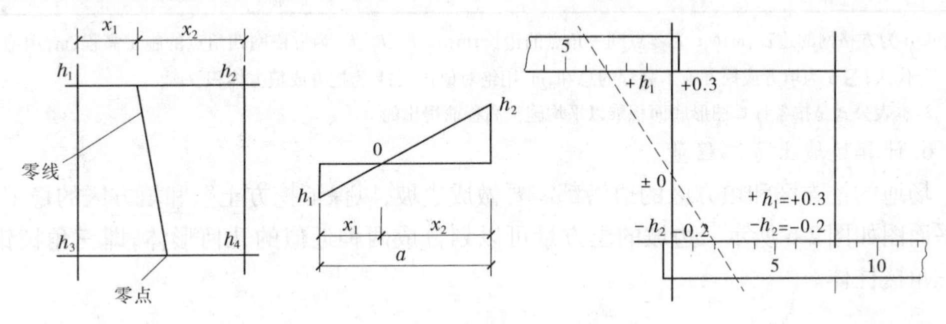

图 2-5　零点位置示意图和图解法

将所有零点标注在方格网上并连接相邻的零点就得到零线,它是填方和挖方的分界线。

5. 计算方格土方工程量

按照方格网底面积图形和表 2-1 所列公式,计算每个方格内的填方量或挖方量。

表 2-1　常用方格网点计算公式

项目	图式	计算公式
一点填方或挖方(三角形)	h_1 h_3 h_2 h_4 c b；h_1 h_2 h_3 h_4 c b	$V = \frac{1}{2}bc\frac{\sum h}{3} = \frac{bch_3}{6}$
二点填方或挖方(梯形)	b d h_1 h_2 a h_3 h_4 c e；h_1 b h_2 d c e h_4 h_3	$V^+ = \frac{b+c}{2}a\frac{\sum h}{4} = \frac{a}{8}(b+c)(h_1+h_3)$ $V^- = \frac{d+e}{2}a\frac{\sum h}{4} = \frac{a}{8}(d+e)(h_2+h_4)$ (简化公式) $V^+ = \frac{a^2}{4}\left(\frac{h_2^2}{h_1+h_2} + \frac{h_4^2}{h_3+h_4}\right)$ $V^- = \frac{a^2}{4}\left(\frac{h_1^2}{h_1+h_2} + \frac{h_3^2}{h_3+h_4}\right)$
三点填方或挖方(五角形)	h_1 h_2 a c h_3 h_4 b；h_1 h_2 c b h_3 h_4	$V = \left(a^2 - \frac{bc}{2}\right)\frac{\sum h}{5} = \left(a^2 - \frac{bc}{2}\right)\frac{h_1+h_2+h_3}{5}$ (简化公式) $V^- = \frac{a^2}{6}\cdot\frac{h_3^3}{(h_1+h_3)(h_3+h_4)}$ $V^+ = \frac{a^2}{6}\cdot(2h_1+h_2-h_3+2h_4)+V^-$

续表 2-1

项目	图式	计算公式
四点填方或挖方（正方形）	h_1 h_2 h_3 h_4	$V=\frac{a^2}{4}\sum h=\frac{a^2}{4}(h_1+h_2+h_3+h_4)$

注：1. a 为方格网的边长，m；b、c 为零点到一角点的边长，m；h_1、h_2、h_3、h_4 为方格网四角点的施工高程，m，用绝对值代入；$\sum h$ 为填方或挖方施工高程的总和，m，用绝对值代入；V 为挖方或填方体积，m^3。

2. 本表公式是按各计算图形底面积乘以平均施工高程而得出的。

6. 计算边坡土方工程量

场地的挖方区和填方区的边沿都需要做成边坡，以保证挖方土壁和填方区的稳定性。其平面图如图 2-6 所示。边坡的土方量可以划分成两种近似的几何形体，即三角棱锥体和三角棱柱体。

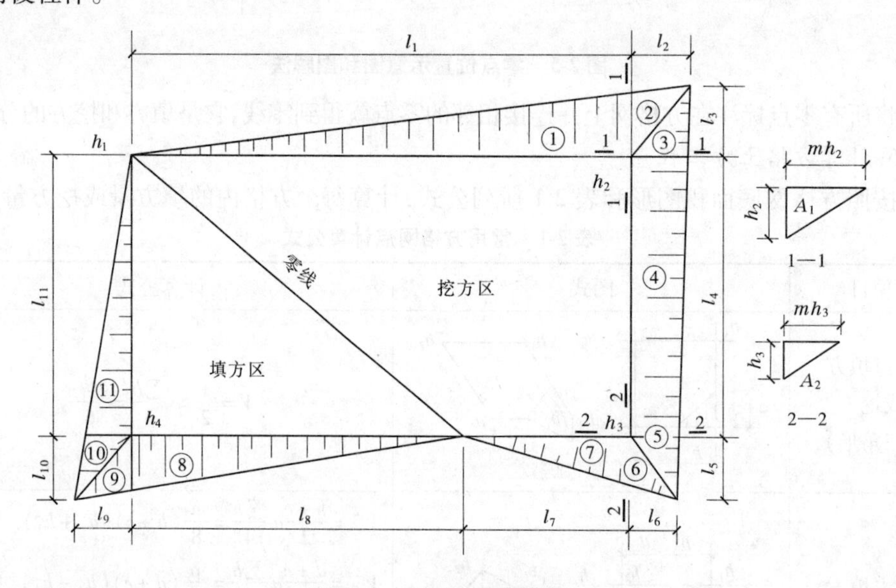

图 2-6　场地边坡平面图

1）三角棱锥体边坡

三角棱锥体边坡（见图 2-6 中的①～③，⑤～⑪）体积可按下式进行计算：

$$V_i=\frac{1}{3}A_i l_i \tag{2-6}$$

式中　A_i——边坡的端面积，m^2；

l_i——边坡的长度，m。

2）三角棱柱体边坡

三角棱柱体边坡（见图 2-6 中的④）体积可按下式进行计算：

$$V_i=\frac{A_{i1}+A_{i2}}{2}l_i \tag{2-7}$$

当三角棱柱体边坡两端面面积相差很大时,体积可按下式进行计算:

$$V_i = \frac{l_i}{6}(A_{i1} + 4A_{i0} + A_{i2}) \tag{2-8}$$

式中 A_{i1}、A_{i2}、A_{i0}——边坡的上下端面及中部横截面的面积,m^2;

l_i——边坡的长度,m。

7. 计算土方总工程量

将填方区(或挖方区)所有方格计算的土方量和边坡土方量汇总,即得该场地平整的总土方量。

【例2-1】 某有色金属加工厂建筑场地方格网一部分如图2-7(a)所示,方格网边长 $a=20$ m,试用方格网法计算总挖、填方土量。

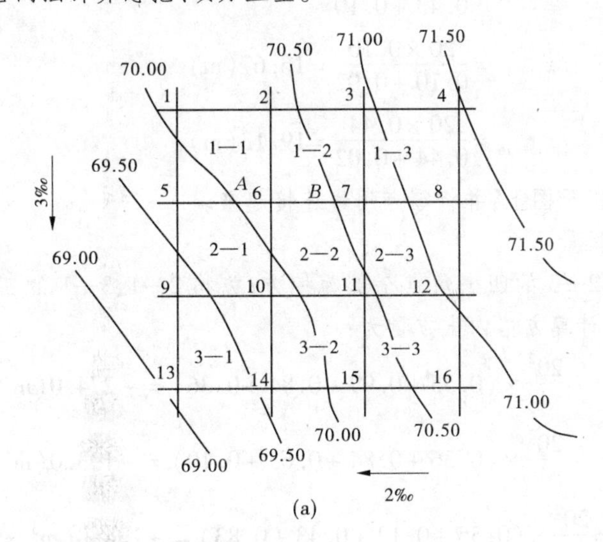

(a)

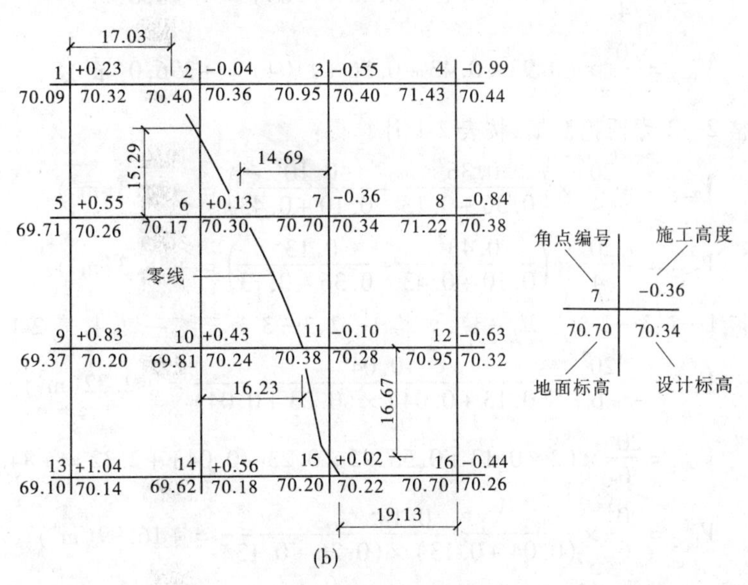

(b)

图2-7 例2-1图

解 1. 计算零点位置线

从图中可知1—2、2—6、6—7、10—11、11—15、15—16六条方格网边两端的施工高度符号不同,表明在此方格边上有零点存在。

$$x_{1-2}=\frac{20\times0.23}{0.23+0.04}=17.04(\text{m})$$

$$x_{2-6}=\frac{20\times0.13}{0.13+0.04}=15.29(\text{m})$$

$$x_{6-7}=\frac{20\times0.36}{0.36+0.13}=14.69(\text{m})$$

$$x_{10-11}=\frac{20\times0.43}{0.43+0.10}=16.23(\text{m})$$

$$x_{11-15}=\frac{20\times0.10}{0.10+0.02}=16.67(\text{m})$$

$$x_{15-16}=\frac{20\times0.44}{0.44+0.02}=19.13(\text{m})$$

将各零点坐标标于图上,并将零点用线连接起来。

2. 计算土方工程量

(1)方格1—3、2—3的四个角点全部为挖方;方格2—1、3—1的四个角点全部为填方,按表2-1中公式计算方格内土方量为:

$$V_{1-3}^{-}=-\frac{20^2}{4}\times(0.55+0.99+0.84+0.36)=-274.0(\text{m}^3)$$

$$V_{2-3}^{-}=-\frac{20^2}{4}\times(0.36+0.84+0.63+0.10)=-193.0(\text{m}^3)$$

$$V_{2-1}^{+}=\frac{20^2}{4}\times(0.55+0.13+0.43+0.83)=+194.0(\text{m}^3)$$

$$V_{3-1}^{+}=\frac{20^2}{4}\times(0.93+0.43+0.56+1.04)=+296.0(\text{m}^3)$$

(2)方格2—2为两挖两填,按表2-1计算得:

$$V_{2-2}^{-}=-\frac{20^2}{4}\times\left(\frac{0.36^2}{0.36+0.13}+\frac{0.10^2}{0.10+0.43}\right)=-28.3(\text{m}^3)$$

$$V_{2-2}^{+}=-\frac{20^2}{4}\times\left(\frac{0.43^2}{0.10+0.43}+\frac{0.13^2}{0.36+0.13}\right)=+38.3(\text{m}^3)$$

(3)方格1—1、3—2为三填一挖,方格1—2、3—3为三挖一填,按表2-1计算得:

$$V_{1-1}^{-}=-\frac{20^2}{6}\times\frac{0.04^2}{(0.13+0.04)\times(0.23+0.04)}=-2.32(\text{m}^3)$$

$$V_{1-1}^{+}=\frac{20^2}{6}\times(2\times0.13+0.55+2\times0.23-0.04)+2.32=+84.32(\text{m}^3)$$

$$V_{1-2}^{+}=\frac{20^2}{6}\times\frac{0.13^2}{(0.04+0.13)\times(0.36+0.13)}=+16.99(\text{m}^3)$$

$$V_{1-2}^{-}=-\left[\frac{20^2}{6}\times(2\times0.04+0.55+2\times0.36-0.13)+16.99\right]=-98.32(\text{m}^3)$$

$$V_{3-2}^{-} = -\frac{20^2}{6} \times \frac{0.10^2}{(0.02+0.10)\times(0.43+0.10)} = -10.48(\text{m}^3)$$

$$V_{3-2}^{+} = \frac{20^2}{6} \times (2\times0.02+0.56+2\times0.43-0.10)+10.48 = +101.15(\text{m}^3)$$

$$V_{3-3}^{+} = \frac{20^2}{6} \times \frac{0.02^2}{(0.10+0.02)\times(0.44+0.02)} = +0.48(\text{m}^3)$$

$$V_{3-3}^{-} = -\left[\frac{20^2}{6} \times (2\times0.10+0.63+2\times0.44-0.02)+0.48\right] = -113.15(\text{m}^3)$$

(4)将计算出的土方量填入图示相应的方格中，如图 2-7(b)场地挖填方土量汇总为：

总挖方量

$$\sum V^{+} = 84.32+16.99+194.0+296.0+38.3+101.15+0.48 = 731.24(\text{m}^3)$$

总填方量

$$\sum V^{-} = 2.32+98.32+274.0+193.0+28.3+10.48+113.15 = 719.57(\text{m}^3)$$

2.2.1.2　断面法

断面法是将计算场地划分成若干断面后逐段计算，最后将逐段计算结果汇总。断面法计算精度较低，可用于地形起伏变化较大、断面不规则的场地。

二维资料 2.5

沿场地的纵向或相应方向取若干个相互平行的断面(可利用地形图定出或实地测量定出)，将所取的每个断面(包括边坡)划分成若干个三角形和梯形，如图 2-8 所示。对于某一断面，其中三角形和梯形的面积为：

$$A_1 = \frac{h_1}{2}d_1; \quad A_2 = \frac{h_1+h_2}{2}d_2; \quad A_n = \frac{h_n}{2}d_n \tag{2-9}$$

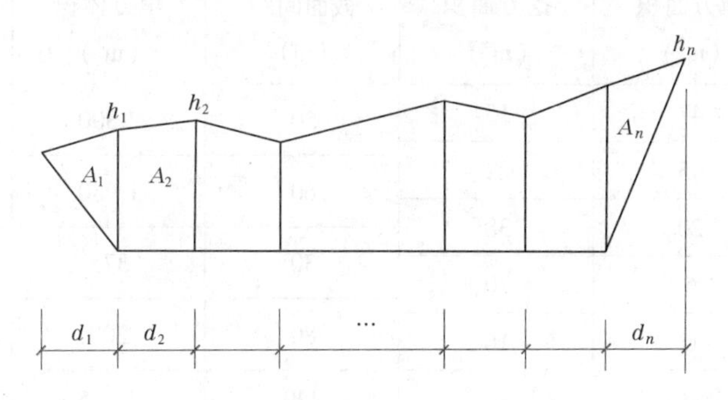

图 2-8　断面法示意图

则该断面面积为：

$$S_i = A_1 + A_2 + \cdots + A_n$$

若 $d_1 = d_2 = \cdots = d_n = d$，则：

$$S_i = d(h_1 + h_2 + \cdots + h_{n-1}) \tag{2-10}$$

求出各个断面面积后，即可计算土方体积。设各断面面积分别为 $S_1, S_2, \cdots, S_n$，相邻两端面之间的距离依次为 $l_1, l_2, \cdots, l_{n-1}$，则所求土方体积为：

$$V = \frac{S_1 + S_2}{2} l_1 + \frac{S_2 + S_3}{2} l_2 + \cdots + \frac{S_{n-1} + S_n}{2} l_{n-1} \tag{2-11}$$

用断面法计算土方量，边坡土方量已包括在内。

【例2-2】 场地平整如图2-9所示，已知AA'、BB'、CC'、DD'、EE'截面的填方面积分别为47 m²、45 m²、20 m²、5 m²、0 m²，挖方面积分别为15 m²、22 m²、38 m²、20 m²、16 m²，各截面间距以m为单位，试用断面法求该地段的总挖、填方土量。

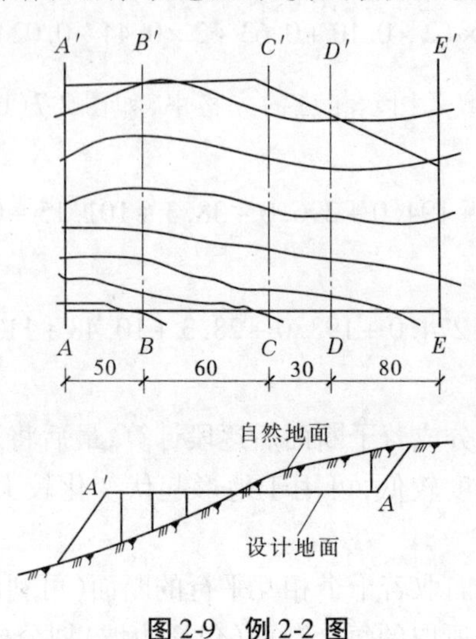

图2-9 例2-2图

解 利用公式(2-11)计算，以表格形式计算，见表2-2。

表2-2 例2-2计算总挖、填方量

截面	填方面积（m²）	挖方面积（m²）	截面间距（m）	填方体积（m³）	挖方体积（m³）
AA'	47	15	50	2 300	925
BB'	45	22	60	1 950	1 800
CC'	20	38	30	375	870
DD'	5	20	80	200	1 440
EE'	0	16			
合计			220	4 825	5 035

2.2.2 土方调配

土方调配，就是对挖出来的土需运到何处，填方的土需取自何方，进行统筹安排。在场地土方工程量计算完成后，即可着手土方的调配工作。好的土方调配方案，应该使土方的运输量或费用最少，而且便于施工，从而可以缩短工期、降低成本。

2.2.2.1 土方调配原则

(1)应力求达到挖方与填方基本平衡和考虑就近调配的原则。应根据场地和周围地形条件综合考虑,必要时可在填方区周围就近借土,或在挖方区周围就近弃土,而不是只局限于场地以内的挖、填平衡,这样才能降低工程成本。

(2)应考虑近期施工与后期利用相结合的原则。当工程分期分批施工时,先期工程的土方余额,应结合后期工程的需求而考虑其利用量与堆放位置,以便就近调配,以避免重复挖运和场地混乱。

(3)应尽可能与大型地下建筑物的施工相结合。大型建筑物位于填方区时,应将开挖的部分土体予以保留,待基础施工后再进行填土,以避免土方重复挖、填和运输。

2.2.2.2　**编制土方调配方案**

二维资料2.6

土方调配方案的编制,应根据施工场地地形及地理条件,把挖方区和填方区划分成若干个调配区,计算各调配区的土方量,并计算每对挖、填方区之间的平均运距,然后确定挖方各调配区的土方调配方案。土方调配的最优方案,应使土方总运输量最小或土方运输费用最少,工期短,成本低,而且便于施工。

调配方案确定后,绘制土方调配图,如图2-10所示。在土方调配图上要注明挖填调配区、调配方向、土方数量和每对挖、填之间的平均运距。图中的土方调配,仅考虑场内挖方和填方的平衡,W表示挖方,T表示填方。

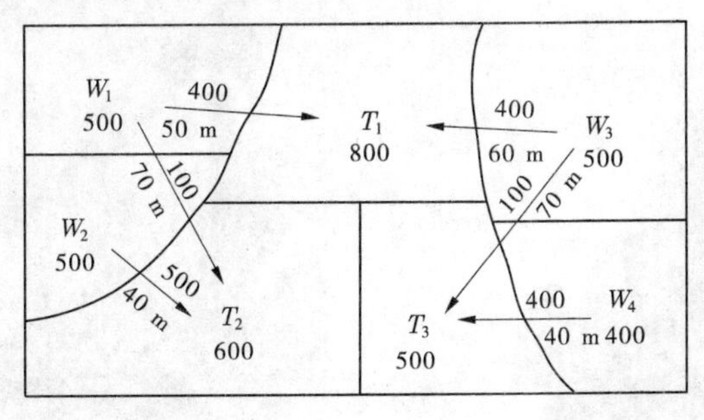

图2-10　土方调配图

2.2.3　施工机械选型计算

土方机械是安排土方施工的关键步骤,所有土方施工方案中的计算量最终都要归结为安排机械数量及开行方式上。土方机械主要分为两大类,一类是挖土机械,另一类是运土机械。对于运土机械而言,大多是通用的自卸卡车,不但可以运土,而且可以运送物资和人员,所以本书不再赘述。对于挖土机械,主要讨论对象是挖掘机,配合施工的还有推土机和装载机。挖掘机在土方施工中也叫挖土机,根据土斗装置分为正铲、反铲、抓铲和拉铲四种形式,施工中最常用的是反铲挖土机。

2.2.3.1　**推土机**

二维资料2.7

推土机是土方工程施工的主要机械之一,按照行走的方式,可分为履带式和轮胎式。履带式推土机附着力强,爬坡性能好,适应性强,但行走过后对路面的破坏较大。T－L180型推土机外形如图2-11所示。推土机适用于场地清理和平整,可推挖一至三类土,经济运距在

100 m 以内,效率最高的运距在 40 ~60 m。

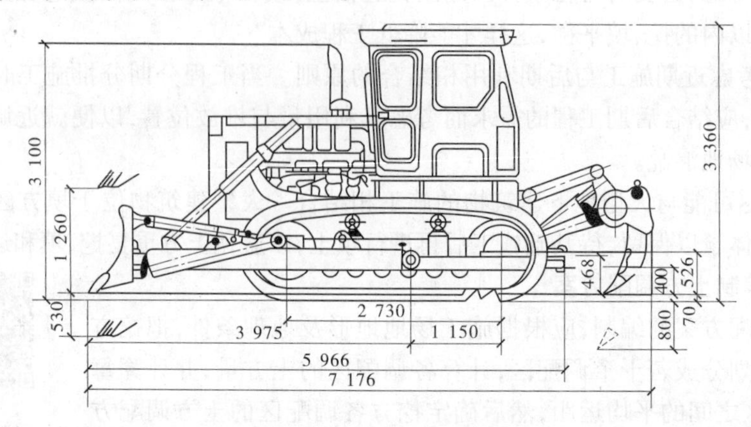

图 2-11　T－L180 型推土机外形

2.2.3.2　单斗挖土机

单斗挖土机在土方工程中应用较多,按其工作装置的不同,分为正铲、反铲、拉铲、抓铲 4 种,如图 2-12 所示。

(a) 正铲　(b)反铲

(c) 拉铲　(d)抓铲

图 2-12　单斗挖土机

二维资料2.8

1. 正铲挖土机

正铲挖土机的铲斗向上,由于液压装置和自身形状特点，适用于开挖停机面以上的土。处于停机面以下的土体难以被此种挖土机开挖。由于其挖掘力大且能挖掘爆破后的岩石及冻土,所以常被用来平整场地。

2. 反铲挖土机

反铲挖土机主要用于开挖停机面以下的土体,在开挖深度为3~5 m时,最为经济有效。此类挖土机也能开挖停机面以上的土体,由于向上开挖时,土体先是掉落在地面,然后需要再一次挖进土斗,才能进行装运,所以在此种情形下,不如正铲挖土机的效率高。反铲挖土机的适应性强,而正铲挖土机几乎不可能挖停机面以下的土体,故反铲挖土机的使用量要远大于正铲挖土机。反铲挖土机与运输车辆配合得更顺利,特别是在卸土的环节上,反铲挖土机具有绝对的优势。

二维资料2.9

3. 抓铲挖土机

抓铲挖土机的土斗是封闭式的,能够更准确地定位开挖。牵引铲斗的绳索能够自由伸缩是拉铲挖土机的一大优势。当深基坑即将开挖完成时,若用反铲挖土机,其起重臂长度不足,此时拉铲挖土机显示出了明显的臂展优势。但值得一提的是,此类挖土机的土斗与起重臂是软性连接,起重臂不能传递巨大的力量到土斗上。在削切土体等作业上,抓铲挖土机就明显表现出了挖掘力不足的情况。

二维资料2.10

4. 拉铲挖土机

拉铲挖土机在形式上比抓铲挖土机多了一根钢索,土斗的方向更容易控制。但削切的力度跟抓铲挖土机相比,并无太大差别,仅使得削切的角度更加精确而已,此种挖土机在施工中最少见。

二维资料2.11

2.2.3.3 装载机

装载机是铲装、运输和倾斜物料的铲土运输机械,如图2-13所示。其操作灵活,回转移位方便、行驶速度快,主要用于短距离装卸松散物料,在工程上得到广泛应用。

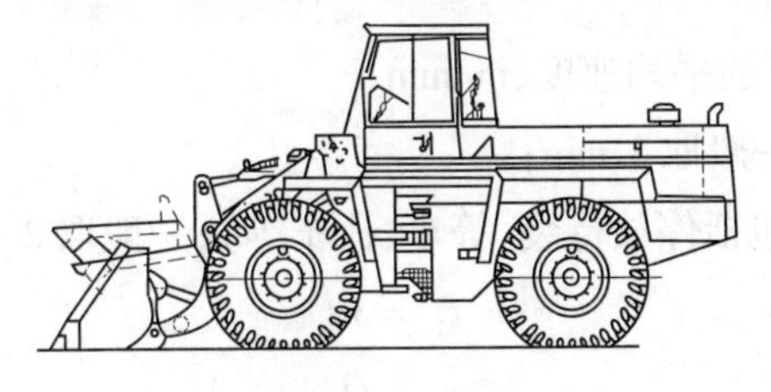

图2-13 装载机

2.2.3.4 机械选型计算

主要介绍单斗挖土机及运土车辆的选型计算。

1. 挖土机数量 N 的确定

挖土机数量 N 用下式确定:

$$N = \frac{Q}{P}\frac{1}{TCK} \tag{2-12}$$

式中 Q——开挖土方量，m^3；

P——挖土机生产效率，m^3/台班；

T——工期，d；

C——每天工作班数；

K——时间利用系数，一般取0.8～0.9；

2. 单斗挖土机生产效率 P 的确定

单斗挖土机生产效率 P 用下式计算：

$$P = \frac{8 \times 3\ 600}{t} q \frac{K_c}{K_s} K_B \tag{2-13}$$

式中 q——单斗挖土机斗容量，m^3；

t——挖土机每斗作业循环时间，s，由机械性能决定，如W1－100正铲挖土机为25～40 s，W1－100拉铲挖土机为45～60 s；

K_c——土斗的充盈系数，可取0.8～1.1；

K_s——土的最初可松性系数，$K_s = V_{土开挖后}/V_{土开挖前}$；

K_B——时间利用系数，一般取0.6～0.8。

3. 运土车辆的数量 N_1 的确定

运土车辆的数量 N_1 用下式计算：

$$N_1 = \frac{T_1}{t_1} \tag{2-14}$$

式中 T_1——运土车辆每运一车土的循环时间，min；

t_1——运土车辆每车装土时间，min。

$$T_1 = t_1 + \frac{2l}{V_c} + t_2 + t_3 \tag{2-15}$$

式中 l——运土距离，m；

V_c——重车与空车的平均速度，m/min；

t_2——卸土时间，一般取1 min；

t_3——操纵时间（包括停放待装、等车、让车等），一般取2～3 min。

$$t_1 = nt$$

$$n = \frac{Q_1}{q\dfrac{K_c}{K_s}\gamma} \tag{2-16}$$

式中 n——运土车辆每车装土次数；

Q_1——运土车辆的载重量，t；

γ——实土表观密度，t/m^3，一般取1.7 t/m^3。

2.3 物资和劳动组织准备

【任务导入】

材料、构(配)件、制品、机具和设备是保证施工顺利进行的物资基础,这些物资的准备工作必须在工程开工之前完成。根据各种物资的需要量计划,分别落实货源,安排运输和储备,使其满足连续施工的要求。

2.3.1 施工物资准备

2.3.1.1 物资准备工作的内容

物资准备工作主要包括建筑材料的准备,构(配)件和制品的加工准备、建筑安装机具的准备和生产工艺设备的准备。

(1)建筑材料的准备。建筑材料的准备主要是根据施工预算进行分析,按照施工进度计划要求,按材料名称、规格、使用时材料储备定额和消耗定额进行汇总,编制出材料需要量计划,为组织备料、确定仓库、场地堆放和组织运输等提供依据。

(2)构(配)件和制品的加工准备。根据施工预算提供的构(配)件和制品的名称、规格、质量和消耗量,确定加工方案和供应渠道,以及进场后的储存地点和方式,编制出其需要量计划,为组织运输、确定堆场面积等提供依据。

(3)建筑安装机具的准备。根据采用的施工方案,安排施工进度,确定施工机械的类型、数量,确定施工机具的供应办法和进场后的存放地点和方式,编制建筑安装机具的需要量计划,为组织运输、确定堆场面积等提供依据。

二维资料 2.12

(4)生产工艺设备的准备。按照拟建工程生产工艺流程及工艺设备的布置图,提出工艺设备的名称、型号、生产能力和需要量,确定分期分批进场时间和保管方式,编制工艺设备需要量计划,为组织运输、确定堆场面积提供依据。

2.3.1.2 物资准备工作的程序

物资准备工作的程序是做好物资准备工作的重要手段,通常按如下程序进行:

(1)根据施工预算、分部(项)工程施工方法和施工进度的安排,拟订国拨材料、统配材料、地方材料、构(配)件及制品、施工机具和工艺设备等物资的需要量计划。

(2)根据各种物资需要量计划,组织货源,确定加工、供应地点和供应方式,签订物资供应合同。

(3)按照施工总平面图的要求,组织物资按计划时间进场,在指定地点,按规定方式进行储存或堆放。

2.3.2 劳动组织准备

劳动组织准备的范围既有整个建筑施工企业的劳动组织准备,又有大型综合的拟建建设项目的劳动组织准备,以及小型简单的拟建单位工程的劳动组织准备。这里仅以一个拟建工程项目为例,说明其劳动组织准备工作的内容。

2.3.2.1　**建立拟建工程项目的领导机构**

施工组织机构的建立应遵循以下原则:根据拟建工程项目的规模、结构特点和复杂程度,确定拟建工程项目施工的领导机构人选和名额;坚持合理分工与密切协作相结合;把有施工经验、有创新精神、有工作效率的人选入领导机构;认真执行因事设职、因职选人的原则。

2.3.2.2　**建立精干的施工队组**

施工队组的建立要认真考虑专业、工种的合理配合,技工、普工的比例要满足合理的劳动组织,要符合流水施工组织方式的要求,确定建立施工队组(是专业施工队组,或是混合施工队组),要坚持合理、精干的原则,同时制订出该工程的劳动力需要量计划。

2.3.2.3　**集结施工力量、组织劳动力进场**

工地的领导机构确定之后,按照开工日期和劳动力需要量计划,组织劳动力进场。同时要进行安全、防火和文明施工等方面的教育,并安排好职工的生活。

二维资料2.13

2.3.2.4　**向施工队组、工人进行施工组织设计、计划和技术交底**

向施工队组和工人讲解交代,这是落实计划和技术责任制的好办法。

施工组织设计、计划和技术交底的时间在单位工程或分部分项工程开工前及时进行,以保证工程严格地按照设计图纸、施工组织设计、安全操作规程和施工验收规范等要求进行施工。

施工组织设计、计划和技术交底的内容有:工程的施工进度计划、月(旬)作业计划;施工组织设计,尤其是施工工艺;质量标准、安全技术措施、降低成本措施和施工验收规范的要求;新结构、新材料、新技术和新工艺的实施方案和保证措施;图纸会审中所确定的有关部位的设计变更和技术核定等事项。交底工作应该按照管理系统逐级进行,由上而下直到工人队组。交底的方式有书面形式、口头形式和现场示范形式等。

队组、工人接受施工组织设计、计划和技术交底后,要组织其成员进行认真的分析研究,弄清关键部位、质量标准、安全措施和操作要领。必要时应该进行示范,并明确任务及做好分工协作,同时建立健全岗位责任制和保证措施。

2.3.2.5　**建立健全各项管理制度**

工地的各项管理制度是否建立、健全,直接影响其各项施工活动的顺利进行。有章不循的后果是严重的,而无章可循更是危险的,为此必须建立健全工地的各项管理制度。通常内容包括:工程质量检查与验收制度;工程技术档案管理制度;建筑材料(构件、配件、制品)的检查验收制度;技术责任制度;施工图纸学习与会审制度;技术交底制度;职工考勤、考核制度;工地及班组经济核算制度;材料出入库制度;安全操作制度;机具使用保养制度。

【知识/应用拓展】

施工场外准备工作

施工准备除了施工现场内部的准备工作外,还有施工现场外部的准备工作。其具体内容如下:

1. 材料的加工和订货

建筑材料、构(配)件和建筑制品大部分均必须外购,工艺设备更是如此。如何与加工部门、生产单位联系,签订供货合同,对施工企业的正常生产是非常重要的;协作项目也是这样,除要签订议定书外,还必须做大量有关方面的工作。

2. 做好分包工作和签订分包合同

由于施工单位本身的力量所限,有些专业工程的施工、安装和运输等均需要向外单位委托。根据工程量、完成日期、工程质量和工程造价等内容,与其他单位签订分包合同,保证按时实施。

3. 向上级提交开工申请报告

当材料的加工和订货及分包工作和签订分包合同等施工场外的准备工作做好后,应该及时填写开工申请报告,并报上级批准。

思考与练习

一、填空题

1. 熟悉、审查图纸的程序通常分为自审阶段、会审阶段、__________。

2. 场地平整前,首先要确定场地__________,计算挖、填土方工程量,确定土方调配方案,组织人力物力进行平整工作。

3. 挖掘机在土方施工中也叫挖土机,根据土斗装置分为正铲、反铲、__________和拉铲四种形式。

二、单项选择题

1. 在施工现场的图纸修改、技术核定和设计变更资料,都要有正式的文字记录,归入拟建工程施工档案,作为指导施工、竣工验收和(　　)的依据。

A. 工程结算　B. 工程决算　C. 工程概算　D. 工程预算

2. 断面法是沿场地的纵向或相应方向取若干个相互平行的断面,将所取的每个断面划分成若干个三角形和(　　)。

A. 梯形　B. 矩形　C. 扇形　D. 圆形

3. 物资准备工作主要包括建筑材料的准备、构(配)件和建筑制品的加工准备、建筑安装机具的准备和(　　)的准备。

A. 生产工艺设备　B. 生产制造设备　C. 生产动力设备　D. 生产通信设备

三、判断题

1. 设计图纸的会审阶段,一般由设计单位主持。　(　　)

2. 方格网法用于地形较平缓或台阶宽度较大的地段,计算方法较为简单。　(　　)

3. 正铲挖土机的铲斗向上,由于液压装置和自身形状特点,适用于开挖停机面以下的土。　(　　)

四、简答题

1. 试述土方工程的特点,进行土方规划时应考虑什么原则?
2. 土方量计算的基本方法有哪些?
3. 试述场地单向、双向泄水坡度土方量和边坡土方量的计算方法。
4. 土方调配应遵循哪些原则?调配区如何划分?如何确定平均运距?
5. 常用的土方机械有哪些?试论述其工作特点和适用范围。

项目3　基坑工程施工

【知识目标】

1. 掌握基坑降水的设计过程与施工工艺。
2. 了解基坑开挖机械和开挖工艺。
3. 掌握基坑支护结构施工方法。
4. 了解验槽的主要内容和方法。
5. 了解土方填筑和压实工艺。

【能力目标】

1. 能够明确识读井点降水专项施工方案。
2. 能够清晰识读基坑支护专项施工方案。

【知识脉络图】

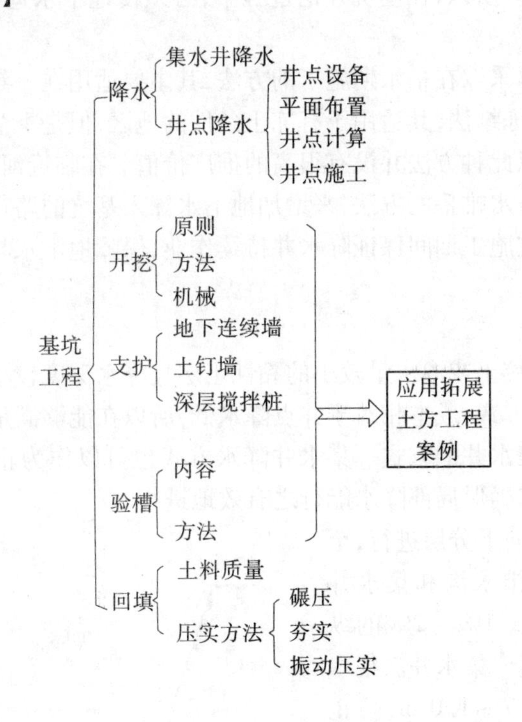

3.1　基坑降水设计与施工

【任务导入】

随着建筑行业经济与技术力量的发展，进入21世纪后，高层建筑成为民用建筑中新

建工程的主流。由于我国面积较大,各地气候不同,对于施工条件的要求也不尽相同。高层建筑在最初的基坑开挖过程中,人工降水作业是非常必要的,主要原因是开挖地面已经低于自然条件下的地下水位,即便是在地下水已经严重超采的华北地区也是如此。

除了地下水的影响外,雨水也同样会对工程施工产生影响,特别是基坑施工。雨水会通过两条路径影响施工:一方面,在降雨过程中,由于基坑顶部没有遮挡结构,雨水就直接灌入基坑内部,侵蚀边坡和基坑底部,而与雨水接触的恰恰是开挖面上被扰动的土体,结构极不稳定,所以在雨天防止基坑存水和及时抽水排水是必须考虑的工况;另一方面,雨水通过补给地表水和地下水对基坑造成间接的影响。

3.1.1 地下水位控制方法

在没有地下水排水措施的情况下,地下水会源源不断地渗入基坑内部,基坑表面的放坡和基坑底面会在浸泡中逐渐失去稳定性。若开挖过程中遇到承压水层,承压水会顺势击破坑底覆土层,直接冲破基坑,严重的情况下会带来灾难性的后果。当所开挖地区土质为细砂或粉砂层,土颗粒会不断地从基坑表面冒出,这种现象称为“流砂”。其根本原因是动水压力大于土的浮容重,导致土颗粒处于悬浮状态。逐渐发展下去,会造成周边建筑开裂、倾斜、沉降甚至倒塌。所以,在基坑开挖过程中,必须使地下水远离基坑,维护基坑的稳定。

为了控制地下水,可以采取在枯水期施工的方法,其主要适用在一年四季降水量变化较大的地区。也可以采用冻结法,其适用于有冻土条件的地区,但是季节性冻土的地基处理是土方施工的难题,所以此种方法并没有很高的推广价值。在临近河流、湖泊、沼泽、湿地、海洋等地区适合采用止水帷幕的方法,来增加地下水深入基坑的路径。工程中最常用的方法是井点降水,在基坑施工期间保证降水井持续作业,保障地下水与基坑的距离。

3.1.2 集水井降水

集水井降水适用于粗粒土或渗水量较小的黏性土层且降水深度较小的情况。由于集水井降水属于重力降水的方式,成本相对于井点降水低,所以在能够满足安全性与功能性要求的前提下,尽量选择集水井的方式。集水井降水方式也可以作为止水帷幕工法和井点降水工法的辅助方法,来确保局部降水能行之有效地进行。

当基坑土方开挖持续向下分层进行,至每一层底部时,即可开挖排水沟和集水井(见图3-1)。排水沟要设置1‰~2‰的纵向坡度,保证水流顺利地流向集水井。集水井要低于每层基坑底部0.7~1.0 m,防止井内存水回流至排水沟。正常情况下,排水沟布置在放坡面与基坑坑底的交界处,集水井则布置在排水沟水平位置较低的一端。若基坑面积较大,也可在每层坑底中央位置加设排水沟,这些排水沟一般作为盲沟。

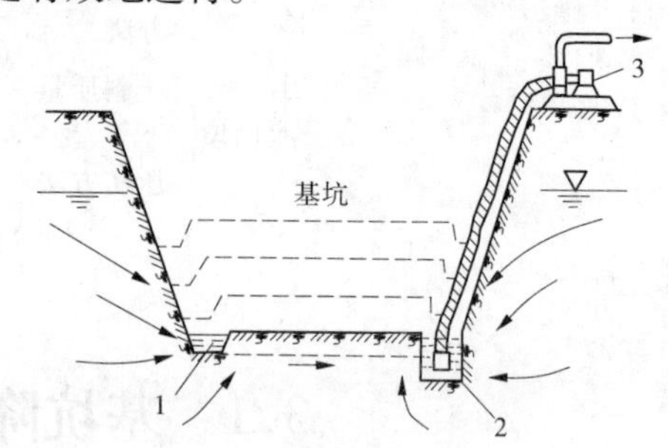

1—排水沟;2—集水井;3—水泵

图3-1 明沟、集水井排水方法

现如今多数新建建筑为高层建筑,全部采用集水井排水的工程较为少见。但作为辅助工法,仍然是必不可少的。当新建工程在基坑开挖前已经做好止水帷幕时,若采用井点降水不但会浪费财力,更会浪费打井所消耗的时间。在此情况下,可采用效率更高的集水井降水,与止水帷幕相结合,不但能有效地降低地下水位,而且能够明显缩短工期。

当采用环形井点降水做大基坑降水时,基坑中心区域处于井点管影响半径的外边缘,若局部采用集水井相结合的方法,可有效地提高降水效率,维护基坑的安全稳定。

3.1.3　井点降水

井点有两大类:轻型井点和深井井点。轻型井点又可分为一般轻型井点、多级轻型井点、喷射井点、电渗井点。在民用建筑工程中,轻型井点降水最为广泛。轻型井点的管路组成部分包括滤管、井点管、弯联管和集水总管等。

轻型井点系统需要多种设备,除最主要的管路系统外,需要抽水设备及提供动力的电源、埋设井点管的水源、连接地面和外界的排水通道(排水沟)。

降水方案中需要计算基坑的总用水量、所需井点管的数量、井点管的规格、滤管的埋深、井点管的平面布置等内容。井点管的数量及规格显示在采购单中,以便提前采购备用。而井点管的深度是确定最终降水的高度的关键因素,也是准备埋管设备及机械的重点参考数据,用来确定设备机具的规格与数量。井点管的平面布置确定后,就可安排埋设顺序,规划机械设备走行路线。围绕井点管的各个属性,通过倒推可以确定设备采购、工人数量、施工顺序、计量造价等,所以井点管的计算是确定降水方案的重点内容。

井点降水即在基坑土方开挖之前,在基坑四周预先埋设一定数量的滤水管(井),在基坑开挖前和开挖过程中,利用抽水设备不断抽出地下水,使地下水位降到坑底以下,直至土方和基础工程施工结束,如图 3-2 所示。

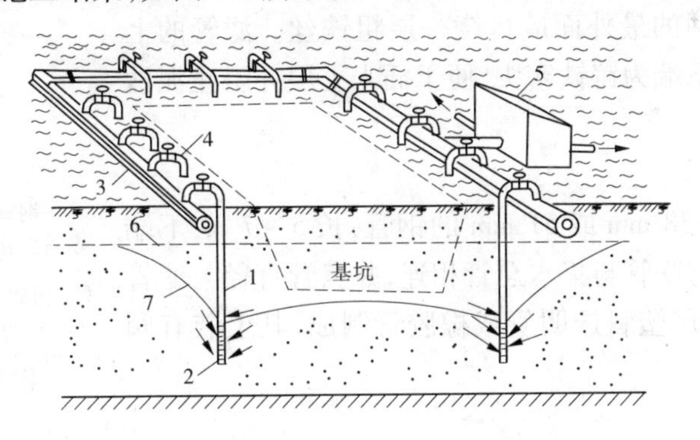

1—井点管;2—滤管;3—集水总管;4—弯联管;
5—水泵房;6—原地下水位线;7—降低后水位线

图 3-2　轻型井点法

井点降水可使基坑始终保持干燥状态,从根本上消除了流砂现象;降低地下水位后,由于土体固结,密实度提高,增加了地基土的承载能力,同时基坑边坡也可陡些,减少土方的开挖量。

对不同的土质应采用不同的降水形式,见表 3-1。其中,轻型井点应用最为广泛。

表 3-1　降水类型及适用条件

井点类型	适用条件	
	土层渗透系数(cm/s)	降低水位深度(m)
一般轻型井点	$10^{-5} \sim 10^{-2}$	3 ~ 6
多级轻型井点	$10^{-5} \sim 10^{-2}$	6 ~ 12
喷射井点	$10^{-6} \sim 10^{-3}$	8 ~ 20
电渗井点	$<10^{-6}$	宜配合其他降水类型使用
深井井点	$\geqslant 10^{-5}$	>10

3.1.3.1　轻型井点的设备

真空井点系统由滤管、井点管、弯联管、集水总管和抽水设备等组成。

1. 滤管

滤管为进水设备,其构造如图 3-3 所示。滤管通常采用长 1.0 ~ 1.5 m、直径 38 mm 或 51 mm 的无缝钢管,管壁上有直径为 12 ~ 18 mm 的呈梅花状排列的渗水孔,为使吸水通畅,避免滤孔淤塞,管壁外设两层滤网,内层细滤网宜采用 30 ~ 80孔/cm^2的金属网或尼龙网,外层粗滤网宜采用 3 ~ 10孔/cm^2的金属网或尼龙网;在管壁与滤网之间应采用铁丝绕成螺旋形隔开,滤网的最外面应再绕一层粗铁丝。滤管的上端与井点管相连,下端为铸铁塞头,便于插入土层并阻止泥沙进入。

1—钢管;2—管壁上的小孔;3—塑料管;4—细滤网;5—粗滤网;6—粗铁丝保护网;7—井点管;8—铸铁头

图 3-3　滤管构造

2. 井点管

井点管为直径 38 mm 或 51 mm 的钢管,长 5 ~ 7 m,下端连接滤管,上端用弯联管与集水总管相连,井点管直径与滤管相同。弯联管一般用塑料透明管或橡胶管制成,其上装有阀门,以便调节或检修。

3. 集水总管

集水总管一般用直径 75 ~ 110 mm 的钢管分节连接,每节长 4 m,每隔 0.8 ~ 2.0 m 设一个连接井点管的接头。

4. 抽水设备

常用的抽水设备有真空泵、射流泵和隔膜泵。

二维资料 3.1

3.1.3.2　轻型井点的布置

轻型井点布置应根据基坑平面形状与大小、地质和水文情况、工程性质、降水深度等而定。

1. 平面布置

当基坑(槽)宽度小于6 m,且降水深度不超过6 m时,可采用单排井点,布置在地下水上游一侧;两侧的延伸长度不小于坑槽宽度,如图3-4所示。

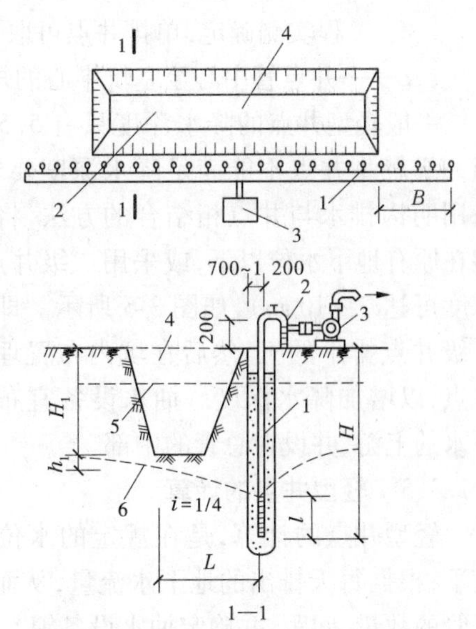

1—井点管;2—集水总管;3—抽水设备;4—基坑;5—原地下水位;6—降水后水位;B—开挖基坑上口宽度

图3-4 单排井点布置 (单位:mm)

当基坑(槽)宽度大于6 m,或土质不良,渗透系数较大时,宜采用双排井点,布置在基坑(槽)的两侧。

当基坑面积较大时,宜采用环形井点,如图3-5所示。挖土运输设备出入道可不封闭,间距可达4 m,一般留在地下水下游方向。

井点管距坑壁不应小于1.0~1.5 m,距离太小,易漏气。井点间距一般为0.8~2.0 m。集水总管标高宜尽量接近地下水位并沿抽水水流方向有0.25%~0.5%的上仰坡度。

2. 高程布置

井点管露出地面高度,一般取0.2~0.3 m。井点管的入土深度应根据降水深度及储水

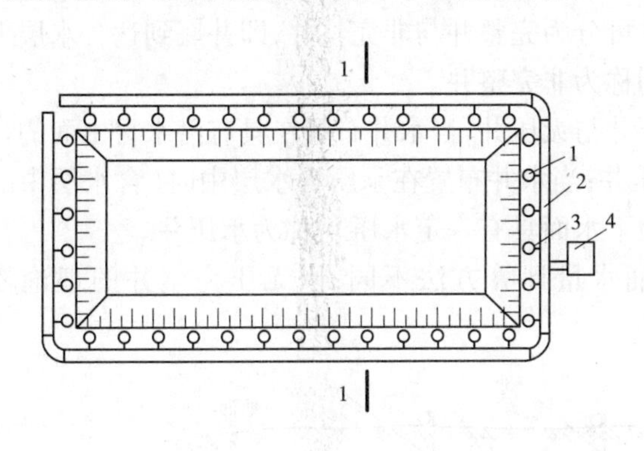

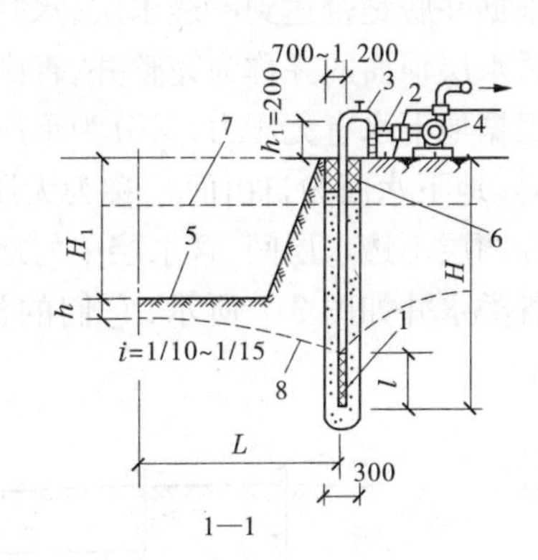

1—井点管;2—集水总管;3—弯联管;4—抽水设备;5—基坑底面;6—井点管黏土封口;7—原地下水位;8—降水后水位

图3-5 环形井点布置 (单位:mm)

层所在位置决定,但必须将滤水管埋入含水层内,井点管的埋置深度亦可按下式计算:

$$H \geqslant H_1 + h + iL \tag{3-1}$$

式中 H——井点管的埋置深度,m;

H_1——井点管埋设面至基坑底面的距离,m;

h——基坑中央最深挖掘面至降水曲线最高点的安全距离,m,一般为0.5~1.0 m,人工开挖取下限,机械开挖取上限;

i——降水曲线坡度,与土层渗透系数、地下水流量等因素有关,根据扬水试验和工

程实测确定，单排井点可取1/4，双排井点可取1/7，环形井点取1/10；

L——井点管中心至基坑中心的短边距离m。

一般轻型井点的降水深度只有5.5～6 m。当一级轻型井点不能满足降水深度要求时，可采用明沟排水与井点相结合的方法，将总管安装在原有地下水位以下，或采用二级井点（降水深度可达7～10 m），如图3-6所示。即先挖去一级井点排干的土，然后在坑内布置埋设二级井点，以增加降水深度。抽水设备宜布置在地下水的上游，并设在总管的中部。

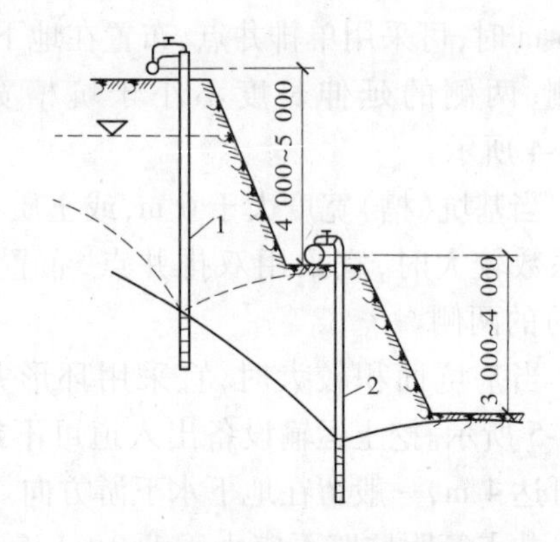

1—一级井点降水；2—二级井点降水

图3-6　二级井点降水示意图　（单位：mm）

3.1.3.3　轻型井点的计算

轻型井点的计算，是在规定的水位降低深度下，根据每天排出的地下水流量，从而确定井点管的数量、间距，并确定抽水设备等。

1. 涌水量的计算

井点系统涌水量受水文地质和井点设备等诸多不易确定因素的影响，要想计算出准确的结果十分困难。根据工程实践积累的经验资料分析，按水井理论进行计算，比较接近实际。

根据井底是否达到不透水层，水井可分为完整井与非完整井，即井底到达含水层下面的不透水层顶面的井称为完整井，否则称为非完整井。

根据地下水有无压力，又分为承压井与无压井，当水井布置在具有潜水自由面的含水层中时（地下水面为自由面），称为无压井；当水井布置在承压含水层中时（含水层中的水充满在两层不透水层间，含水层中的地下水面具有一定水压），称为承压井。

各类水井如图3-7所示，它们的涌水量计算方法不同，以无压完整井的理论较为完善。

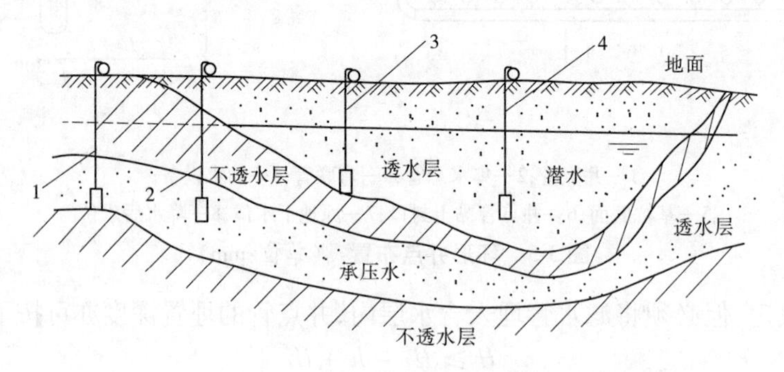

1—承压完整井；2—承压非完整井；3—无压完整井；4—无压非完整井

图3-7　水井的分类

对于无压完整井的环形井点系统，涌水量计算公式为：

$$Q = 1.366K\frac{(2H-s)s}{\lg R-\lg x_0} \tag{3-2}$$

$$R = 1.95s\sqrt{HK} \tag{3-3}$$

式中 Q——井点系统的涌水量，m^3/d；

K——土的渗透系数，m/d；

H——含水层厚度，m；

s——水位降低值，m；

R——抽水影响半径，m；

x_0——环形井点系统的假想半径，m。

对于矩形基坑，当其长宽比不大于5时，可以将环形井点系统围成的不规则平面形状转化成一个假想半径为 x_0 的圆井计算，计算结果符合工程要求，即

$$x_0 = \sqrt{\frac{F}{\pi}} \tag{3-4}$$

式中 F——环形井点系统包围的面积，m^2。

对于无压非完整井的环形井点系统，涌水量计算公式仍可采用式(3-2)，此时，仅将式中 H 换成有效含水深度 H_0。H_0 可查表3-2确定，当算得的 H_0 大于实际含水层的厚度 H 时，则仍取 H 值。

表3-2 抽水影响深度 H_0

$s'/(s'+l)$	0.2	0.3	0.5	0.8
H_0	$1.2(s'+l)$	$1.5(s'+l)$	$1.7(s'+l)$	$1.85(s'+l)$

注：s' 为井点管中水位降低值；l 为滤管长度。对于 $s'/(s'+l)$ 的中间值可采用插入法求 H_0。

对于承压完整井的环形井点系统，涌水量计算公式为

$$Q = 2.73K\frac{Ms}{\lg R-\lg x_0} \tag{3-5}$$

式中 M——承压含水层厚度，m。

对于承压非完整井的环形井点系统，涌水量计算公式为

$$Q = 2.73K\frac{Ms}{\lg R-\lg x_0}\times\sqrt{\frac{M}{l+0.5r}}\times\sqrt{\frac{2M-l}{M}} \tag{3-6}$$

式中 r——井点管半径，m。

当用以上各式计算轻型井点系统涌水量时，先要确定井点系统布置方式和基坑计算图形面积。当矩形基坑的长宽比大于5，或基坑宽度大于2倍的抽水影响半径时，需将基坑分成几小块，使其符合式(3-4)的计算条件，然后分别计算每小块的涌水量，再相加即得总涌水量。

2. 计算井点管数量

单根井点管的最大出水量为

$$q = 65\pi dl\sqrt[3]{K} \tag{3-7}$$

式中 d——滤管直径，m；

l——滤管长度,m;

K——渗透系数,m/d。

井点管最少数量由下式确定:

$$n = 1.1 \times \frac{Q}{q} \tag{3-8}$$

式中 1.1——考虑井点管堵塞等因素的放大备用系数。

3. 确定井点管间距

井点管的最大间距为

$$D = \frac{L}{n} \tag{3-9}$$

式中 L——集水总管长度,m。

4. 选择抽水设备

真空泵主要有 W5、W6 型,按总管长度选用。当总管长度不大于 100 m 时,可选用 W5 型;当总管长度大于 100 m 时,可选用 W6 型。

水泵按涌水量的大小选用,要求水泵的抽水能力必须大于井点系统的涌水量(一般增大 10% ~20%)。通常一套抽水设备配两台离心泵,既可轮换备用,又可在地下水较大时同时使用。

二维资料 3.2

3.1.3.4 轻型井点的施工

轻型井点施工的第一步是安装排放总管。总管的走向既决定了井点的平面布置,又影响着各井点的抽水顺序,因为总管除连接各个弯联管外,还连接着抽水设备。抽水设备的位置直接影响着各井点管的抽水顺序,距离抽水设备最远的井点即是所有井点中降水效果最不利的位置,需要在那些位置重点监测。

轻型井点施工的第二步是埋设井点管(见图 3-8)。井点管的埋设一般采用水冲法进行。在井点管下端连接的是滤管,滤管采用的是多孔钢管,外部包裹尼龙布和钢丝网,作用是过滤掉土粒和砂粒。但粒径过小的土粒会堵塞尼龙布和钢管孔洞,为此需要在埋设到位的滤管周围填充砂滤层。砂滤层一般选用干净的粗砂,回灌到滤管上部 1 ~1.5 m 的位置。填砂完毕后,要用黏土封口,避免透气,不然会影响抽水性能。

轻型井点施工的第三步是安装弯联管。弯联管一般为软性的塑胶管,以便两端分别与集水总管和井点管连接。因为井点管是竖向布置,总管是横向布置,相隔距离较近,弯联管必然会绕开较大的角度才能连接两者。由此产生的直接问题是管道内水流距离被拉长,一旦出现弯联管被挤压,就会产生水流不畅的结果。所以,弯联管要经常检查,除检查是否漏气外,还要注意管道是否有被压瘪的现象。

轻型井点施工的第四步是安装抽水设备。抽水设备是降水能够持续进行的动力来源。原则上在经济条件允许的前提下,选用功率最高的抽水机,可以提高抽水效率。若场地允许,对总管稍作改变,使用多台抽水机同时抽水可明显提高抽水效果。抽水设备要与集水总管连接紧密,密封良好。

轻型井点施工的第五步是试运营和正式抽水。井点系统完工后要进行试抽,主要是观测抽水效果,检查滤管是否在施工中被阻塞。如果出现了阻塞,可以用高压水冲洗,或

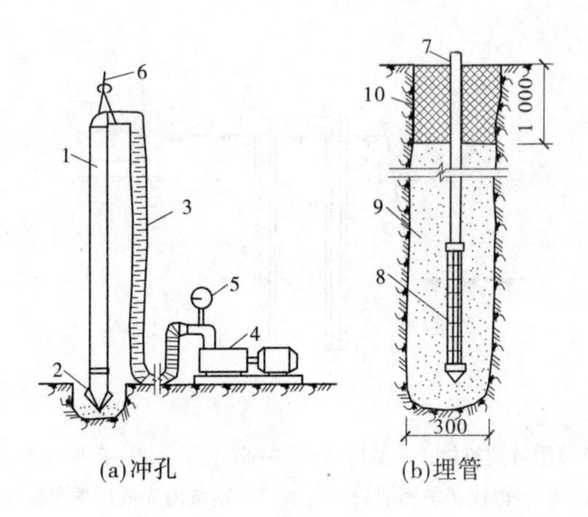

(a)冲孔　(b)埋管

1—冲管;2—冲嘴;3—胶皮管;4—高压水泵;5—压力表;6—起重吊钩;
7—井点管;8—滤管;9—填砂;10—黏土封口

图3-8　井点管的埋设　(单位:mm)

者拔管重埋。

轻型井点系统是在基坑施工过程中的临时性设施,在地下结构竣工后要进行拆除,一般借助起重机进行拔管作业。拔管后所产生的孔洞要及时用砂土填塞,减小对地基的扰动。

3.1.4　降水对周围建筑的影响和保护措施

井点管降水在单个井点管周边呈漏斗的形状。多个井点管共同作用,产生的影响在横向范围内最远可达百米。巨大的水量被管井抽走,导致原来水所占据的体积被空出,一部分被土体滑动覆盖,另一部分则处于悬空状态。这必然导致降水井周边土体的不均匀沉降,这是井点降水带来的最为明显的副作用。为了避免在高楼林立或有地表水系的地区出现此类不均匀沉降,在加强监测的同时,还要采取多重措施避免不均匀沉降的发生。

止水帷幕是避免由降水带来沉降的最佳方法。可以采用深层搅拌桩、地下连续墙等方式做止水帷幕,使降水的范围限制在止水帷幕内部的小区域内。这样的做法,既把总抽水量控制在了相对小的值,又避免了降水对外围土体结构的扰动。虽然止水帷幕的造价较高,但从安全性和提高降水效率上讲,在一些沉降高发区域是较为划算的。

二维资料3.3

设置回灌系统是防止周边土体不均匀沉降的又一做法(见图3-9)。回灌井点布置在抽水井外围4~5 m处,对周边土体进行补水。从设置方式上来看,在回灌井周边,即抽水井外围形成了一道水墙。在回灌井的外围保持着正常的水压和土压,而在回灌井和抽水井之间形成了坡度巨陡的水位线。巨大的水位陡坡恰似一道水墙,起到的是与止水帷幕相似的作用。要保证抽水与回灌系统的有效联动,需要调整好抽水和灌水的速率。

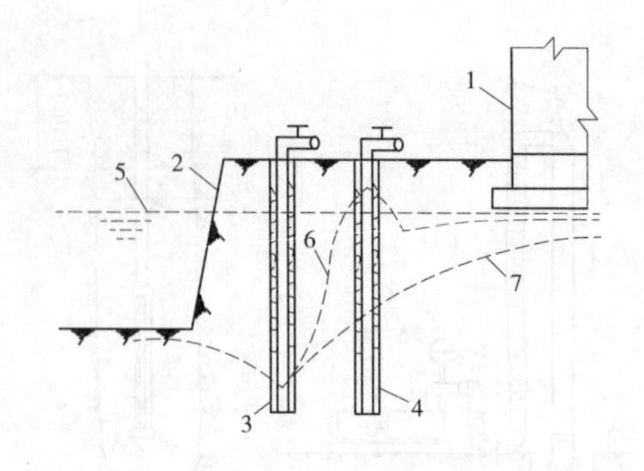

1—附近建筑物;2—基坑边坡;3—降水井点;4—回灌井点;
5—原水位线;6—回灌后水位线;7—基坑内降低后的水位线

图 3-9 回灌井点布置

3.2 基坑(槽)开挖施工

【任务导入】

土方开挖的顺序方法不但要符合设计要求,还要满足现场工况的环境。在开挖过程中要遵循“开槽支撑,先撑后挖,分层开挖,严禁超挖”的原则。

为防止雨水积存在基坑内部,要在基坑周围和基坑内部设置排水沟和其他排水设施。基坑边坡和基坑支撑要经常检查,防止雨水浸泡对基坑稳定性造成危害。

3.2.1 基坑开挖的规定

为保障施工中的安全操作,基坑开挖前应做好定位放线,明确开挖的范围,并按照放线的位置分层分段开挖。

当采用人工开挖的方式开挖地基土时,在基坑挖好后不能直接进行下一道工序,应预留 150 ~ 300 mm 土层,在下一工序开始时再挖至设计标高。当用机械开挖时,在邻近基底 200 ~ 300 mm 改由人工开挖。

当地下水位较高时,应采用人工降水的方法,把地下水位降至基坑底部 500 mm 以下,并且一直持续到基坑工程施工完成。

施工机械开行、材料和开挖土料临时性堆放尽量远离基坑边缘,至少与基坑边缘保持 1.5 m 以上的距离,以保证基坑边坡土体的稳定。

3.2.2 基坑(槽)开挖常用施工方法

二维资料 3.4

当基坑深度不大,一般在 6 ~ 7 m 以内时,可直接进行放坡开挖,既不做挡土墙,也不做临时性的横向支撑。放坡开挖需要在侧向土体上预留稳定的边坡,用来保障基坑的稳定和安全。这种开挖方式省去了支护等措施,节省了资金,更减少了工期,所以在条件允许的情况下,适合优先选择放坡开挖的方式。

当基坑所处区域场地狭小,土质又较差时,可采用无支撑支护的方式进行开挖。目的在于利用外加支护的方式,来减少放坡所占用基坑外围场地的面积。现今城市中新建建筑的基坑工程多采用此类方法。常用的形式有悬臂式、拉锚式、重力式、土钉墙等。

当基坑较深、土质较差时,则需要加横向支撑。

因工程开挖的土体体积较大,在开挖过程中会占用较多的场地,而且大体积的土体自重较高,堆放在场地中会对下部土体产生较高的挤压,因此选择合理的开挖方式,使基坑开挖有序进行是十分必要的。常见的开挖方式有分层开挖、盆式开挖、岛式开挖等。

当开挖高度超出了单台挖掘机的有效高度时,可采取分层开挖的方式。一种方式是可以安排两台挖掘机在不同的标高同时工作,接力式开挖。另一种方式是在不同的分层用施工坡道作为联系,以便挖掘机上下开行,坡道坡度的范围为10% ~15%。

土方开挖应根据基础形式、工程规模、开挖深度、地质、地下水情况、土方量、运距、现场和机具设备条件、工期要求,以及土方机械的特点等合理选择挖土机械,以充分发挥机械效率,节省机械费用,加快工程进度。

3.2.2.1　开挖机械的选择

(1)深度1.5 m以内的大面积基坑开挖,宜采用推土机。为提高推土机的生产效率,常采用下坡推土、槽形推土、并列推土、多刀松土等,如图3-10所示。

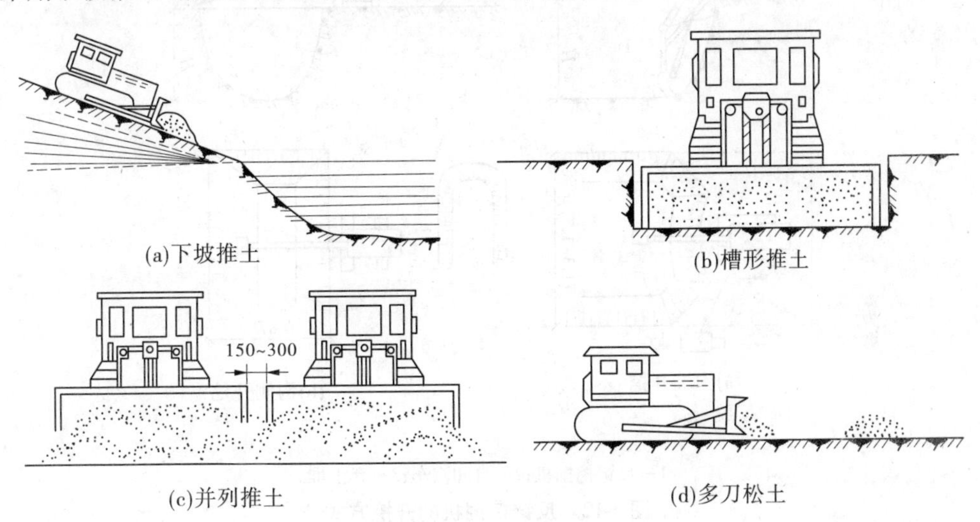

图3-10　推土机推土方法

(2)对于面积大、深,且基坑土干燥的基础,多采用正铲挖掘机,自卸汽车配合使用。根据开挖路线与运土汽车相对位置的不同,正铲挖掘机的开挖方式一般有两种:一种是正向挖土、侧向卸土,即挖掘机沿前进方向挖土,运土汽车停在挖掘机的侧面装土,如图3-11(a)所示;另一种是正向挖土、后方卸土,即挖掘机沿前进方向挖土,运土汽车停在挖掘机的后方装土,如图3-11(b)所示。

(3)若基坑内操作面较狭窄,且有地下水可采用反铲挖掘机,则采用反铲挖掘机配合自卸汽车,在坑上作业。与运土汽车配合使用时,其开挖方式一般有两种:一种是沟端开

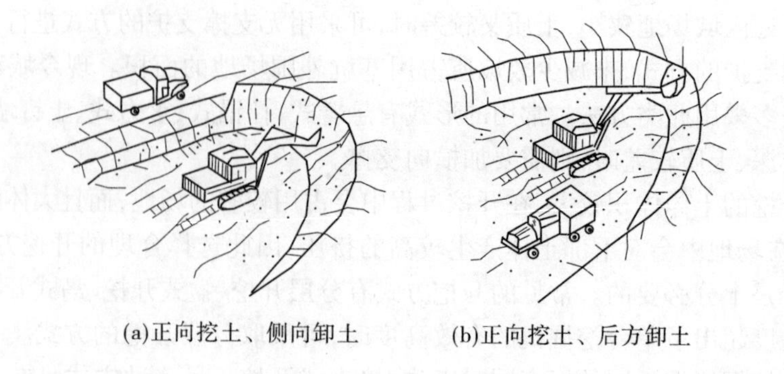

(a)正向挖土、侧向卸土　　(b)正向挖土、后方卸土

图 3-11　正铲挖掘机的开挖方式

挖法，即挖掘机停于基坑(槽)的端部，后退挖土，同时往沟侧弃土或装汽车运走；如图 3-12(a)所示；另一种是沟侧开挖法，即挖掘机沿基槽的一侧挖土，其移动方向与挖土方向垂直，如图 3-12(b)所示。

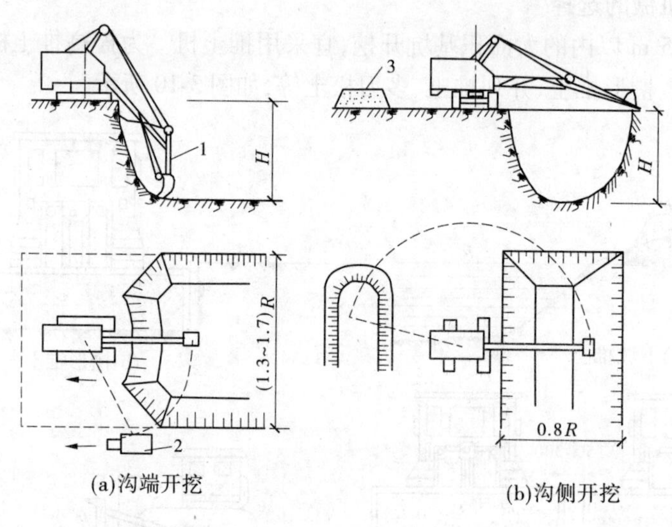

(a)沟端开挖　　(b)沟侧开挖

1—反铲挖掘机；2—自卸汽车；3—弃土堆

图 3-12　反铲挖掘机的开挖方式

3.2.2.2　开挖方式

挖土应遵循"开槽支撑，先撑后挖，分层开挖，严禁超挖"的原则，由上至下，逐层开挖。将基坑按深度分为多层进行逐层开挖，可以从一边到另一边，也可从两头对称开挖。

1. 分段开挖

分段开挖即由一边至另一边，逐块开挖。将基坑分成几段或几块分别进行开挖，开挖一块浇筑一块混凝土垫层或基础。

2. 盆式开挖

盆式开挖的顺序是先中间后四周。在连续不断的施工作业中，基坑面积越来越大，最终开挖至放线所要求的边坡位置。开挖时，开挖面的斜坡始终作为临时性边坡，起到了一部分的支护作用，所以对其宽度、高度和坡度都必须进行稳定性验算。

此种方式适用于基坑面积大、支撑或拉锚作业困难且无法放坡的基坑，先分层开挖基坑中间部分的土方，基坑周边的土暂不开挖，待中间部分的混凝土垫层、基础或地下室结构施工完成之后，再用水平支撑或斜撑对四周结构进行支撑，边支撑边开挖，直至坑底，最后浇筑该部分结构混凝土。但这种施工方法对地下结构需设置后浇带或施工中留设施工缝，将地下结构分两阶段施工，对结构整体性及防水性有一定的影响。

3. 岛式开挖

对于大型基坑，岛式开挖是较为常见的开挖方式。以中间土墩为原点，由远及近逐步开挖，这符合反铲挖掘机的施工特点，对于挖土效率的提高非常明显，运土汽车可以利用栈桥进入基坑运土。当基坑面积很大时，应当采用分层、分块的方式开挖，也就是可以在基坑中设置多个土墩，多台机械同时作业，能明显减少施工时间，既防止土坡在长时间变形产生倒塌的危险，又节约了开挖时间，所以此种方式在基坑工程中应用较为广泛。

当基坑面积较大，而且地下室底板设计有后浇带或可以留设施工缝时，可采用岛式开挖的方法。先四周后中心，先开挖基坑周边土方，在中间留土墩作为支点搭设栈桥，挖土机可利用栈桥下到基坑挖土，运土的汽车也可以用栈桥进入基坑运土，可有效加快挖土和运土的速度。

3.2.2.3 开挖注意事项

(1)施工前必须做好地面排水和降低地下水位工作，地下水位应降低至基坑底以下0.5 ~1.0 m后，方可开挖。降水工作应持续到回填完毕。

(2)大面积基础群基坑底标高不一，机械开挖次序一般采取先整片挖至平均标高，然后挖个别较深部位。当一次开挖深度超过挖土机最大挖掘高度(5 m以上)时，宜分2 ~3层开挖，并修筑10% ~15%坡道，以便挖土及运输车辆进出。

(3)基坑边角部位，机械开挖不到之处，应用少量人工配合清坡，将松土清至机械作业半径范围内，再用机械掏取运走。人工清土所占比例一般为1.5% ~4%，修坡以厘米作限制误差。大基坑宜另配一台推土机清土、送土、运土。

二维资料3.5

(4)基坑开挖应尽量防止对地基土产生扰动。基底及边坡应预留一层150 ~300 mm厚的土层用人工清底、修坡、找平，以保证基底标高和边坡坡度正确，避免超挖和土层遭受扰动。

(5)雨季施工时，基坑(槽)应分段开挖，挖好一段浇筑一段垫层，并在基槽两侧围以土堤或挖排水沟，以防地面雨水流入基坑(槽)，同时应经常检查边坡和支撑情况，以防止坑壁受水浸泡造成塌方。

(6)土方开挖中如发现文物或古墓、地下管线(管道、电缆、通信)等，应及时通知有关部门来处理，待妥善处理后，方可继续施工。若施工必须毁坏，亦应事先取得原设置单位或保管单位的书面同意。

(7)挖土不得挖到基坑(槽)的设计标高以下，如个别处超挖，应用与地基土相同的土料填补，并夯实到要求的密实度。当用原土填补不能达到要求的密实度时，应用碎石类土填补，并仔细夯实。重要部位如被超挖，可用低强度等级的混凝土填补。

(8)基坑开挖完成后,应及时清底、验槽,减少暴露时间,防止暴晒和雨水浸刷破坏地基土的原状结构。

二维资料3.6

3.3 基坑支护结构施工

【任务导入】

土体具有沿边坡下滑的趋势,这种下滑力源自于土体内部的剪应力。引起下滑力增加的因素主要有材料堆载、机械走行的动荷载、地面渗水导致的土体自身重力增加、地下渗水导致的动水压力等。由于土体本身的结构和外荷载特别是雨水的影响,必须对土坡进行承载力检验,必要时要用钢丝网细石混凝土做护坡处理。

3.3.1 土压力和土坡稳定

在放坡开挖时,为保证边坡的稳定,土方放坡可采用直线式、折线式、踏步式、台阶式等形式。

在施工中,应及时检查基坑边缘位置是否符合放线要求,检查材料堆放和机械走行是否在合理的位置,检查弃土转运时是否占用临时坡道和基坑边坡。

基坑边坡(见图3-13)的坡度以其高度 H 与底宽 B 之比表示,即

$$土方边坡坡度 = \frac{H}{B} = \frac{1}{B/H} = 1:m$$

边坡系数 $m = B/H$,m 值越大,坡度越缓。

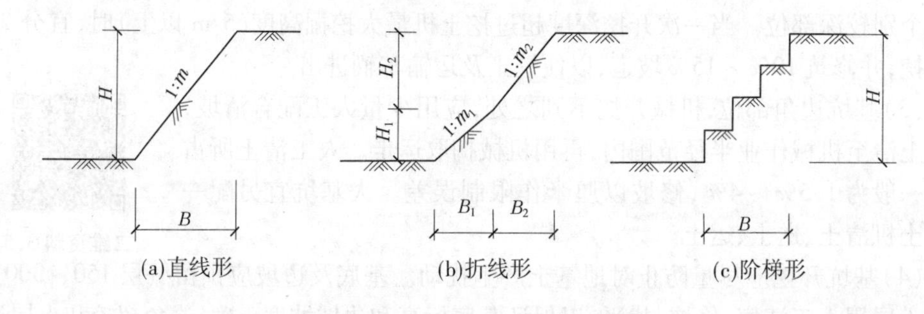

图3-13 基坑边坡

3.3.2 支护结构类型及施工

二维资料3.7

3.3.2.1 基槽和管沟的支撑方法

基槽和管沟的支撑方法及适用条件见表3-3。

表3-3 基槽、管沟的支撑方法及适用条件

支撑方式	简图	支撑方法及适用条件
间断式水平支撑	木楔、横撑、水平挡土板	两侧挡土板水平放置，用工具或木横撑借木楔顶紧，挖一层土，支顶一层。 适用于能保持立壁的干土或天然湿度的黏土类土，地下水很少、深度在2 m以内的情况
断续式水平支撑	立楞木、横撑、水平挡土板、木楔	挡土板水平放置，中间留出间隔，并在两侧同时对称立竖方木，再用工具或木横撑上、下顶紧。 适用于能保持直立壁的干土或天然湿度的黏土类土，地下水很少、深度在3 m以内的情况
连续式水平支撑	立楞木、横撑、水平挡土板、木楔	挡土板水平连续放置，不留间隙，然后两侧同时对称立竖方木，上、下各顶一根撑木，端头加木楔顶紧。 适用于较松散的干土或天然湿度的黏土类土，地下水很少、深度为3～5 m的情况
连续或间断式垂直支撑	木楔、横撑、垂直挡土板、横楞木	挡土板垂直放置，可连续或留适当间隙，然后每侧上、下各水平顶一根方木，再用横撑顶紧。 适用于土质较松散或湿度很高的土，地下水较少、深度不限的情况

续表 3-3

支撑方式	简图	支撑方法及适用条件
水平垂直混合式支撑	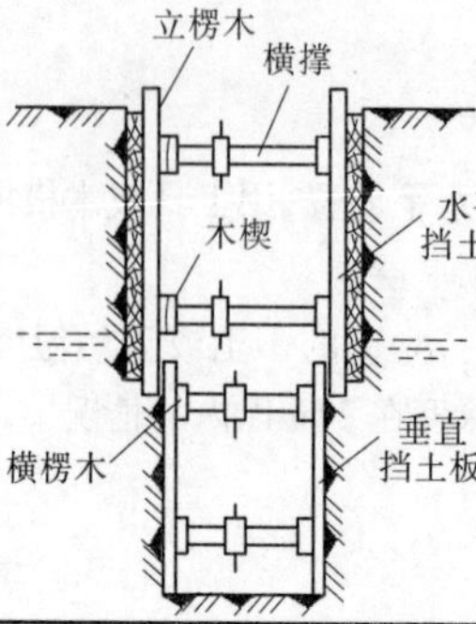	沟槽上部连续式水平支撑，下部设连续式垂直支撑。 适用于沟槽深度较大，下部有含水土层的情况

3.3.2.2　一般浅基坑的支撑方法

一般浅基坑的支撑方法及适用条件见表 3-4。

表 3-4　一般浅基坑的支撑方法及适用条件

支撑方式	简图	支撑方法及适用条件
斜柱支撑	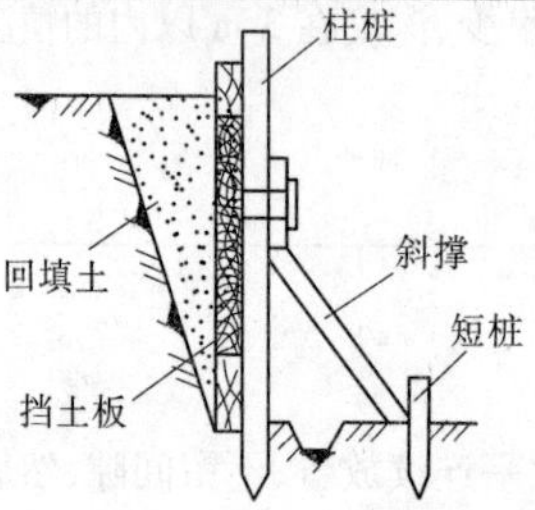	水平挡土板钉在柱桩内侧，柱桩外侧用斜撑支顶，斜撑底端支在木桩上，在挡土板内侧回填土。 适用于开挖较大型、深度不大的基坑或使用机械挖土的情况
锚拉支撑	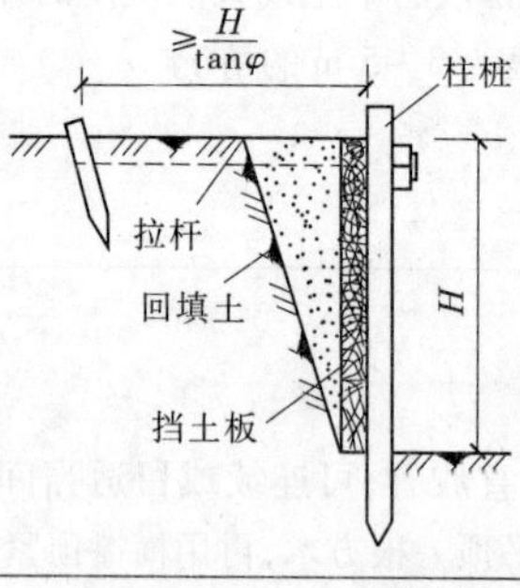	水平挡土板支在柱桩的内侧，柱桩一端打入土中，另一端用拉杆与锚桩拉紧，在挡土板内侧回填土。 适用于开挖较大型、深度不大的基坑或使用机械挖土，不能安设横撑的情况
型钢桩横挡土板支撑	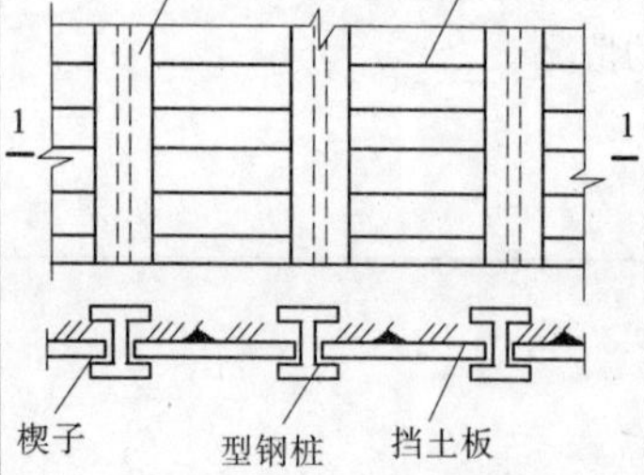	沿挡土位置预先打入钢轨、工字钢或 H 型钢桩，间距为 1.0 ~ 1.5 m，然后边挖方，边将 3 ~ 6 cm 厚的挡土板塞进钢桩之间挡土，并在横向挡土板与型钢桩之间打上楔子，使横板与土体紧密接触。 适用于地下水位较低、深度不很大的一般黏性或砂土层中

续表 3-4

支撑方式	简图	支撑方法及适用条件
短桩横隔板支撑	横隔板 短木桩 填土	打入小短木桩，部分打入土中，部分露出地面，钉上水平挡土板，在背面填土、夯实。 适用于开挖宽度大的基坑，当部分地段下部放坡不够的情况
临时挡土墙支撑	扁丝编织袋或草袋 装土、砂，或干砌、 浆砌毛石	沿坡脚用砖、石叠砌或用装水泥的聚丙烯扁丝编织袋、草袋装土、砂堆砌，使坡脚保持稳定。 适用于开挖宽度大的基坑，当部分地段下部放坡不够的情况
挡土灌注桩支护	连系梁 挡土灌柱桩 挡土灌柱桩	在开挖基坑的周围，用钻机或洛阳铲成孔，桩径 400~500 mm，现场灌注钢筋混凝土桩，桩间距为 1.0~1.5 m，在桩间土方挖成外拱形使之起土拱作用。 适用于开挖较大、较浅(<5 m)的基坑，邻近有建筑物，不允许背面地基有下沉、位移的情况
叠袋式挡墙支护	-1.0~1.5 m 编织袋或草袋 装碎石堆砌 <5 000 500 砌块石	采用编织袋或草袋装碎石(砂砾石或土)堆砌成重力式挡墙作为基坑的支护，在墙下部砌 500 mm 厚块石基础，墙底宽 1 500~2 000 mm，顶宽 500~1 200 mm，顶部适当放坡卸土 1.0~1.5 m，表面抹砂浆保护。 适用于一般黏性土、面积大、开挖深度在 5 m 以内的浅基坑支护

3.3.2.3 深基坑的支撑方法

1. 土钉墙

土钉墙是利用带肋钢筋、钢管、角钢、毛竹、原木等细长构件插入或打入边坡土体，再在边坡面层喷射混凝土的方法来提供基坑结构支护作用的工艺，如图 3-14 所示。此方法能合理利用土体的自稳能力，结构轻、柔性大，在动荷载作用下能利用自身变形提供一部分的抗力，而且施工速度快、工艺简单，造价相比其他类型支挡结构低 1/3~1/5。

二维资料 3.8

图 3-14　土钉墙支护

土钉墙适用于降水后的人工填土、黏性土和弱胶结砂土的基坑支护和边坡加固。土钉墙通过在土体内设置一定长度的土钉，与土共同作用形成了具有边坡稳定能力的复合土体。土钉的抗拉强度和抗剪强度远远高于土体，故使得复合土体的整体刚度、抗拉强度及抗剪强度有了较明显的提高。

土钉具有箍束骨架、承担荷载、传递应力、约束坡面、加固土体的作用。土钉制约着土体变形，土钉之间形成的土拱使复合土体获得了较大的承载力。当土体进入塑性状态后，应力逐渐转移到土钉上，从而使土体塑性区的开展和开裂面的出现得到了延缓。土钉所承受的荷载沿着土钉表面向周围的土体传递扩散，使得复合土体中应力集中程度有很大程度的降低，推迟了开裂发生的时间。坡面鼓胀变形是土坡变形的持续发展的必然结果，边坡上的钢筋混凝土面板限制了土坡的塑性变形，从而约束土坡的开裂崩塌。土钉孔洞注浆时，浆液顺着裂隙扩渗，形成了网络状胶结，增加了土钉与周围土体的黏结力，提高了原位土的强度。

喷射混凝土面层与土体密贴，增强了土体表面的抗力，利用本身的抗冲剪能力阻止不稳定土体的坍塌。喷射混凝土自身与土钉的耦合联动作用，在一定程度上调节了土钉之间的内力，使土钉受力趋于均匀。

土钉墙的一般工序为开挖作业面→修整边坡→喷射首层混凝土→土钉定位→成孔→清孔→安装土钉→注浆→绑扎钢筋网→安装泄水管→喷射二层混凝土→养护。

土钉成孔的方法有人工成孔和机械成孔。人工成孔主要是选用洛阳铲成孔，此工具使用简单方便，曾经在很多地区被广泛使用。由于钻孔机械的使用范围逐渐扩大，机械成孔是当今修建挡土墙结构的主流。机械成孔主要有回转钻进、螺旋钻进、冲击钻进等方式。

土钉墙中所需制备的泥浆，最大粒径不大于 2.0 mm，灰砂质量比为 1∶1 ~ 1∶0.5。机械搅拌浆液的时间不应小于 2 min，一次拌和好的浆液应在初凝前用完，一般不超过 2 h。

土钉墙面层上的混凝土结构一般采用的是喷射混凝土，当坡面较缓时，也可采用现浇或水泥砂浆抹面先喷射底层混凝土，再施打土钉。

1）基坑开挖

基坑要按设计要求严格分层分段开挖，在完成上一层作业面土钉及喷射混凝土面层达到设计强度的70%以前，不得进行下一层土层的开挖。每层开挖最大深度和水平分段宽度取决于在支护投入工作前土壁可以自稳而不发生滑动破坏的能力，一般为10～20 m长。当基坑面积较大时，允许在距离基坑四周边坡8～10 m的基坑中部自由开挖，但应注意与分层作业区的开挖相协调。

2）喷射第一道面层

每步开挖后应尽快做好面层，即对修整后的边壁立即喷上一层薄混凝土或砂浆。土层地质条件好的话，可省去该道面层。

3）设置土钉

可以采用专门设备将土钉钢筋击入土体，但通常的做法是先在土体中成孔，然后置入土钉钢筋并沿全长注浆。

A. 钻孔

钻孔前，应根据设计要求定出孔位并做出标记及编号。采用的机具应符合土层特点，满足设计要求，在进钻和抽出钻杆过程中不得引起土体坍孔。在易坍孔的土体中钻孔时宜采用套管成孔或挤压成孔，如图3-15所示，成孔过程中应由专人做成孔记录。

土钉钻孔的质量应符合下列规定：孔距允许偏差为±100 mm，孔径允许偏差为±5 mm，孔深允许偏差为±30 mm，倾角允许偏差为±1°。

B. 插入土钉钢筋

土钉钢筋需安装对中定位支架，支架沿钉长的间距可为2～3 m，以保证钢筋处于孔位中心且注浆后其保护层厚度不小于25 mm，清孔检查后插入土钉钢筋，如图3-16所示。

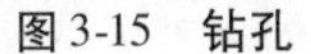
图3-15 钻孔

图3-16 安放钢筋

C. 注浆

注浆前要验收土钉钢筋安设质量和清孔质量。注浆材料宜用水泥浆或水泥砂浆，按配合比制浆、随拌随用。需要时可加入适量速凝剂，促进早凝和控制泌水。

注浆采用底部注浆法，导管插至距孔底250～500 mm处，随浆液的注入匀速缓慢地拔出。注浆过程中注浆导管口始终埋在浆体表面以下，以保证孔中气体能全部逸出。注浆如图3-17所示。注浆中途停止超过30 min时,应用水或稀水泥浆润滑注浆泵及其管路。

4)喷第二道面层

在喷混凝土之前,先按设计要求绑扎、固定钢筋网,钢筋网片可用插入土中的钢筋固定。

钢筋网片可焊接或绑扎而成,网格允许偏差为±10 mm。铺设钢筋网时每边的搭接长度应不小于一个网格边长或200 mm,如为搭接焊,则焊接长度不小于网片钢筋直径的10倍。网片与坡面间隙不小于20 mm。土钉与面层钢筋网可通过垫板、螺帽及土钉端部螺纹杆固定连接。

喷射混凝土的配合比应通过试验确定,粗骨料最大粒径不宜大于12 mm,水灰比不宜大于0.45。在边壁上隔一定距离打入垂直短钢筋段作为厚度标志。喷头与作业面间距保持在0.6~1.0 m,并使射流垂直于壁面。喷射顺序自下而上,在有钢筋的部位先喷钢筋的后方,在每步工作面上的网片钢筋应预留与下一步工作面网片钢筋搭接长度。

混凝土面层接缝部分做成45°角斜面搭接。当设计面层厚度超过100 mm时,混凝土应分两层喷射,一次喷射厚度不宜小于40 mm,且接缝错开。混凝土接缝在继续喷射混凝土之前应清除浮浆碎屑,并喷少量水润湿,如图3-18所示。

图3-17 注浆

图3-18 喷射混凝土

面层喷射混凝土终凝后2 h应喷水养护,养护时间宜为3~7 d,养护视当地环境条件采用喷水、覆盖浇水或喷涂养护剂等方法。

5)混凝土养护

喷射混凝土终凝2 h后,应喷水养护,养护时间根据气温确定,宜为3~7 d。

6)排水设施的设置

在施工前充分考虑土钉支护结构工作期间地表水及地下水的处理,设置排水设施,做好降排水工作。基坑四周地表构筑明沟排水,严防地表水向下渗流。

坑底设置排水沟和集水井。排水沟应离开坡脚0.5~1 m,严防冲刷坡脚;排水沟和集水井宜用砖衬砌并用砂浆抹内表面以防止渗漏。

基坑边壁有透水层或渗水土层时,混凝土面层上要做泄水孔,孔间距为1.5~2.0 m,插入直径不小于40 mm的塑料排水管,外管口略向下倾斜。

以此类推,下一步工作面重复以上工序,直至支护到基坑底标高。

7)质量检验

土钉墙支护工程质量检验标准见表3-5。

表3-5 土钉墙支护工程质量检验标准

项目	序号	检查项目	允许偏差或允许值		检查方法
			单位	数值	
主控项目	1	土钉长度	mm	±30	钢尺量
一般项目	1	土钉位置	mm	±100	钢尺量
	2	钻孔倾斜度	度(°)	±1	测钻机倾角
	3	浆体强度	设计要求		试样送检
	4	注浆量	大于理论计算浆量		检查计量数据
	5	土钉墙面厚度	mm	±10	钢尺量
	6	墙体强度	设计要求		试样送检

2.地下连续墙

地下连续墙是在基坑开挖之前,利用各种挖槽机械,借助于泥浆的护壁作用,在地下挖出窄而深的沟槽,在其内放置钢筋笼并浇筑混凝土,形成一道具有防渗(水)、挡土和承重功能的地下连续墙体,如图3-19所示。

现今工程中所新建的地下连续墙结构形式主要有壁板式地下连续墙、T形和∏形地下连续墙、格形地下连续墙、预应力或非预应力U形折板地下连续墙等几种形式。

二维资料3.9

图3-19 修筑地下连续墙

地下连续墙厚度一般为0.5~1.2 m,随着设备和工艺的不断改进,厚度可达2.0 m以上。确定厚度的因素有很多,如墙段的结构受力特征、槽壁稳定性、周边环境的保护要求和施工条件等。一般工程中地下连续墙入土深度为 10～50 m，最大深度可达 150 m，地下连续墙的入土深度需考虑挡土和隔水两方面的要求。

地下连续墙的施工流程：构筑导墙→专门设备成槽（泥浆护壁）→清槽→吊放钢筋笼→导管法浇筑水下混凝土→筑成单元槽段→循环上述步骤筑成下一槽段→连续的钢筋混凝土墙体。

目前，国内外广泛采用的地下连续墙成槽机械主要有抓斗式成槽机、液压铣槽机、多头钻和旋挖式桩孔钻机。按设备的工作机制可分为抓斗式、冲击式和回转式三大类，相应来说基本成槽工法主要有三类：抓斗式成槽工法、冲击式钻进成槽工法、回转式钻进成槽工法。

1）筑导墙

在成槽之前，导墙就起挡土作用。整个地下连续墙导墙分为多段施工，每段施工长度 60 m 左右。导墙接缝采用错缝搭接，并且与地下墙接缝错开，由预留的水平钢筋连接起来，使导墙成为整体，如图 3-20 所示。导墙的配筋多为Φ 12@ 200。导墙的混凝土强度等级多为 C20，浇筑时要注意捣实质量。

导墙面至少应高于地面约 100 mm，以防止雨水等地面水流入槽内。导墙的基底应和土层密贴，以防槽内泥浆渗入导墙后面。为防止导墙在土压力和水压力作用下产生位移，钢筋混凝土导墙拆模以后，应沿其纵向每隔 1 m 左右加设上、下两道木支撑，在导墙的混凝土达到设计强度并加好支撑之前，禁止任何重型机械和运输设备在旁边行驶，以防导墙受压变形。

2）泥浆护壁

二维资料 3.10

在地下连续墙挖槽过程中，泥浆的作用是护壁、挟渣、冷却机具和切土润滑。

泥浆有制备泥浆、自成泥浆（钻头式挖槽机挖槽时，向沟槽内输入

图 3-20　修筑导墙

清水，清水与钻削下来的泥土拌和，边挖槽边形成泥浆）、半自成泥浆（当自成泥浆的某些性能指标不符合规定要求时，加入一些需要的成分）。护壁泥浆常用的是膨润土泥浆，另外还有聚合物泥浆、CMC 泥浆和盐水泥浆。常用的外加剂有分散剂、增黏剂、加重剂、防

漏剂。

制备泥浆的投料顺序一般为水、膨润土、CMC、分散剂、其他外加剂。

泥浆最好在充分溶胀之后再使用,所以搅拌后宜储存3 h以上。

3)成槽

地下连续墙的挖槽工作,包括单元槽段划分、挖槽机械的选择与正确使用、清底、制定防止槽壁坍塌的措施与工程事故和特殊情况的处理等。

A.单元槽段划分

挖槽是按一个个单元槽段进行挖掘。单元槽段的最小长度不得小于一个挖掘段(挖槽机械的挖土工作装置的一次挖土长度)。单元槽段愈长愈好,这样可以减少槽段的接头数量,增加地下墙的整体性,但同时又要考虑挖槽时槽壁的稳定性等。单元槽段长度多取3~8 m,也有的工程取10 m甚至更长。

二维资料3.11

B.挖槽机械的选择

我国在地下连续墙施工中,目前应用最多的是吊索式蚌式抓斗、导杆式蚌式抓斗、多头钻和冲击式挖槽机,尤以前面三种最多。

C.清底

挖槽结束后,应清除以沉渣为主的槽底沉淀物。清底的方法有沉淀法和置换法两种。沉淀法是在土渣基本沉至槽底之后再进行清底。清除沉渣的方法,常用的有砂石吸力泵排泥法、压缩空气升液排泥法、带搅动翼的潜水泥浆泵排泥法和抓斗直接排泥法。置换法是在挖槽结束后,在土渣尚未沉淀之前就用新泥浆把槽内的泥浆置换出来,使槽内泥浆的相对密度在1.15以下。我国多用置换法清底。

4)钢筋笼加工和吊放

钢筋笼根据地下连续墙墙体配筋图和单元槽段的划分来制作,最好按单元槽段做成一个整体,如图3-21所示。如果地下连续墙很深或受起重设备起重能力的限制,需要分段制作,在吊放时再连接,接头宜用绑条焊接。纵向受力钢筋的搭接长度,当无明确规定时可采用60倍的钢筋直径。

钢筋笼的起吊应用横吊梁或吊架。吊点布置和起吊方式要防止起吊时引起钢筋笼变形。起吊时不能使钢筋笼下端在地面上拖引,以防造成下端钢筋弯曲变形。为防止钢筋笼吊起后在空中摆动,应在钢筋笼下端系上拽引绳用人力操纵。

二维资料3.12

钢筋笼进入槽内时,吊点中心必须对准槽段中心,然后徐徐下降,此时必须注意不要因起重臂摆动或其他影响而使钢筋笼产生横向摆动,造成槽壁坍塌。

5)混凝土浇筑

地下连续墙混凝土用导管法进行浇筑。在混凝土浇筑过程中,导管下口总是埋在混凝土内1.5 m以上,使从导管下口流出的混凝土将表层混凝土向上推动而避免与泥浆直接接触,但导管插入太深会使混凝土在导管内流动不畅,有时还可能产生钢筋笼上浮,因此导管最大插入深度亦不宜超过9 m。

导管的间距一般为3~4 m,取决于导管直径。单元槽段端部易渗水,导管距离槽段端部的距离不宜超过2 m。如一个槽段内用两根或两根以上导管同时浇筑,应使各导管处的

图 3-21　钢筋笼入槽

混凝土面大致处在同一水平上。宜尽量加快混凝土浇筑,一般槽内混凝土面上升速度不宜小于 2 m/h。混凝土顶面存在一层浮浆层,需要凿去,因此混凝土需要超浇 30 ~ 50 cm。

6)地下连续墙质量检验标准

地下连续墙质量检验标准见表 3-6,地下连续墙钢筋笼质量检验标准见表 3-7。

表 3-6　地下连续墙质量检验标准

<table>
<tr><th rowspan="2">项目</th><th rowspan="2">序号</th><th rowspan="2" colspan="2">检查项目</th><th colspan="2">允许偏差或允许值</th><th rowspan="2">检查方法</th></tr>
<tr><th>单位</th><th>数值</th></tr>
<tr><td rowspan="3">主控项目</td><td>1</td><td colspan="2">墙体强度</td><td></td><td>设计要求</td><td>查试块记录或取芯试压</td></tr>
<tr><td rowspan="2">2</td><td rowspan="2">垂直度</td><td>永久结构</td><td></td><td>1/300</td><td rowspan="2">声波测槽仪或成槽机上的监测系统</td></tr>
<tr><td>临时结构</td><td></td><td>1/150</td></tr>
<tr><td rowspan="13">一般项目</td><td rowspan="3">1</td><td rowspan="3">导墙尺寸</td><td>宽度</td><td>mm</td><td>W + 40</td><td>钢尺量,W 为设计墙厚</td></tr>
<tr><td>墙面平整度</td><td>mm</td><td>< 5</td><td>钢尺量</td></tr>
<tr><td>导墙平面位置</td><td>mm</td><td>± 10</td><td>钢尺量</td></tr>
<tr><td rowspan="2">2</td><td rowspan="2">沉渣厚度</td><td>永久结构</td><td>mm</td><td>≤100</td><td rowspan="2">重锤测或沉积物测定仪测</td></tr>
<tr><td>临时结构</td><td>mm</td><td>≤200</td></tr>
<tr><td>3</td><td colspan="2">槽深</td><td>mm</td><td>+ 100</td><td>重锤测</td></tr>
<tr><td>4</td><td colspan="2">混凝土坍落度</td><td>mm</td><td>180 ~ 220</td><td>坍落度测定器</td></tr>
<tr><td>5</td><td colspan="2">钢筋笼尺寸</td><td colspan="2">± 10 ~ ± 100</td><td></td></tr>
<tr><td rowspan="3">6</td><td rowspan="3">地下连续墙表面平整度</td><td>永久结构</td><td>mm</td><td>< 100</td><td rowspan="3">此为均匀黏土层,松散及易坍土层由设计决定</td></tr>
<tr><td>临时结构</td><td>mm</td><td>< 150</td></tr>
<tr><td>插入式结构</td><td>mm</td><td>< 20</td></tr>
<tr><td rowspan="2">7</td><td rowspan="2">永久结构的预埋件位置</td><td>水平向</td><td>mm</td><td>≤10</td><td>钢尺量</td></tr>
<tr><td>垂直向</td><td>mm</td><td>≤20</td><td>水准仪</td></tr>
</table>

表3-7　地下连续墙钢筋笼质量检验标准

项目	序号	检查项目	允许偏差或允许值	检查方法
主控项目	1	主筋间距	±10 mm	钢尺量
	2	长度	±100 mm	钢尺量
一般项目	1	钢筋材质检验	设计要求	抽样送检
	2	箍筋间距	±20 mm	钢尺量
	3	直径	±10 mm	钢尺量

3. 水泥土重力式围护墙

水泥土重力式围护墙是以水泥系材料为固化剂，通过搅拌机械采用喷浆施工将固化剂和地基土强行搅拌，形成连续搭接的水泥土柱状加固体挡墙，如图3-22所示。

图3-22　深层搅拌桩施工

根据搅拌轴数的不同，搅拌桩的截面主要有双轴和三轴两类。按照平面布置区分有满堂布置、格栅形布置和宽窄结合的锯齿形布置等形式。按照竖向布置区分可以有等断面布置、台阶形布置等形式。

二维资料3.13

水泥土重力式围护墙是无支撑自立式挡土墙，依靠墙体自重、墙底摩阻力和墙前基坑开挖面以下土体的被动土压力稳定墙体，以满足围护墙的整体稳定、抗倾稳定、抗滑稳定和控制墙体变形的要求。

深层搅拌水泥土桩墙的施工工艺流程如图3-23所示。

1)就位

深层搅拌桩机开行达到指定桩位、对中。当地面起伏不平时，应注意调整机架的垂直度。

2)预搅下沉

深层搅拌机运转正常后，启动搅拌机电机。放松起重机钢丝绳，使搅拌机沿导向架切土搅拌下沉，下沉速度控制在0.8 m/min左右，可由电机的电流监测表控制。工作电流不

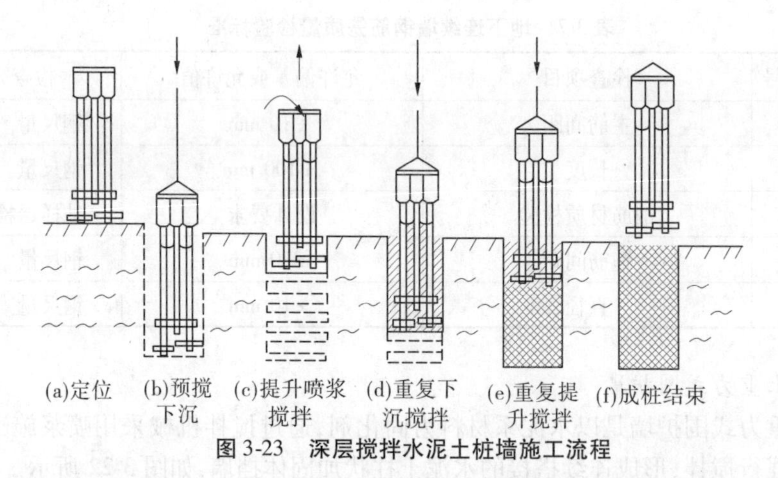

图 3-23 深层搅拌水泥土桩墙施工流程

应大于 10 A。如遇硬黏土等下沉速度太慢，可以采用输浆系统适当补给清水以利于钻进。

3）制备水泥浆

深层搅拌机预搅下沉到一定深度后，开始拌制水泥浆，待压浆时倾入集料斗中。

4）提升喷浆搅拌

深层搅拌机下沉到达设计深度后，开启灰浆泵将水泥浆压入地基土中，此后边喷浆、边旋转、边提升深层搅拌机，直至设计桩顶标高。此时应注意喷浆速率与提升速度相协调，以确保水泥浆沿桩长均匀分布，并使提升至桩顶后集料斗中的水泥浆正好排空。搅拌提升速度一般应控制在 0.5 m/min。

5）沉钻复搅

再次沉钻进行复搅，复搅下沉速度可控制在 0.5 ~ 0.8 m/min。

如果水泥掺入比较多或因土质较密，在提升时不能将应喷入土中的水泥浆全部喷完，可在重复下沉搅拌时予以补喷，即采用"二次喷浆、三次搅拌"工艺，但此时仍应注意喷浆的均匀性。第二次喷浆量不宜过少，可控制在单桩总喷浆量的 30% ~ 40%，因为过少的水泥浆很难做到沿全桩均匀分布。

6）重复提升搅拌

边旋转、边提升，重复搅拌至桩顶标高，并将钻头提出地面，以便移机施工新的桩体。至此，完成一根桩的施工。

7）移位

开行深层搅拌桩机（履带式机架也可进行转向、变幅等作业）至新的桩位，重复以上步骤，进行下一根桩的施工。

8）清洗

当一施工段成桩完成后，应立即进行清洗。清洗时向集料斗中注入适量清水，开启灰浆泵，将全部管道中的残存水泥浆冲洗干净并将附于搅拌头上的土清洗干净。

9）质量检验

深层水泥土搅拌桩的质量检验标准如表 3-8 所示。

表3-8　水泥土搅拌桩质量检验标准

项目	序号	检查项目	允许偏差或允许值		检查方法
			单位	数值	
主控项目	1	水泥及外掺剂质量		设计要求	查产品合格证书或抽样送检
	2	水泥用量		参数指标	查看流量计
	3	桩体强度		设计要求	按规定办法
	4	地基承载力		设计要求	按规定办法
一般项目	1	机头提升速度	m/min	≤0.5	量机头上升距离及时间
	2	桩底标高	mm	±200	测机头深度
	3	桩顶标高	mm	+100 −50	水准仪(最上部500 mm不计入)
	4	桩位偏差	mm	<50	用钢尺量
	5	桩径		<0.04D	用钢尺量,D为桩径
	6	垂直度	%	≤1.5	经纬仪
	7	搭接	mm	>200	用钢尺量

3.4　验　槽

【任务导入】

基坑开挖完毕并清理好以后,在垫层施工之前,施工单位会同勘察、设计、监理、建设单位一起进行现场检查并验收基槽。验槽的重点应选择在桩基、承重墙或其他受力较大部位。

3.4.1　验槽的主要内容

验槽的主要内容包括:核对基坑的位置、平面尺寸、坑底标高;核对基坑土质和地下水情况、空穴、古墓、古井、防空掩体及地下埋设物的位置、深度、形状;对整个基坑底进行全面观察,观察土的颜色是否一致,土的坚硬程度是否一样,有无软硬不一或弱土层,局部的含水量有无异常现象,走上去有无颤动的感觉等。

3.4.2　验槽的方法

验槽的方法有观察法、钎探法、洛阳铲法、轻型动力触探法等。

二维资料3.14

观察法验槽不但要检查基坑的位置、断面尺寸、标高、边坡等部位,还要对整个基坑的土质进行全面的检验,重点检验柱基、墙角、承重墙下等受力较大的部位。

钎探法验槽根据打入土层的钢钎所需的锤击次数和入土的难易程度来判断土质的软硬情况。具体步骤是:根据基坑平面图进行钎探点布置,将钎探点依次编号,绘制钎探点平面布置图;准备锤和钢钎,同一工程应钎径一致,锤重一致;按钎探顺序号进行钎探施工;打钎过程中,要求用力一致,锤的落距一致,每贯入 30 cm,依次记录锤击数,填写钎探记录表;钎探结束后,要逐步分析钎探记录情况,再分析钎孔的锤击次数,则可判断土层的构造和土质的软硬,并将锤击次数过多或过少的钎孔予以标注,以备现场检查和处理;钎探后的孔要用砂填实。

洛阳铲法是利用人工验槽的传统方法,当地基土层为易开挖的一至三类土时,可用此方法快速有效地进行检验。

当基础下部的持力层明显不均匀,并且伴有软弱下卧层,甚至有些基础顶部有墓穴、古井等不利的地下空间构造时,则需要采用轻型动力触探法进行验槽。

3.5 土的填筑与压实

【任务导入】

由于土具有液相的特点,进行地基处理的主要目的是使土体排水固结,所以必须尽量避免选用因水作用而发生明显变化的黄土、膨胀土、盐渍土等特殊土料。为了方便获取和运输,以及考虑填料的成本,尽可能采用方便获得且运距较短的材料。

3.5.1 回填土料的选择及填筑方法

填筑应选用强度高、压缩性小、水稳定性好、便于施工的土石料。强度高是对回填料最基本的要求,有足够的强度才能作为工程中关键的岩土结构主体构件。有了强度要求,那必然有刚度要求,但在土方工程中对于位移及变形要求并不称为刚度。考察土料结构竖向变形采用压缩性来衡量,压缩性小即表示土体的抗变形能力强。

填料应当尽量选择级配良好且粒径合理的砂土、碎石土、砾石、卵石或块石等具有稳定特征的一般土。当只能选用黏土、粉土作为填料时,则需要采用击实试验确定最优含水量后,将土料的含水量控制在最优含水量可靠范围内,才可进行填筑作业。工业所产生的废料,如矿渣、粉煤灰等也可作为土方填料,使用时必须符合相关规范。

土料回填可分为人工填土和机械填土。人工填土的工具有手推车、锹、耙、锄等。机械填土的工具有推土机、铲运机、自卸卡车等。为保证施工过程的安全性与回填土层的质量要求,应当采取分层填筑的方法,配合压实机械分层压实。

3.5.2 回填土的压实

碾压是最常见的压实方法,适用于大面积基坑工程。平碾(也叫钢轮压路机)是最常见的压实机械,除在基坑土方工程中能够高效地完成碾压工作,其在公路路基的碾压中也是必不可少的施工机械。除必须采用人工填土的工程外,钢轮压路机可适用于几乎所有的碾压工程。羊足碾因在碾压钢轮上有凸出的羊足,在羊足位置产生的应力集中易破坏无黏性土局部的结构,因此羊足碾只适用于黏性土的压实工程。羊足碾由于在羊足与黏性土的结合面产生了较大的阻力,通常需要功率较大的动力设备来提供牵引力。轮胎碾因接触土体的是轮胎,其接触面的弹性较大,施加给土的压力较为均匀,碾压的效果较好,但碾压的效率不及钢轮压路机。

当填土工程的面积较小时，夯实则是更为优先的选择。夯实的机械有夯锤、内燃夯土机、蛙式打夯机。夯实适用范围较广，除可用于夯压黏性土和非黏性土外，还可以处理湿陷性黄土和杂填土等不良地质土。

常用的机械压实方法有碾压法、夯实法和振动压实法。

二维资料 3.15

3.5.2.1 碾压法

碾压法是利用机械滚轮的压力压实土壤，使之达到所需的密实度，此法多用于大面积填土工程。碾压机械有平碾(压路机)、羊足碾和轮胎碾，如图 3-24 所示。平碾适用于压实砂类土和黏性土，羊足碾只能用来压实黏性土，轮胎碾对土壤碾压较为均匀。

(a)平碾

(b)羊足碾

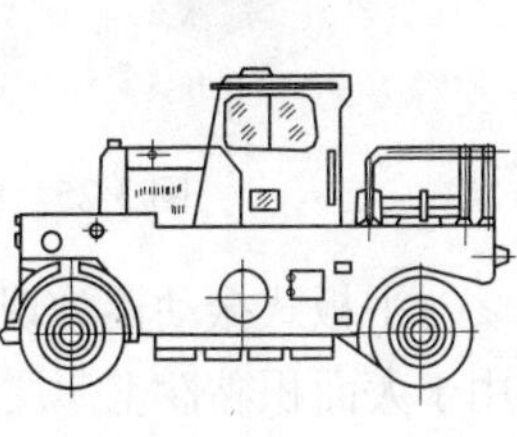

(c)轮胎碾

图 3-24 碾压机械

为保证填土压实的均匀性及密实度，避免碾轮下陷，提高碾压效率，在碾压机械碾压之前，宜先用轻型推土机、拖拉机推平，采用“薄填、慢驶、多次”的方法，碾压方向应从填土区的两边逐渐压向中心，低速预压 4 ~ 5 遍，使表面平实，每次碾压应有 15 ~ 25 cm 的重叠，避免漏压。碾压机械行驶速度不宜过快，一般平碾控制在 2 km/h，羊足碾控制在 3 km/h。

3.5.2.2 夯实法

夯实法是利用夯锤自由下落的冲击力来夯实土壤，主要利用小面积回填。夯实法分人工夯实和机械夯实。

二维资料 3.16

人工夯实用的工具有木夯、石夯等。人工打夯前应将填土初步整平，打夯要按一定方向进行，一夯压半夯，夯夯相接，行行相连，两边纵横交叉，分层夯打。夯实基槽及地坪时，行夯路线应由四边开始，然后夯向中间。

夯实机械有夯锤、内燃夯土机和蛙式打夯机(如图 3-25 所示)，因其构造简单、机动灵活、实用、操纵方便、夯击能量大，在建筑工程上使用很广。其适用于黏性较低的土(砂土、粉土、粉质黏土)基坑(槽)、管沟及各种零星分散、边角部位的填方的夯实，以及配合压路机对边缘或边角碾压不到之处的夯实。

3.5.2.3 振动压实法

振动压实法是将振动压实机放在土层表面，土颗粒在振动力的作用下发生相对位移而达到紧密状态，如图 3-26 所示。这种方法振实非黏性土效果较好。

图 3-25　蛙式打夯机

图 3-26　振动压实机

平板式振动器为现场常备机具,体形小,轻便、适用,操作简单,但振实深度有限。其适用于大面积黏性土薄层回填土振实、较大面积砂土的振实以及薄层砂卵石、碎石垫层的振实。

【知识/应用拓展】

挡土墙简介

1. 石砌重力式挡土墙(见图 3-27)

(1)依靠墙自重抵御土压力而保持稳定。

(2)形式简单,取材容易,施工简便,适用范围广。

(3)断面尺寸大,墙身较高,对地基承载力的要求较高。

石砌重力式挡土墙多用在产石料、地基良好地区,非地震和沿河受水冲刷地区。其多用浆砌片(块),墙高较低(≤6 m)时也可用干砌。

2. 石砌恒重式挡土墙(见图 3-28)

(1)上下墙背间有恒重,利于恒重台上填土重力和全墙重心的后移,共同作用维持其稳定,其断面尺寸比重力式挡土墙小。

(2)墙身陡直、下墙墙背仰斜,可降低墙高和减少基础开挖量。

(3)由于其基础面积较小,对地基承载力的要求较高。

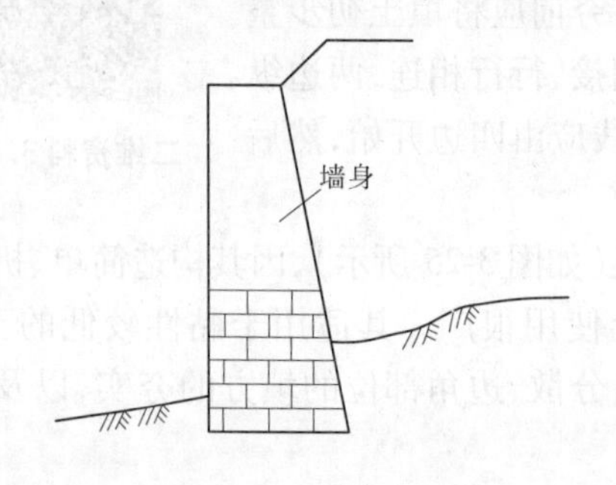

图 3-27　石砌重力式挡土墙

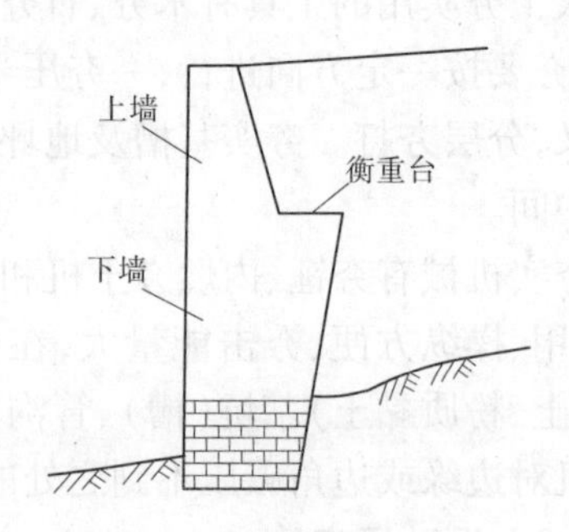

图 3-28　石砌恒重式挡土墙

石砌恒重式挡土墙多用在产石料、地基良好地段,山区、地面横坡陡峻的路肩墙,也可作路堤墙或路堑墙。由于恒重台以上有较大的容纳空间,上墙墙背加缓冲墙后,可作为拦截崩坠石之用。

3. 加筋土挡土墙(见图3-29)

(1)由墙面板、拉筋和填土三部分组成,借拉筋与填土间的摩擦力,把土的侧压力传给拉筋,从而稳定土体。

(2)施工简单,造价较低,外形美观。

(3)属柔性结构,对地基变形适应性大,建筑高度大,占地少。

加筋土挡土墙多用在缺乏石料的地区,适用于石质土、砂性土等填方工程。

4. 混凝土半重力式挡土墙(见图3-30)

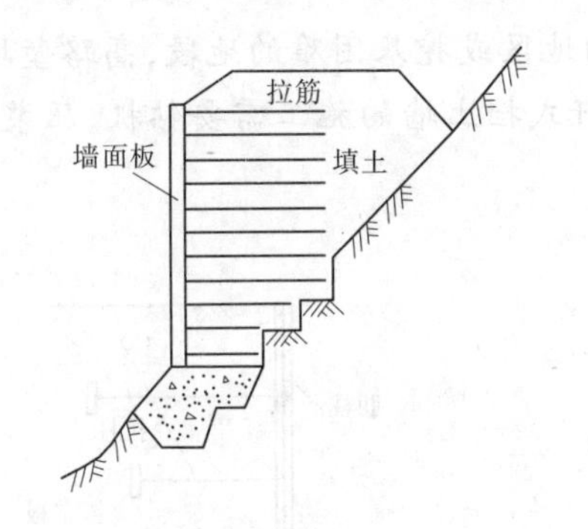

图3-29 加筋土挡土墙

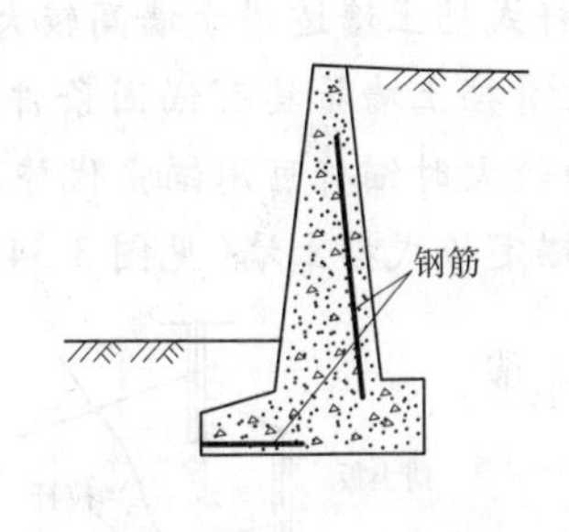

图3-30 混凝土半重力式挡土墙

(1)在墙背加少量的钢筋,以减薄墙身,节省圬工量。

(2)墙趾较宽,以保证基底宽度,必要时,在墙趾处设少量钢筋。

混凝土半重力式挡土墙多用在缺乏石料地区,一般适用于低墙。

5. 钢筋混凝土悬臂式挡土墙(见图3-31)

(1)由立壁、墙趾板、墙踵板、三个悬臂梁组成,断面尺寸较小。

(2)墙高时,立壁下部的弯矩大。耗钢筋多,不经济。

钢筋混凝土悬臂式挡土墙多用在缺乏石料的地区,适用于一般高度的路肩墙(墙高≤6 m),地基情况可稍差些。

6. 钢筋混凝土扶壁式挡土墙(见图3-32)

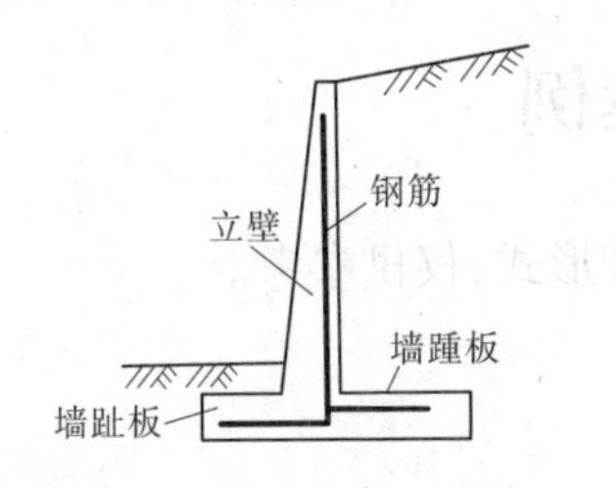

图3-31 钢筋混凝土悬臂式挡土墙

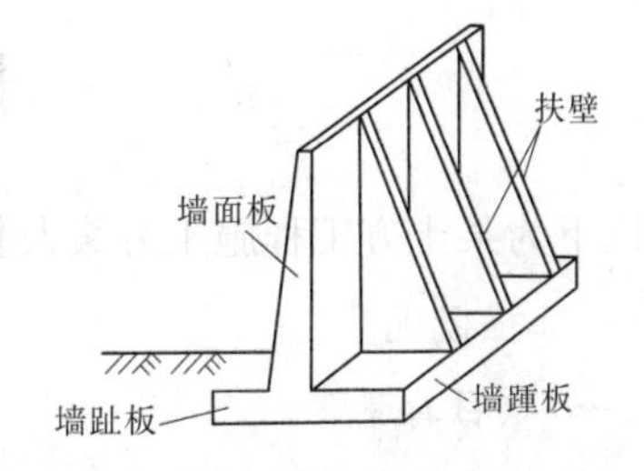

图3-32 钢筋混凝土扶壁式挡土墙

(1)沿悬臂式墙的长度方向,隔一定距离加一道扶壁,把立壁和墙踵板连接起来。

(2)施工简单,造价较低,外形美观。

(3)属柔性结构,对地基变形适应性大,建筑高度大,占地少。

钢筋混凝土扶壁式挡土墙多用在缺乏石料的地方,适用于一般高度的路肩墙,地基情况可稍差些;墙高>6 m时,较悬臂式挡土墙经济。

7. 锚杆式挡土墙(见图3-33)

(1)由锚杆和钢筋混凝土墙面组成,锚杆一端固定在稳定的底层中,另一端与墙面连接,依靠锚杆与地层之间的锚固力(锚杆抗拔力)承受土压力,维护挡土墙的平衡。

(2)属轻型结构,较为经济。

(3)基底应力小,基础要求不高。

锚杆式挡土墙适用于墙高较大、缺乏石料的地区或挖基困难的地段,高路堑墙、高路肩墙、抗滑挡土墙等具有锚固条件的情况。锚杆式挡土墙的施工需要钻机、压浆泵等设备,推力较大时锚杆可用锚索代替。

8. 锚定板式挡土墙(见图3-34)

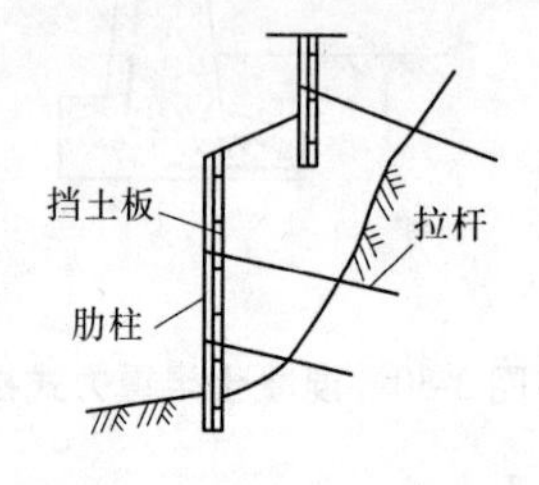

图3-33 锚杆式挡土墙

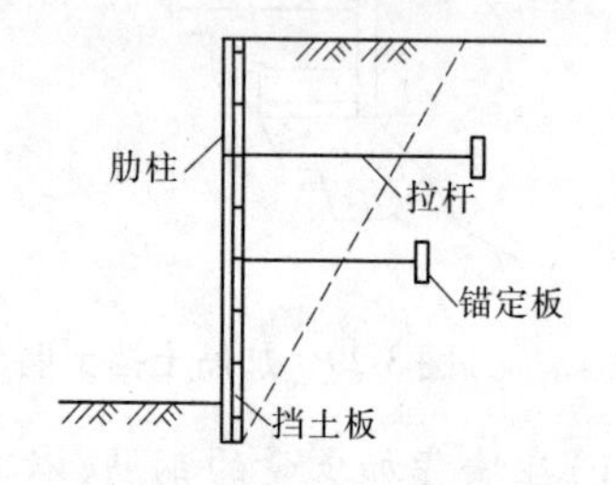

图3-34 锚定板式挡土墙

(1)由锚定板、拉杆、钢筋混凝土墙面和填土组成,锚定板埋置于墙后破裂面后的稳定土层内,利用锚定板产生的抗拔力抵抗侧向土压力,维持挡土墙的稳定。

(2)构建轻简,可预制拼装,便于施工。

锚定板式挡土墙基底应力小,圬工数量少,不受地基承载力的限制,适用于缺乏石料的路堤墙和路肩墙,墙高时可分级修建。

土方工程案例

以下为某土方工程施工方案及技术交底内容和形式,仅供参考。

一、工程概况

(一)项目背景

郑州市某小学教学楼采用框架结构,室内外高差0.450 m,建筑最外轴线之间的尺寸为45 m×17.4 m,基底标高-1.700 m,采用天然地基,柱下独立基础,垫层厚100 mm,每边宽出基础边缘100 mm。根据岩土工程勘查报告,建设场地无不良地质作用,无地下水影响，未发现影响工程安全的地下埋藏物，属于可进行建设的一般场地。

（二）计算方法

基坑土方量可按立体几何中拟柱体（所有的顶点都在两个平行平面内的多面体）体积公式计算，如图 3-35 所示，即

$$V = \frac{H}{6}(A_1 + 4A_0 + A_2)$$

式中　H——基坑深度，m；

A_1、A_2——基坑上、下底的面积，m^2；

A_0——基坑中截面的面积，m^2。

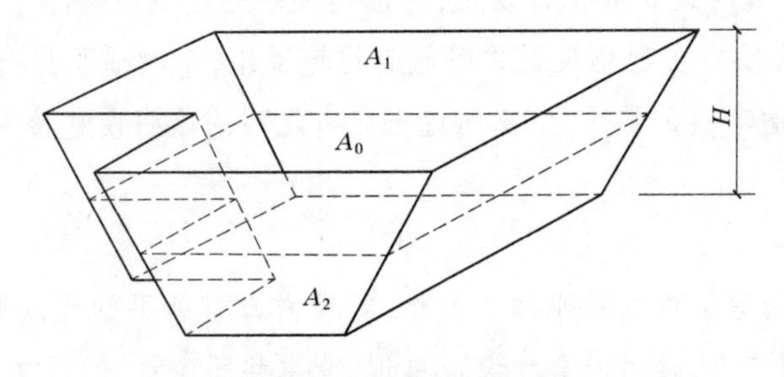

图 3-35　基坑土方量计算

（三）土方计算数据处理

根据基础平面施工图，教学楼的轴线长度为 45 m×17.4 m，考虑基础及垫层的尺寸，则垫层外边缘之间的距离为 47.7 m×22.95 m，取施工工作面宽度 c=0.3 m，则基坑底面尺寸为 48.3 m×23.55 m。

则 $A_2 = 48.3 \times 23.55 = 1\,137.5(m^2)$

室内外高差 0.450 m，则室外地坪标高为 −0.045 m。

基底标高 −1.700 m，垫层厚 100 mm，则基坑底部标高为 −1.800 m。

基坑深度为　$H = 1.8 - 0.45 = 1.35(m)$

查相关资料，郑州市地区地表为粉土，不能直壁开挖，考虑基坑的深度不大，采取放坡方式以防塌方，最陡边坡为 1:0.67。取边坡系数 m=0.67，此时开挖的土方量为最小值。

则 $A_1 = (48.3 + 2mH) \times (23.55 + 2mH)$

$= (48.3 + 2 \times 0.67 \times 1.35) \times (23.55 + 2 \times 0.67 \times 1.35) = 1\,270.7(m^2)$

$A_0 = (48.3 + mH) \times (23.55 + mH)$

$= (48.3 + 0.67 \times 1.35) \times (23.55 + 0.67 \times 1.35) = 1\,203.3(m^2)$

基坑土方量 $= 1.35 \times (1\,270.7 + 4 \times 1\,203.3 + 1\,137.5)/6 = 1\,624.8(m^3)$

二、施工部署

（1）土方开挖时拟采用 3 台反铲挖土机、6 辆运土汽车进行施工。ZL50 装载机 1 台，负责现场土方运输及场地外土方调配。本工程总土方开挖量 1 625 m^3，计划开挖工期为

10 天。

(2) 成立项目测量放线小组,并由项目经理负责,制订合理的放线方案,根据甲方给出的控制线结合基础施工图纸确定施工主控制轴线,完成测量控制网的设置,包括控制基线、轴线和水准基点。计算挖填土方量,对建筑物做好定位轴线的控制测量和校核;进行土方工程的测量定位放线,经检查复核无误后,作为施工控制的依据。合理安排机械进出场和土方运输线路,保护好临时供水供电线路。

(3) 轴线控制桩采用 50 mm×50 mm、长 600 mm 的木桩打入地下,基坑开挖范围内的所有轴线桩和水准点都要引出施工活动区域以外,用大方木桩深打后钉上铁钉并加以保护,控制桩位置沿基坑周边 3 m 平行设置,保证各控制桩视线通畅。

(4) 土方施工阶段应在现场设置临时施工运输道路,车辆通行应有安全人员监护,保证土方施工阶段运输车辆正常通行,夜间挖土应有足够的照明设施及安全措施。

三、施工方案

(一) 前期准备

土方开挖前应清除场内的障碍物。另外,对场内原有地下管线及隐蔽障碍物基本了解,如在开挖中遇到暗浜、暗河时会和设计单位、业主共同商量,然后施工单位采取针对性的保护措施。

(二) 开挖方式

采用机械开挖,在管桩部位采用人工清理至设计标高。

(三) 施工步骤

(1) 以后浇带为界基础土方采用 2~3 台机械挖掘,按人防与非人防两个区域由南向北先后顺序、分层、整体后退大开挖、桩间人工修整的方法施工,所有土方外运至业主指定地点。

(2) 围护单位及时跟上协同做好围护措施及预应力锚杆管井降水工作。

(3) 基坑开挖前,应做好坑顶周边截排水的设施和场内地表硬化,防止地表雨水对坑壁浸润冲蚀;基坑开挖中应做好坑内积水排放。

(四) 技术措施

(1) 采用 2~3 台反铲挖掘机,后退挖掘。

(2) 分层挖掘深度不得超过 1.2~1.5 m,基坑围护单位必须及时进行土钉墙喷浆纸糊,且不得隔夜,四侧放坡按专家组审定的围护设计方案执行。

(3) 机械操作时应严禁撞工程桩、围护桩、内支撑骨架及降水管井。

(4) 基坑工作面留设:机械开挖时应在地下室底板外侧周边留出不少于 800 mm。

(五) 临时边坡

(1) 土方开挖时,为了方便土方车下坡,应事先做 1:7~1:10 汽车临时坡道。

(2) 基坑周围临时边坡一般为 1:2~1:3,严禁在未完成围护之前垂直开挖。

(六)设备配备计划

现共3台挖掘机,故共需配备6辆自卸车。

(七)劳动力需求计划

挖土司机3人,土方运输车司机6人,整理道路边坡2人,基坑清土工人2人,修理工1人。

(八)质量保证措施

(1)挖土前应做好技术交底工作,且对相邻建筑物的现状做好标记,以便观察。

(2)基坑四周按规定搭设高1.2 m钢管围拦,并刷黄黑或红白油漆标记,同时在每个基坑内均应设置上下钢管爬梯,并设警示照明设施。

(3)各类机械操作人员要严格遵守操作规程,不可任意操作机械,非机械操作人员严禁开动机械。

(4)组织项目施工人员认真阅读施工图纸,掌握工程内容,熟悉挖土尺寸、标高、轴线位置,使每个施工人员都掌握图纸内容。

(5)遵守层层交底制度,工程师向项目经理交底、项目经理向施工工长交底、施工工长向施工班组长交底、施工班组长向施工人员交底,层层落实质量责任制,保证土方施工顺利进行。

(6)在挖土过程中应对轴线控制桩、引桩、现场水准点加以保护,并经常测量和检查是否位移,对破坏的轴线引桩要及时修复。

(7)人工破桩头,清理桩头时应使用专用工具,避免破坏桩身,保证桩顶面平整,标高一致,符合设计要求。

(九)安全生产、文明施工措施

(1)严格遵照施工安全规程施工。

(2)现场施工人员佩戴安全帽。

(3)施工现场做好安全标识,特殊要求的地方做好警示牌(发电机工作时)。

(4)成孔后,桩机应撤离一定距离,并及时夯填桩孔。

(5)工程项目负责人为本工程安全的第一负责人,对整个工程安全负责。

(6)非施工人员严禁进入施工现场。

(7)施工中现场作业人员严禁酒后作业。

(8)对油料停放场地要严禁烟火,由专人管理,配备必需的灭火设施。

(9)安全检查员每天对现场驻地的安全设施进行严格检查,对现场施工人员定期进行安全教育,加强安全意识。

技术交底记录见表3-9,土方开挖分项工程检验批质量验收记录见表3-10。

表 3-9　技术交底记录

施工单位：　　　　　　　　　　　　　　　　　　　　　　　　　　　　年　　月　　日

工程名称		交底部位	土方开挖

交底内容

一、施工准备

（一）作业条件

1. 人工成孔桩孔，井壁支护要根据该地区的土质特点、地下水分布情况，编制切实可行的施工方案，进行井壁支护的计算和设计。

2. 开挖前场地完成“三通一平”。地上和地下的电缆、管线、旧建筑物、设备基础等障碍物均已排除处理完毕。各项临时设施，如照明、动力、通风、安全设施准备就绪。

3. 熟悉施工图纸及场地的地下土质、水文地质资料，做到心中有数。

4. 按基础平面图设置桩位轴线、定位点；桩孔四周撒灰线，测定高程水准点。放线工序完成后，办理验收手续。

5. 按设计要求分段做好钢筋笼。

6. 全面开挖前，有选择地先挖两个试验桩孔，分析土质、水文等有关情况，以此修改原编施工方案。

7. 在地下水位比较高的区域，先降低地下水位至桩底以下 0.5 m 左右。

8. 人工挖孔操作的安全至关重要，开挖前对施工人员进行全面的安全技术交底；操作前对吊具进行安全可靠性检查和试验，确保施工安全。

（二）材料要求

1. 水泥：采用 32.5 级以上普通硅酸盐水泥或矿渣硅酸盐水泥，有产品合格证、出厂检验报告和进场复验报告。

2. 砂：中砂或粗砂，有进场复验报告。

3. 石子：粒径为 0.5 ~ 3.2 cm 的卵石或碎石，有进场复验报告。

4. 水：自来水或不含有害物质的洁净水。

5. 钢筋：钢筋的品种、级别或规格必须符合设计要求，有产品合格证、出厂检验报告和进场复验报告，表面清洁，无老锈和油污。

6. 垫块：用 1∶3水泥砂浆埋 22# 火烧丝，提前预制或用塑料卡。

7. 火烧丝：用 18# ~ 20# 铁丝烧成。

8. 外加剂、掺和料：根据施工需要通过试验确定，有出厂质量证明、检测报告、复试报告。

（三）施工机具

卷扬机组或电动葫芦、手推车或翻斗车、镐、锹、手铲、钎、线坠、定滑轮组、导向滑轮组、混凝土搅拌机、吊桶、溜槽、导管、振捣棒、插钎、粗麻绳、钢丝绳、安全活动盖板、防水照明灯（低压 36 V、100 W）、电焊机、通风及供氧设备、扬程水泵、木辘轳、活动爬梯、安全带等。模板：组合式钢模、弧形工具式钢模四块（或八块）拼装。卡具、挂钩和零配件。木板、木方、8# 或 12# 槽钢等。

二、质量要求

（一）混凝土灌注桩（钢筋笼）质量要求（略）

（二）混凝土灌柱桩质量要求（略）

续表 3-9

三、工艺流程 放线定桩位及高程→开挖第一节桩孔土方→支护壁模板放附加钢筋→浇筑第一节护壁混凝土→检查桩位(中心)轴线→架设垂直运输架→安装电动葫芦(卷扬机或木辘轳)→安装吊桶、照明、活动盖板、水泵、通风机等→开挖吊运第二节桩孔土方(修边)→先拆第一节支第二节护壁模板(放附加钢筋)→浇筑第二节护壁混凝土→检查桩位(中心)轴线→逐层往下循环作业→开挖扩底部分→检查验收→吊放钢筋笼→放混凝土溜筒(导管)→浇筑桩身混凝土(随浇随振)→插桩顶钢筋。 四、操作工艺 (一)放线定桩位及高程 在场地“三通一平”的基础上,依据建筑物测量控制网的资料和基础平面布置图,测定桩位轴线方格控制网和高程基准点。确定好桩位中心,以中点为圆心,以桩身半径加护壁厚度为半径画出上部(第一步)的圆周。撒石灰线作为桩孔开挖尺寸线。桩位线定好之后,必须经有关部门进行复查,办好预检手续后开挖。 (二)开挖第一节桩孔土方 开挖桩孔要从上到下逐层进行,先挖中间部分的土方,然后扩及周边,有效地控制开挖桩孔的截面尺寸。每节的高度要根据土质好坏、操作条件而定,一般以0.9~1.2 m为宜。 (三)支护壁模板(放附加钢筋) 为防止桩孔壁塌方,确保安全施工,成孔要设置钢筋混凝土(或混凝土)井圈。在桩孔直径不大、深度较浅而土质又好、地下水位较低的情况下,也可以采用喷射混凝土护壁。护壁的厚度要根据井圈材料、性能、刚度、稳定性、操作方便、构造简单等要求,并按受力状况,以最下面一节所承受的土侧压力和地下水侧压力,通过计算来确定。		
技术负责人:	交底人:	接交人:

表 3-10　土方开挖分项工程检验批质量验收记录

<table>
<tr><td colspan="2">工程名称</td><td colspan="2">土方开挖分项工程</td><td colspan="2">检验批部位</td><td colspan="3">基坑</td><td colspan="7">施工执行标准名称及编号</td><td>GB 50202—2002</td></tr>
<tr><td colspan="2">施工单位</td><td colspan="2"></td><td colspan="2">项目经理</td><td colspan="3"></td><td colspan="7">专业工长</td><td></td></tr>
<tr><td colspan="2">分包单位</td><td colspan="2"></td><td colspan="2">分包项目经理</td><td colspan="3"></td><td colspan="7">施工班组长</td><td></td></tr>
<tr><td colspan="2">序号</td><td colspan="4">依照 GB 50202—2002 的规定</td><td colspan="10">施工单位检查评定记录</td><td>监理建设单位验收记录</td></tr>
<tr><td colspan="2" rowspan="3">项目</td><td colspan="5">允许偏差或允许值(mm)</td><td colspan="10" rowspan="3">实测值(mm)</td><td rowspan="3">经检查验收主控项目质量符合合格要求</td></tr>
<tr><td rowspan="2">柱基基坑基槽</td><td colspan="2">挖方场地平整</td><td rowspan="2">管沟</td><td rowspan="2">地(路)面基层</td></tr>
<tr><td>人工</td><td>机械</td></tr>
<tr><td rowspan="4">主控项目</td><td>1. 标高</td><td>-50</td><td>±30</td><td>±50</td><td>-50</td><td>-50</td><td>-12</td><td>12</td><td>15</td><td>-20</td><td>-32</td><td></td><td></td><td></td><td></td><td></td><td rowspan="4">经检查验收主控项目质量符合合格要求</td></tr>
<tr><td>2. 长度、宽度(由设计中心线向两边量)</td><td>+200
-50</td><td>+300
-100</td><td>+500
-150</td><td>+100</td><td></td><td>130</td><td>150</td><td>200</td><td>40</td><td></td><td></td><td></td><td></td><td></td><td></td></tr>
<tr><td rowspan="2">3. 边坡</td><td colspan="5">设计要求</td><td colspan="10" rowspan="2">合格</td></tr>
<tr><td colspan="5">坡度为 1:0.25</td></tr>
<tr><td rowspan="3">一般项目</td><td>1. 表面平整度</td><td>20</td><td>20</td><td>50</td><td>20</td><td>20</td><td>20</td><td>20</td><td>50</td><td>20</td><td>20</td><td></td><td></td><td></td><td></td><td></td><td rowspan="3">经检查验收一般项目质量符合合格要求</td></tr>
<tr><td rowspan="2">2. 基底土性</td><td colspan="5">设计要求</td><td colspan="10" rowspan="2">合格</td></tr>
<tr><td colspan="5">第一层为素填土,第二层为粉砂土,第三层为粉质黏土</td></tr>
<tr><td colspan="2">施工单位检查评定结果</td><td colspan="15">主控项目、一般项目全部合格,符合设计及施工质量验收规范要求。

项目专业质量检查员:　　　　　　年　　月　　日</td></tr>
<tr><td colspan="2">监理(建设)单位验收结论</td><td colspan="15">主控项目、一般项目全部合格,符合设计及施工质量验收规范要求。

监理工程师(建设单位项目专业技术负责人):　　　　　　年　　月　　日</td></tr>
</table>

思考与练习

一、填空题

1. 轻型井点的管路组成部分包括滤管、井点管、__________和集水总管等。

2. 常见的开挖方式有分层开挖、盆式开挖、__________等。

3. 在放坡开挖时，为保证边坡的稳定，土方放坡可采用直线式、折线式、__________、台阶式等形式。

4. 填筑应选用强度高、压缩性小、__________、便于施工的土石料。

二、单项选择题

1. 井点施工的第一步是(　　)。

A. 安装排放总管　　B. 埋设井点管

C. 安装弯联管　　D. 安装抽水设备

2. 挖土应遵循“开槽支撑，(　　)，分层开挖，严禁超挖”的原则。

A. 先撑后挖　　B. 前撑后挖

C. 内撑外挖　　D. 外撑内挖

3. 基坑要按设计要求严格分层分段开挖，在完成上一层作业面土钉与喷射混凝土面层达到设计强度的(　　)以前，不得进行下一层土层的开挖。

A. 70%　　B. 80%

C. 90%　　D. 100%

4. 常用的机械压实方法有碾压法、(　　)和振动压实法。

A. 夯实法　　B. 砂桩法

C. 垫层法　　D. 固结法

三、判断题

1. 集水井降水适用于粗粒土或渗水量较大的黏性土层且降水深度较大。(　　)

2. 对于面积大、深，且基坑土干燥的基础，多采用推土机施工，自卸汽车配合使用。(　　)

3. 地下连续墙的入土深度只需考虑挡土的要求。(　　)

4. 碾压是最常见的压实方法，适用于小面积基坑工程。(　　)

四、简答题

1. 试述土壁边坡的作用、表示方法、留设原则及影响边坡的因素。

2. 试分析土壁塌方的原因和预防塌方的措施。

3. 进行明排水和人工降水时应注意什么问题?

4. 试述水井的类型及涌水量计算方法。

5. 试述轻型井点的布置方案和设计步骤。

6. 影响土压实的因素有哪些? 如何检查土压实的质量?

项目4　浅基础工程施工

【知识目标】

1. 掌握无筋扩展基础的类型、构造做法和适用范围。

2. 了解条形基础、独立基础、筏形基础的构造要求,并掌握它们的平法识图规则和施工方法。

3. 掌握大体积混凝土的施工要点。

4. 掌握钢筋混凝土筏形基础后浇带的施工要点。

【能力目标】

1. 能看懂条形基础、独立基础、筏形基础施工图,并进行基础的施工。

2. 能够在浅基础施工中控制施工质量,并且进行质量检查。

【知识脉络图】

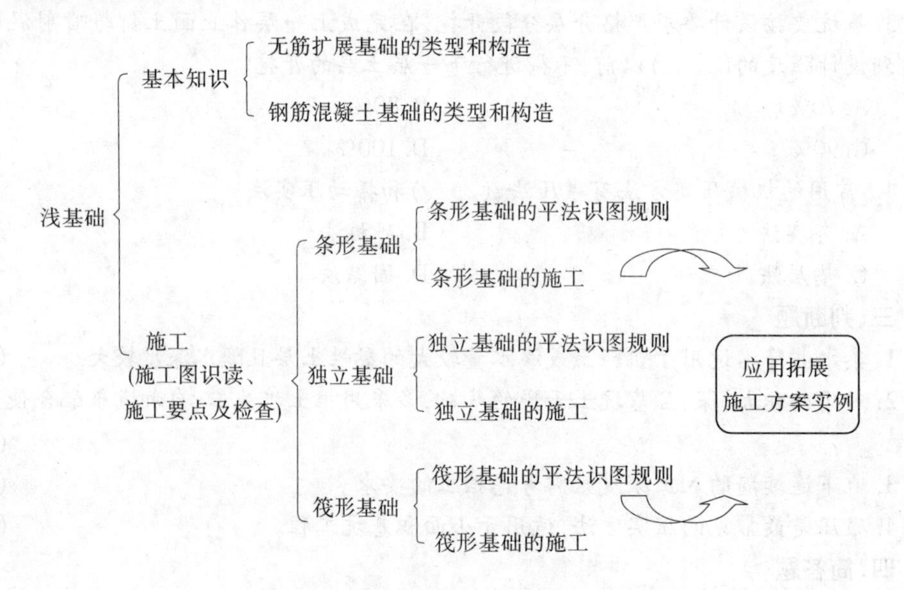

4.1　浅基础的类型

【任务导入】

基础埋深不大(一般浅于5 m),只需经过挖槽、排水等普通施工程序就可建成的基础称为浅基础。其基础竖向尺寸与平面尺寸相当,侧面摩擦力对基础承载力的影响可忽略不计,包括独立基础、条形基础、筏形基础、箱形基础、壳体基础等。另外,无筋扩展基础一般属于浅基础。

4.1.1 无筋扩展

4.1.1.1 砖基础

构造做法：

(1)常采用台阶式逐级向下放大的砌筑方法，也称为大放脚。

(2)一般做100 mm厚的C15混凝土垫层，砖的强度等级必须在MU10以上，用于砌筑砖基础的水泥砂浆，强度等级一般不低于M5。

(3)大放脚的砌筑方式有两种：一种是间隔式，即每2皮砖挑出1/4砖与每1皮砖挑出1/4砖相间的砌筑方法(见图4-1(a))；另一种为等高式，即每2皮砖挑出1/4砖(见图4-1(b))。砌筑前基槽底面要铺20 mm砂垫层或灰土垫层。

特点及适用范围：砖基础具有取材容易、价格低廉、施工方便等特点，由于砖的强度及耐久性较差，故砖基础常用于地基土质好、地下水位较低、6层以下的砖混结构中。

二维资料4.1

4.1.1.2 混凝土基础

混凝土基础多采用C15或C20混凝土浇筑而成。

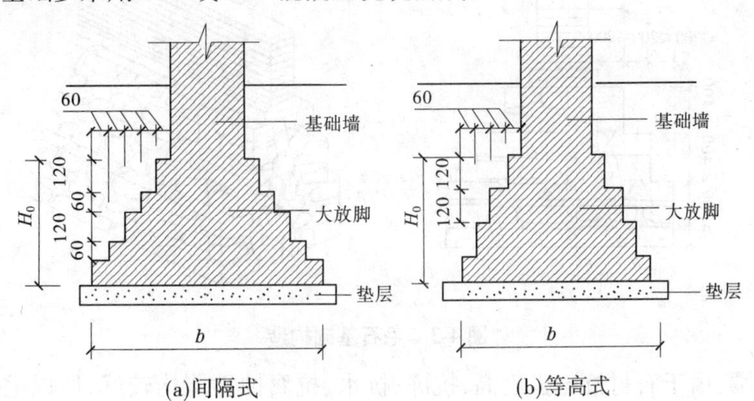

(a)间隔式 (b)等高式

图4-1 砖基础

构造形式及做法：

(1)混凝土基础断面有矩形、台阶形和锥形几种形式，如图4-2所示。当基础高度小

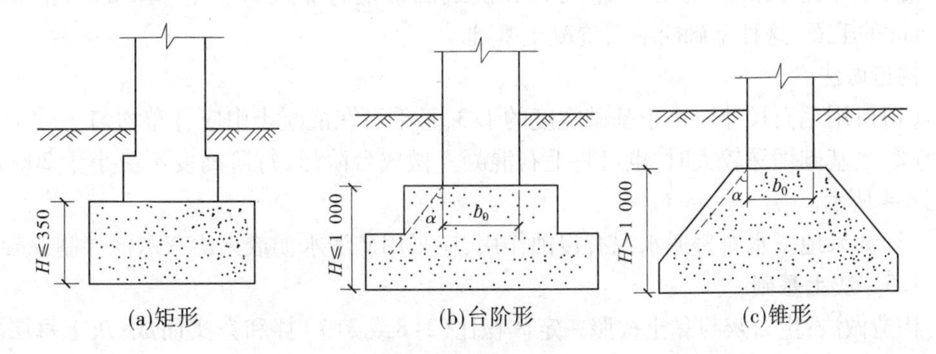

(a)矩形 (b)台阶形 (c)锥形

图4-2 混凝土基础

于 350 mm 时,多做成矩形;当基础高度大于 350 mm 但不超过 1 000 mm 时多做成台阶形,每阶高度 350 ~ 400 mm;当基础高度大于 1 000 m 或基础底面宽度大于 2 000 mm 时,可做成锥形,混凝土基础的刚性角 α 为 45°。

(2)基础断面应保证两侧有不小于 200 mm 的垂直面。

特点及适用范围:混凝土基础具有坚固、耐久、耐腐蚀、耐水等特点,与前几种基础相比,可用于地下水位较高和有冰冻的地方。

4.1.1.3　**毛石基础**

毛石基础是由石材和不小于 M5 砂浆砌筑而成的。

构造做法:

(1)毛石基础的剖面形式多为阶梯形。

(2)基础顶面要比墙或柱每边宽出 100 mm,基础的宽度、每个台阶挑出的高度均不宜小于 400 mm,每个台阶挑出的宽度不应大于 200 mm,其台阶的宽高比应小于 1∶1.25 ~ 1∶1.50,当基础底面宽度小于 700 mm 时,毛石基础可做成矩形截面,如图 4-3 所示。

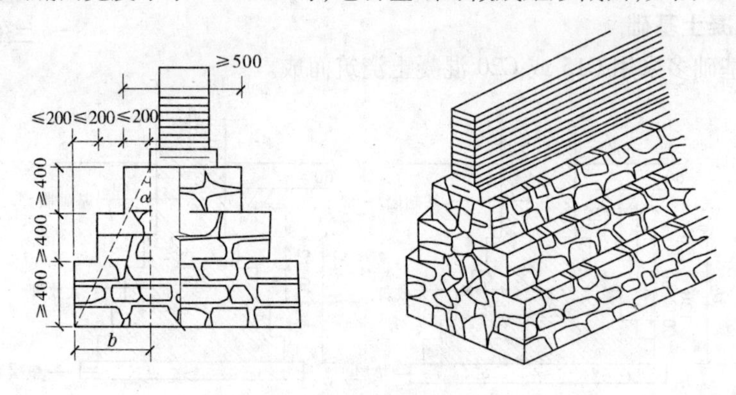

图 4-3　毛石基础构造

适用范围:由于石材抗压强度高,抗冻、抗水、抗腐蚀性能均较好,所以毛石基础可以用于地下水位较高、冻结深度较大的底层或多层民用建筑,但整体性欠佳,有震动的房屋很少采用。

4.1.1.4　**毛石混凝土基础**

对于体积较大的混凝土基础,可以在浇筑混凝土时加入 20% ~ 30% 的粒径不超过 300 mm 的毛石,这种基础叫毛石混凝土基础。

构造做法:

(1)所用毛石尺寸应小于基础宽度的 1/3,且毛石在混凝土中应分布均匀。

(2)当基础埋深较大时,也可将毛石混凝土做成台阶形,每阶高度不应小于 200 mm,如图 4-4 所示。

(3)如果地下水对普通水泥有侵蚀作用,应采用矿渣水泥或火山灰水泥拌制混凝土。

4.1.1.5　**灰土基础**

构造做法:生石灰与黏土按照一定体积比(2∶8 或 3∶7)拌和夯实而成;灰土每层均需铺 200 ~ 250 mm 厚,夯实后厚度为 100 ~ 150 mm,如图 4-5 所示。

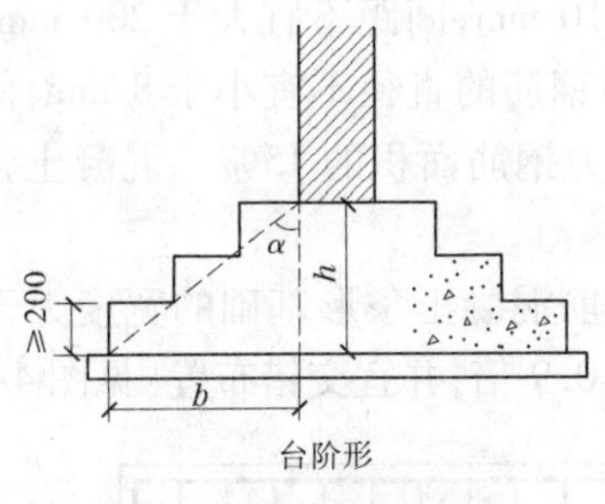

图 4-4　毛石混凝土基础

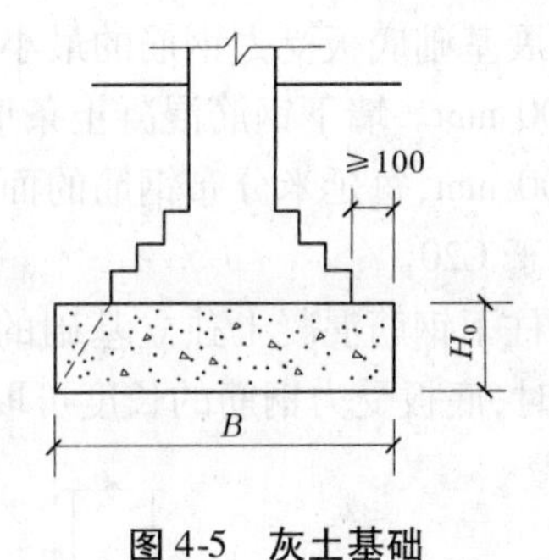

图 4-5　灰土基础

注意：三层以下的建筑物，厚度应不小于 300 mm；四层及四层以上的建筑物，厚度应不小于 450 mm。基础应分层施工。

适用范围：灰土基础适用于地下水位较低的低层建筑，应埋在地下水位以上，顶面应在冰冻线以下。

4.1.1.6　三合土基础

构造做法：三合土是由石灰、砂、骨料（碎石、碎砖或矿渣），按体积比 1∶3∶6或 1∶2∶4 加水拌和而成的。三合土基础的总厚度大于 300 mm，宽度大于 600 mm。

适用范围：三合土基础广泛用于南方地区，适用于四层以下的建筑。与灰土基础一样，应埋在地下水位以上，顶面应在冰冻线以下。

4.1.2　钢筋混凝土基础

钢筋混凝土基础是指基础由钢筋混凝土造成的基础，又称扩展基础。这类基础的抗弯和抗剪性能良好，可在竖向荷载较大、地基承载力不高，以及承受水平力和力矩荷载等情况下使用。与无筋基础相比，其基础高度较小，因此更适宜在基础埋置深度较小时使用。

钢筋混凝土基础不受刚性角的限制（见图 4-6（a）），这样既减少了挖土方的工作量，又节约了材料。基础可以做得宽而薄，一般为扁锥形，端部最薄处的厚度不宜小于 200 mm，且两个方向的坡度不宜大于 1∶3（见图 4-6（b））；阶梯形基础的每阶高度，宜为 300 ~ 500 mm；当有垫层时，钢筋保护层的厚度不应小于 40 mm；当无垫层时，不应小于 70 mm，垫层混凝土强度等级不宜低于 C15。

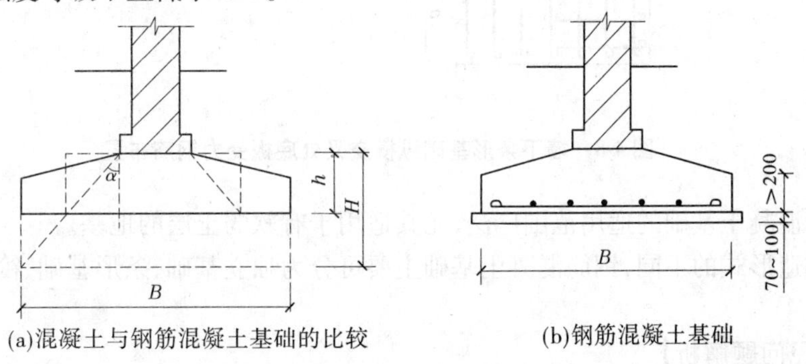

(a)混凝土与钢筋混凝土基础的比较　(b)钢筋混凝土基础

图 4-6　钢筋混凝土基础

扩展基础底板受力钢筋的最小直径不宜小于 10 mm，间距不宜大于 200 mm，也不宜小于 100 mm。墙下钢筋混凝土条形基础纵向分布钢筋的直径不宜小于 8 mm，间距不宜大于 300 mm，每延米分布钢筋的面积应不小于受力钢筋面积的 15%。混凝土强度等级不应低于 C20。

当柱下钢筋混凝土独立基础的边长和墙下钢筋混凝土条形基础的宽度大于或等于 2.5 m 时，底板受力钢筋的长度可取边长或宽度的 0.9 倍，并宜交错布置（见图 4-7）。

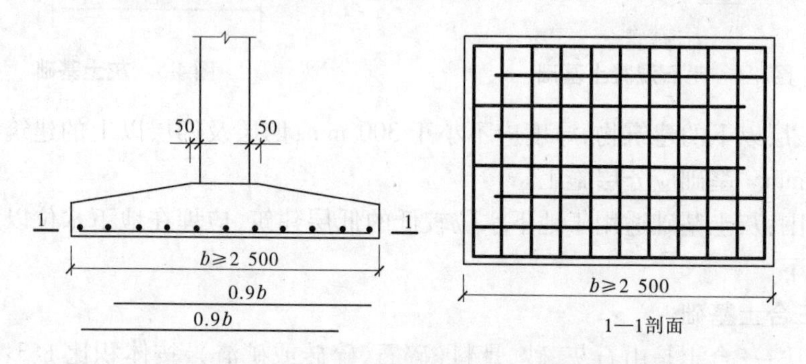

图 4-7　柱下独立基础底板受力钢筋布置

钢筋混凝土条形基础底板在 T 形及十字形交接处，底板横向受力钢筋仅沿一个主要受力方向通长布置，另一方向的横向受力钢筋可布置到主要受力方向底板宽度 1/4 处（见图 4-8）。在拐角处底板横向受力钢筋应沿两个方向布置。

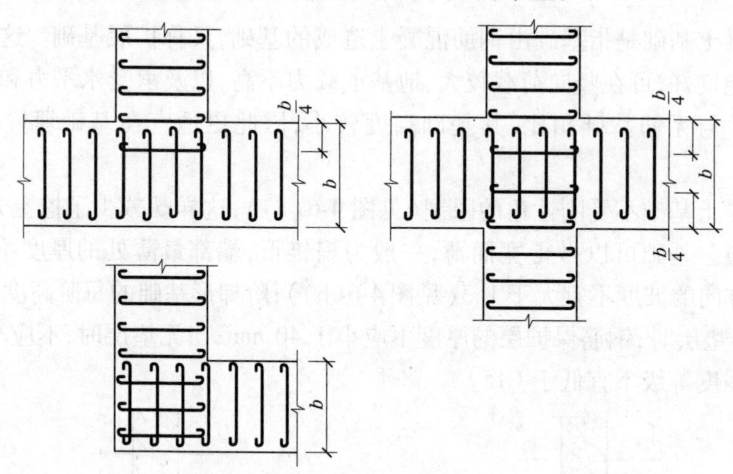

图 4-8　墙下条形基础纵横交叉处底板受力钢筋布置

钢筋混凝土基础的适用范围广泛，尤其适用于有软弱土层的地基。

按构造形式的不同，钢筋混凝土基础主要可分为独立基础、条形基础、筏形基础、箱形基础等。

【常见问题解析】

钢筋混凝土基础是如何防腐的？

一般视腐蚀种类而定,主要方法是调整混凝土的组分,添加外加剂,选用不同品种的水泥,掺入粉煤灰、火山灰、矿渣等,还可增大混凝土保护层厚度。

4.2 条形基础工程施工

【任务导入】

钢筋混凝土条形基础是先在地面上布满钢筋,后浇灌水泥,再浇灌地梁,使整个房屋的基础形成一个整体结构面,如同一个大盒子放在地面上。条形基础基础梁具有较大的抗剪、抗弯、抗冲切能力,当柱子的荷载较大而土层的承载能力又较低,做独立基础需要很大的面积时,可以采用柱下条形基础,甚至柱下交叉梁基础(十字交叉基础)。同时,基础梁整体刚度大,可调节不均匀沉降。

4.2.1 条形基础的构造与识图

4.2.1.1 条形基础的构造

基础为连续的长条形状时称为条形基础。条形基础一般用于墙下,也可用于柱下。当建筑采用柱承重结构,荷载较大且地基软弱时,可将柱下基础沿一个方向连续设置成条形基础,如图4-9所示。

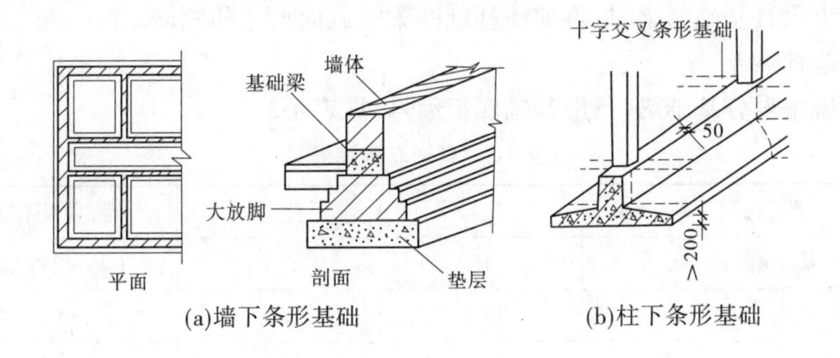

(a)墙下条形基础　(b)柱下条形基础

图4-9 条形基础

(1)墙下条形基础。一般用于多层混合结构的墙下,低层或小型建筑物常用砖、混凝土等刚性条形基础。如上部为钢筋混凝土墙,或地基较差,荷载较大时,可采用钢筋混凝土条形基础。

(2)柱下条形基础。当上部结构为框架结构或排架结构,荷载较大或荷载分布不均匀,地基承载力偏低时,为了增加基底面积或增强整体刚度,以减少不均匀沉降,常用钢筋混凝土条形基础,将各柱下基础用基础梁相互连接成一体,形成井格基础。柱下条形基础的构造要求见表4-1。

表4-1　柱下条形基础的构造要求

序号	项目	构造要求
1	高度	柱下条形基础梁的高度宜为柱距的1/4～1/8。翼板厚度不应小于200 mm。当翼板厚度大于250 mm时,宜采用变厚度翼板,其坡度宜小于或等于1:3
2	长度	条形基础的端部宜向外伸出,其长度宜为第一跨距的0.25倍
3	配筋	条形基础梁顶部和底部的纵向受力钢筋除满足计算要求外,顶部钢筋按计算配筋全部贯通,底部通长钢筋不应少于底部受力钢筋截面总面积的1/3

目前,在工业建筑和一些框架结构的民用建筑中常用到杯形基础,杯形基础主要用作装配式钢筋混凝土柱的基础,形式有一般杯口基础、双杯口基础、高杯口基础等。

4.2.1.2　条形基础的平法识图

条形基础整体上可分为梁板式条形基础和板式条形基础。

梁板式条形基础适用于钢筋混凝土框架结构、框架剪力墙结构、框支剪力墙结构等。平法施工图将梁板式条形基础分解为基础梁和条形基础底板分别进行表达。

板式条形基础适用于钢筋混凝土剪力墙结构和砌体结构。平法施工图仅表达条形基础板。当墙下设有基础圈梁时,再加注基础圈梁的截面尺寸和配筋。

1. 条形基础编号

条形基础编号分基础梁、条形基础底板编号,见表4-2。

表4-2　条形基础编号

类型		代号	序号	跨数及有无外伸
基础梁		JL	××	(××)端部无外伸
条形基础底板	坡形	TJB_P	××	(××A)一端有外伸
	阶形	TJB_J	××	(××B)两端有外伸

2. 条形基础梁的平面注写方式

条形基础梁的平面注写方式分集中标注和原位标注两部分内容。当集中标注的某项数值不适用于基础梁的某部位时,将该项数值采用原位标注,施工时原位标注优先。

1)条形基础梁集中标注规定

基础梁编号、截面尺寸、配筋三项为必注内容,基础梁底面标高和必要的文字注解两项为选注内容。具体规定如下:

(1)注写基础梁编号(必注内容),如JL06(3A)。

(2)注写基础梁截面尺寸(必注内容)。

(3)注写基础梁箍筋(必注内容)。

①当设计仅采用一种箍筋间距时,注写钢筋级别、直径、间距与肢数(箍筋肢数写在括号内,下同)。

②当设计采用两种箍筋时,用“/”分隔不同箍筋,按照从基础梁两端向跨中的顺序注写。先注写第1段箍筋(在前面加注箍筋道数),在斜线后再注写第2段箍筋(不再加注箍筋道数)。

例:9 ⏀16@100/⏀16@200(6)表示配置两种间距HRB400级钢筋,直径为⏀16,从梁两端起向跨中按间距100 mm设置9道,其余部位的间距为200 mm,均为6肢箍。

两向基础梁相交的柱下区域,应有一向截面较高的基础梁箍筋贯通设置;当两向基础梁的高度相同时,任选一向基础梁箍筋贯通设置。

(4)注写基础梁底部、顶部及侧面纵向钢筋(必注内容)。

①以B打头,注写基础梁底部贯通纵筋(不小于梁底部受力筋总截面面积的1/3)。当跨中所注纵向钢筋根数少于箍筋肢数时,需要在跨中增设基础梁底部架立筋,以固定箍筋,采用“+”将贯通纵筋与架立筋相连,架立筋写在“+”后的括号内。

②以T打头,注写梁顶部贯通纵筋。

③当梁底部或顶部贯通纵筋多于一排时,用“/”将各排纵筋自上而下分开。

例:B:4 ⏀28;T:12 ⏀25 7/5,表示该基础梁底部设置4 ⏀28的贯通纵筋;顶部贯通纵筋分两排设置,上面一排7 ⏀25,下面一排5 ⏀25,共12 ⏀25。

④以G打头,注写基础梁两侧面对称设置的纵向构造钢筋的总配筋值。

例:G8 ⏀14表示该基础梁每个侧面各配置4 ⏀14钢筋,共配置8 ⏀14钢筋。

(5)注写基础梁底面相对标高高差(选注内容)。

当条形基础底面标高与基础底面基准标高不同时,将条形基础底面标高注写在“()”内。

(6)必要的文字注解(选注内容)。

当条形基础梁有特殊要求时,应增加必要的文字注解。

2)条形基础梁原位注写的规定

(1)基础梁支座的底部纵筋,是指包含贯通纵筋与非贯通纵筋在内的所有纵筋:

①当底部纵筋多于一排时,用“/”将各排纵筋自上而下分开注写。

②当同排纵筋有两种直径时,用“+”将两种直径的纵筋标出。

③当梁支座两边的底部纵筋配置不同时,需在支座两边分别注写,当梁支座两边的底部纵筋配置相同时,可仅在一边注写。

④当梁支座底部全部纵筋与集中标注的底部贯通筋相同时,可不再重复注写原位标注。

⑤竖向加腋梁加腋部位钢筋,需在设置加腋的支座处以Y打头注写在括号内。

(2)原位注写基础梁的附加箍筋或(反扣)吊筋。

当两向基础梁十字交叉,但交叉位置无柱时,应根据抗力需要设置附加箍筋或(反扣)吊筋。将附加箍筋或(反扣)吊筋直接画在条形基础主梁上,原位直接引注总配筋值(附加箍筋的肢数写在括号内);当多数附加箍筋或(反扣)吊筋相同时,可在条形基础平法施工图上统一注明。少数与统一注明不同时,在原位直接引注。

(3)原位注写基础梁外伸部位的变截面高度尺寸。

当基础梁外伸部位采用变截面高度时,在该部位原位注写$b \times h_1/h_2$,h_1为根部截面高度，h_2为尺端截面高度。

(4)原位注写修正内容。

当基础梁上集中标注的某项内容（如截面尺寸、箍筋、底部与顶部贯通纵筋或架立筋、侧面纵向构造钢筋、梁底面标高等）不适用于某跨或某外伸部位时，将其修正内容原位注写在该跨或外伸部位，施工时原位标注取值优先（见表4-3）。

表4-3　条形基础梁标注示例

示例	图示符号	实际含义
③ ④ 7 200 JL1(2) 250×500 15Φ14@100/200(4) B:4Φ25;T:4Φ25 b 7Φ25 3/4	JL1(2)	编号：基础梁1号，两跨
	250×500	截面尺寸：梁宽250 mm，梁高500 mm
	15 Φ 14@100/200(4)	箍筋配置：为二级钢筋，直径14 mm，从梁两端起向跨内按间距100 mm设置15道，其余按间距200 mm布置，均为4肢箍
	B:4 Φ 25;T:4 Φ 25	梁底部配置贯通筋为4根直径25 mm的三级钢筋；梁顶部配置贯通筋为4根直径25 mm的三级钢筋
	7 Φ 25　3/4	轴线支座处，梁底部全部纵筋为7根直径为25 mm的三级钢筋，上排3根，下排4根

3. 条形基础底板的平面注写方式

条形基础底板TJB_P、TJB_J的平面注写方式分集中标注和原位标注两部分内容。

1）条形基础底板集中标注的内容

(1)注写条形基础底板编号（必注内容）。

坡形截面，编号加下标“P”，如TJB_P03(5B)；阶形截面，编号加下标“J”，如TJB_J03(5A)。

(2)注写条形基础底板截面竖向尺寸（必注内容）。注写为：$h_1/h_2/\cdots$。当条形基础底板为坡形截面时，注写为h_1/h_2，如图4-10所示；当条形基础底板为多阶截面时，注写为$h_1/h_2/\cdots$；当条形基础为单阶截面时注写为h_1，如图4-11所示。

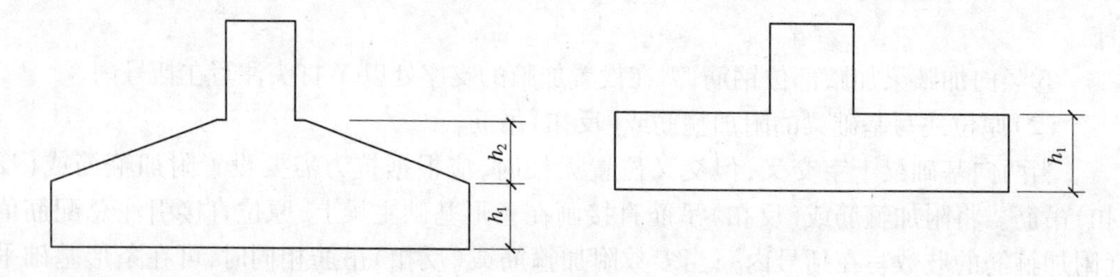

图4-10　条形基础底板坡形截面竖向尺寸　　图4-11　条形基础底板单阶截面竖向尺寸

(3)注写条形基础底板底部及顶部配筋(必注内容)。

以B打头,注写条形基础底板底部的横向受力钢筋;以T打头,注写条形基础底板顶部的横向受力钢筋;注写时用“/”分隔条形基础底板的横向受力钢筋与纵向分布钢筋。

例:B:Φ14@150/Φ8@250表示条形基础底板底部配置HRB335级横向受力钢筋,直径为14 mm,分布间距150 mm;配置HPB300级分布钢筋,直径为8 mm,分布间距250 mm,如图4-12所示。

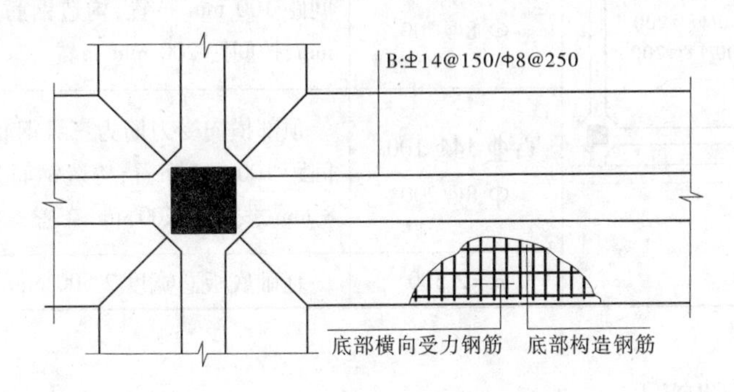

图4-12　条形基础底板底部配筋示意

(4)注写条形基础底板底面标高(选注内容)。

当条形基础底板底面标高与条形基础底面基准标高不同时,应将条形基础底板底面标高注写在“( )”内。

(5)必要的文字注解(选注内容)。

当条形基础底板有特殊要求时,应增加必要的文字注解。

2)条形基础底板原位注写的内容

(1)原位注写条形基础底板的平面尺寸。

条形基础底板的原位标注就是注写其平面尺寸。原位标注b、b_i,$i=1,2,\cdots$。其中b为基础底板总宽度,b_i为基础底板台阶的宽度。当基础底板采用对称于基础梁的坡形截面或单阶形截面时,b_i可不注。

(2)原位注写修正内容。

当条形基础底板上集中标注的某项内容,如截面竖向尺寸、底板配筋、底板底面标高等,不适用于条形基础某跨或某外伸部位时,将其修正内容原位注写在该跨或该外伸部位处,施工时原位标注取值优先。

4.条形基础截面注写方式

条形基础平法施工图的截面注写方式,分为截面标注和列表注写(结合截面示意图)两种表达方式(见表4-4),在这里不再赘述。具体可参考平法图集16G101—3。

表 4-4　条形基础底板示例

示例	图示符号	实际含义
基础底板 b TJB$_P$ 1(2)300/200 B:Φ14@100/φ8@200 T:Φ14@100/φ8@200 2 500	TJB$_p$1(2)	编号:坡形基础底板 1 号,两跨
	300/200	竖向截面尺寸:h_1 =300 mm,h_2 =200 mm
	B:Φ 14@100/φ 8@200	底部横向受力筋为三级钢筋,直径 14 mm、按间距 100 mm 布置,构造钢筋为一级钢、直径 8 mm、按间距 200 mm 布置
	T:Φ 14@100/φ 8@200	顶部横向受力筋为三级钢筋,直径 14 mm、按间距 100 mm 布置,构造钢筋为一级钢筋、直径 8 mm、按间距 200 mm 布置
	b =2 500	基础底板总宽度 2 500 mm

4.2.2　条形基础施工

二维资料 4.2

4.2.2.1　基槽(坑)清理及垫层浇筑

基坑(槽)应进行验槽,局部软弱土层应挖去,用灰土或砂砾分层回填夯实至基底相平。基坑(槽)内浮土、积水、淤泥、垃圾、杂物应清除干净。验槽后地基混凝土应立即浇筑,以免地基被扰动。

4.2.2.2　钢筋绑扎

垫层浇灌完成,混凝土达到 70% 强度后,表面弹线进行钢筋绑扎,钢筋绑扎不允许漏扣,柱插筋弯钩部分必须与底板筋成 45°绑扎,连接点处必须全部绑扎,距底板 5 cm 处绑扎第一道箍筋,距基础顶 5 cm 处绑扎最后一道箍筋,作为标高控制筋及定位筋,柱插筋最上部再绑扎一道定位筋,上下箍筋及定位箍筋绑扎完成后将柱插筋调整到位并用井字木架临时固定,然后绑扎剩余箍筋,保证柱插筋不变形走样,两道定位筋在基础混凝土浇完后,必须进行更换。钢筋绑扎好后底面及侧面搁置保护层塑料垫块,厚度为设计保护层厚度,垫块间距不得小于 100 mm(视设计钢筋直径确定),以防出现露筋的质量通病。注意对钢筋的成品保护,不得任意碰撞钢筋,造成钢筋移位。

另外,当基础高度在 1 200 mm 以内时,插筋伸至基础底部的钢筋网上,并在端部做成直弯钩;当基础高度在 1 400 mm 时,位于柱子四角的插筋应伸到基础底部,其余的钢筋只须伸至锚固长度即可。插筋伸出基础部分长度应按柱的受力情况及钢筋规格确定。钢筋混凝土条形基础,在 T 字形与十字形交接处的钢筋沿一个主要受力方向通长放置。

4.2.2.3　模板及清理

钢筋绑扎及相关专业施工完成后立即进行模板安装,模板采用小钢模或木模,利用架子管或木方加固,清除模板内的木屑、泥土等杂物,将木模浇水湿润,堵严板缝及孔洞。

阶梯形基础模板:每一阶模板由 4 块侧板拼钉而成,其中两块侧板的尺寸与相应的台阶侧面尺寸相等,另两块侧板长度则为 150 ~ 200 mm,4 块侧板用木档拼成方框。上、下台阶模板的四周设置斜撑和水平支撑牢固,如图4-13所示。

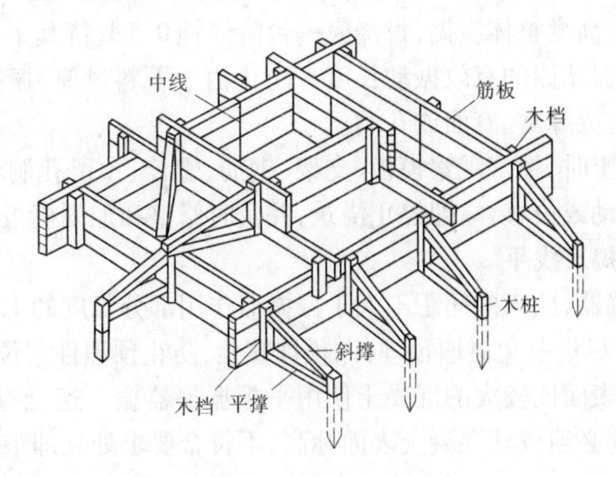

图4-13 阶梯形基础模板

锥形基础模板:锥形基础坡度>30°时,采用斜模板支护,利用螺栓与底板钢筋拉紧,防止上浮,模板上部设透气及振捣孔;坡度≤30°时,利用钢丝网(间距30 cm)防止混凝土下坠,上口设井字木控制钢筋位置。不得用重物冲击模板,不准在吊帮的模板上搭设脚手架,保证模板的牢固和严密。

4.2.2.4 现场混凝土搅拌

每次浇筑混凝土前1.5 h左右,由施工现场专业工长填写混凝土浇灌申请书,由建设(监理)单位和技术负责人或质量检查人员批准,每一台班都应填写。

试验员依据混凝土浇灌申请书填写有关资料。根据砂石含水量,调整混凝土配合比中的材料用量,换算每盘的材料用量,写配合比板,经施工技术负责人校核后,挂在搅拌机旁醒目处。

材料用量、投放:水泥、掺和料、水、外加剂的计量误差为±2%,粗、细骨料的计量误差为±3%。投料顺序为:石子→水泥、外加剂粉剂→掺和料→砂子→水→外加剂液剂。

搅拌时间:为使混凝土搅拌均匀,自全部拌和料装入搅拌筒中起到混凝土开始卸料止,混凝土搅拌的最短时间,强制式搅拌机:不掺外加剂时,不少于90 s;掺外加剂时,不少于120 s。自落式搅拌机:在强制式搅拌机搅拌时间的基础上增加30 s。

另外,用于承重结构及抗渗防水工程使用的混凝土,采用预拌混凝土的,开盘鉴定是指第一次使用的配合比,在混凝土出厂前由混凝土供应单位自行组织有关人员进行开盘鉴定;现场搅拌的混凝土由施工单位组织建设(监理)单位、搅拌机组、混凝土试配单位进行开盘鉴定工作,共同认定试验室签发的混凝土配合比确定的组成材料是否与现场施工所用材料相符,以及混凝土拌和物性能是否满足设计要求和施工需要。如果混凝土和易性不好,可以在维持水灰比不变的前提下,适当调整砂率、水及水泥量,至和易性良好为止。

4.2.2.5 混凝土浇筑

混凝土应分层连续进行,间歇时间不超过混凝土初凝时间,一般不超过2 h,为保证钢筋位置正确,先浇一层5~10 cm厚混凝土固定钢筋。条形基础根据高度分段分层连续浇筑,不留施工缝,各段各层间应相互衔接,每段长 2 ~ 3 m,做到逐段逐层呈阶梯形推进。台阶形基础每一台阶高度整体浇捣,每浇完一台阶停顿 0.5 h 待其下沉,再浇上一层。分层下料,每层厚度为振动棒的有效振动长度。防止由于下料过厚、振捣不实或漏振、吊帮的根部砂浆涌出等造成蜂窝、麻面或孔洞。

另外,浇筑混凝土时,经常观察模板、支架、钢筋、螺栓、预留孔洞和管有无走动情况,一经发现有变形、走动或位移,立即停止浇筑,并及时修整和加固模板,然后继续浇筑。

4.2.2.6 混凝土振捣及找平

采用插入式振捣器,插入的间距不大于振捣器作用部分长度的 1.25 倍。上层振捣棒插入下层 3 ~5 cm。尽量避免碰撞预埋件、预埋螺栓,防止预埋件移位。

混凝土浇筑后,表面比较大的混凝土使用平板振捣器振一遍,然后用刮杆刮平,再用木抹子搓平。收面前必须校核混凝土表面标高,不符合要求处立即整改。

4.2.2.7 混凝土养护

已浇筑完的混凝土,应在 12 h 左右覆盖和浇水。一般常温养护不得少于 7 d,特种混凝土养护不得少于 14 d。养护设专人检查落实,防止由于养护不及时造成混凝土表面裂缝。养护方法有覆盖浇水养护、薄膜布养护、喷涂薄膜养生液和覆盖式养护等。

4.2.2.8 模板拆除

侧面模板在混凝土强度能保证其棱角不因拆模板而受损坏时方可拆模,拆模前设专人检查混凝土强度,拆除时采用撬棍从一侧按顺序拆除,不得采用大锤砸或撬棍乱撬,以免造成混凝土棱角破坏。

拆模顺序:一般是先支后拆,后支先拆,先拆除侧模板,后拆除底模板。重大复杂模板的拆除,事前应制订拆模方案。

拆模日期:模板的拆除日期取决于混凝土的强度、模板的用途、结构的性质、混凝土硬化时的气温等因素。

4.2.3 钢筋混凝土基础施工常见的质量问题、防止措施及处理

二维资料 4.3

4.2.3.1 混凝土施工常见的质量问题

(1)麻面:表现为混凝土表面局部缺浆粗糙,或有许多小凹坑,但无钢筋和石子外露。

(2)蜂窝:表现为混凝土局部酥松,砂浆少石子多,石子之间出现空隙,形成蜂窝状的孔洞。

(3)孔洞:表现为混凝土结构内有空隙,局部没有混凝土。

(4)露筋:表现为钢筋混凝土结构内的主筋、副筋或箍筋等露在混凝土表面。

(5)缺棱掉角:表现为混凝土局部掉落,不规整,棱角有缺陷。

(6)测量误差:基础位置、尺寸偏差过大,基础标高、偏差过大,基础中心线错位。

4.2.3.2 防止措施

选择合适水泥,减少水泥用量、掺外加剂、控制水灰比、严格控制骨料级配和含泥量、加强测量定位及标高控制、提高模板刚度防止混凝土胀模、加强技术管理,合理组织劳动力及机械设备。

4.2.3.3　处理措施

(1)麻面:模板表面清理干净并涂刷隔离剂。

(2)蜂窝:模板缝应堵塞严密,浇灌中应随时检查模板支撑情况,防止露浆;严格控制混凝土的配合比,经常检查,做到计量准确;混凝土搅拌均匀,坍落度适合;混凝土下料高度超过2 m时,应设串筒或溜槽;应分层下料,分层捣实,防治滑振;基础台阶根部应在下部浇完间歇1~1.5 h,沉实后再浇上部混凝土,避免出现"烂脖子"。小蜂窝处理:洗刷干净后,用1:2或1:2.5水泥砂浆抹平压实。较大蜂窝处理:凿去蜂窝处薄弱松散颗粒,刷洗净后,用强度高一级的细石混凝土仔细填塞捣实。较深蜂窝处理:如清除困难,可埋压浆管、排气管、表面抹砂浆或灌筑混凝土封闭后,进行水泥压浆处理。

(3)孔洞:保证混凝土质量,不发生分层离析;浇筑时,混凝土充满模板,认真分层捣实;在钢筋密集处及复杂部位,采用细石混凝土浇灌;砂石中混有土块或模板工具等杂物掉入混凝土内时,应及时清除干净;将孔洞周围的松散混凝土凿除,用压力水冲洗,支设模板,洒水充分湿润后用高强度等级细石混凝土仔细浇灌、捣实。

(4)露筋:将外漏钢筋上的混凝土残渣和铁锈清刷干净,用水冲洗,充分湿润,用1:2水泥砂浆抹压平整;若露筋较深,则将薄弱处混凝土凿除,用比结构高一级的细石混凝土浇筑、捣实,并养护好。

(5)缺棱掉角:木模板在浇筑混凝土前应充分湿润,浇筑混凝土后应认真浇水养护;拆除侧面非承重模板时,混凝土强度应达到1.2 MPa以上;拆模时,注意保护棱角,避免用力过猛过急;调运模板时,防止撞击棱角;缺棱掉角处可将该处松散颗粒凿除,冲洗充分湿润后,视破损程度用1:2或1:2.5水泥砂浆抹补齐整,或用比原来高一级的混凝土捣实补好,认真养护。

4.2.4　钢筋混凝土条式基础施工质量要求

4.2.4.1　模板

1. 主控项目

模板及其支架应具有足够的承载力、刚度和稳定性,能可靠地承受浇筑混凝土时的侧压力及施工荷载,保证在浇筑混凝土时不发生跑模及胀模。

2. 一般项目

(1)模板的接缝不应漏浆;在浇筑混凝土前,木模板应浇水湿润,但模板内不应有积水。

(2)模板与混凝土的接触面应清理干净并涂刷隔离剂,但不得采用影响结构性能或妨碍工程施工的隔离剂。

(3)浇筑混凝土前,模板内的杂物应清理干净。

(4)对清水混凝土工程及装饰混凝土工程,应使用能达到设计效果的模板。

(5)基础模板安装的允许偏差及其检验方法见表4-5。

表4-5 现浇基础模板安装允许偏差及检验方法

项目		允许偏差(mm)	检验方法
轴线位置		5	钢尺检查
底模上表面标高		±5	水准仪或拉线、钢尺检查
截面内部尺寸	基础	±10	钢尺检查
	柱、墙、梁	+4, -5	钢尺检查
层高垂直度	不大于5 m	6	经纬仪或吊线、钢尺检查
	大于5 m	8	经纬仪或吊线、钢尺检查
相邻两板表面高低差		2	钢尺检查
表面平整度		3	2 m靠尺和塞尺检查

注:检查轴线位置时,应沿纵、横两个方向量测,并取其中较大值。

4.2.4.2 钢筋

1. 主控项目

钢筋安装时,受力钢筋的品种、级别、规格和数量必须符合设计要求。

2. 一般项目

钢筋安装位置的偏差应符合表4-6的规定。

表4-6 钢筋安装位置的偏差和检验方法

项目			允许偏差(mm)	检验方法
绑扎钢筋网	长、宽		±10	钢尺检查
	网眼尺寸		±20	钢尺量连续三档,取最大值
绑扎钢筋骨架	长		±10	钢尺检查
	宽、高		±5	钢尺检查
受力钢筋	间距		±10	钢尺量两端、中间各一点
	排距		±5	取最大值
	保护层厚度	基础	±10	钢尺检查
		柱、梁	±5	钢尺检查
		板、墙、壳	±3	钢尺检查
绑扎箍筋、横向钢筋间距			±20	钢尺量连接三档,取最大值
钢筋弯起点位置			20	钢尺检查
预埋件	中心线位置		5	钢尺检查
	水平高差		+3,0	钢尺和塞尺检查

注:1. 检查预埋件中心线位置时,应沿纵、横两个方向量测,并取其中的较大值。

2. 表中梁类、板类构件上部纵向受力钢筋保护层厚度的合格点率应达到90%及以上,且不得有超过表中数值1.5倍的尺寸偏差。

4.2.4.3　**混凝土**

1. 主控项目

基础结构混凝土的强度等级必须符合设计要求。用于检查结构构件混凝土强度的试件,应在混凝土的浇筑地点随机抽取。

2. 一般项目

施工缝的位置应在混凝土浇筑前按设计要求和施工技术方案确定。施工缝的处理应按施工技术方案执行。

现浇混凝土基础允许偏差及其检验方法见表 4-7。

表 4-7　现浇混凝土基础允许偏差及其检验方法

项目		允许偏差(mm)	检验方法
轴线位置	独立基础	15	钢尺检查
	其他基础	10	
标高	层高	±10	水准仪或拉线、钢尺检查
	全高	±30	
截面尺寸		+8,-5	钢尺检查
表面平整度		8	2 m 靠尺和塞尺检查
预留洞中心线位置		15	钢尺检查

注:本表适用于单层、多层、高层框架基础及多层大板、高层大板施工的各类基础;检查轴线、中心线位置时,应沿纵、横两个方向量测,并取其中的较大值。

【拓展训练】

条形基础钢筋下料计算

条形基础钢筋翻样计算的基本步骤为:

1. 识读图纸,根据图纸的集中标注和原位标注掌握图纸的配筋信息。

2. 根据钢筋的排布规则及构造要求分析钢筋的排布范围等相关信息。

3. 根据国家建筑标准设计图集 16G101—3 的相关知识计算钢筋的下料长度。

【例 4-1】　根据图 4-14,基础平法施工图示意(局部),对 TJB_p02 的钢筋翻样计算。

解　1. 识读图纸信息

TJB_p02 底板配筋为:受力钢筋Φ 16,间距 150 mm,分布钢筋Φ 10,间距 250 mm,x 向尺寸 3 750 mm,y 向尺寸 2 500 mm,底板宽度≥2 500 mm,C30 混凝土,有垫层。

2. 根据钢筋的排布规则及构造要求分析钢筋的排布范围

根据图 4-8 丁字交叉条形基础钢筋排布规则,TJB_p02 的受力钢筋与 TJB_p01 的受力钢筋应交接 375 mm(1 500/4);根据图 4-15 底板宽度≥2 500 mm 时,底板钢筋长度可缩短 10%,但进入底板交接处的受力钢筋和无交接底板端部的第一根受力钢筋不缩短;根据图 4-16条形基础无交接底板端部钢筋排布构造 TJB_p02 端部 2 500 mm×2 500 mm 范围内应配置双向Φ 16 受力钢筋。规定水平向为 x 向,竖向为 y 向,$s/2$ =75 mm。

3. 计算钢筋的下料长度

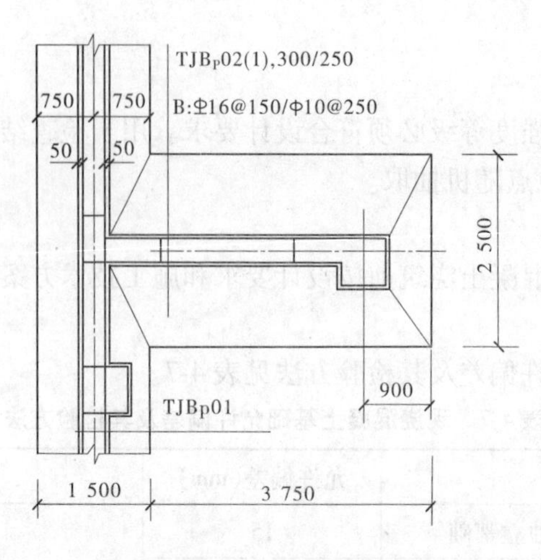

图 4-14 TJB$_P$02

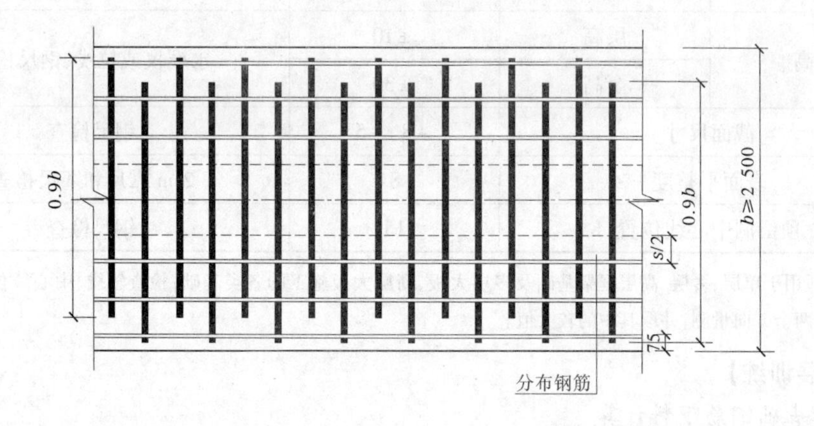

注:1. 当条形基础底板宽度≥2 500 mm 时,底板配筋长度可减少 10% 配置。

但是进入底板交接区的受力钢筋和无交接底板端部的第一根钢筋不应缩短。

2. 图中 s 为分布钢筋的间距。

图 4-15 条形基础底板配筋长度缩短 10% 的钢筋排布构造

钢筋的混凝土保护层取 40 mm。

x 向外侧受力钢筋(Φ 16)下料长度 $L_1 = 2\ 500 - 40$(保护层)$= 2\ 460$(mm)(2 根)。

x 向中间受力钢筋(Φ 16)下料长度 $L_2 = 2\ 500 \times 0.9 = 2\ 250$(mm),根数 $n = [(2\ 500 - 75 \times 2)/150] - 1 = 14.7$(根),取 15 根。

x 向分布钢筋(Φ 10)下料长度 $L_3 = 1\ 250 + 150 + 40 + 150 = 1\ 590$(mm),根数 $n = [(2\ 500 - 75 \times 2)/250] + 1 = 10.4$(根),取 11 根。

y 向外侧钢筋(Φ 16)下料长度 $L_4 = 2\ 500 - 40$(保护层)$\times 2 = 2\ 420$(mm)(1 根)。

y 向两条形基础交接处钢筋(Φ 16)下料长度 $L_5 = 2\ 500 - 40$(保护层)$\times 2 = 2\ 420$(mm),根数 $n = [(375 - 75)/150] + 1 = 3$(根)。

y 向中间钢筋(Φ 16)下料长度 $L_6 = 2\ 500 \times 0.9 = 2\ 250$(mm),根数 $n = (3\ 750/150) - 1 = 24$(根)。

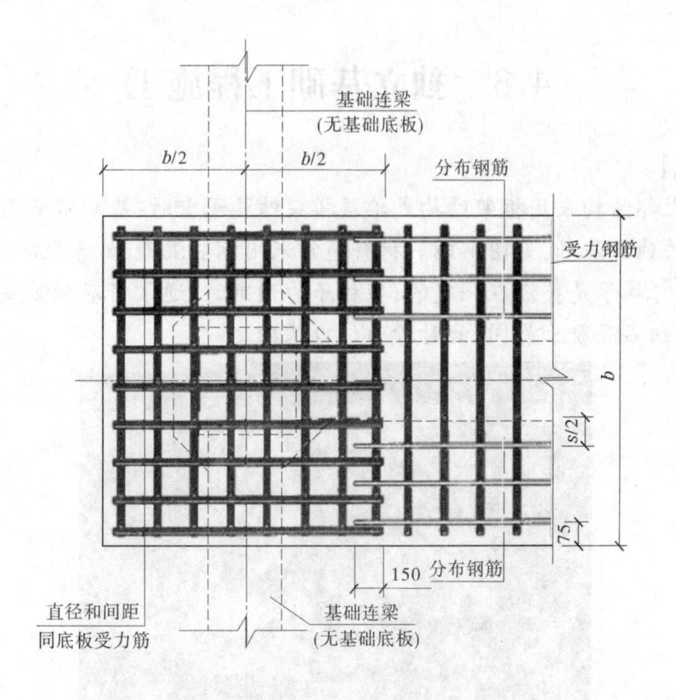

图4-16　条形基础无交接底板端部钢筋排布构造

钢筋排布如图4-17所示。

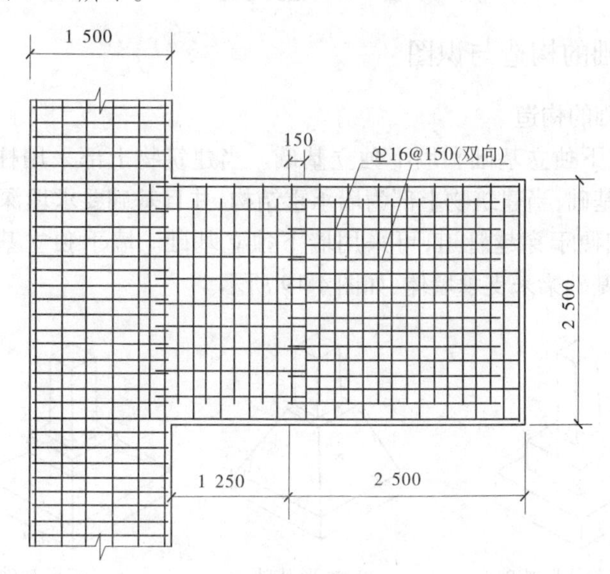

图4-17　钢筋排布

【常见问题解析】

如何区分条形基础底板配筋中哪个是构造配筋,哪个是受力钢筋?

条形基础中短向(或者说垂直于轴线的钢筋)是受力钢筋,为抗弯受拉;与此钢筋垂直的(或者说沿轴线方向)的钢筋为分布钢筋。

4.3 独立基础工程施工

【任务导入】

当建筑物上部结构采用框架结构或单层排架结构承重时,基础常采用方形、圆柱形和多边形等形式的独立基础,见图4-18。材料通常采用钢筋混凝土、素混凝土等。当柱为现浇时,独立基础与柱子是整浇在一起的;当柱子为预制时,通常将基础做成杯口形,然后将柱子插入,并用细石混凝土嵌固,此时称为杯口基础。

图4-18 独立基础

4.3.1 独立基础的构造与识图

4.3.1.1 独立基础的构造

独立基础有柱下独立基础和墙下独立基础。当建筑物上部采用柱承重且柱距较大时,采用柱下独立基础;当建筑物上部为墙承重结构,并且基础要求埋深较大时,为了避免开挖土方量过大和便于穿越管道,可采用墙下独立基础。墙下独立基础的间距一般为3~4 m,上面设置基础梁来支承墙体,如图4-19所示。

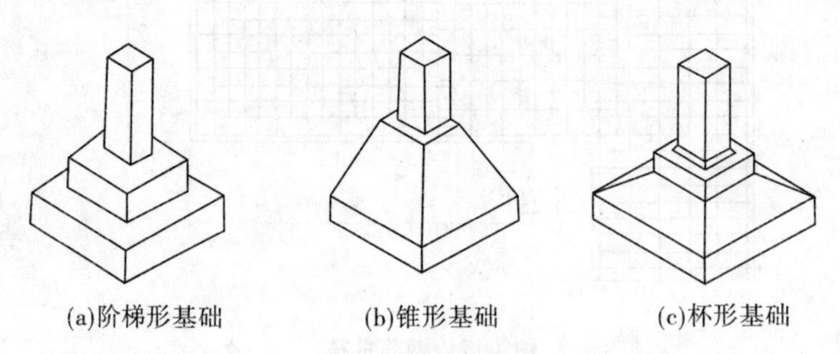

图4-19 独立基础

(1)轴心受压基础一般采用正方形。偏心受压基础应采用矩形,长边与弯矩作用方向平行,长、短边之比一般为1.5~2.0,最大不应超过3.0。

(2)锥形基础的边缘高度,不宜小于200 mm,也不宜大于500 mm;阶梯形基础的每阶高度,宜为300~500 mm,基础高度500~900 mm时用两阶,大于900 mm时用三阶,基础长、短边相差过大时，短边方向可减少一阶；柱基础下通常要做混凝土垫层，垫层的混凝土强度等级应为 C15，厚度不宜小于 70 mm，一般为 70 ~ 100 mm，每边伸出基础 50 ~ 100 mm。

(3)底板钢筋的面积按计算确定。底板钢筋一般采用 HPB300、HRB335 级钢筋，钢筋保护层厚度，有垫层时不小于 40 mm，无垫层时不小于 70 mm；混凝土强度等级不应低于 C25。底板配筋宜沿长边和短边方向均匀布置，且长边钢筋放置在下排。钢筋直径不宜小于 10 mm，间距不宜大于 200 mm 也不宜小于 100 mm。当基础边长 B 大于 2.5 m 时，基础底板受力钢筋的长度可取用边长或宽度的 0.9 倍。

(4)钢筋混凝土独立柱基础的插筋的钢筋种类、直径、数量及间距应与上部柱内的纵向钢筋相同；插筋的锚固及与柱纵向钢筋相同；插筋的锚固及与柱纵向受力钢筋的搭接长度，应符合《混凝土结构设计规范》(GB 50010—2010)(2015 年版)和《建筑抗震设计规范》(GB 50011—2010)(2016 年版)的要求；箍筋直径与上部柱内的箍筋直径相同，在基础内应不少于两个箍筋；在柱内纵筋与基础纵筋搭接范围内，箍筋的间距应加密且不大于 100 mm；基础的插筋应伸至基础底面，用光圆钢筋(末端有弯钩)时放在钢筋网上。

4.3.1.2　独立基础的平法识图

独立基础平法施工图有平面注写和截面注写两种表达方式，平面注写方式分集中标注和原位标注两部分内容，见图 4-20。

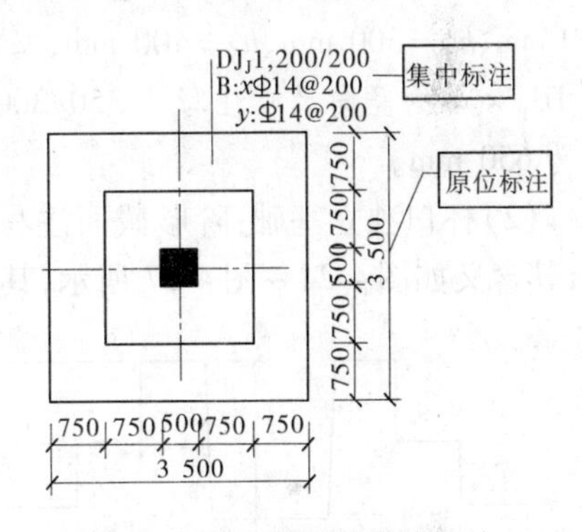

图 4-20　独立基础的平法标注

1. 独立基础的平面注写方式

普通独立基础和杯口独立基础的集中注写，是在基础平面图上集中引注基础编号、截面竖向尺寸、配筋三项必注内容，以及基础底面标高和必要的文字注解两项选注内容，见图 4-21。

1)注写独立基础编号

独立基础底板的截面通常有阶形截面和坡形截面，见表 4-8。

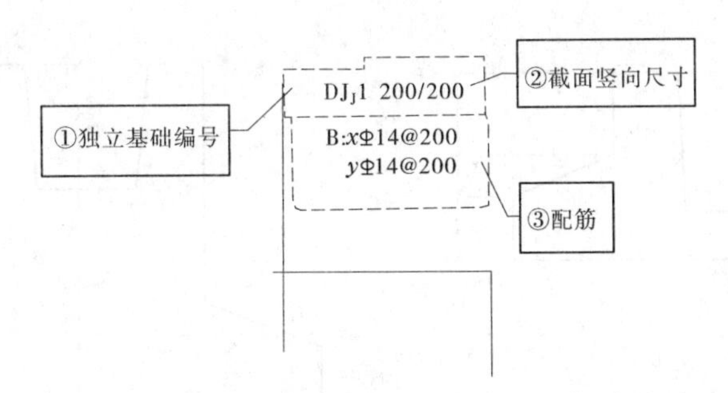

图 4-21　独立基础集中注写必注内容

2)注写独立基础截面竖向尺寸

(1)普通独立基础：阶形截面 $h_1/h_2/h_3$，坡形截面注写为 $h_1/h_2/\cdots$，如图 4-22、图 4-23 所示。

表 4-8　独立基础编号

类型	基础底板截面形状	代号	序号
普通独立基础	阶形	DJ_J	××
	坡形	DJ_P	××
杯口独立基础	阶形	BJ_J	××
	坡形	BJ_P	××

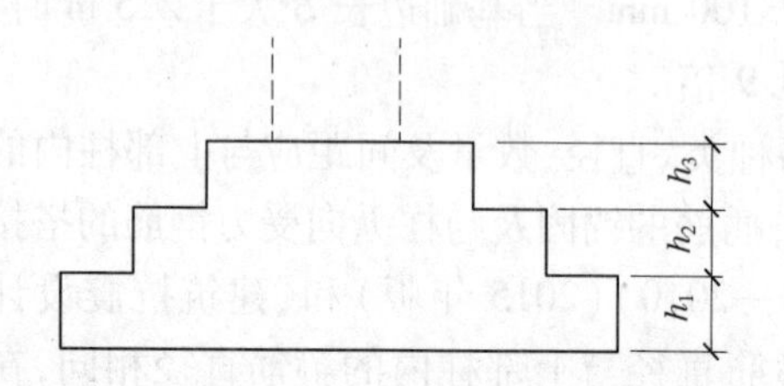

图 4-22　阶形截面普通独立基础竖向尺寸

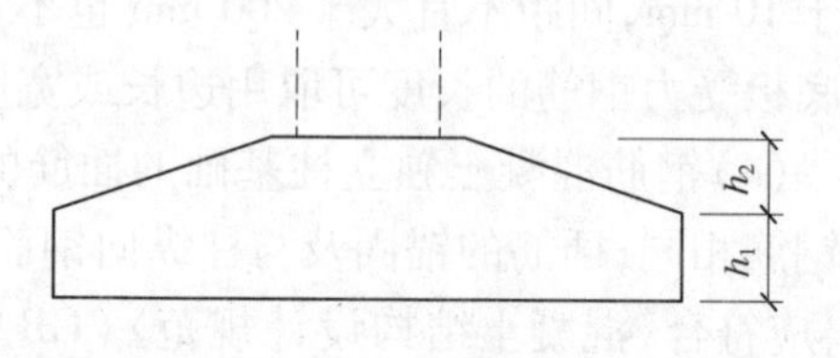

图 4-23　坡形截面普通独立基础竖向尺寸

例：当阶形截面普通独立基础 DJ_J××的竖向尺寸注写为 400/300/300 时，表示 h_1 = 300 mm、h_2 = 300 mm、h_3 = 400 mm，基础底板总厚度为 1 000 mm；当坡形截面普通独立基础 DJ_P××的竖向尺寸注写为 350/300 时，表示 h_1 = 350 mm、h_2 = 300 mm，基础底板总厚度为 650 mm。

(2)杯口独立基础：阶形截面注写为 a_0/a_1，$h_1/h_2/$等，坡形截面注写为 a_0/a_1，$h_1/h_2/h_3$，其含义如图 4-24 ~ 图 4-27 所示，其中杯口深度 a_0为柱插入杯口的尺寸加 50 mm。

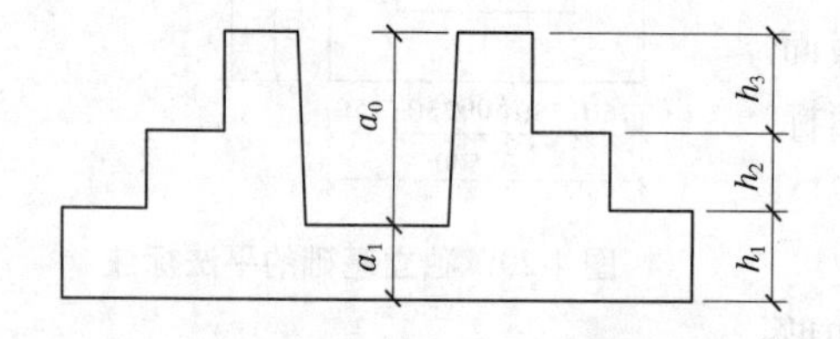

图 4-24　阶形截面杯口独立基础竖向尺寸(一)

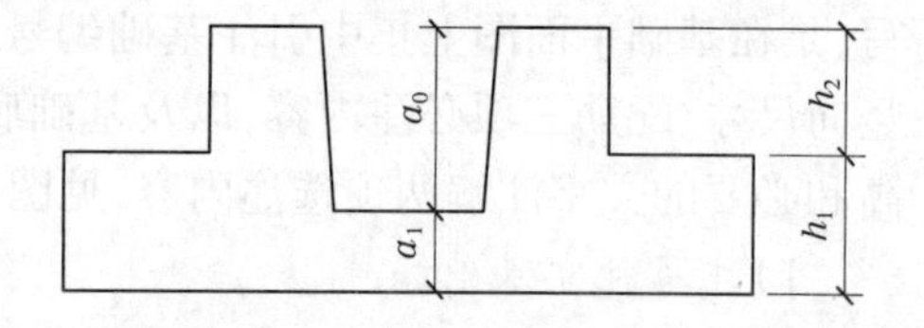

图 4-25　阶形截面杯口独立基础竖向尺寸(二)

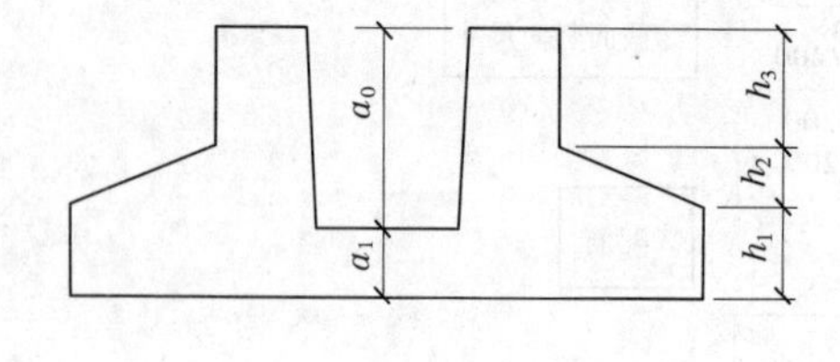

图 4-26　坡形截面杯口独立基础竖向尺寸(一)

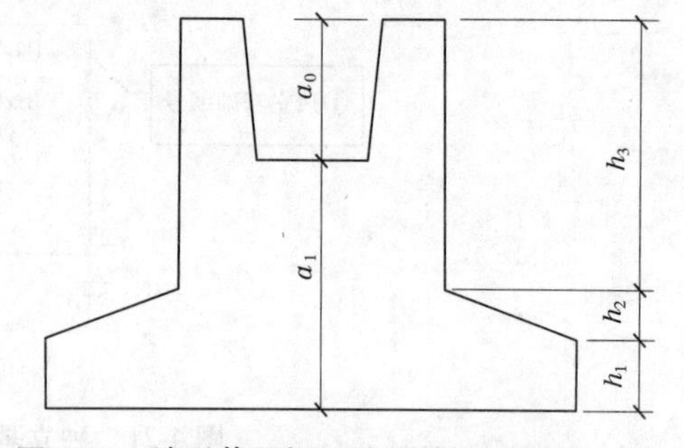

图 4-27　坡形截面杯口独立基础竖向尺寸(二)

3)注写独立基础配筋

(1)注写普通独立基础底板的底部配筋：以 B 代表独立基础底板的底部配筋，x 向配

筋以 x 开头、y 向配筋以 y 开头注写；两向配筋相同时，则以 $x\&y$ 开头注写；当采用放射状配筋时，以 RS 开头注写，先注写径向受力钢筋（间距以径向排列钢筋的最外端度量），并在"/"后注写环向配筋。

例：独立基础底板配筋标注如图 4-28 所示，B：x ⌽16@150，y ⌽16@200 表示基础底板底部配置 HRB400 级钢筋，x 向直径为⌽16，分布间距为 150 mm；y 向直径为⌽16，分布间距 200 mm。

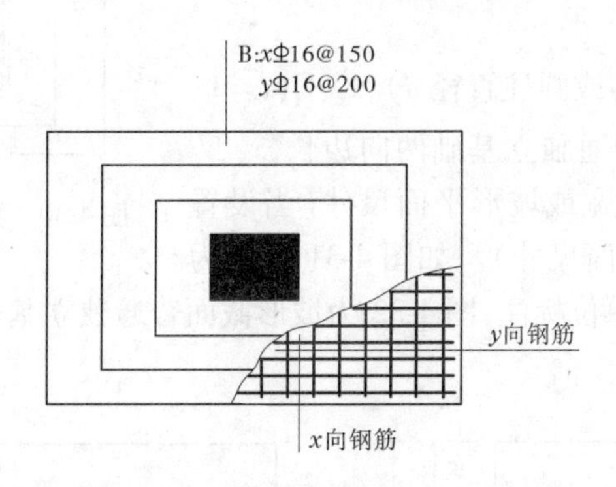

图 4-28　独立基础底板底部双向配筋示意

（2）注写杯口独立基础顶部焊接钢筋网，以 Sn 打头标注。

例：当杯口独立基础顶部钢筋网标注为：Sn2 ⌽14，表示杯口顶部每边配置 2 根 HRB400 级直径为 14 mm 的焊接钢筋网，如图 4-29 所示。

（3）注写普通独立深基础短柱竖向尺寸及配筋。

以 DZ 代表普通独立深基础短柱。先注写短柱纵筋，再注写箍筋，最后注写短柱标高范围。注写为：角筋/长边中部筋/短边中部筋，箍筋，短柱标高范围；当短柱水平截面为正方形时注写为：角筋/x 边中部筋/y 边中部筋，箍筋，短柱范围标高。

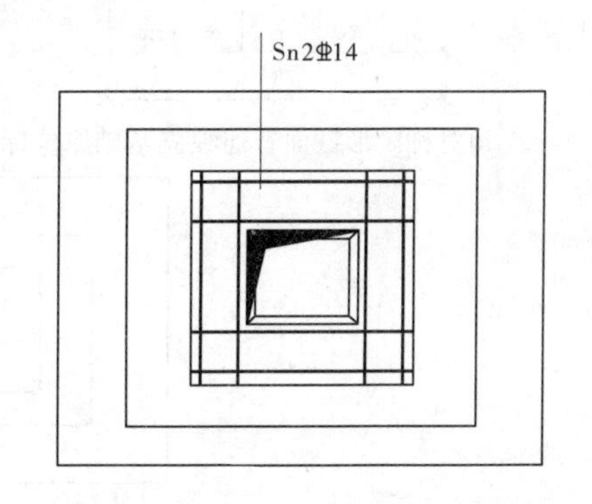

图 4-29　单杯口独立基础顶部焊接钢筋网

例：当短柱配筋标注为 DZ 4 ⌽ 20/5 ⌽ 18/5 ⌽ 18，ϕ 10@100，-2.500 ~ -0.050 时，表示独立基础的短柱设置在 -2.500 ~ -0.050 m 高度范围内，配置 HRB400 级竖向钢筋和 HRB300 级箍筋。其竖向钢筋为 4 ⌽ 20 角筋，5 ⌽ 18x 边中部筋和 5 ⌽ 18y 边中部筋；其箍筋直径为 10 mm，间距为 100 mm，如图 4-30 所示。

4）注写独立基础底面相对标高高差（选注内容）

当独立基础底面标高与基础底面基准标高不同时，应将独立基础底面标高与基础底面基准标高的相对标高高差注写在"（）"内。如 DJ_P03（-0.500）表示该坡形独立基础底面标高比基础底面基准标高低 0.500 m。

5）必要的文字注解（选注内容）

当独立基础的设计有特殊要求时，应增加必要的文字注解。

2. 普通独立基础的原位标注

独立基础原位标注是在基础平面布置图上标注独立基础的平面尺寸。对编号相同的基础，可选择在一个原位上进行原始标注；当平面图形较小时，可将所选定进行原位标注的基础按比例适当放大；其他相同编号者仅注编号。具体内容规定如下。

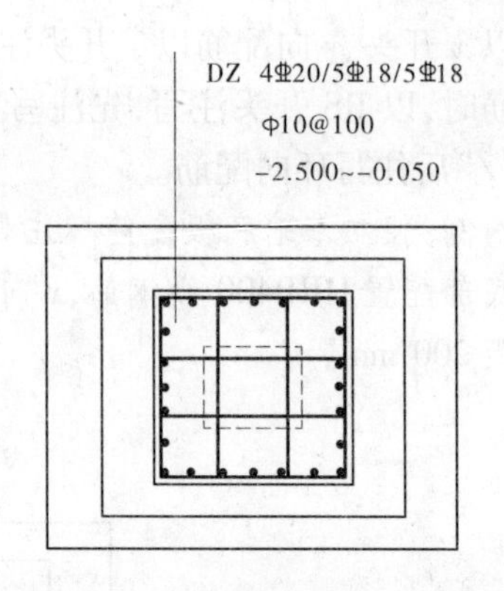

图 4-30　独立基础短柱配筋示意

1）普通独立基础

原位标注 x、y，x_c、y_c（或圆柱直径 d），x_i、y_i（$i=1$、2、3、…）。其中，x、y 为普通独立基础两向边长，x_c、y_c 为柱截面尺寸，x_i、y_i 为阶宽或坡形平面尺寸（当设置短柱时，还应标注短柱截面尺寸）。如图 4-31 所示为阶形截面普通独立基础原位标注，图 4-32 为坡形截面普通独立基础原位标注。

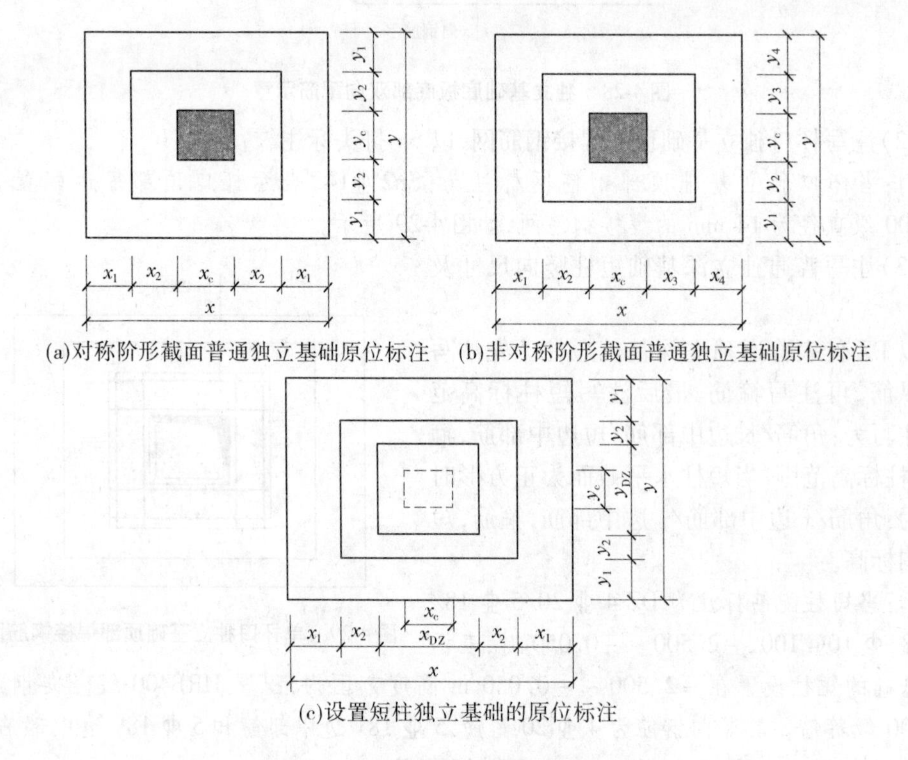

图 4-31　阶形截面普通独立基础原位标注

2）多柱独立基础

独立基础通常为单柱独立基础，也可为多柱独立基础（双柱或四柱等）。当为双柱独立基础且柱距较小时，通常仅配置基础底部钢筋；当柱距较大时，除配置基础底部钢筋外尚需在两柱间配置基础顶部钢筋或设置基础梁；当为四柱独立基础时，通常设置两道平行的基础梁，并在两道基础梁之间配置基础顶部钢筋。

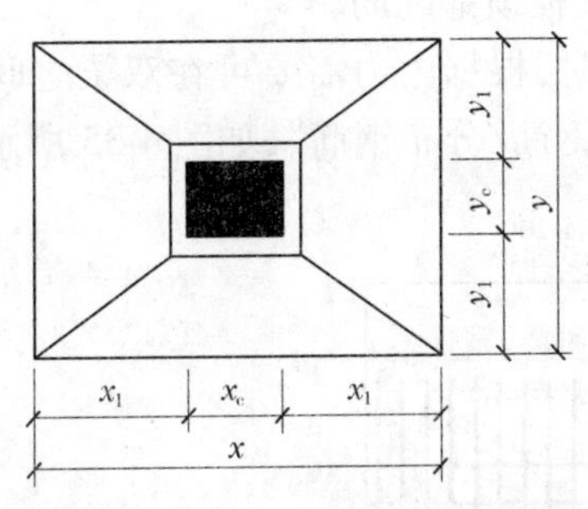

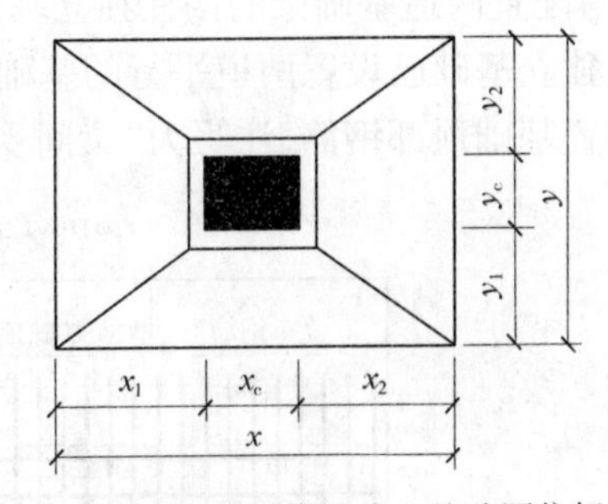

(a)对称坡形截面普通独立基础原位标注 (b)非对称坡形截面普通独立基础原位标注

图 4-32　坡形截面普通独立基础的原位标注

多柱独立基础顶部配筋和基础梁的注写方法如下：

(1)注写双柱独立基础底板顶部配筋。

双柱独立基础的底板顶部配筋，通常对称分布在双柱中心线两侧，以 T 开头注写为"双柱间纵向受力钢筋/分布钢筋"。当纵向受力钢筋在基础底板顶面非布满时，应注明其总数。

例：T:10 ⌀ 18@100 / Φ 10@200 表示独立基础顶部配置纵向受力钢筋 HRB400 级，直径为 18 mm 设置 10 根，间距 100 mm；分布钢筋 HPB300 级，直径为 10 mm，分布间距 200 mm，如图 4-33 所示。

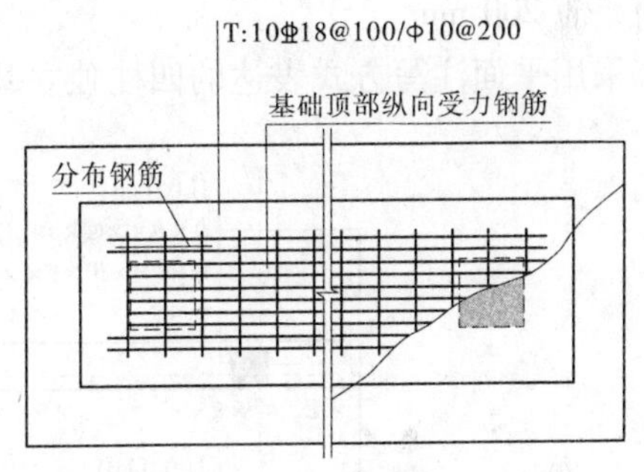

图 4-33　双柱独立基础顶部配筋示意

(2)注写双柱独立基础的基础梁配筋。

当双柱独立基础为基础底板与基础梁相结合时，注写基础梁的编号、几何尺寸和配筋。如 JL××(1)表示该基础梁为 1 跨，两端无延伸；JL××(1A)表示基础梁为 1 跨，一端有延伸；JL××(1B)表示基础梁为 1 跨，两端均有延伸。

在通常情况下，双柱独立基础宜采用端部有延伸的基础梁，基础底板则采用受力明确、构造简单的单向受力钢筋与分布钢筋。基础梁宽度宜比柱截面宽度≥100 mm(每边≥50 mm)。基础梁的注写如图 4-34 所示。

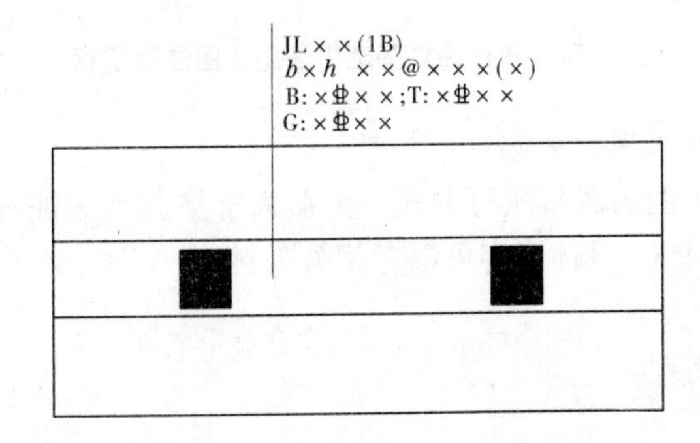

图 4-34　双柱独立基础梁配筋注写示意

(3)注写配置两道基础梁的四柱独立基础底板顶部配筋。

当四柱独立基础已设置两道平行的基础梁时,根据内力需要可在双梁之间及梁的长度范围内配置基础顶部钢筋,注写为"梁间受力钢筋/分布钢筋",如图 4-35 所示。

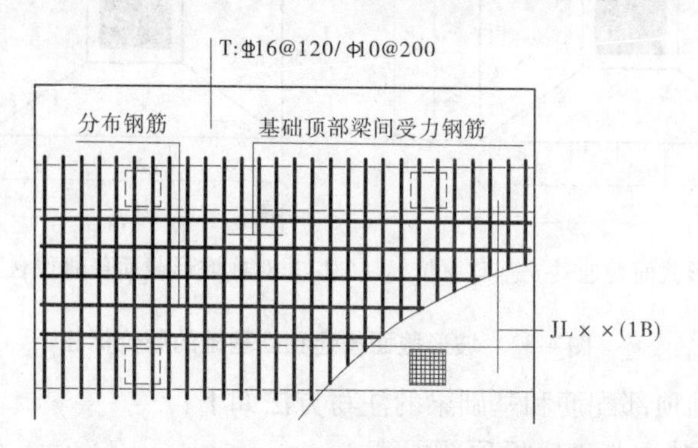

图 4-35　四柱独立基础底板顶部配筋示意

例:T: Φ 16@ 120 / Φ 10@ 200 表示在四柱独立基础顶部两道基础梁之间配置受力钢筋 HRB400 级,直径为 16 mm,间距为 120 mm;分布钢筋 HPB300 级,直径为 10 mm,分布间距为 200 mm。

采用平面注写方式表达的四柱独立基础注写示意图,如图 4-36 所示。

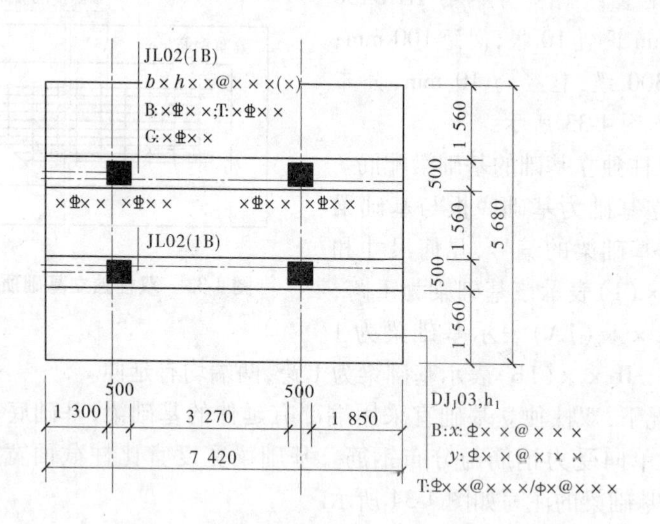

图 4-36　四柱独立基础平法施工图注写示意

3)独立基础平法施工图的截面注写方式

独立基础平法施工图的截面注写方式分为截面标注和列表注写(结合截面示意图)两种表达方式(见表 4-9)。具体内容可参考相关资料。

表 4-9　独立基础标注示例

示例	图示符号	实际含义
独立基础 DJ_P01 300/300 B:x&y Φ10@120 1 575　450　1 575 3 600	DJ_P01	编号:坡形独立基础 01 号
	300/300	竖向截面尺寸: $h_1 = 300$ mm,$h_2 = 300$ mm
	B:x&y Φ 10@120	基础底板配筋,x 和 y 方向均配直径 10 mm 三级钢筋、间距 120 mm
	原位尺寸标注	
	3 600	独立基础两向边长 x、y,3 600 mm
	450	柱截面尺寸 x_c、y_c,450 mm
	1 575	阶宽或坡形平面尺寸 x_i、y_i,1 575 mm

4.3.2　独立基础施工

4.3.2.1　基本施工过程

独立基础的基本施工过程与条式基础基本相同,在此不再赘述。

4.3.2.2　杯形基础施工的特点

(1)杯形基础的支模宜采用封底式杯口模板,施工时应将杯口模板压紧,在杯底预留观测孔或振捣孔,混凝土应对称下料,杯底混凝土振捣密实。

(2)混凝土宜按台阶分层连续浇筑完成。对于阶梯形基础,每一台阶作为一个浇捣层,每浇筑完一台阶宜稍停 0.5 ~ 1 h,待其初步获得沉实后,再浇筑上层。基础上有插筋,应固定其位置。浇筑杯口混凝土时,应注意四侧要对称均匀进行,避免将杯口模板挤向一侧。

(3)施工时应先浇筑杯底模板并振实,注意在杯底一般有 50 mm 厚的细石混凝土找平层,应仔细留出。待杯底混凝土沉实后,再浇筑杯口四周混凝土。基础浇捣完毕,在混凝土初凝后终凝前将杯口模板取出,并将杯口内侧表面混凝土凿毛。

(4)锥形基础模板应随混凝土浇捣分段支设并固定牢靠,基础边角处的混凝土应振捣密实。

(5)施工高杯口基础时,可采用后安装杯口模板的方法施工,即当混凝土浇捣接近杯口底时,再安装固定杯口模板,继续浇筑杯口四周混凝土。

4.3.2.3　杯形基础施工常见质量问题、防止措施及处理

杯形基础施工的常见质量问题、防止措施及处理方法与钢筋混凝土条形基础基本相同,在此不再赘述。

4.3.2.4　杯形基础施工质量要求

杯形基础施工的质量要求与钢筋混凝土条形基础基本相同,在此不再赘述。

【拓展训练】

下料长度计算

独立基础钢筋下料长度计算的基本步骤为：

(1)识读图纸，根据图纸的集中标注和原位标注掌握图纸的配筋等信息。

(2)根据钢筋的排布规则及构造要求分析钢筋的排布范围等相关信息。

(3)根据国家建筑标准设计图集 16G101—3 的相关知识计算钢筋的下料长度。

【例 4-2】　对 DJ_J01 的钢筋翻样计算，如图 4-37 所示。

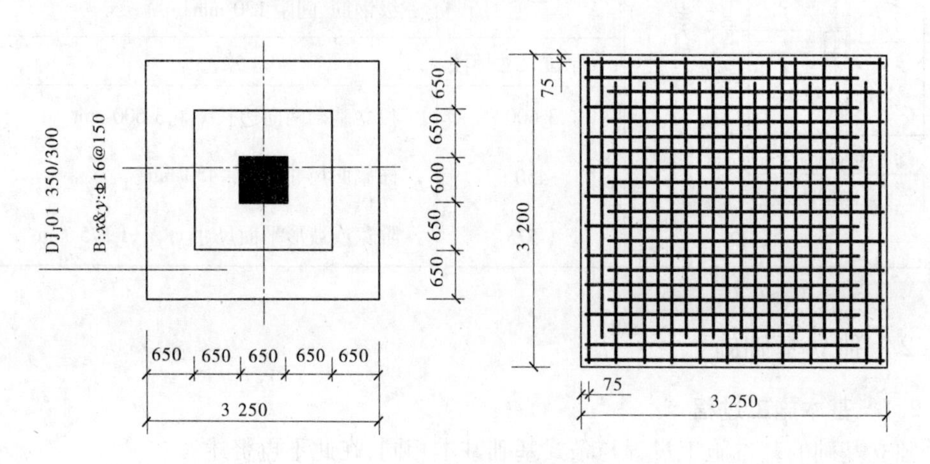

图 4-37　DJ_J01 钢筋排布示意

解　1. 识读图纸信息：DJ_J01 是单柱普通独立基础，底板配筋为双向Φ 16 钢筋，间距 150 mm，x 向尺寸 3 250 mm，y 向尺寸 3 200 mm，均大于 2 500 mm，C30 混凝土，有垫层。

2. 根据钢筋的排布规则及构造要求分析钢筋的排布范围：当对称独立基础底板长度≥2 500 mm时，除外侧钢筋外，底板钢筋长度可缩短 10%。规定水平向为 x 向，竖向为 y 向。长向(x)钢筋放在下面，短向(y)钢筋放在长向钢筋的上面。$s/2 = s'/2 = 75$ mm。则钢筋排布范围：$x = 3\,250 - 75 \times 2 = 3\,100$(mm)，$y = 3\,200 - 75 \times 2 = 3\,050$(mm)。

3. 计算钢筋下料长度。钢筋的混凝土保护层取 40 mm。

x 向外侧钢筋(Φ 16)下料长度：$L_1 = 3\,250 - 40$(保护层)$\times 2 = 3\,170$(mm)(2 根)。

x 向中间钢筋(Φ 16)下料长度：$L_2 = 3\,250 \times 0.9 = 2\,925$(mm)，根数 $n = [(3\,200 - 75 \times 2)/150] - 1 = 19$(根)。

y 向外侧钢筋(Φ 16)下料长度：$L_3 = 3\,200 - 40$(保护层)$\times 2 = 3\,120$(mm)(2 根)。

y 向中间钢筋(Φ 16)下料长度：$L_4 = 3\,200 \times 0.9 = 2\,880$(mm)，根数 $n = [(3\,250 - 75 \times 2)/150] - 1 = 20$(根)。钢筋的排布如图 4-37 所示。

【常见问题解析】

独立基础、独立承台有什么区别?

桩基础上部的叫承台，它起传递力的作用。如果没有桩，直接基础底板受力，就是独立基础，它是直接把上部荷载传到地基的。

4.4　筏板基础工程施工

【任务引入】

当建筑物上部结构荷载较大,地基承载力较低,采用一般基础不能满足要求时,可将基础扩大成支承整个建筑物结构的大的钢筋混凝土板,即称为筏形基础或称筏板基础。它可以减少地基土的单位面积压力、提高地基承载力,同时能增强基础的整体刚性,在现在的多层建筑和高层建筑中应用非常广泛。

4.4.1　筏板基础的构造与识图

4.4.1.1　筏板基础的构造

当地基条件较弱或建筑物的上部荷载较大,采用简单条形基础或井格基础不能满足要求时,常将墙或柱下基础连成一片,使其建筑物的荷载承受在一块整板上,称为筏形基础。筏形基础有平板式和梁板式两种,前者板的厚度大,构造简单,后者板的厚度较小,但增加了双向梁,构造较复杂,筏形基础的选型应根据工程地质、上部结构体系、柱距、荷载大小,以及施工条件等因素确定。不埋板式基础是筏形基础的另一种形式,是在天然地表面上,用压路机将地表土壤压密实,在较好的持力层上浇筑钢筋混凝土基础,在构造上使基础如同一只盘子反扣在地面上,以此来承受上部荷载。这种基础大大减少了土方工程量,适用于软弱地基,特别适用于5层或6层整体刚度较好的居住建筑,但在冻土深度较大地区不宜采用,故多用于南方,如图4-38所示。

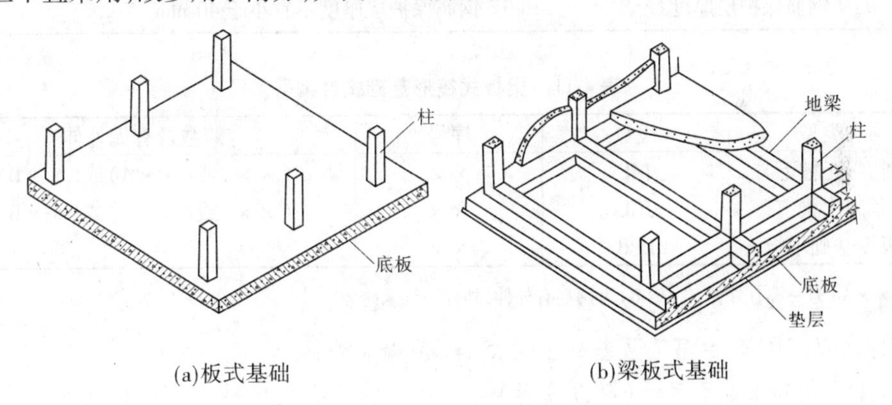

(a)板式基础　(b)梁板式基础

图4-38　筏板基础

筏形基础的构造要求见表4-10。

4.4.1.2　筏板基础的识图

梁板式筏板基础由主梁、基础次梁、基础平板等构成。

1. 梁板式筏板基础主梁与次梁的平面注写方式

1)注写基础梁编号(必注内容)

编号按表4-11的规定注写。

表 4-10　筏形基础的构造要求

序号	项目	内容与要求
1	基础形式	基础平面应大致对称,尽量减小基础所受的偏心力矩,并且基础一般为等厚
2	基础垫层混凝土强度等级	基础一般宜采用 C15 混凝土垫层,100 mm 厚,每边伸出基础底板不小于 100 mm,一般取 100 mm
3	基础混凝土强度等级	基础混凝土强度等级不应低于 C30
4	底板厚度	平板式筏形基础最小板厚不宜小于 500 mm,不应小于 300 mm。梁板式筏形基础最小板厚不宜小于 400 mm,不应小于 300 mm,且板厚与最大双向板格的短边净跨之比不宜小于 1/14
5	梁截面	梁截面按计算确定,高出底面的顶面,基础梁的高跨比不宜小于 1/6
6	钢筋	钢筋宜采用 HRB400 及 HRB500 级钢筋。水平钢筋直径不宜小于 12 mm,竖向钢筋直径不宜小于 10 mm,间距不应大于 200 mm
7	钢筋保护层厚度	钢筋保护层厚度不宜小于 40 mm

表 4-11　梁板式筏形基础构件编号

构件类型	代号	序号	跨数及有无外伸
基础主梁(柱下)	JZL	××	(××)或(××A)或(××B)
基础次梁	JCL	××	(××)或(××A)或(××B)
梁板筏基础平板	LPB	××	

注:(××A)为一端有外伸,(××B)为两端有外伸,外伸不计入跨数。

例:JZL7(5B)表示第 7 号基础主梁,5 跨,两端有外伸。

2)注写基础梁截面尺寸(必注内容)

以 $b \times h$ 表示梁截面的宽度和高度,当为加腋梁时,用 $b \times h Y c_1 \times c_2$ 表示,其中 c_1 为腋长,c_2 为腋高。

3)注写基础梁配筋

A. 注写基础梁箍筋

(1)当采用一种箍筋间距时,注写钢筋级别、直径、间距与肢数(写在括号内)。

(2)当采用两种箍筋时,用"/"分隔不同箍筋,按照从基础梁两端向跨中的顺序注写。先注写第 1 段箍筋(在前面加注箍数),在斜线后再注写第 2 段箍筋(不再加注箍数)。

例:9 ⌀16@100/⌀16@200(6)表示配置两种 HRB400 级钢筋,直径为 16 mm,间距

两种,从梁两端起向跨内按间距100 mm设置9道,其余部位的间距为200 mm,均为6肢箍。

B. 注写基础梁的底部、顶部及侧面纵向钢筋

(1)以B打头,先注写梁底部贯通纵筋(不应少于底部受力钢筋总截面面积的1/3),当跨中所注根数少于箍筋肢数时,需要在跨中加设架立筋以固定箍筋,注写时,用加号"+"将贯通纵筋与架立筋相连,架立筋注写在加号后面的括号中。

(2)以T打头,注写梁顶部贯通纵筋值。注写时用分号";"将底部与顶部纵筋分隔开,如有个别跨与其不同,按原位注写的规定标注。

例:B:4 ⌀ 28;T:7 ⌀ 25,表示梁的底部配置4 ⌀ 28的贯通纵筋,梁的顶部配置7 ⌀ 25的贯通纵筋。

(3)当梁底部或顶部贯通纵筋多于一排时,用斜线"/"将各排纵筋自上而下分开。

例:梁底部贯通纵筋注写为B:8 ⌀ 25 3/5,表示上一排纵筋为3 ⌀ 25,下一排纵筋为5 ⌀ 25。

(4)以大写字母G打头注写基础梁两侧面对称设置的纵向构造钢筋的总配筋值(当梁腹板高度h_w不小于450 mm时,根据需要配置)。

例:G:6 ⌀ 20表示梁的两个侧面共配置6 ⌀ 20的纵向构造钢筋,每侧各配置3 ⌀ 20的构造钢筋。

当需要配置抗扭纵向钢筋时,梁两个侧面设置的抗扭纵向钢筋以N打头。

例:G:N6 ⌀ 20,表示梁的两个侧面共配置6 ⌀ 20的纵向抗扭钢筋,每侧各配置3 ⌀ 20的钢筋。

4)注写基础梁底面标高高差

有高差时需将高差写入括号内(如"高板位"与"中板位"基础梁的底面与基础平板底面标高的高差值),无高差时不注(如"低板位"筏形基础的基础梁)。

5)基础主梁与基础次梁的原位标注规定

(1)注写梁端(支座)区域的底部全部纵筋,包括已经集中注写过的贯通纵筋在内的所有纵筋:

①当底部纵筋多于一排时,用斜线"/"将各排纵筋自上而下分开。

例:梁端(支座)区域的底部纵筋注写为8 ⌀ 25 3/5,表示上一排纵筋为3 ⌀ 25,下一排纵筋为5 ⌀ 25。

②当同排纵筋有两种直径时,用加号"+"将两种直径的纵筋相连。

例:梁端(支座)区域的底部纵筋注写为3 ⌀ 28+5 ⌀ 25,表示一排纵筋由两种不同直径钢筋组合。

③当梁中间支座两边的底部纵筋配置不同时,需在支座两边分别标注;当梁中间支座两边的底部纵筋相同时,可仅在支座的一边标注配筋值。

④当梁端(支座)区域的底部全部纵筋与集中注写过的贯通纵筋相同时,可不再重复做原位标注。

⑤加腋梁加腋部位钢筋,需在设置加腋的支座处以Y打头注写在括号内。

例:竖向加腋梁端(支座)处注写为Y:4 ⌀ 28,表示加腋部位斜纵筋为4 ⌀ 28。

(2)注写基础梁的附加箍筋或(反扣)吊筋。

将其直接画在平面图中的主梁上,用线引注总配筋值(附加箍筋的肢数注在括号内),当多数附加箍筋或(反扣)吊筋相同时,可在基础梁平法施工图上统一注明,少数与统一注明值不同时,再原位标注。

(3)当基础梁外伸部位为变截面高度时,在该部位原位注写 $b \times h_1/h_2$,h_1 为根部截面高度,h_2 为尽端截面高度。

(4)注写修正内容。

当在基础梁上集中标注的某项内容(如梁截面尺寸、箍筋、底部与顶部贯通纵筋或架立筋、梁侧面纵向构造钢筋、梁底面标高高差等)不适用于某跨或某外伸部分时,则将其修正内容原位标注在该跨或该外伸部位,施工时原位标注取值优先。

梁板式筏形基础梁标注示例见表4-12。

表4-12 梁板式筏形基础梁标注示例

示例	图示符号	实际含义
JZL9(7) 600×600 Φ12@100(4) B:12Φ25 4/8;T:12Φ25 8/4	JZL9(7)	基础主梁9,7跨,两端无悬挑
	600×600	截面尺寸:高600 mm,宽600 mm
	Φ12@100(4)	箍筋为直径12 mm的二级钢筋,间距100 mm,4肢箍
	B:12Φ25 4/8	底部贯通筋为12根直径为25 mm的三级钢筋,分两排,上排4根,下排8根
	T:12Φ25 8/4	上部贯通筋为12根直径为25 mm的三级钢筋,分两排,上排8根,下排4根

2. 梁板式筏板基础平板的平面注写方式

梁板式筏板基础平板(LPB)的平面注写,分为集中标注和原位标注两部分内容。

LPB贯通纵筋的集中标注,应在所表达的板区双向均为第一跨(x 与 y 双向首跨)的板上引出(图面从左至右为 x 向,从下到上为 y 向)。

板区划分条件:板厚相同、基础平板底部与顶部贯通纵筋配置相同的区域为同一板区。

1)LPB贯通纵筋的集中标注规定

(1)注写基础平板编号,见表4-11。

(2)注写基础平板的截面尺寸。注写 $h = \times\times\times$,表示板厚。

(3)注写基础平板的底部与顶部贯通纵筋及其跨数及外伸情况。

先注写 x 向底部(B打头)贯通纵筋与顶部(T打头)贯通纵筋及纵向长度范围,再注写 y 向底部(B打头)贯通纵筋与顶部(T打头)贯通纵筋及纵向长度范围(图面从左至右为 x,从下至上为 y 向)。

贯通纵筋的跨数及外伸情况注写在括号中,注写方式为"跨数及有无外伸",其表达形式为(××)(无外伸)、(××A)(一端有外伸)或(××B)(两端有外伸)。

注意:基础平板的跨数以构成柱网的主轴线为准;两主轴线之间无论有几道辅助轴线(例如框筒结构中混凝土内筒中的多道墙体),均可按一跨考虑。

例:x: B ⌽ 22@150;T ⌽ 20@150;(5B)

y: B ⌽ 20@200;T ⌽ 18@200;(7A)

表示基础平板 x 向底部配置⌽22 间距 150 mm 的贯通纵筋,顶部配置⌽20 间距 150 mm 的贯通纵筋,共5跨,两端有外伸;y 向底部配置⌽20 间距 200 mm 的贯通纵筋,顶部配置⌽18 间距 200 mm 的贯通纵筋,共7跨,一端有外伸。

当贯通筋采用两种规格钢筋"隔一布一"方式时,标注为⌽ *xx/yy*@ ×××,表示直径 *xx* 的钢筋和直径 *yy* 的钢筋之间的间距为×××,直径 *xx* 的钢筋、直径 *yy* 的钢筋间距分别为×××的2倍。

例:⌽10/12@100 表示贯通纵筋为⌽10、⌽12 隔一布一,相邻⌽10、⌽12 之间间距为 100 mm。

2)LPB 贯通纵筋的原位标注规定

A.原位注写位置及内容

板底部原位标注的附加非贯通纵筋,应在配置相同跨的第一跨表达(当在基础梁悬挑部位单独配置时则在原位表达)。在配置相同跨的第一跨(或基础梁外伸部位),垂直于基础梁绘制一段中粗虚线(当该筋通长设置在外伸部位或短跨板下部时,应画至对边或贯通短跨),在虚线上注写编号(如①、②等)、配筋值、横向布置跨数及是否布置到外伸部位。

板底部附加非贯通纵筋自支座中线向两边跨内的伸出长度值注写在线段的下方位置。当该筋向两侧对称伸出时,可仅在一侧标注,另一侧不注;当布置在边梁下,向基础平板外伸部位一侧的伸出长度与方式按标准构造设计时不注。底部附加非贯通筋相同者,可仅注写一处,其他只注写编号。

横向连续布置的跨数及是否布置到外伸部位,不受集中标注贯通纵筋的板区限制。

例:在基础平板第一跨原位注写底部附加非贯通纵筋⌽18@300(4A),表示在第一跨至第四跨板且包含基础梁外伸部位横向配置⌽18@300 底部附加非贯通纵筋。伸出长度值略。

底部附加非贯通纵筋与贯通纵筋交错插空布置,即"隔一根贯通纵筋,布一根非贯通纵筋",其标注间距与底部贯通纵筋相同(两者实际组合后的间距为各自标注间距的1/2)。非贯通纵筋的直径可以和贯通纵筋相同,也可以不同。施工布置时,第一根钢筋应布置贯通纵筋,如图4-39所示。集中标注 B ⌽ 20@200,相应跨的原位标注为⌽20@200。

B.注写修正内容

当集中标注的某些内容不适用于梁板式筏形基础平板区的某一板跨时,应由设计者在该板跨内注明,施工时应按注明内容取用。

C.注意事项

当若干基础梁下基础平板的底部非贯通纵筋配置相同时(其底部、顶部的贯通纵筋可以不同),可仅在一根基础梁下做原位注写,并在其他梁上注明"该梁下基础平板底部

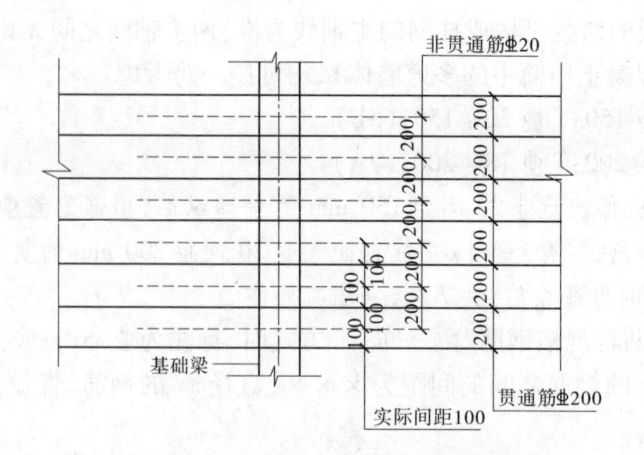

图 4-39　非贯通筋与贯通筋交错布置的标注

附加非贯通纵筋同××基础梁”。

梁板式筏形基础底板标注示例见表 4-13。

表 4-13　梁板式筏形基础底板柱注示例

示例	图示符号	实际含义
基础底板 ① Φ16@200(2B) 1 400 LPB01 *h*=500 *x*:BΦ16@200;TΦ16@200(7B) *y*:BΦ18@200;TΦ18@200(2B)	LPB01	编号:梁板筏基础平板 01 号
	h=500	基础平板厚 500 mm
	x:B Φ 16@200; T Φ 16@200(7B)	*x* 向:底部贯通纵筋为二级钢筋,直径 16 mm,按间距 200 mm 布置;顶部贯通纵筋为二级钢筋,直径 16 mm、按间距 200 mm 布置(总长度:7 跨,两端均有外伸)
	y:B Φ 18@200; T Φ 18@200(2B)	*y* 向:底部贯通纵筋为二级钢筋,直径 18 mm,按间距 200 mm 布置;顶部贯通纵筋为二级钢筋,直径 18 mm,按间距 200 mm 布置(总长度:2 跨,两端均有外伸)
	①Φ 16@200	①号底部附加非贯通纵筋; 二级钢筋,直径 16 mm,间距按 200 mm(综合贯通筋标注,应“隔一布一”),布置范围 2 跨并布置两端外伸处;
	1 400	附加非贯通纵筋自梁中心线分别向两边跨内的延伸长度为 1 400 mm

3. 平板式筏形基础的平面注写方式

平板式筏形基础是板式条形基础扩大基础底板后连接到整体的一种基础形式,平面布置图比较简单。

1)柱下板带与跨中板带的集中注写

A. 平板式筏形基础构件的类型与编号

平板式筏形基础由柱下板带、跨中板带构成。柱下板带(ZXB)与跨中板带(KZB)的平面注写分板带底部与顶部贯通纵筋的集中标注板带底部附加非贯通纵筋的原位标注两部分。

柱下板带与跨中板带的集中标注,应在第一跨(x向为左端跨,y向为下端跨)引出。注写编号见表4-14。

表4-14 平板式筏形基础构件编号

构件类型	代号	序号	跨数及有否外伸
柱下板带	ZXB	××	(××)或(××A)或(××B)
跨中板带	KZB	××	(××)或(××A)或(××B)
平板筏基础平板	BPB	××	

B.注写截面尺寸

用$b=××××$表示板带宽度(基础平板厚度在图注中说明)。当柱下板带中心线偏离柱中心线时,须在平面图上标注其定位尺寸。

C.注写底部与顶部贯通纵筋

注写底部贯通纵筋(B打头)与顶部贯通纵筋(T打头)的规格与间距,用分号";"隔开。柱下板带的柱下区域,通常在其底部贯通纵筋的间隔内插空设有(原位注写的)底部附加非贯通纵筋。

例:B ⌀18@300;⌀20@150表示板带底部配置⌀18间距300 mm的贯通纵筋,板带顶部配置⌀20间距150 mm的贯通纵筋。

2)底部附加非贯通纵筋的原位注写

A.注写内容

以一段与板带同向的中粗虚线代表附加非贯通筋,柱下板带贯穿其柱下区域绘制,跨中板带横贯柱中线绘制。在虚线上注写底部附加非贯通纵筋的编号、钢筋级别、直径、间距,以及自柱中线分别向两侧跨内的伸出长度值。当向两侧对称伸出时,长度值可仅在一侧标注。外伸部位的伸出长度与方式按标注构造设计时不注。对同一板带中底部附加非贯通纵筋相同者,可仅在一根钢筋上标注,其他可仅在中虚线上注写编号。

柱下板带或跨中板带底部附加非贯通纵筋与贯通纵筋交错插空布置,其标注间距与底部贯通纵筋相同(两者实际组合后的间距为各自标注间距的1/2)。

例:柱下区域注写底部附加非贯通纵筋③⌀18@300,集中标注的底部贯通纵筋也为B ⌀18@300,表示在柱下区域实际设置的底部纵筋为⌀18@150。其他部位与③号筋相同的附加非贯通纵筋仅注编号③。

例:柱下区域注写底部附加非贯通纵筋③⌀20@300,集中标注的底部贯通纵筋为B ⌀22@300,表示在柱下区域实际设置的底部纵筋为⌀20和⌀22间隔布置,间距为150 mm。

B.注写修正内容

当在柱下板带、跨中板带上集中标注的某些内容(如截面尺寸、底部与顶部贯通纵筋等)不适用于某跨或某外伸部分时,则将修正的数值原位标注在该跨或该外伸部位,施工时原位标注取值优先。

4. 平板式筏形基础平板(BPB)的平面注写

BPB 的平面注写分集中标注和原位标注两部分内容。

平板式筏形基础平板(BPB)的平面注写与柱下板带(ZXB)、跨中板带(KZB)的平面注写采用不同的表达方式,但可以表达同样的内容。当整片板式筏形基础配筋比较规律时,宜采用 BPB 表达方式。

1)BPB 的集中注写

平板式筏形基础平板(BPB)的集中标注除编号不同外,其他内容与梁板式筏形基础的基础平板注写规则相同。

当某向底部贯通纵筋或顶部贯通纵筋的配置,在跨内有两种不同间距时,先注写跨内两端的第一种间距,并在前面加注纵筋根数(以表示其分布的范围);再注写跨中部的第二种间距(不需要加注根数),两者用"/"分隔。

例:x:B12 ⏀20@150/200;T 10 ⏀18@150/200 表示基础平板 x 向底部配置⏀20 的贯通纵筋,跨两端间距为 150 mm,配 12 根,跨中间距为 200 mm;x 向顶部配置⏀18 的贯通纵筋,跨两端间距为 150 mm,配 10 根,跨中间距为 200 mm(纵向总长忽略)。

2)BPB 的原位标注

平板式筏形基础平板(BPB)的原位标注,主要表达横跨柱中心线下的底部附加非贯通纵筋。

原位标注除将延伸长度"自梁中心线"改为"自柱中心线"外,其他基本相同。

4.4.2　筏形基础施工

二维资料 4.4

4.4.2.1　基坑(槽)准备

施工前,如地下水位过高,可采用人工降低地下水位至基坑底不少于 500 mm,以保证在无水情况下进行基坑开挖和基础施工。

4.4.2.2　施工方式

施工时,可先在垫层上绑扎底板、梁的钢筋和柱子锚固插筋,浇筑底板混凝土,待达到 25% 设计强度后,再在底板上支梁模板,浇筑完梁部分混凝土;也可底板和梁模板一次同时支好,混凝土一次连续浇筑完成,梁侧模板采用支架支承并牢固固定。

采取前一种方法可降低施工强度,支梁模方便,但处理施工缝较复杂;后一种方法一次完成施工,质量易于保证,可缩短工期。但两种方法都应注意保证梁位置和柱插筋位置正确,混凝土应一次连续浇筑完成。当筏板基础长度很长(40 m 以上)时,应考虑在中部适当部位留设贯通后浇缝带,以避免出现温度收缩裂缝和便于进行施工分段流水作业。对超厚大的筏形基础,应考虑采取降低水泥水化热和浇筑入模温度措施,以避免出现过大收缩应力,导致基础底板裂缝。

4.4.2.3　混凝土浇筑方向

梁筏式基础混凝土浇筑方向应平行于次梁长度方向,平板式片筏基础则应平行于基础长边方向。

根据结构形状尺寸、混凝土供应能力、混凝土浇筑设备、场内外条件等划分泵送混凝土浇筑区域及浇筑顺序;采用硬管输送混凝土时,宜由远而近浇筑;多根输送管同时浇筑时，其浇筑速度宜保持一致。

混凝土宜连续浇筑，且应均匀、密实。若不能整体浇灌完成，则应留设垂直施工缝，并用木板挡住。施工缝留设位置：地下室柱、墙、反梁的水平施工缝应留设在基础顶面，基础的垂直施工缝应留设在平行于平板式基础短边的任何位置且不应留设在柱角范围内，梁板式基础垂直施工缝应留设在次梁跨中1/3范围内；对平板式可留设在任何位置，但施工缝应平行于底板短边且不应在柱脚范围内。在施工缝处继续浇灌混凝土时应待先浇混凝土强度达到1.2 MPa后方可进行，浇筑时应将施工缝表面清扫干净，清除水泥薄层和松动石子等，并浇水湿润，铺上一层水泥浆或与混凝土成分相同的水泥砂浆，再继续浇筑混凝土。

混凝土浇筑布料点宜接近浇筑位置，应采取减缓混凝土下料冲击的措施，混凝土自高处倾落的自由高度不应大于2 m。

梁板式片筏基础，梁高出底板部分应分层浇筑，每层浇灌厚度不宜超过200 mm。当底板上或梁上有立柱时，混凝土应浇筑到柱脚顶面，留设水平施工缝，并预埋连接立柱的插筋。水平施工缝处理与垂直施工缝相同。

基础混凝土应采取减少表面收缩裂缝的二次抹面技术措施。

4.4.2.4　沉降观测

浇筑混凝土时，应在基础底板上预埋沉降观测点，定期进行观测，并做好观测记录。

4.4.2.5　加强养护

混凝土浇灌完毕，在基础表面应覆盖草帘和洒水养护，并不少于7 d(必要时应采取保温养护措施)。待混凝土强度达到设计强度的25%以上时，即可拆除梁的侧模。

4.4.2.6　基坑(槽)回填

当混凝土基础达到设计强度的30%时，应进行基坑回填。基坑回填应在四周同时进行，并按基底排水方向由高到低分层进行。

4.4.3　大体积混凝土施工

二维资料4.5

混凝土结构物实体最小尺寸不小于1 m的大体量混凝土，或预计会因混凝土中胶凝材料水化引起的温度变化和收缩而导致有害裂缝产生的混凝土，均为大体积混凝土，如图4-40所示。

4.4.3.1　大体积混凝土的浇筑方案

大体积混凝土浇筑时，浇筑方案可以选择整体分层连续浇筑施工或推移式连续浇筑施工方式，保证结构的整体性。混凝土浇筑宜从低处开始，沿长边方向自一端向另一端进行。当混凝土供应量有保证时，亦可多点同时浇筑。

大体积混凝土浇筑方法有以下三种(见图4-41)：

(1)全面分层：在整个结构内全面分层浇筑混凝土，要做到第一层全部浇筑完毕，在初凝前再回来浇筑第二层，如此逐层进行，直至浇筑完毕。采用此方案，结构平面尺寸不宜过大，施工时从短边开始，沿长边进行。必要时亦可从中间向两端或从两端向中间同时进行。

(2)分段分层：混凝土从底层开始浇筑，进行一定距离后回来浇筑第二层，如此依次向前浇筑以上各层。分段分层浇筑方案适用于厚度不太大而面积或长度较大的结构。

图 4-40　大体积混凝土

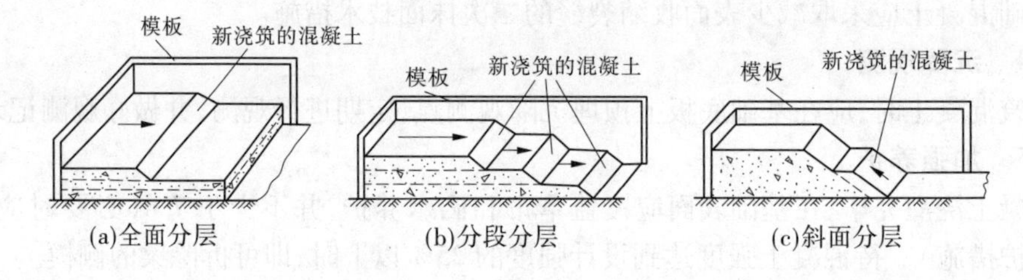

图 4-41　混凝土浇筑方法

(3)斜面分层:适用于结构的长度超过厚度 3 倍的情况。斜面坡度为 1∶3,施工时应从浇筑层下端开始,逐层上移,以保证混凝土施工质量。

4.4.3.2　大体积混凝土裂缝分类

(1)裂缝就其开裂程度可分为表面的、贯穿的,就其在结构物表面的形状可分为网状裂缝、爆裂裂缝、不规则短裂缝、纵向裂缝、横向裂缝、斜裂缝等,裂缝按其发展情况可分为稳定的和不稳定的、能愈合的和不能愈合的,裂缝按其产生的时间可分为混凝土硬化之前产生的塑性裂缝和硬化之后产生的裂缝,裂缝按其产生的原因可分为荷载裂缝和变形裂缝。

(2)水化放热快、放热量大的水泥拌制的混凝土,入模温度高(如高于 30 ℃)的混凝土以及在浇筑后养护阶段措施不当(混凝土内部温度与表面温度温差大于 25 ℃、表面温度与环境气温温差大于 25 ℃、混凝土冷却降温较快)时,易于引发温度收缩裂缝。

(3)塑性收缩裂缝是新拌混凝土在凝结过程中表面水分蒸发引起的裂缝。当新浇混凝土表面水分蒸发大于混凝土内部从上而下的泌水速度时,表面就会失水收缩,这种收缩受到表面下部混凝土的约束而形成开裂。塑性收缩裂缝通常短而浅,多呈无序龟裂状。水泥用量大、水泥细度过细、用水量大的混凝土易发生塑性开裂;掺某些矿物混合料及缓凝剂也会加大塑性收缩;气温高、湿度低和有风的环境下,混凝土表面水分蒸发快,也容易出现塑性裂缝。

4.4.3.3　大体积混凝土防裂技术措施

宜采取以保温、保湿养护为主体，先放后抗、以抗为主导的大体积混凝土温控措施。水泥水化热引起混凝土浇筑体内部温度剧烈变化，使混凝土浇筑体早期塑性收缩和混凝土硬化过程中的收缩增大，混凝土浇筑体内部的温度收缩应力剧烈变化，导致混凝土浇筑体或构件发生裂缝。因此，应在大体积混凝土工程设计、设计构造要求、混凝土强度等级选择、混凝土后期强度利用、混凝土材料选择、配合比的设计、混凝土制备和运输、施工、混凝土保温和保湿养护，以及在混凝土浇筑硬化过程中浇筑体内温度及温度应力的监测和应急预案的制订等技术环节，采取一系列的技术措施。

(1)大体积混凝土工程施工前，宜对施工阶段大体积混凝土浇筑体的温度、温度应力及收缩应力进行试算，并确定施工阶段大体积混凝土浇筑体的升温峰值、里表温差及降温速率的控制指标，制定相应的温控技术措施。温控指标符合下列规定：①混凝土浇筑体在入模温度基础上的温升值不宜大于50 ℃；②混凝土浇筑块体的里表温差(不含混凝土收缩的当量温度)不宜大于25 ℃；③混凝土浇筑体的降温速率不宜大于2.0 ℃/d。④混凝土浇筑体表面与大气温差不宜大于20 ℃。

(2)大体积混凝土配合比的设计除应符合工程设计所规定的强度等级、耐久性、抗渗性、体积稳定性等要求外，尚应符合大体积混凝土施工工艺特性的要求，并应符合合理使用材料、减少水泥用量、降低混凝土绝热温升值的要求。

(3)在确定混凝土配合比时，应根据混凝土的绝热温升、温控施工方案的要求等，提出混凝土制备时粗细骨料和拌和用水及入模温度控制的技术措施。如降低拌和水温度(拌和水中加冰屑或用地下水)；骨料用水冲洗降温，避免暴晒等。

(4)在混凝土制备前，应进行常规配合比试验，并应进行水化热、泌水率、可泵性等对大体积混凝土控制裂缝所需的技术参数的试验；必要时，其配合比设计应当通过试泵送。

(5)大体积混凝土应选用中、低热硅酸盐水泥或低热矿渣硅酸盐水泥，大体积混凝土施工所用水泥，其3 d的水化热不宜大于240 kJ/kg，7 d的水化热不宜大于270 kJ/kg。

(6)大体积混凝土配制可掺入缓凝、减水、微膨胀的外加剂，外加剂应符合现行国家标准的规定。

(7)及时覆盖保温、保湿材料进行养护，并加强测温管理。

(8)超长大体积混凝土应选用无缝施工法、后浇带或采取跳仓法施工，控制结构不出现有害裂缝，其优缺点的对比、适用范围见表4-15。

(9)结合结构配筋，配置控制温度和收缩的构造钢筋。

(10)大体积混凝土浇筑宜采用二次振捣工艺，浇筑面应及时进行二次抹压处理，减少表面收缩裂缝。

4.4.3.4　减少水化热措施

(1)充分利用混凝土的后期强度，减少每立方米混凝土中水泥量。根据试验，每增减10 kg水泥，其水化热将使混凝土的温度相应升降1 ℃。

(2)使用粗骨料，尽量选用粒径较大、级配良好的粗细骨料，控制砂石含泥量，掺加粉煤灰等掺和料或掺加相应的减水剂、缓凝剂，改善和易性、降低水灰比，以达到减少水泥用量、降低水化热的目的。

表 4-15　常用的大体积混凝土浇筑方法优缺点、适用范围

方法	适用范围	优点	缺点
后浇带	一般高低结构的高层住宅、公共建筑、超长结构、堤坝结构、厚重实体结构的现浇整体钢筋混凝土后浇带的施工。近年来,后浇带应用广泛,尤其是高层建筑主楼与裙楼间的结构处理	通过设置后浇带,使大体积混凝土可以分块施工,加快了施工进度,由于不设永久性的沉降缝,简化了建筑结构设计,提高了建筑物的整体性	停歇工期长、结合面处理和清理垃圾等处理难度及施工难度大,影响工程总体施工进展。对结构的抗震性、抗渗性都存在不利因素。工程量大,成本增加,工期长,自身容易发生混凝土裂缝现象。两道缝,给底板防水带来很大隐患
跳仓法	早期用于大型工业建筑的地下工程和水利工程,近几年大量应用于民用建筑	跳仓法浇筑综合技术在不设缝情况下成功解决了超长、超宽、超厚的大体积混凝土裂缝控制和防渗问题。地下混凝土结构采用跳仓法施工技术,施工时不留设任何形式的后浇带和伸缩缝,只设置暂时的施工缝,不掺加任何微膨胀剂和抗裂纤维,成功解决了地下室超长、超宽、超厚大体积混凝土施工难题,以及大方量混凝土连续浇筑、立体穿插施工等技术问题,同时大大节省了投资额。以分仓缝取代施工缝,简化了施工,加快了施工进度	必须总结出各阶段控制要点与难点,有针对性地采取相应的措施,才能使跳仓法取得不出现有害裂缝、少出现无害裂缝的效果
无缝施工法	适合混凝土结构厚度 1 800 mm 以内,需一次性连续浇筑成型的混凝土结构	解决了施工难、施工速度慢、质量不易保证等问题	大体积混凝土水泥水化热释放比较集中,内部升温比较快。混凝土内外温差较大时,会使混凝土产生温度裂缝,其他因素也会导致大体积混凝土出现裂缝,影响结构安全和正常使用

(3)在拌和混凝土时,还可掺入适量的微膨胀剂或膨胀水泥,使混凝土得到补偿收缩,减小混凝土的温度应力。

4.4.3.5　大体积混凝土振捣和泌水处理

(1)每浇筑一层混凝土都应及时均匀振捣,保证混凝土的密实性。混凝土振捣采用赶浆法,以保证上下层混凝土接槎部位结合良好,防止漏振,确保混凝土密实。振捣上一层时应插入下层约 50 mm,以消除两层之间的接槎。平板振动器移动的间距,应能保证振动器的平板覆盖范围,以振实振动部位的周边。

(2)在混凝土初凝之前,适当的时间内给予两次振捣,可以排除混凝土因泌水在粗骨料、水平钢筋下部生成的水分和空隙,提高混凝土与钢筋的握裹力。两次振捣时间间隔宜控制在2 h左右。

(3)混凝土连续浇筑,特殊情况下如需间歇,其间歇时间应尽量缩短,并应在前一层混凝土凝固前将下一层混凝土浇筑完毕。间歇的最长时间,按水泥的品种及混凝土的凝固条件而定,一般超过2 h就应按施工缝处理。

(4)施工缝处理:混凝土的强度不小于1.2 MPa,才能浇筑上层混凝土;在继续浇混凝土之前,应将界面处的混凝土表面凿毛,剔除浮动石子,并用清水冲洗干净后,再浇一遍同强度等级去石水泥砂浆,然后继续浇筑混凝土且振捣密实,使新老混凝土紧密结合。

(5)混凝土的泌水处理:用斜面分层法浇筑混凝土采用泵送时,在浇筑、振捣过程中,泌水和浮浆将顺坡向集中在坡面下,应在侧模适宜部位留设排水孔,使大量泌水顺利排出。

4.4.3.6 大体积混凝土的养护

(1)大体积混凝土应进行保温、保湿养护,在每次混凝土浇筑完毕后,除应按普通混凝土进行常规养护外,尚应及时按温控技术措施的要求进行保温养护。

(2)保湿养护的持续时间不得少于14 d,应经常检查塑料薄膜或养护剂涂层的完整情况,保持混凝土表面湿润。

4.4.4 钢筋混凝土筏式基础后浇带施工

4.4.4.1 概述

后浇带也称施工后浇带,按作用可分为以下三种:

(1)用于解决高层主体与低层裙房的差异沉降者,称为后浇沉降带。

(2)用于解决钢筋混凝土收缩变形者,称为后浇收缩带。

(3)用于解决混凝土温度应力者,称为后浇温度带。

施工后浇带是整个建筑物,包括基础及上部结构施工中的预留缝(缝很宽,故称为带),待主体结构完成,将后浇带混凝土补齐后,这种缝即不存在,也称为假缝。

后浇带的施工既解决了高层主楼与低层裙房的差异沉降,又达到了不设永久变形缝的目的。

4.4.4.2 施工要点

(1)为便于上部结构施工,场地土回填和平整后,一般高层主楼与低层裙房的基础同时施工。而对于上部结构,无论是高层主楼与低层裙房同时施工,还是先施工高层、后施工低层,均要按施工图要求预留施工后浇带。

(2)对于高层主楼与低层裙房连接的基础梁、上部结构的梁和板,要预留出施工后浇带,待主楼与裙房主体完工后(有条件时再推迟一些时间),再用微膨胀混凝土将它浇筑起来,使两侧地梁、上部梁和板连接成一个整体。在一般情况下,其沉降量已完成最终沉降量的60%~80%,再补浇施工后浇带混凝土。施工后浇收缩带,宜在主体结构完工2个月后浇筑混凝土,这时估计混凝土收缩量已完成60%以上。

(3)施工后浇带的位置宜选在结构受力较小的部位,一般在梁、板的变形缝反弯点附近，此位置弯矩不大，剪力也不大；也可先在梁、板的中部，弯矩虽大，可一次配足钢筋；如果跨度较大，可按规定断开，在补齐混凝土前焊接好。后浇带的配筋，应能承担由浇筑混凝土成为整体后的差异沉降而产生的内力，一般可按差异沉降变形反算为内力，而在配筋上予以加强。后浇带的宽度应考虑便于施工操作，并按结构构造要求而定，一般宽度以700～1 000 mm为宜。

(4)施工后浇带的断面形式应考虑浇筑混凝土后连接牢固，一般应避免留直缝。对于板，可留斜缝；对于梁及基础，可留企口缝。而企口缝又有多种形式，可根据结构断面情况确定，见图4-42。

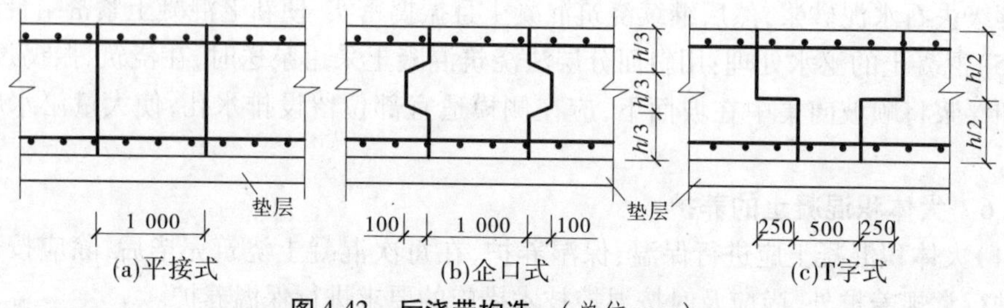

图4-42　后浇带构造　(单位：mm)

(5)后浇带处在继续浇筑混凝土前，应清除浮浆、疏松石子和软弱混凝土层，浇水湿润。混凝土强度等级宜比两侧混凝土提高一级，并宜采用低收缩混凝土进行浇筑。

【拓展训练】

筏形基础钢筋下料计算实例

平板式筏形基础钢筋下料计算的基本步骤为：

(1)识读图纸，根据图纸的集中标注和原位标注掌握图纸的配筋信息。

(2)根据钢筋的排布规则及构造要求分析钢筋的排布范围等相关信息。

(3)根据《混凝土结构施工图平面整体表示方法制图规则和构造详图》(11G101—3)相关知识计算钢筋的下料长度。

【例4-3】　根据图4-43，基础采用C35混凝土，垫层采用C15混凝土，厚度100 mm，抗震等级为3级，$h=800$ mm，对该基础的钢筋下料长度进行计算。

解　1. 识图图纸信息

该基础底板配筋为：双向Φ 20钢筋，间距150 mm，x向尺寸14 400 mm，y向尺寸14 400 mm，C35混凝土，有垫层。

2. 钢筋下料长度

平板式筏形基础要计算的钢筋量主要包含基础底板底部钢筋(底筋)(x方向、y方向)长度和根数及底板基础顶部(面筋)(x方向、y方向)长度和根数。

1)底筋

①底筋(x方向)无封边情况，见图4-44。

平板式筏基x方向底筋长度$=x$方向外边线长度$-$底筋保护层$\times 2+12d\times 2+$搭接长度$\times$搭接个数；基础底板(有垫层)顶筋保护层20 mm，底筋保护层40 mm，有防水保护层50 mm；钢筋8 000 mm一个搭接。

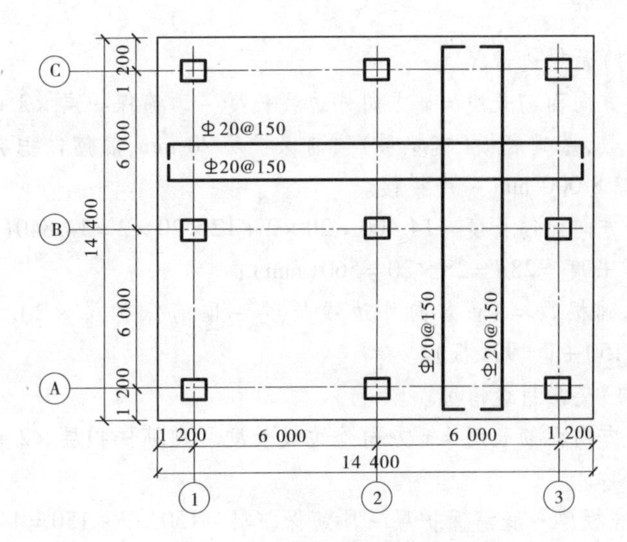

图4-43　平板式筏板基础平面图

平板式筏基 x 方向底筋长度 $=14\ 400-40\times2+12\times20\times2+560=15\ 360(\text{mm})$；

1个搭接，搭接长度 $=28d=28\times20=560(\text{mm})$；

平板式筏形基础根数 =（y 方向外边线长度 − 底筋保护层 ×2）/底筋间距 +1 = $(14\ 400-40\times2)/150+1=97$（根）。

②底筋（x 方向）交错封边情况，如图4-45所示。

平板式筏基 x 方向底筋长度 = x 方向外边线长度 − 底筋保护层 ×2 + 弯折长度 ×2 + 搭接长度 × 搭接个数。

弯折长度 =（底板厚 − 底筋保护层 − 顶筋保护层 −150）/2 +150 =445(mm)。

平板式筏基 x 方向底筋长度 $=14\ 400-40\times2+445\times2=15\ 210(\text{mm})$；

1个搭接，搭接长度 $=28d=28\times20=560(\text{mm})$；

平板式筏形基础根数 =（y 方向外边线长度 − 底筋保护层 ×2）/底筋间距 +1 = $(14\ 400-40\times2)/150+1=97$（根）。

y 方向底筋的计算方法和 x 方向一样，这里不再赘述。

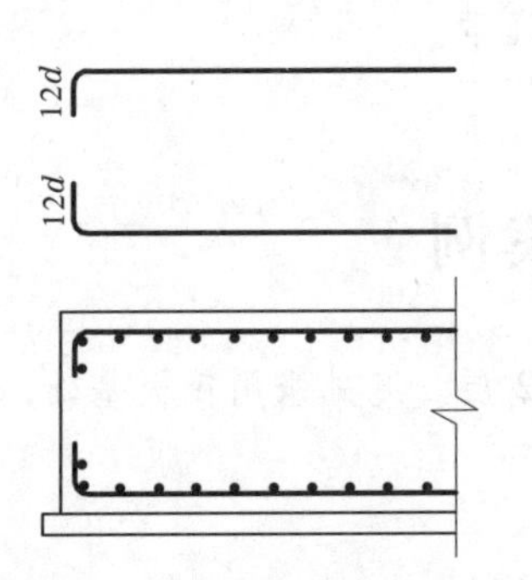

图4-44　板边缘侧面无封边构造

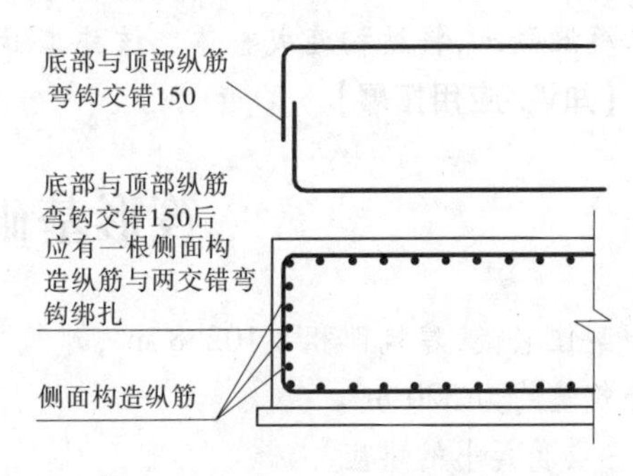

图4-45　纵筋弯钩交错封边方式

2) 面筋

①面筋(x 方向)无封边情况。

平板式筏基 x 方向面筋长度 = x 方向外边线长度 - 顶筋保护层 ×2 + 弯折长度 ×2 + 搭接长度 × 搭接个数,基础底板(有垫层)顶筋保护层 20 mm,底筋保护层 40 mm,无垫层保护层 70 mm,钢筋 8 000 mm 一个搭接。

平板式筏基 x 方向面筋长度 $= 14\ 400 - 20 \times 2 + 12 \times 20 \times 2 = 14\ 840$(mm);

1 个搭接,搭接长度 $= 28d = 28 \times 20 = 560$(mm);

平板式筏形基础根数 =(y 方向外边线长度 - 顶筋保护层 ×2)/面筋间距 + 1 = $(14\ 400 - 20 \times 2)/150 + 1 = 97$(根)。

②面筋(x 方向)交错封边情况。

平板式筏基 x 方向面筋长度 = x 方向外边线长度 - 顶筋保护层 ×2 + 弯折长度 ×2 + 搭接长度 × 搭接个数。

弯折长度 =(底板厚 - 底筋保护层 - 顶筋保护层 - 150)/2 + 150 = 445(mm);

平板式筏基 x 方向面筋长度 $= 14\ 400 - 20 \times 2 + 445 \times 2 = 15\ 250$(mm);

1 个搭接,搭接长度 $= 28d = 28 \times 20 = 560$(mm);

平板式筏形基础根数 =(y 方向外边线长度 - 顶筋保护层 ×2)/面筋间距 + 1 = $(14\ 400 - 20 \times 2)/150 + 1 = 97$(根)。

y 方向面筋的计算方法和 x 方向一样,这里不再赘述。

【常见问题解析】

施工缝、变形缝、后浇带之间怎么区分?

施工缝指的是在混凝土浇筑过程中,因设计要求或施工需要分段浇筑而在先、后浇筑的混凝土之间所形成的接缝。施工缝并不是一种真实存在的"缝",它只是因后浇筑混凝土超过初凝时间,而与先浇筑的混凝土之间存在一个结合面,该结合面就称为施工缝。变形缝相当于两个建筑之间的间距,只是这个间距很小,只有几厘米而已,一般中间放保温材料和镀锌钢板之类的材料填充。在建筑施工中,为防止现浇钢筋混凝土结构由于温度、收缩不均可能产生的有害裂缝,按照设计或施工规范要求,在基础底板、墙、梁相应位置留设临时施工缝,将结构暂时划分为若干部分,经过构件内部收缩,在若干时间后再浇捣该施工缝混凝土,将结构连成整体。该施工缝使称为后浇带。

【知识/应用拓展】

筏形基础施工案例

某住宅楼,建筑面积 8 102.8 m^2,建筑层为地面 12 层。基础采用筏板基础,本次混凝土浇筑量约为 520 m^3。

一、混凝土的供应

由于施工现场的限制,本工程全部采用商品混凝土。

二、试验及配合比设计控制

本工程基础梁及底板均为 C30 抗渗混凝土(抗渗等级 S6),为了减小混凝土的收缩,提高混凝土的抗渗能力,设计要求在混凝土中掺入适量的WG-HEA抗裂防水剂,以防其他因素影响混凝土质量。

在混凝土浇筑前,应提前9 d,将商品混凝土搅拌站提供的经现场总工程师审核的混凝土配合比报送监理工程师审查合格后,方准许生产。当水泥厂家、品种、强度等级发生变动或砂石材料有较大变动时,必须重新试配,确定配合比。

三、准备工作

(一)外部协调工作

(1)掌握天气情况,做好防雨准备工作。

(2)办理好夜间施工手续。

(3)电力供应,场外与供电部门联系,保证在混凝土浇捣期间供电正常;场内要协调用电负荷的设备,保证这一期间不断电不跳闸。同时,为防止突发事件,自备75 kW发电机组一台。

(4)保持运输车辆和场内、场外道路的整洁。

(5)提前和混凝土生产厂家联系,协调计划供应数量、车次安排或可能发生的情况及应急措施,并要求混凝土生产厂家备足本次混凝土工程所需的砂、石、水泥、外加剂等。

(6)所使用材料及混凝土生产厂家必须附有质保书、原材料试验报告、复试报告、混凝土试配强度报告等,施工单位必须对水泥、砂石等原材料随机抽样进行复试,其所有的复试报告均必须符合设计和规范技术要求,所有原材料检测报告及质保书均必须经现场施工工程师审核鉴定。

(二)混凝土浇筑前的最后工作检查

(1)对钢筋、模板安装、预埋、预留洞及砌体插筋等进行技术复核,质量验收合格,并办理好隐蔽验收签证。

(2)水泥砂浆垫块:底板下保护层为40 mm,外墙迎水面为40 mm,外墙内侧及内墙均为20 mm。保护层垫块间距为600 mm,按梅花形布置。

(3)检查各类机械运转是否正常。电力电源到位,各类配电箱均设置漏电安全保护装置,夜间照明系统配备就位,照明灯具充足。

(4)作业面垃圾、杂物清理干净,工作面积水排净,覆盖保温材料到位。

(5)外部协调工作完毕。

(6)各专业工种工作内容完毕,并通过隐检验收。

(7)指挥系统和作业层管理人员到位,劳动力安排就绪。

(8)对后浇带的保护工作进行检查,后浇带内的钢筋要用胶带包好,以免被混凝土、砂浆等杂物污染。

(9)对人工行走路桥搭设的牢固程度进行检查,浇筑混凝土时施工人员不得踩踏模板支撑。

四、混凝土浇筑的布置

(1)商品混凝土每次发两车,每25 min发一次,上下班高峰期前半小时要求工地至少有4车混凝土。

(2)本次混凝土分成两个区进行浇筑,在浇筑完Ⅰ区的混凝土后才浇筑Ⅱ区的混凝土。

(3)本次混凝土供应方式为混凝土泵送供应。

(4)每个班施工 12 h,两个班轮流作业。

五、浇筑技术要点

底板混凝土浇筑时,应合理分段分层进行,使混凝土沿高度均匀上升,按照“一个坡度、薄层浇筑、循序渐进、一次到顶”的方法实施。在浇捣过程中,为防止混凝土自然流淌太大及混凝土供应迟缓而形成施工冷缝,混凝土要具有一定的缓凝性,混凝土流淌坡度控制在 1:8内。斜面分层厚度控制在 200 ~ 250 mm 内,以便下层混凝土在初凝之前即被上层混凝土覆盖,浇筑线呈 S 状,来回摆动退行,并且每条线的摆动方向要基本一致,避免因方向不一致造成接合处间歇过久,混凝土浇筑温度控制不宜超过 28 ℃(混凝土振捣时,在混凝土 50 ~ 100 mm 深处的温度)。图 4-46 为混凝土浇筑方向,从后浇带开始向两边浇筑。

混凝土振捣采用插入式振捣器,每条浇筑线上设两名振捣人员实施振捣,第一名布置在下部,主要负责下 - 中部混凝土的捣实,振捣顺序应从下往上进行,上、下段交叉捣固不小于 1.0 m,混凝土上、下层之间插入振捣深度控制在 15 cm 左右。混凝土振捣以不出现气泡,混凝土面不再连续显著下沉为止。严格防止漏振、过振,从而出现不密实或离析现象,振捣过程中遇有预埋管、预埋件时应小心操作,振捣器不得接触预埋件,以免预埋件移位。

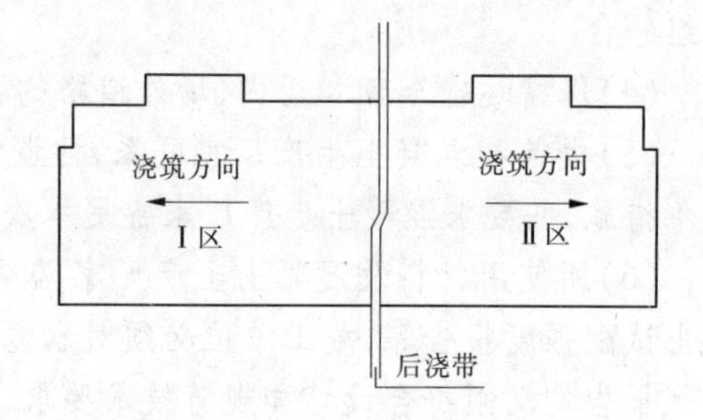

图 4-46　混凝土施工示意图

混凝土浇筑应随时控制底板标高,浇筑混凝土时,混凝土的虚铺厚度应略大一点,用振捣器来回振捣,振实后用长木抹子抹平。

梁与梁和梁与墙交接点钢筋布置太密,为防止混凝土浇筑时不易振捣造成结构质量问题,该部位混凝土浇筑时可配置相同强度等级的细石混凝土,采用小直径振捣棒进行振捣,以充分保证混凝土的质量。

后浇带用模板装模,拼缝严密,标高高出底板顶面标高 100 mm,支撑在混凝土垫层上。顶面用大板封面,不钉死,以防止混凝土掉入后浇带,又可随时检查模板支撑情况。

浇筑混凝土应连续进行。如必须间歇,其间歇时间应尽量缩短,并应在前层混凝土初凝之前,将次层混凝土浇筑完毕。间歇的最长时间不得超过 2 h。

浇筑混凝土时应经常观察模板、钢筋、预留洞口、预埋件和插筋等有无移动、变形或堵塞情况,发现问题应立即处理,并应在已浇筑的混凝土凝结前修整完毕。

六、混凝土的泌水处理

大体积混凝土均为大坍落度、高流动性混凝土,因而在振捣过程中会出现大量泌水和浮浆,应将这些水和浮浆人为诱导,顺着混凝土坡面流入基坑集水井中,然后用软轴水泵排除泌水。

七、混凝土表面处理

为了减少混凝土表面水泥浆较多及混凝土的收缩裂缝需对其表面进行二次振捣处

理。二次振捣时间掌握在混凝土接近初凝之前进行,用平板振捣器振动,用木槎打压密实,以闭合收缩裂缝。预留洞、坑四周,主要以碾压、木槎排除掉浮浆。最后进行表面压实搓毛,进入覆盖养护阶段。

八、混凝土养护

大体积混凝土养护是保证混凝土质量的极为关键工作。当混凝土二次振实时,在混凝土初凝后应马上在其表面覆盖保温材料。采用草袋或麻袋加塑料膜进行覆盖,但混凝土底板边界保温及养护也应特别重视,沿边缘垂直方向同样采取覆盖养护措施,以防温度应力引起边界裂缝。混凝土的养护应能保证混凝土有足够的湿润状态,混凝土的养护期不得少于14 d。

二维资料4.6

思考与练习

一、填空题

1. 常见的无筋扩展基础有__________、__________、__________、__________、__________、__________。

2. 砖基础大放脚的砌筑方式有__________、__________。

3. 常见的浅埋钢筋混凝土基础有__________、__________、。

4. 基础主梁中端部无外伸时,基础梁底部与顶部纵筋成对连通设置,多出钢筋则要伸至端部并弯钩__________。

5. 钢筋混凝土条形基础基础梁注写的B:4 ⌀ 20;T:12 ⌀ 207/5 ,表示__________。

6. 条形基础底板配筋标注为B:⌀ 20@200/Φ 8@250,表示__________。

7. 混凝土搅拌的最短时间,强制式搅拌机:不掺外加剂时,不少于__________;掺外加剂时,不少于__________。自落式搅拌机:在强制式搅拌机搅拌时间的基础上增加__________。

8. 当环境类别为二a类时,独立基础的(有垫层,混凝土等级为C30)保护层厚度为__________ mm 。

9. 独立基础集中标注的三项必注内容为__________、__________、__________,两项选注内容为__________、__________。

10. 梁板式筏板基础梁端区域底部纵筋注写为4 ⌀ 28 +3 ⌀ 25,表示__________。

11. 平板式筏板基础底板注写的B:⌀ 20@300;T:⌀ 22@150,表示__________。

12. 大体积混凝土浇筑的方案有__________、__________、__________。

13. 基础的后浇带有__________、__________、__________。

二、单项选择题

1. 基础梁箍筋信息标注为10 Φ 12@100/Φ 12@200(6),表示(　　)。

A. 直径为12的一级钢筋,从梁端向跨内,间距100 mm设置5道,其余间距为200 mm,均为6支箍

B. 直径为 12 的一级钢筋，从梁端向跨内，间距 100 mm 设置 10 道，其余间距为 200 mm，均为 6 支箍

C. 直径为 12 的一级钢筋，加密区间距 100 mm 设置 10 道，其余间距为 200 mm，均为 6 支箍

D. 直径为 12 的一级钢筋，加密区间距 100 mm 设置 5 道，其余间距为 200 mm，均为 6 支箍

2. 当独立基础板底 x、y 方向宽度满足(　　)要求时，x、y 方向钢筋长度 = 板底宽度 ×0.9。

A. ≥2 500　　B. ≥2 600

C. ≥2 700　　D. ≥2 800

3. 梁板式筏形基础中间跨基础主梁底部贯通纵筋应在该梁中部 ≤l0/3 的连接区域内连接，其中 l0 是指(　　)。

A. 该跨梁两端轴线之间距离　　B. 该跨梁两端柱子中心之间距离

C. 该跨梁净距　　D. 都不是

4. 梁板式筏形基础平板(LPB)的底部非贯通筋纵筋布置为“隔一拉一”，表示(　　)。

A. 底部贯通筋与非贯通筋交错插空布置

B. 两种直径的非贯通筋交错插空布置

C. 两种级别的非贯通筋交错插空布置

D. 非贯通筋交错插空布置

5. 基础主梁在外伸情况下，下部钢筋外伸构造(　　)。

A. 伸至梁边向上弯折 $15d$

B. 伸至梁边向上弯折 $12d$

C. 第一排伸至梁边向上弯折 $15d$，第二排伸至梁边向上弯折 $12d$

D. 第一排伸至梁边向上弯折 $12d$，第二排伸至梁边截断

6. JL8(3)300 ×700 Y500 ×250 表示(　　)。

A. 8 号基础梁，3 跨，截面尺寸为宽 300 mm、高 700 mm，基础梁加腋，腋长 500 mm、腋高 250 mm

B. 8 号基础梁，3 跨，截面尺寸为宽 300 mm、高 700 mm，基础梁加腋，腋高 500 mm、腋长 250 mm

C. 8 号基础梁，3 跨，截面尺寸为宽 700 mm、高 300 mm，第三跨变截面根部高 500 mm、端部高 250 mm

D. 8 号基础梁，3 跨，截面尺寸为宽 300 mm、高 700 mm，第一跨变截面根部高 250 mm、端部高 500 mm

三、判断题

1. 普通独立基础按照基础底板截面形状分为阶形和坡形两种。(　　)

2. 基础主梁不同配置的底部贯通纵筋，应将配置较小跨的底部贯通纵筋伸至毗邻跨，较小跨的底部贯通纵筋在两毗邻跨中配置较大一跨的跨中连接区域连接。(　　)

3. 当基础主梁的底部非贯通筋有三排时，第一、第二排按图集规定截断，第三排截断

位置则由设计者注明。（　）

4. 基础次梁上部筋伸入支座中心线且≥12d，下部筋伸入支座边缘向上弯折 15d。

（　）

5. 基础主梁和基础次梁都要在支座里设箍筋。（　）

6. 梁板式筏形基础平板（LPB）的集中标注 x：B ⌀ 12/14@ 100 表示基础平板 x 向底部配置贯通纵筋直径为 12 mm、14 mm，隔一布一，彼此之间间距 100 mm。（　）

7. 梁板式筏形基础无外伸时，基础梁底部与顶部纵筋成对连通设置。（　）

8. 两根相交的基础主梁，由于相交处位于同一层面的纵筋交叉，所以截面较高的基础主梁的底部纵筋必须放在上部。（　）

四、识图题

1. 如图 4-47 所示为某条形基础施工图（局部），该图是梁板式条形基础平法施工图平面注写方式的示例，解释图上的数字和符号含义。

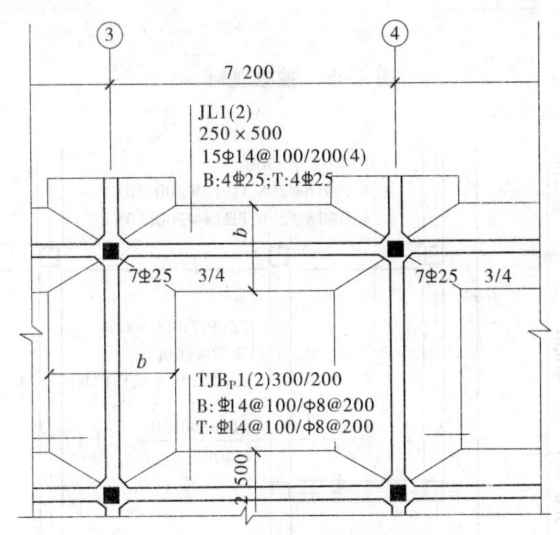

图 4-47　梁板式条形基础

2. 如图 4-48 所示某独立基础施工图（局部），该图为普通坡形基础平法施工图平面注写方式的示例，解释图上的数字和符号含义。

3. 如图 4-49 所示某梁板式筏形基础施工图（局部），该图为梁板式筏形基础平法施工图平面注写方式的示例，解释图上的数字和符号含义。

五、简答题

1. 钢筋混凝土筏形基础的构造要求是什么？

2. 简述混凝土的施工过程。

3. 什么是施工缝？施工缝如何处理？

4. 筏形基础施工缝应设在哪里？

5. 常见的混凝土缺陷有哪些？如何防止及处理？

6. 如何防止大体积混凝土产生裂缝？

7. 简述后浇带的施工要点。

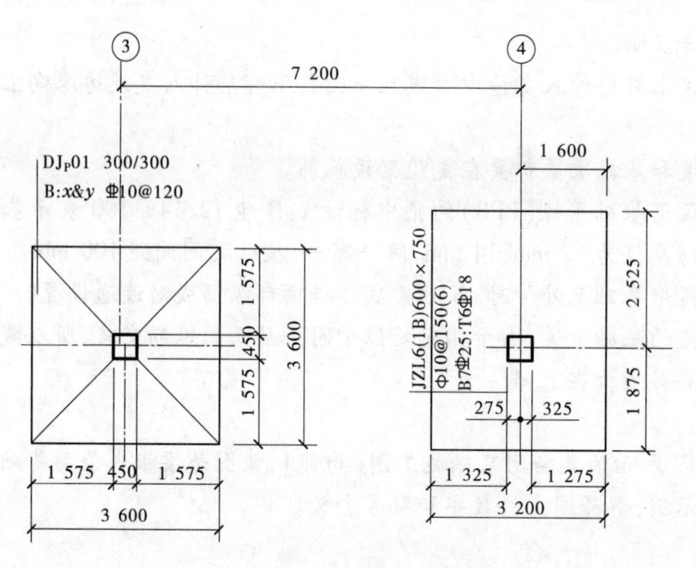

图4-48　独立基础

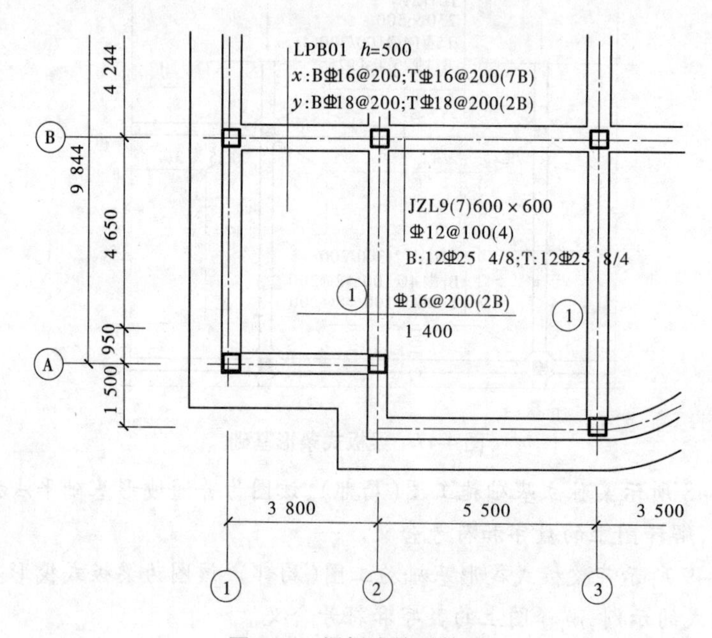

图4-49　梁板式筏形基础

项目5 桩基础工程施工

【知识目标】

1. 了解桩基础在工程中的应用、桩基础的类型和设计过程。
2. 掌握桩基础的特征。
3. 掌握预制桩和灌注桩的施工流程、施工要点、质量检查。
4. 掌握预制桩和灌注桩的验收标准和验收方法。
5. 了解桩基础施工方案的编制。

【能力目标】

1. 能看懂桩基础施工图,进行桩基础的施工。
2. 能够在桩基础施工中控制施工质量,并且进行质量检查。

【知识脉络图】

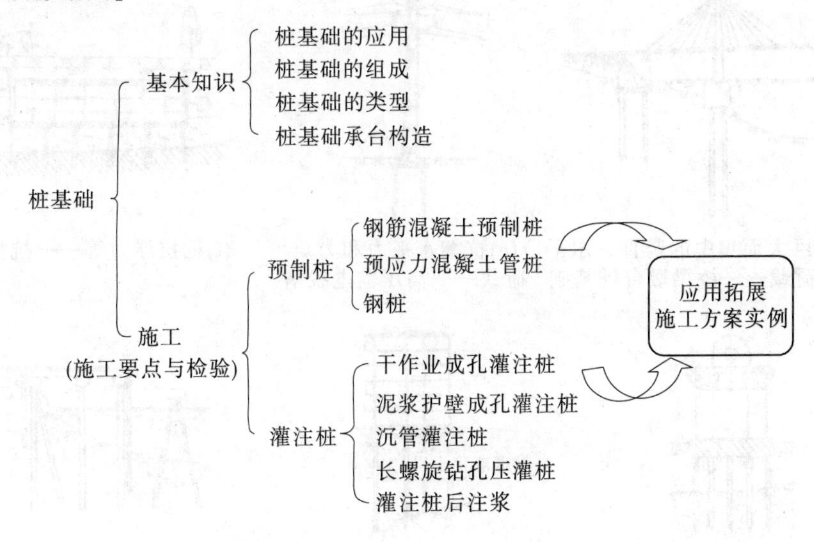

5.1 桩基础基本知识

【任务导入】

一般工业与民用建筑优先采用造价低、施工方便的天然浅基础。当建筑物荷载比较大,地基的软弱土层比较厚,或者是建筑物对变形和稳定有严格要求,而浅基础不能满足承载力或变形要求时,需要采用深基础。深基础主要包括桩基础、墩基础、沉井、地下连续墙等类型。

5.1.1 桩基础的应用

桩基础是由承台将若干根桩的顶部连接成整体,以共同承受荷载的一种深基础形式,而且是广义深基础的一种主要形式。桩基础具有承载力大、抗震性能好、沉降量小等特点,可以在施工中减少大量土方支撑和排水降水设施,施工方便,一般均能获得较好的技术经济效果。目前,其广泛用于高层建筑基础和软弱地基中的多层建筑基础等,具体应用如图 5-1 所示。

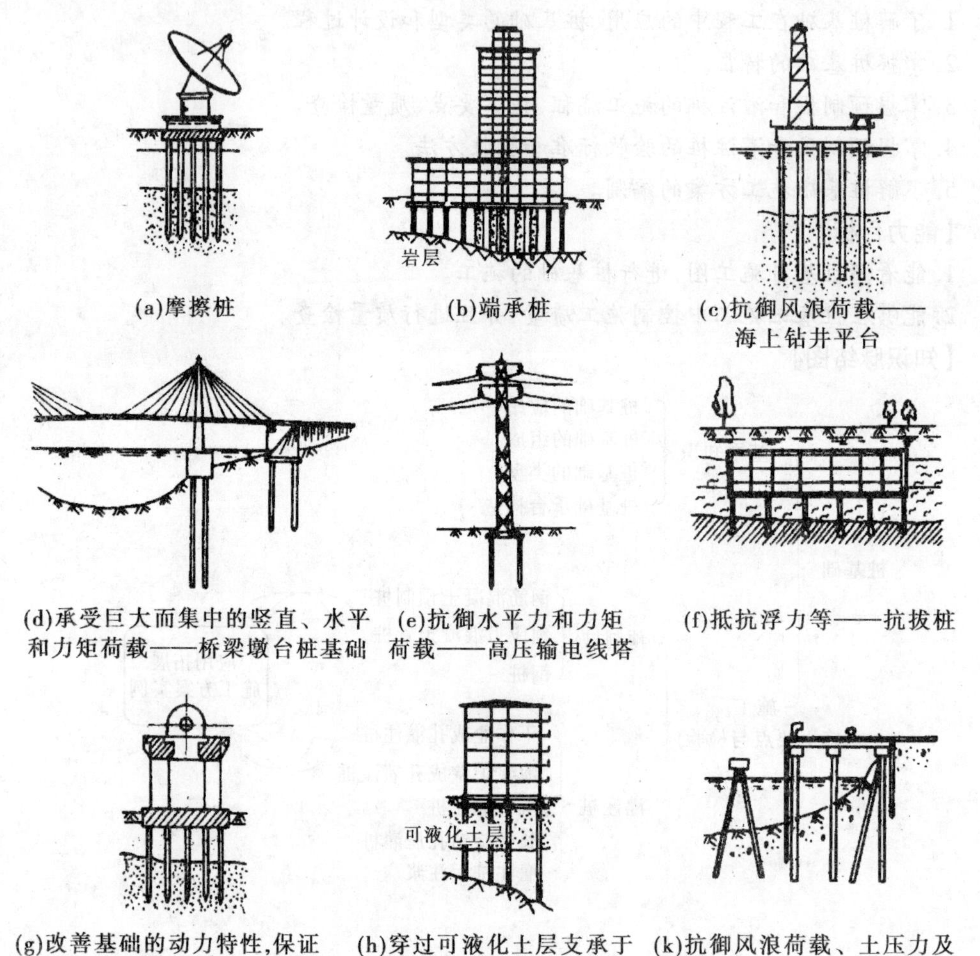

(a)摩擦桩 (b)端承桩 (c)抗御风浪荷载——海上钻井平台

(d)承受巨大而集中的竖直、水平和力矩荷载——桥梁墩台桩基础 (e)抗御水平力和力矩荷载——高压输电线塔 (f)抵抗浮力等——抗拔桩

(g)改善基础的动力特性,保证机器正常运转——汽轮机基础 (h)穿过可液化土层支承于稳定土层——桩基础 (k)抗御风浪荷载、土压力及保护岸坡——港口码头、系船墩

图 5-1 桩基础的应用

5.1.2 桩基础的类型

桩基础类型很多,根据《建筑桩基技术规范》(JGJ 94—2008)的规定,对常用的桩基类型进行介绍。

5.1.2.1　**按承载性状分类**

1. 摩擦型桩

(1)摩擦桩。桩顶荷载由桩侧阻力承受,桩端阻力可忽略不计,如图5-2(a)所示。

(2)端承摩擦桩。桩顶荷载主要由桩侧阻力承受,桩端阻力占少量比例,但并非忽略不计。此种桩应用较多,如图5-2(b)所示。

2. 端承型桩

(1)端承桩。桩顶荷载由桩端阻力承受,桩侧阻力可忽略不计,如图5-2(c)所示。

(2)摩擦端承桩。桩顶荷载主要由桩端阻力承受,桩侧摩擦阻力占比例较小,但并非忽略不计,如图5-2(d)所示。

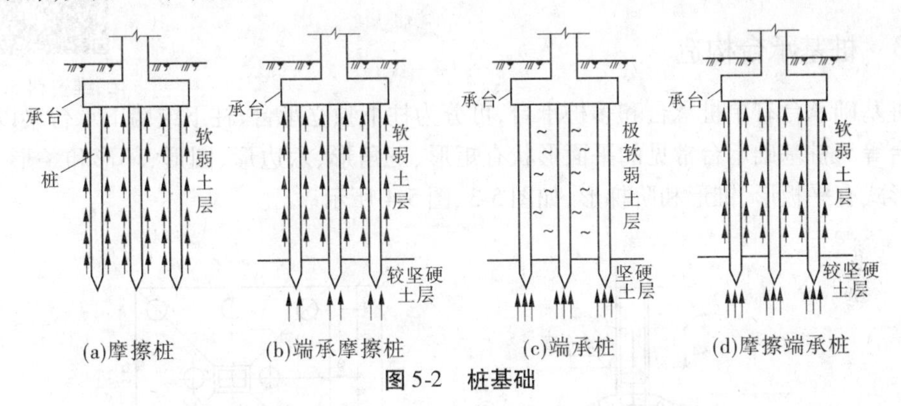

图5-2　桩基础

5.1.2.2　**按桩的使用功能分类**

(1)竖向抗压桩。指主要承受垂直荷载的桩,是一般工业与民用建筑物的常用桩基础类型。

(2)竖向抗拔桩。指主要承受竖向拉拔荷载的桩,如板桩墙后的锚桩。

(3)水平受荷桩。指主要承受水平荷载的桩,如港口码头工程用的板桩。

(4)复合受荷桩。指承受竖向、水平向荷载均较大的桩,如高耸建筑物的桩基。

5.1.2.3　**按承台位置分类**

(1)低承台桩基础。指承台底面位于地面以下,如图5-1所示,主要用于一般工业与民用建筑中。

(2)高承台桩基础。指承台底面位于地面以上(主要在水面上),大多用于桥梁、码头、港口等构筑物,如图5-1所示。

5.1.2.4　**按施工方法分类**

(1)预制桩。指桩身在工厂或施工现场制成后,再用沉桩设备采用打入、压入、旋入、振入等方法将其沉入土中。主要有钢筋混凝土桩、钢桩、木桩等。

(2)灌注桩。指桩身是在施工现场的桩位上采用机械或人工成孔,然后在孔内灌注混凝土或钢筋混凝土而成的。主要有挖孔灌注桩、钻孔灌注桩和沉管灌注桩。

5.1.2.5　**按成桩方法分类**

(1)非挤土桩。指在桩施工过程中,将与桩同体积的土挖出,而桩周土很少受到扰动。如钻孔灌注桩、人工挖孔桩、套管护壁法成桩。

(2)部分挤土桩。指在成桩过程中,挖出部分土体,桩周围的土受到轻微扰动。如敞口钢管桩、预应力管桩等。

(3)挤土桩。指在成桩过程中,桩周围的土被挤密,一般用于软土地区。如挤土灌注桩、打入或压入式预制桩。

5.1.2.6 **按桩径大小分类**

按桩身设计直径 d 的大小,可分为:

(1)小直径桩,$d \leqslant 250$ mm。

(2)中等直径桩,250 mm $< d <$ 800 mm。

(3)大直径桩,$d \geqslant 800$ m。

二维资料 5.1

5.1.3 桩基承台构造

桩基础承台有单桩承台和多桩承台,可分为柱下独立承台、柱下或墙下承台梁以及筏板承台等。桩基础承台常见的平面形状有矩形、三角形、六边形、圆形、环形和条形,承台断面形式有平板形、锥形和阶梯形,如图 5-3、图 5-4 所示。

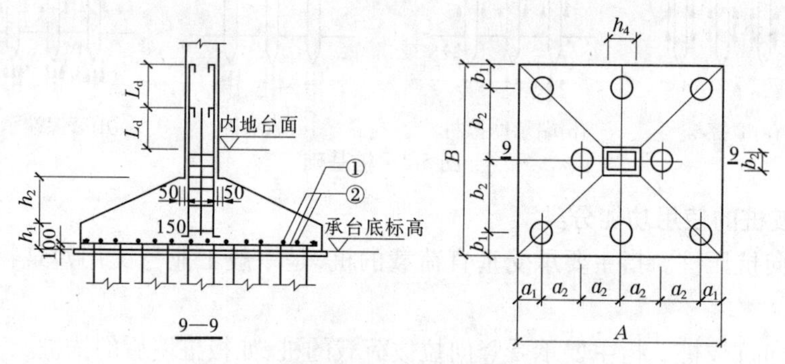

图 5-3　锥形截面柱下矩形独立承台

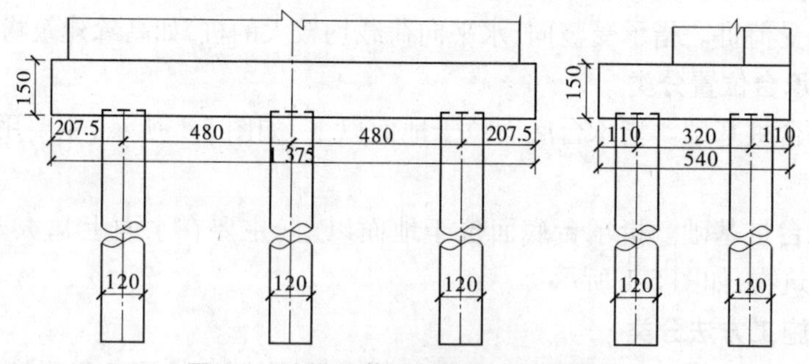

图 5-4　阶梯形截面桥梁下条形承台

5.1.3.1 **承台的尺寸**

承台的平面尺寸由上部结构、桩数及布桩形式决定。独立柱下桩基承台的最小宽度不应小于 500 mm,边桩中心至承台边缘的距离不应小于桩的直径或边长,且桩的外边缘至承台边缘的距离不应小于 150 mm。墙下条形承台梁,桩的外边缘至承台梁边缘的距离不应小于 75 mm。

承台的厚度应大于等于 300 mm,高层建筑平板式和梁板式筏形承台的最小厚度不应小于400 mm,墙下布桩的剪力墙结构筏形承台的最小厚度不应小于200 mm。

高层建筑箱形承台的构造应符合《高层建筑筏形与箱形基础技术规范》(JGJ 6)的规定。

5.1.3.2 承台的配筋

对于矩形承台,其钢筋应按双向均匀通长布置(见图5-5(a)),钢筋直径不宜小于12 mm,间距不宜大于200 mm;对于三桩承台,钢筋应按三向板带均匀布置,且最里面的三根钢筋围成的三角形应在柱截面范围内(见图5-5(b))。承台梁的主筋除满足计算要求外,尚应符合现行国家标准《混凝土结构设计规范》(GB 50010—2010)关于最小配筋率的规定,主筋直径不宜小于12 mm,架立筋不宜小于10 mm,箍筋直径不宜小于6 mm(见图5-5(c))。

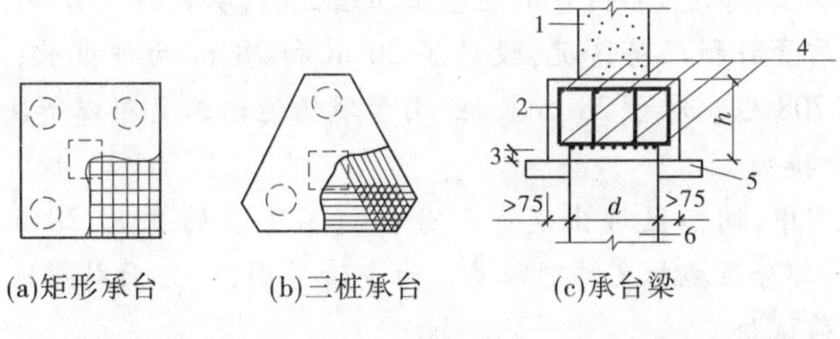

(a)矩形承台 (b)三桩承台 (c)承台梁

1—墙;2—箍筋;3—桩顶嵌入承台;4—承台梁内主筋;5—垫层

图5-5 承台配筋

承台混凝土强度等级不应低于C20;纵向钢筋的混凝土保护层厚度不应小于70 mm,当有混凝土垫层时,不应小于40 mm。

5.1.3.3 桩顶嵌入承台要求

桩顶嵌入承台的长度对于大直径桩,不宜小于100 mm;对于中等直径桩,不宜小于50 mm。

混凝土桩的桩顶主筋应伸入承台内。桩顶主筋伸入承台(钢筋锚固)长度不应小于钢筋直径(HPB300)的30倍或(HRB3335和HRB400)的35倍主筋直径,对于抗拔桩基不应小于40倍主筋直径。当承台厚度小于主筋直锚长度时,桩顶主筋可伸至承台顶部后弯直钩使总锚固长度满足要求,此时钢筋竖向锚固长度不应小于20倍钢筋直径,弯折段的长度不应小于10倍钢筋直径。

预应力混凝土桩可采用钢筋与桩头钢板焊接的连接方法。钢桩可采用在桩头加焊锅型板或钢筋的连接方法。

【常见问题解析】

桩基做好后上面还需要做某种浅基础吗?

不用,桩基是常用的一种深基础,当浅基础不能满足构筑物对于承载和变形的要求时,可选用深基础。

5.2 预制桩的施工

【任务导入】

1. 背景资料

二维资料5.2

某厂热电车间包括主厂房、主控楼、排渣泵房、产油储运和栈桥中转站。

该厂位于北部湾附近，地势低，海拔为1.6~2.8 m，由稻田组成，场地地震烈度为8度，场地为二类土。

整个车间钻探点较大，主厂房有7个，勘察后知道：该厂区为软土地基，地面以下2.0 m左右即为饱和黏土，厚度13~15 m，地基土压缩性高，承载力只有80~90 kPa。

根据工程地质资料和厂房情况，设计了20 m和28 m两种桩长，主厂房打桩1 150根，其中28 m桩708根。对于28 m长桩，由于现场运输工具难以解决，改为10 m、10 m和8 m三节、两个接头。

桩在施打过程中，同一区域出现一部分桩打不下去的情况，28 m桩入土深度仅有15~18 m，而另一部分桩施打又特别容易。为查清原因，一方面补探地层情况，另一方面补做部分单桩载荷试验。

补勘中查明该区第③层中有厚4.0 m的粉细砂层，而且该层由东向西逐渐减薄而消失，这是东端比西端沉桩困难的原因。

单桩载荷试验在具有代表性的三处6根桩上进行，试验中发现D锅炉2根桩和煤仓处1根桩出现异常：它们在试验加载中都出现较大沉降，后期沉降又趋于零，桩的承载力又得以恢复。

该区域桩为摩擦桩，桩的承载力主要靠桩身四周表面与各层土之间的摩擦力来承担，因此唯有断桩才有这种可能性。为了验证分析是否正确，对异常的3根桩进行挖桩检查。为防止桩间土塌方，在其桩间压入ϕ400钢管，边挖边压边沉。当进入10 m处，在出现异常的D6号和D47号2根桩挖出桩接头，在接头处上下节中间均有20 mm空隙，填充的是压实黏土，其上下两节均错位15~20 mm，两桩的上部接头全部焊缝均已剪断，且有15~20 mm空隙，手指在其中可上下活动，尤其是D6号桩竟有一连接角钢脱落在土中，从取出的角钢看只有少数点焊。

为此，采用全面复打检查断桩情况，并使断桩复位。复打采用冷锤轻击法(冷锤指不加油无暴击力的自由落体，且落距较低)。

通过全面复打共找出217根断桩，占已施打桩的33.2%。D锅炉区共用28 m桩52根，查出断桩36根，占69.2%。

2. 原因分析

施工中不执行规范和设计要求，施焊不认真，焊缝不合格，如桩接头焊缝太薄或焊缝长度太短甚至点焊，桩头不平整，施焊前未按设计要求用楔板垫平再施焊，桩头之间有空隙。而桩的上部接头正好落在第②层饱和黏土上，在打桩震动荷载作用下，桩周土空隙水压力急剧升高，无法向四周消散，只能向上造成土体隆起，土的挤压使上节桩上浮，下节桩因为进入较密实的第③层,而起到嵌固作用,因此当焊缝被剪坏后,上下两节桩便拉开形成断桩。

3. 总结

从事预制桩工程施工,一定要严格遵守施工工艺、施工规范、验桩检测等方面的要求,才能避免或减少质量事故的发生。

5.2.1　钢筋混凝土预制桩基础施工

钢筋混凝土预制桩施工质量容易保证,是目前应用广泛的一种桩基施工方式。预制钢筋混凝土桩分实心桩和空心管桩两种。为了便于施工,实心桩大多做成方形断面,截面边长以200~550 mm较为常见。现场预制桩的单根桩的最大长度主要取决于运输条件和打桩架的高度,一般不超过30 m,如桩长超过30 m,可将桩分成几段预制,在打桩过程中进行接桩处理,但应避免桩尖接近硬持力层或桩尖处于硬持力层中接桩。

5.2.1.1　施工准备

1. 材料及机具

(1)水泥:宜采用强度等级不低于32.5级的普通硅酸盐水泥或矿渣硅酸盐水泥。

(2)砂:用中砂,含泥量不大于3%。

(3)石子:粒径为5~40 mm,且不大于1/3钢筋主筋净距的碎石或卵石,含泥量不大于1%。

(4)水:宜用饮用水或不含有害物质的洁净水。

(5)外加剂、掺和剂:根据气候条件、工期和设计要求等,通过试验确定。

(6)钢筋:钢筋级别、直径应符合设计要求。

(7)接桩材料:焊条宜用E43系列,钢板和螺栓宜用低碳钢。

(8)机具。①制桩机具:钢筋调直机、弯曲机、切断机、对焊机、点焊机、电焊机、混凝土搅拌机、翻斗车或手推车、插入式高频振捣器等。②运输机具:大型拖车、汽车起重机或履带式起重机、垫木等。③沉桩机械:柴油打桩机或振动沉桩机、钻孔沉桩机、压入式沉桩机等。④接桩机具:电焊机、扳手等。⑤其他:铁锹、铁板、台秤、胶皮管、铁抹子、水准仪、经纬仪、钢卷尺、水准尺等。

2. 作业条件

1)制桩

(1)材料已经检验,并试配提出混凝土配合比。

(2)预制场地符合要求。

(3)机具齐全。

(4)对提供的桩基布置图、桩基施工图进行会审,并进行技术交底。

2)运输和堆放

(1)预制桩强度达到起吊、运输要求。

(2)堆放位置符合要求。

(3)起吊、运输设备齐备,并达到要求的能力。

3) 沉桩

(1) 提供建筑场地的工程地质勘察报告,必要时还需补充静力触探或标贯试验等原位测试资料。

(2) 清理地上和地下障碍物。打桩场地应平整,地面承载力应能适应桩机工作的正常运转;施工场地应保持排水沟畅通,注意施工中的防震问题。

(3) 施工前,试验桩数量不少于 2 根。确定贯入度并核验打桩设备、施工工艺以及技术措施是否适宜。

(4) 编制施工组织设计或施工方案,并做详细的技术交底。

(5) 预制桩的检验资料齐全。

(6) 沉桩机具已全部进入现场并试运转正常。

(7) 已放线定位完毕。

(8) 搭建临时设施。

5.2.1.2 **操作工艺**

工艺流程如图 5-6 所示。

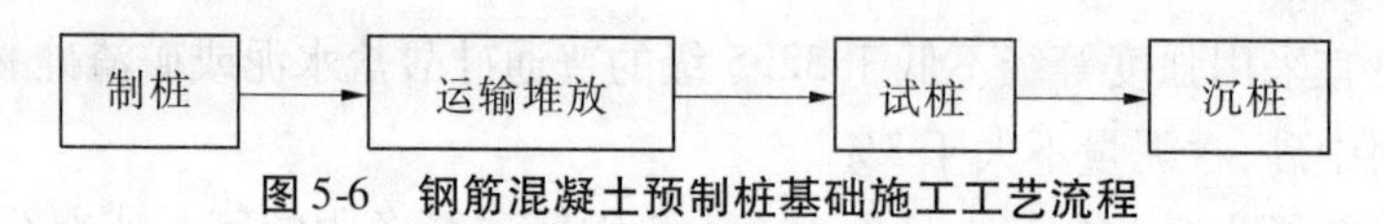

图 5-6 钢筋混凝土预制桩基础施工工艺流程

1. 制桩

钢筋混凝土预制桩有工厂预制和现场预制两种。工厂预制桩通常为标准化大规模生产,有良好的环境与条件,因此整桩的截面规整、均匀、质量好、强度高;而就地预制桩通常为非标准的短桩和较长桩。

(1) 制作程序:现场布置→整平压实→制作胎模→绑扎钢筋支模→安设吊环→浇筑混凝土→养护至 30% 强度拆模,再支上层模→涂隔离剂→叠制→养护至 70% 强度起吊→100% 强度运输、码放。

(2) 预制桩的规格。混凝土预制桩的截面边长不应小于 200 mm,模数为 50 mm;桩长一般不大于 12 m,如需采用长桩,则可接桩(预制桩的分节长度应根据施工条件及运输条件确定。接头不宜超过三个。钢筋混凝土预制桩构造如图 5-7 所示。

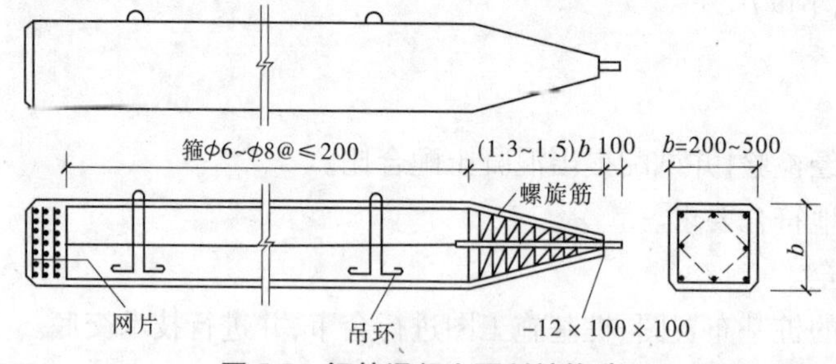

图 5-7 钢筋混凝土预制桩构造

(3) 材料要求:①水泥和钢材进场,应有质量保证书,现场应对其品种、出厂日期等进行验收。水泥的保存期不宜超过 3 个月。原材料使用前均应抽样送至有关单位检验,合格后方可使用。②预制桩的粗骨料应采用碎石或碎卵石,粒径宜为 5 ~ 40 mm。③预制桩混凝土强度等级不宜低于C30,预应力混凝土实心桩的混凝土强度等级不低于C40。

(4)钢筋骨架的主筋连接宜采用闪光对焊或电弧焊。主筋接头的配置在同一截面内的数量应满足设计要求,如无设计要求,还应符合下列规定:①在同一截面内的主筋接头,不得超过50%;②相邻两根主筋接头截面的距离应大于主筋直径的35倍,并不小于500 mm;③纵向钢筋的混凝土保护层厚度不宜小于30 mm。

(5)预制桩纵向钢筋的张拉应单根进行,以应力控制为宜,且每根钢筋张拉应力控制一致。在纵向钢筋张拉后,再与横向钢筋绑扎在一起。

(6)制作模板可用木模板或钢模板,应保证平整牢固、尺寸准确,并刷隔离剂,立模尤其要注意桩尖位置与桩身纵轴线对准。

(7)制桩的混凝土应从桩顶向桩尖连续浇筑,严禁中断,振捣时应边振边抹边找平,达到内实外光。

(8)预制桩制作完毕后,应覆盖洒水养护不少于7 d。当采用蒸汽养护时,在蒸养后还应适当增加自然养护天数,30 d后方可使用。

(9)重叠法制作预制桩时,应符合下列规定(如图5-8所示):①桩与邻桩及底模之间的接触面不得粘连;②上层桩或邻桩的浇筑,应在下层桩或邻桩的混凝土达到设计强度的30%以后进行;③桩的重叠层数一般不宜超过四层;④桩的吊环处应振捣密实。

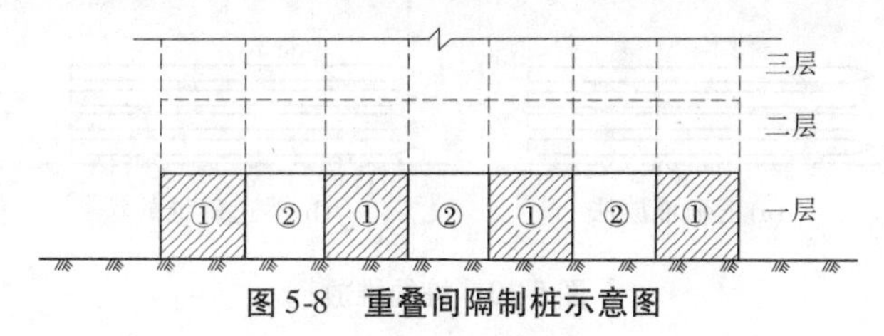

图5-8 重叠间隔制桩示意图

2.起吊

(1)当桩的混凝土强度达到设计强度的70%后方可起吊。

(2)起吊时注意吊点位置,常见的几种吊点合理位置如图5-9所示。

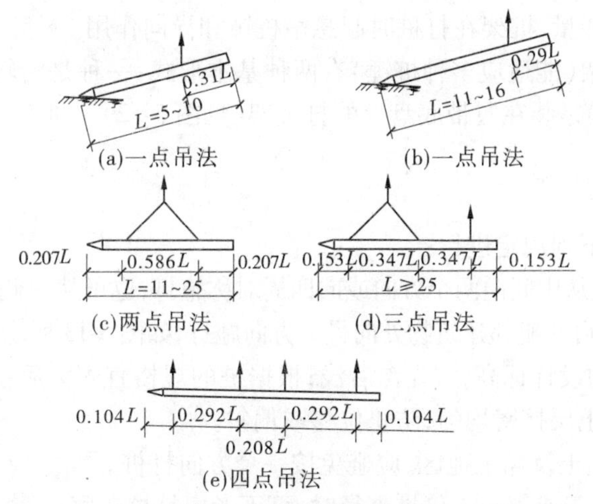

图5-9 预制桩吊点位置

(3)若预制桩上吊点处未设吊环,则起吊时可采用捆绑起吊,在吊索与桩身接触处应加垫层,以防损坏棱角或桩身表面。起吊时应平稳提升,避免摇晃撞击和振动。

3. 运输

(1)当桩的混凝土强度达到设计强度的100%后方可运输。

(2)一般情况下,宜根据打桩进度随打随运,以减少二次搬运。运桩前先核对桩的型号,并对桩的混凝土质量、尺寸、桩靴的牢固性及打桩中使用的标志是否齐全等进行检查。桩运到现场后,应对其外观复查,检查运输过程中桩有否损坏。

(3)运输时,桩的支点与吊点位置应一致,桩应叠放平稳并垫实,支撑或绑扎牢固,以防运输中晃动或滑动。

(4)长桩运输可采用平板拖车、平台挂车等;短桩运输可采用载重汽车。现场运距较近时,可采用轻轨小平板车运输,也可在桩下面垫以滚筒(桩与滚筒之间应放托板),用卷扬机拖动移桩。严禁在场地上以直接拖拉桩体方式代替运输。

4. 堆放

(1)堆放场地必须平整、坚实,排水良好,避免产生不均匀沉陷。

(2)支承点与吊点的位置应相同,并应在同一水平面上;各层支承点垫木应在同一垂直线上(见图5-10)。

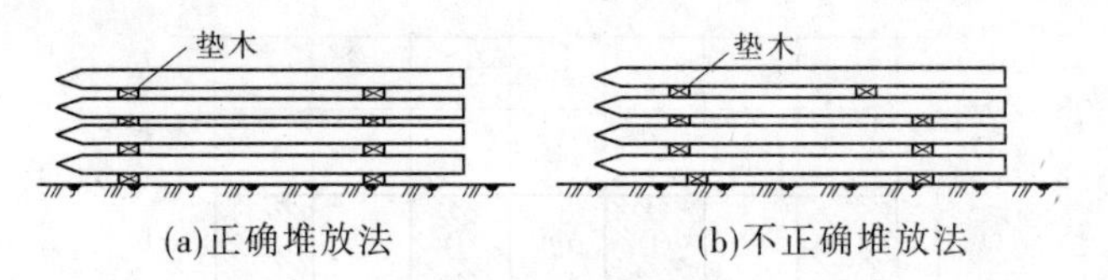

图5-10 桩的堆放

(3)不同规格的桩应分别堆放,桩堆放层数不宜超过4层。

5. 施工机械设备

预制桩的沉桩设备,不管采用何种施工方法,主要包括桩锤和桩架两大部分。桩锤用来产生成桩所需的能量,桩架在打桩时起悬吊桩锤和导向作用。

常用的通用桩架(能适应多种桩锤)有两种基本形式:一种是沿轨道行驶的多能桩架(见图5-11),另一种是装在履带底盘上的打桩架(见图5-12)。桩架一般可按桩长需要分节接长。

6. 打桩顺序

打桩顺序宜按下列规定进行:

(1)密集桩群应从中间向两个方向或向四周对称施打,也可从一侧向单一方向进行;当一侧毗邻建筑物时,可从毗邻建筑物处向另一方向施打,如图5-13所示。

(2)根据基础的设计标高,宜先深后浅;根据桩的规格宜先大后小,先长后短;先群桩后单桩。这样可使土层挤密均匀,防止位移或偏斜。

(3)对于粉质黏土及黏土地区,应避免按一个方向打桩。

注意:当桩距大于或等于4倍桩直径时,可不考虑打桩顺序。

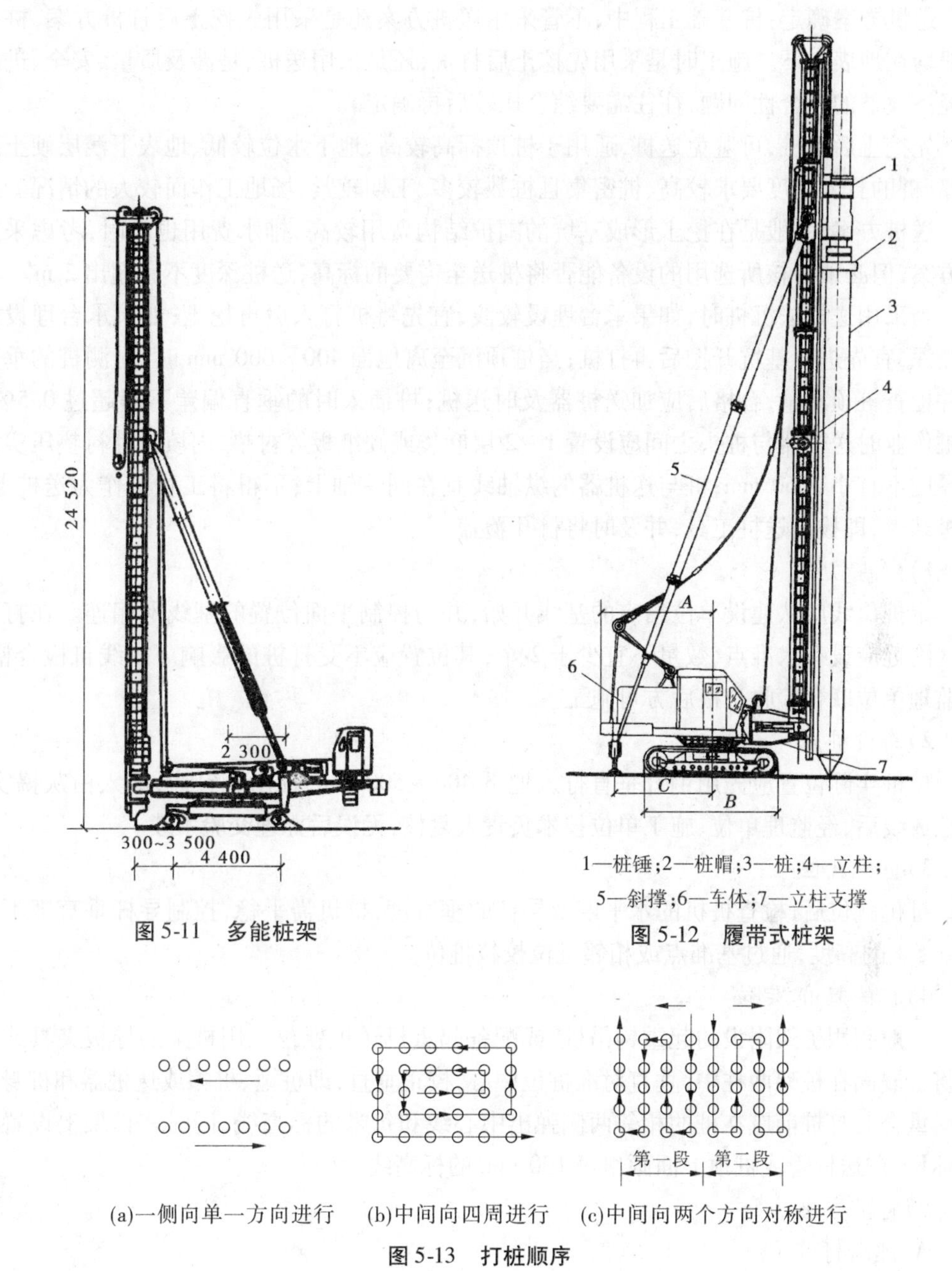

图5-11　多能桩架

1—桩锤;2—桩帽;3—桩;4—立柱;
5—斜撑;6—车体;7—立柱支撑

图5-12　履带式桩架

(a)一侧向单一方向进行　(b)中间向四周进行　(c)中间向两个方向对称进行

图5-13　打桩顺序

7. 试桩

在试桩过程中,如果发现实际地质情况与设计资料不符,应与有关单位研究处理。不同截面、不同长度的桩,应将每米锤击数、最终贯入度、总锤击数、桩顶标高、接桩就位所占时间、沉桩时间等详细记录,并存档保管。

8. 沉桩

沉桩流程:放桩位线→布设桩点→桩机就位→桩就位→校正垂直度→打桩→接桩→测量桩顶标高→移钻机,重复以上工序。

送桩方案确定：桩基础工程中，不管采用送桩方案还是采用先挖土后打桩方案，桩顶一般均在地表以下。施工时是采用先挖土后打桩，还是采用送桩，是涉及质量、安全、进度及经济效益的综合性问题，往往需要综合比较后再确定。

先挖土后打桩，可避免送桩，适用于桩顶标高较高、地下水位较低、地表下浅层硬土层较厚、桩的打入精度要求较高、桩密集且桩数较多、工期较紧、场地工作面较大的情况。

送桩方案，一般是在挖土形成基坑的围护结构费用较高，排水费用也高时，考虑采用的方案，但必须考核所选用的设备能否将桩送至需要的标高，送桩深度不宜超出 2 m。

当采用送桩法沉桩时，如果承台埋设较浅，宜先将桩打入后再挖土；如果承台埋设深度较深，宜先进行基坑开挖后再打桩；当桩顶沉至离地面 400 ~ 600 mm 时，应测桩的垂直度并检查桩顶质量，合格后应加送桩器及时送桩；桩插入时的垂直偏差不得超过 0.5%；送桩作业时送桩器与桩头之间应设置 1 ~ 2 层麻袋或硬纸板等衬垫，内填弹性衬垫压实后的厚度不宜小于 60 mm；桩与送桩器的纵轴线宜在同一轴上；不得将工程桩作为送桩器；送桩结束，即拔出送桩工具，并及时将桩孔覆盖。

1）定桩位线

定桩位线应从建设单位给定的基线开始，并与控制平面位置的基线网相连。在打桩地区附近应设有水准点，数量不宜少于 2 个，其位置应不受打桩的影响。放线自检合格，报监理单位联合验收合格后方可施工。

2）布设桩点

单桩实际位置应先用钢钎垂直打入地下 400 ~ 500 mm，抽出钢钎后，灌入白灰捣实。桩位放线后，经监理单位、施工单位技术负责人复核，无误后办理交验手续。

3）桩机就位

桩机就位后，检查桩机的水平度及导杆的垂直度，桩机需平稳，控制导杆垂直度不大于 0.5% 的高度，通过基准点或相邻桩位校核桩位。

4）桩的起吊、定位

一般利用桩架附设的起重钩吊桩，或配备起重机送桩就位。用桩架的导板夹具或桩箍将桩嵌固在桩架两柱中，垂直对准桩位中心，校正垂直，即桩锤、桩帽或送桩器和桩身中心线重合。打桩前应在桩的相邻两侧弹出中心线和每米的标高线，同时在桩架上设置固定标尺，在送桩管或桩顶上面画出每 100 mm 的标高线。

5）打桩方法

A. 锤击打桩

锤击打桩时，桩位置及垂直度经校正后，方可将锤连同桩帽压在桩顶，开始沉桩。桩锤、桩帽与桩身中心线要一致，桩插入时的垂直度偏差不得超过 0.5%。桩顶不平时，应用厚纸板垫平或用环氧树脂砂浆补抹平整。在桩锤和桩帽之间应加弹性衬垫，桩帽和桩顶周围应有 5 ~ 10 mm 的间隙，以防损伤桩顶。

打桩开始时，应采用小落距轻击数锤，观察桩身、桩架、桩锤等垂直度，待桩入土一定深度后，才可转入正常施打。在较厚的软土、粉质黏土层中每根桩要连续施打，中间停歇时间不可太久。

B. 静力压桩

静力压桩时，压桩机应根据土质情况配足额定重量；桩帽、送桩器和桩身的中心线重合，并保持垂直；调平压装机，再次校核无误，将长步履落地受力。压桩过程中，应经常观察压力表，控制压桩阻力，并详细做好静力压桩施工记录。

初压时，若桩身发生较大幅度位移、倾斜，压入过程中若桩身突然下沉或倾斜，桩顶混凝土破坏或压桩阻力剧变，应暂停压桩，并及时与有关单位研究处理。压同一根（节）桩应缩短停顿时间，各工序应连续施工。静力压桩适用于均质软土地基。

C. 振动沉桩

振动沉桩时，桩就位后，松下振动锤，使其下部桩帽或夹桩器套夹住桩锤，校核桩身的垂直度，使桩架的顶滑轮、振动锤和桩身纵轴线在同一垂直线上；启动振动锤，观测并控制桩的倾斜，使桩沉到设计标高。振动沉桩适用于砂土地基，尤其是在地下水位以下的砂土，但不适用于一般的黏土地基。

D. 射水法沉桩

射水沉桩是锤击法或振动法的一种辅助方法，利用高压水流经过依附于桩侧面或空心桩内部的射水管，冲松桩附近的土层，以减小桩下沉时的阻力，于是桩便在自重或锤击下沉入土中。沉桩至最后 1 ~2 m 时，应停止射水，并采用锤击至规定标高。射水法沉桩适用于砂土和碎石土，效率很高。

E. 预钻孔沉桩

预钻孔沉桩法适用于桩较长，截面尺寸较大，深部土层较坚硬，且缺乏大能量桩锤，预制桩难以顺利沉达预定深度的情况。预钻孔孔径可比桩径小 50 ~100 mm，深度可根据桩距和土的密实度、渗透性确定，宜为桩长的 1/3 ~1/2，施工时应随钻随打，桩架宜具备钻孔、锤击双重性能。

6）接桩

混凝土预制长桩，受运输条件和打（沉）桩架高度限制，一般要分节制作，在现场接桩，分节沉入。

接桩时，接头宜高出地面 0.5 ~1.0 m，一个桩节之间的接头总数不宜超过 3 个。同时，应避免桩尖接近硬持力层或处于硬持力层时接桩。

桩的连接可采用焊接、法兰连接或机械快速连接（螺纹式、啮合式）（见图 5-14）。

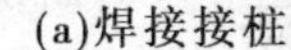
(a)焊接接桩

(b)法兰接桩

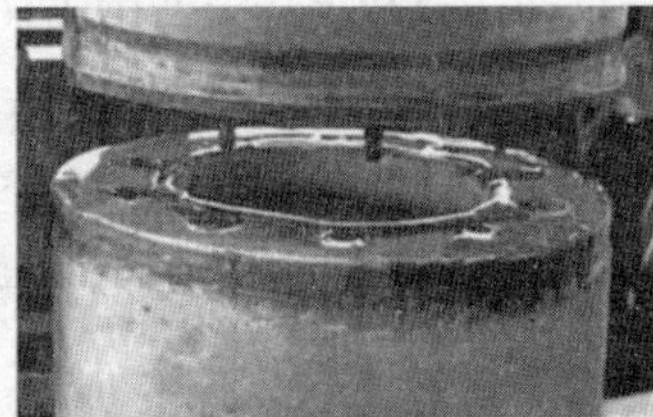

(c)机械接桩

图 5-14　桩的接头形式

（1）焊接接桩：钢板宜采用低碳钢，焊条宜采用 E43，并应符合现行行业标准《建筑钢结构焊接技术规程》（JGJ 81）的有关规定。下节桩段的桩头宜高出地面 0.5 m，桩对接前,上下节桩的的中心线偏差不得大于 2 mm;上下端板表面应采用铁刷清刷干净,坡口处应刷至露出金属光泽;焊接宜在桩的四周对称进行,待上下桩节固定后拆除导向箍再分层施焊;焊接层数不得少于 2 层,第一层焊完后必须把焊渣清理干净,方可进行第二层施焊,焊缝应连续、饱满;焊好后的接头应自然冷却后方可继续锤击,自然冷却时间不宜少于 8 min;严禁采用水冷却。焊接接头的质量检查宜采用探伤检测,同一工程探伤抽样检测不得少于 3 个接头。

(2)法兰接桩:钢板和螺栓宜采用低碳钢,它是把两根桩先各自固定在一个法兰盘上,两个法兰盘之间加上法兰垫,用螺栓紧固在一起,完成连接。

(3)机械快速螺纹接桩:接桩前应检查桩两端制作的尺寸偏差及连接件,无受损后方可起吊施工,其下节桩端宜高出地面 0.8 m;接桩时,卸下上下节桩两端的保护装置后,应清理接头残物,涂上润滑脂;采用专用接头锥对中,对准上下节桩进行旋紧连接,锁紧后两端板尚应有 1 ~2 mm 的间隙。

(4)机械啮合接头接桩:上下端头钣清理干净,用扳手将已涂抹沥青涂料的连接销逐根旋入上节桩Ⅰ型端头钣的螺栓孔内,并用钢模板调整好连接销的方位;剔除上下节Ⅱ型端头钣连接槽内泡沫塑料保护块,在连接槽内注入沥青涂料,并在端头钣面四周抹上宽 20 mm、厚 3 mm 的沥青涂料;当地基土、地下水含中等以上腐蚀介质时,桩端钣面应涂满沥青涂料;将上节桩吊起,使连接销与Ⅱ型端头钣上各连接口对准,随即将连接销插入连接槽内;加压使上下节桩的端头钣接触,完成接桩。

7)停止打(沉)桩施工的控制原则

(1)桩端(指桩的全断面)位于一般土层时(摩擦为主的桩),以控制桩端设计标高为主,贯入度可作参考。

(2)端承桩以贯入度控制为主,桩端标高可作参考。

贯入度已达到而桩端标高未达到时,应继续锤击 3 阵,按每阵 10 击的贯入度不大于设计规定的数值加以确认,必要时施工控制贯入度应通过试验确定。

当遇到贯入度剧变,桩身突然发生倾斜、回弹,桩顶或桩身出现严重裂缝、破碎等情况时,应暂停打桩,并分析原因,采取相应措施。

凿除高出设计标高的桩顶混凝土。

5.2.1.3 安全环保措施

(1)打桩前应对邻近施工范围内的原有建筑物、地下管线等进行检查,对可能造成影响的设施、建筑应采取有效的加固防护措施或隔振措施,施工时加强观测,以确保施工安全。

(2)打桩机行走道路必须平整、坚实,必要时宜铺设道渣,经压路机碾压密实。场地四周应挖排水沟以利于排水,保证移动桩机时的安全。坑下打桩时,应设专人对边坡稳定进行检查。

(3)打桩前应先全面检查机械各个部件运行情况,发现问题应及时解决。经常检查机架部分有无脱焊和螺栓松动,注意机械的运转情况。加强机械的维护保养,以保证机械正常使用。

(4)随时检查桩锤悬挂是否正确、牢靠。在移动打桩机、机架中途检修或因其他原因而中途暂停打桩作业时,应将桩锤放下或临时固定。架上工作台、扶梯等应有保护栏杆。

(5)硫黄胶泥的原材料及成品,在运输和储存时应注意防火,熬制时注意避免烫伤。接桩时如遇有风天气,应采取挡风措施。

(6)现场人员必须戴安全帽,机电操作人员必须穿绝缘鞋、戴绝缘手套。

(7)夜间一般不宜施工,六级以上大风不得施工。

5.2.2 预应力混凝土管桩施工

预应力混凝土管桩,是采用先张法预应力工艺和离心成型法,制成一种离心圆筒体混凝土预制构件。管桩适用于抗震设防烈度≤7 度的一般民用建筑的低承台桩基。

预应力混凝土管桩在施工流程上有很多与钢筋混凝土预制桩要求相同,不再赘述。下面主要就其自身施工特点方面做一介绍。

5.2.2.1 工艺流程

先张法预应力混凝土离心管桩制作工艺流程如图 5-15 所示。

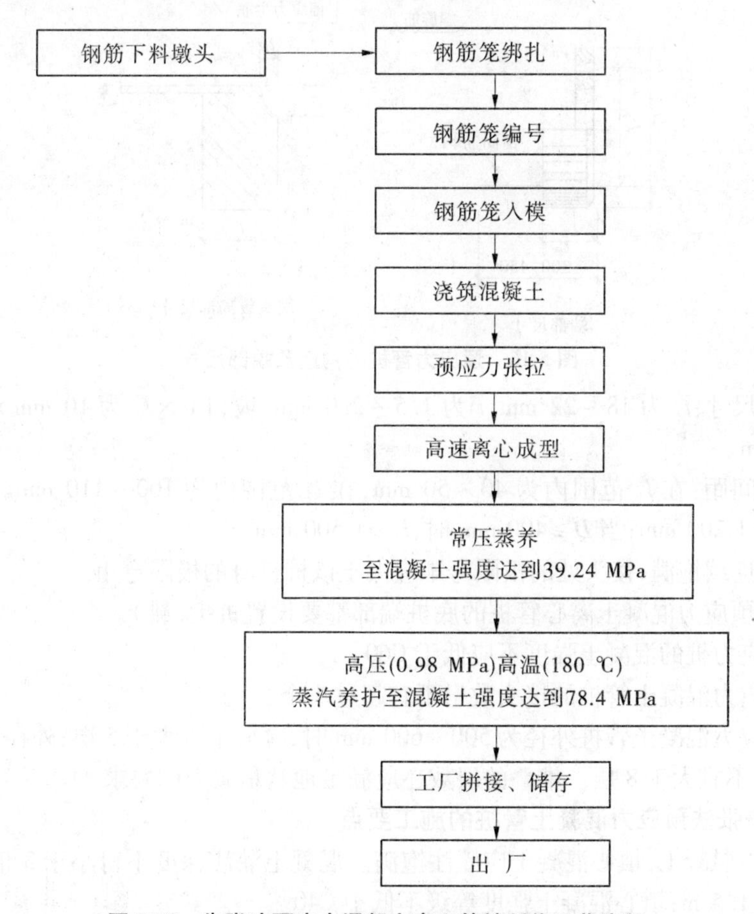

图 5-15 先张法预应力混凝土离心管桩制作工艺流程

5.2.2.2 先张法预应力混凝土管桩的制作、堆放

(1)预应力混凝土离心管桩的规格。

先张法预应力混凝土离心管桩的外径可分为 300 mm、400 mm、500 mm、550 mm、600

mm、800 mm、1 000 mm 等，壁厚为 60 ~ 130 mm。一般来讲，管径大，管壁也厚；管径不同，设计承载能力的大小也不同。

预应力管桩的代号为 PC，预应力高强混凝土管桩代号为 PHC。

预应力管桩按桩身混凝土有效预应力值分为 A 型、AB 型、B 型、C 型。

（2）先张法预应力混凝土离心管桩的构造。

先张法预应力混凝土离心管桩的构造，如图 5-16 所示。管桩端头钣是桩顶端的一块圆环形钛板，厚度一般为 18 ~ 22 mm，端钣外缘一周留有坡口，供对接时烧焊之用。

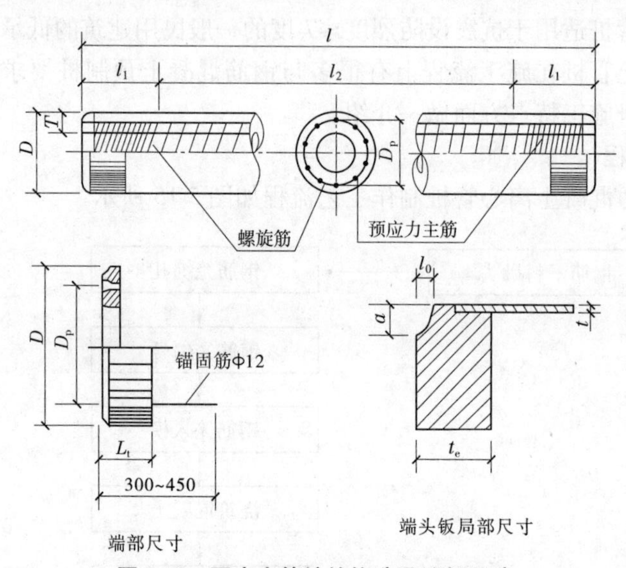

图 5-16　预应力管桩的构造及端部尺寸

端头钣尺寸：t_e 为 18 ~ 22 mm，t 为 1.5 ~ 2.0 mm，坡口 $a \times l_0$ 为 10 mm × 4 mm ~ 11 mm × 4.5 mm。

螺旋筋间距：在 l_1 范围内为 40 ~ 50 mm，在 l_2 范围内为 100 ~ 110 mm。当 $D = 300$ mm 时，l_1 为 1 200 mm；当 $D \geqslant 400$ mm 时，$l_1 \geqslant 1\ 500$ mm。

焊缝应连续饱满，接头处的极限弯矩应大于该桩桩身的极限弯矩。

先张法预应力混凝土离心管桩的底桩端部都要设置桩尖（靴）。

（3）预应力桩的混凝土强度不应低于 C60。

（4）预应力混凝土管桩的接头数量不宜超过 4 个。

（5）预应力混凝土管桩外径为 500 ~ 600 mm 时，叠放不宜大于 5 层；外径为 300 ~ 400 mm 时，叠放不宜大于 8 层。堆叠的层数还应满足地基承载力的要求。

5.2.2.3　先张法预应力混凝土管桩的施工要点

（1）填心混凝土：填心混凝土应灌注饱满。混凝土灌注深度不得小于 3 倍管桩外径，且不得小于 1.5 m；填心混凝土强度等级不低于 C40。

（2）桩心钢筋笼：桩心钢筋笼长 1 ~ 1.5 m，底端用钢托板。

5.2.3　钢桩施工

钢桩包括钢管桩和 H 型钢桩。

钢桩在施工流程上很多与钢筋混凝土预制桩要求相同，不再赘述。下面主要就其自身施工特点方面做一介绍。

5.2.3.1　**钢桩的构造、规格**

(1)钢桩的材料，一般用普通碳素钢，其材质应符合现行有关规定。

(2)钢桩由一根上节桩、一根下节桩和若干根中节桩组成。钢桩每节长度不宜超过12～15 m，桩的上、中、下节常常采用同一壁厚。

(3)钢管桩的桩端有敞口和闭口两种形式，H型钢桩的桩端有带端板和不带端板两种形式。

(4)管桩两端应设保护圈，以防止桩端变形损坏。

5.2.3.2　**钢桩的堆存及运输**

(1)钢桩的堆存场地应平整、坚实、排水畅通。场地承载能力应能满足堆放钢桩荷载的要求，不会因桩荷载而产生地基下沉，影响桩身平直。

(2)钢桩应按规格、材质分别堆放。堆放高度和层数应考虑桩身刚度和吊桩作业的安全。对于直径900 mm的钢管桩，堆放层数不宜超过3层；直径600 mm的不宜超过4层；直径400 mm的不宜超过5层，H型钢桩不宜超过6层，并应按正确支点进行堆放。

(3)在堆放、运输过程中，为保证安全，防止桩管滚动、桩体撞击而造成桩端、桩体损坏或弯曲，应在桩堆两侧塞上木楔，桩管下面垫上枕木。

5.2.3.3　**施工流程**

钢桩施工工艺流程如图5-17所示。

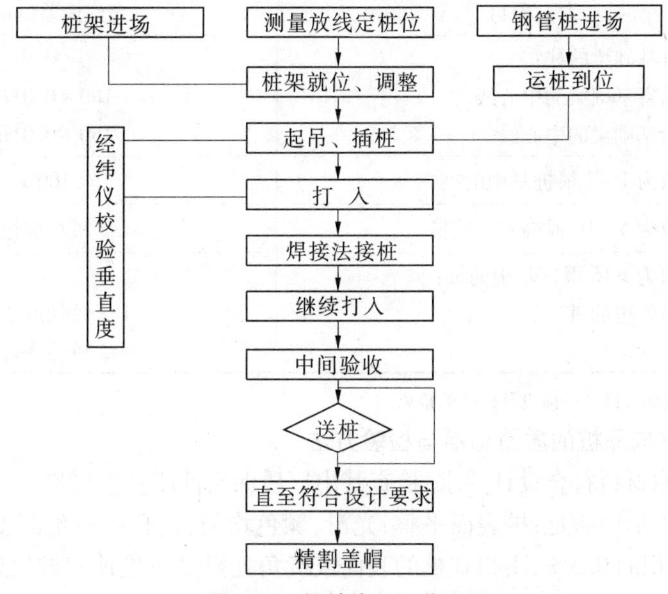

图5-17　钢桩施工工艺流程

5.2.3.4　**钢桩施工要点**

(1)为防止在打(沉)桩过程中造成邻桩或邻近建(构)筑物较大变位，并使施工方便，需采用以下打桩顺序：

①先打中间后打外围或先打中间后打两侧,先打长桩后打短桩,先打大直径桩后打小直径桩。

②若有钢桩和混凝土桩两种类型,为了有利于减少挤土和满足设计对打(沉)桩入土深度的要求,采取先打钢管桩后打混凝土桩的顺序。

(2)钢桩焊接时必须清除桩端部的浮锈、油污等脏物,保持干燥;下节桩经锤击后变形的部分应割除;上、下节桩焊接时应校正垂直度,对口的间隙应为2~3 mm;焊接采用多层焊,钢管桩各层焊缝的接头应错开,焊渣应清除;气温低于0 ℃或雨雪天及无可靠措施保证焊接质量时,不得焊接;每个接头焊接完毕,应冷却1 min后方可锤击。每个接头除外观检查外,尚应按接头总数5%做超声波检测,同一工程探伤抽样检测不得少于3个接头。

(3)为了使打(沉)桩机回转半径范围内的桩能一次流水施打完毕,应组织好桩的供应,并搞好场地处理、放样桩和复核等配合工作。

5.2.4　预制桩质量检测

根据《建筑地基基础工程施工质量验收规范》(GB 50202—2002),桩基质量检查内容如下。

5.2.4.1　桩位质量检验

施工前,对桩位进行检验,桩位允许偏差及质量检验方法应符合表5-1的规定。

表5-1　预制桩(钢桩)桩位的允许偏差

序号	项目	允许偏差(mm)
1	盖有基础梁的桩: ①垂直基础梁的中心线 ②沿基础梁的中心线	 $100+0.01H$ $150+0.01H$
2	桩数为1~3根桩基中的桩	100
3	桩数为4~16根桩基中的桩	1/2桩径或边长
4	桩数为>16根桩基中的桩: ①最外边的桩 ②中间桩	 1/3桩径或边长 1/2桩径或边长

注:H为施工现场地面标高与桩顶设计标高的距离。

5.2.4.2　预制桩成品桩的质量标准与检验方法

(1)预制桩原材料符合设计要求,检查其出厂质保文件或抽样送检。

(2)成品桩外形应满足:桩表面平整、光滑,颜色均匀,气孔或掉角深度<100 mm,蜂窝面积小于总面积的0.5%,不得在桩的表面或棱角处露筋。桩顶和桩尖处不得有蜂窝、麻面、裂缝和掉角。钢桩电焊质量除常规检查外,应对电焊接头做10%的焊缝探伤检查。

(3)成品桩表面的裂缝(收缩、起吊、装运、堆放引起的裂缝)要求:缝深度<20 mm,缝宽度<0.25 mm,横向裂缝不超过边长的一半。检查采用裂缝测定仪。

(4)成品桩尺寸要求见表5-2、表5-3。

表5-2　钢筋混凝土预制桩成品桩尺寸质量检验标准

项目	允许偏差(mm)	检查方法
横截面边长	±5	拉线或尺量检查
桩顶对角线之差	10	
保护层厚度	±5	
桩身弯曲矢高	不大于1%桩长且不大于20	
桩尖中心线	<10	
桩顶平整度	<2	
桩顶平面对桩中心线的倾斜	≤3	经纬仪、拉线或尺量检查
锚筋预留孔深	0~20	
浆锚预留孔位置	5	
浆锚预留孔径	±5	
锚筋孔的垂直度	≤1%	

表5-3　成品钢桩的质量检验标准

项目	序号	检查项目	允许偏差或允许值		检查方法
			单位	数值	
主控项目	1	钢桩外径或断面尺寸:桩端 桩身		±0.5%D ±1%D	用钢尺量,D为外径或边长
	2	矢高		$<l/1\ 000$	用钢尺量,l为桩长
一般项目	1	长度	mm	+10	用钢尺量
	2	端部平整度	mm	≤2	用水平尺量
	3	端部平面与桩中心线的倾斜值	mm	≤2	用水平尺量

5.2.4.3　**混凝土预制桩检测**

施工中对混凝土预制桩应检查桩体垂直度、沉桩情况、桩顶完整状况、接桩质量、接桩间歇时间、打入(压入)深度。电焊接桩,重要工程应做10%的焊缝探伤检查。

5.2.4.4　**施工结束后桩体质量和承载力检验**

施工结束后应对桩体质量和承载力做检验:

(1)桩顶标高的允许偏差为±50 mm。

(2)斜桩倾斜度的偏差,不得大于倾斜角正切值的15%。

(3)桩身质量的抽检数量不少于总桩数的20%,且不少于10根;每个柱子承台下不得少于1根。

(4)对承载力检查,在桩身强度达到设计要求的前提下,同时满足:对于砂类土,不应少于7 d;对于粉土和黏性土,不应少于15 d;对于淤泥或淤泥质土,不应少于25 d,待桩身与土体的结合基本趋于稳点,再进行试验检测。

桩的静载荷试验检测数量不少于同一条件桩基分项工程总桩数的1%,且不少于3根;当总桩数少于50根时,应不少于2根。

【常见问题解析】

打(沉)桩施工中的质量通病与防治措施见表5-4。

表5-4 打(沉)桩施工中的质量通病与防治措施

常见问题	产生原因	防止措施及处理方法
桩头击碎	桩头质量不合格(混凝土强度低、顶部钢筋网片不足等);桩顶面不平;保护层过厚;落锤与桩不垂直;落锤过高;锤击过久;遇坚硬土层	合理设计桩头,保证制作质量;经常检查桩帽垫木是否平整、完好,并应及时更换缓冲垫;桩顶已破碎时,应更换桩垫,严重时可把桩顶剔平补强,或加钢板箍,重新沉桩
沉桩达不到设计深度	桩锤选择不当;地基勘察不充分;打桩间歇时间长,摩阻力增大;遇地下障碍物;桩接头过多,质量不好	合理选择施工机械、桩锤大小;正确选择桩尖标高,必要时补勘;合理确定打桩顺序;探明地下障碍物,清除或钻透;桩制作、施工严格按规范要求执行
桩身倾斜和位移	桩头不平,桩尖倾斜过大;桩接头破坏;一侧遇石块等障碍物;土层有陡的倾斜角;桩帽与桩不在同一直线上;钻孔倾斜度过大;桩距太近;基坑土方开挖方法不当	沉桩前应检查桩身弯曲;桩架、打桩机械应安放平稳;偏差过大,应拔出移位再打;偏差不大时,可利用木架顶正,再慢慢打入;障碍物不深,可挖出回填后再打
桩身破裂	桩身有较大弯曲;接桩不在同一直线上;桩长细比过大,沉桩遇坚硬土层;桩身局部混凝土强度不足或不密实;桩在堆放、起吊、运输中操作不当	桩制作时,应保证质量;桩在吊运时,应严格按操作规程操作;弯曲桩不得使用;每节桩长细比不大于40;上下节桩应在同一轴线上;沉桩过程中应保持垂直;断桩,可在一旁补桩
桩顶上涌	在软土地基施工较密实的群桩或遇流砂	在饱和软黏土地基施工群桩时,应合理确定打桩顺序、打桩速度;将浮起量大的桩重新打入
桩急剧下沉	遇软土层、土洞;接头破裂或桩尖劈裂;桩身弯曲或有严重的横向裂缝,落锤过高、接桩不垂直	将桩拔起检验,改正或重打,或在靠近原桩位作补桩处理(补桩由设计单位确定)
接头松脱、开裂	接头表面有杂物,不干净;接头材料质量不合格或接头施工质量不合格;接桩时上下节桩不在同一直线上	接桩前应清理接头;接头材料质量应保证,接头施工质量应保证;控制接桩上下中心线在同一直线上
桩身颤动、桩锤回弹	桩尖遇树根或坚硬土层,桩身过曲;接桩过长;落锤过高	检查原因,采取措施穿过或避开障碍物,如入土不深,应拔起避开或换桩重打

5.3　灌注桩的施工

【任务导入】

混凝土灌注桩是直接在施工现场桩位上成孔，然后在孔内灌注混凝土或钢筋混凝土的一种成桩方法。

二维资料5.3

灌注桩与预制桩相比，能适应各种地层变化，无须接桩、施工振动小、噪声低、宜在建筑物密集地区使用；另外，桩身不受锤击应力，桩的混凝土强度和配筋只要满足结构荷载使用要求即可，因而具有对环境影响小、节约材料、成本低等优点。但也存在着技术间歇时间长、不能立即承受荷载、操作要求严、在软弱土层中易产生断桩和缩径、冬季施工困难等不足。

灌注桩按成孔方法分为螺旋钻成孔灌注桩、人工挖孔灌注桩、泥浆护壁成孔灌注桩、沉管成孔灌注桩、爆扩成孔灌注桩等，灌注桩适用范围如表5-5所示。

表5-5　灌注桩适用范围

序号	项目		适用范围
1	泥浆护壁成孔	冲击 冲抓 回转钻	碎石土、砂土、黏性土及风化岩
		潜水钻	黏性土、淤泥、淤泥质土及砂土
2	螺旋钻成孔	螺旋钻	地下水位以上的黏性土、砂土及人工填土
		钻孔扩底	地下水位以上的坚硬、硬塑的黏性土及中密以上的砂土
		机动洛阳铲（人工）	地下水位以上的黏性土、黄土及人工填土
3	沉管成孔	锤击 振动	可塑、软塑、流塑的黏性土，稍密及松散的砂土
4	人工挖孔		黏土、粉质黏土及含少量砂、石黏土层，且地下水位低

本部分仅对螺旋钻成孔灌注桩、人工挖孔灌注桩、泥浆护壁成孔灌注桩、沉管成孔灌注桩等施工进行介绍。

5.3.1　干作业成孔灌注桩施工

干作业成孔灌注桩适用于地下水位较低，在成孔深度内无地下水的土质，无须护壁直接成孔。其主要适用于黏性土和地下水位较低的条件，最忌在含水砂层中施工。目前，常用的设备有螺旋钻机成孔，亦有用洛阳铲成孔的（人工挖孔）。

二维资料5.4

5.3.1.1　螺旋钻成孔灌注桩

螺旋钻成孔灌注桩是利用动力旋转钻杆，使钻头的螺旋叶片旋转削土,土块沿螺旋叶片上升排出孔外成孔的(如图5-18所示)。螺旋钻成孔直径一般为350~400 mm,钻孔深度10~20 m。

在可塑或硬塑黏土中,或含水量较小的砂土中可用密纹叶片钻杆,以便缓慢、均匀、平稳地钻进。当遇软素土层含水量大时,应用疏纹叶片钻杆,以便较快地钻进。

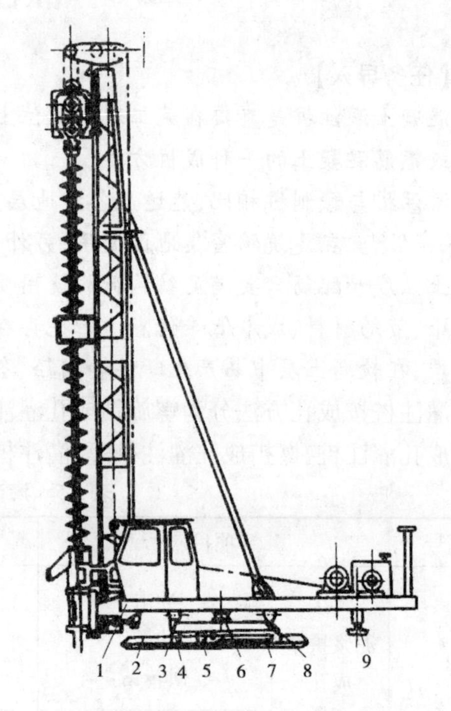

1—上盘;2—下盘;3—回转滚轮;4—行车滚轮;5—钢丝滑轮;6—回转中心轴;7—行车油缸;8—中盘;9—支盘

图5-18 步履式螺旋钻机

1.施工准备

1)技术准备

(1)收集场地工程地质资料和水文地质资料。

(2)桩基工程施工图纸及图纸会审记录。

(3)建筑场地和邻近区域内的地下管线(管道、电缆)、地下构筑物等的调查资料。

(4)主要施工机械及其配套设备的技术性能资料。

(5)编制施工方案经审批后进行技术交底。

(6)水泥、砂子、石子、钢筋等原材料及制品的质检报告。

2)材料准备

满足设计要求的钢筋、水泥、水、砂、石、火烧丝、外加剂等。

3)机具准备

螺旋钻孔机、翻斗车或手推车、混凝土导管、套管、振动棒、混凝土搅拌机、串筒、盖板、测绳、手电筒等。

4)施工场地准备

施工现场场地平整、定位放线、供水、供电、道路、排水、集水坑的定位及开挖等。

2.施工流程

螺旋钻成孔灌注桩施工流程为:场地清理→测设桩位→桩机就位→取土成孔→清除孔底沉渣→成孔质量检查→安放钢筋笼→放置混凝土溜筒→浇筑混凝土→成桩。

3.施工要点

(1)钻机就位时必须保持平稳,不发生倾斜、位移,在机架上做出控制标尺,以便在施工中进行观测、记录。

(2)钻孔前,使用双侧吊线坠的方法或使用经纬仪校正钻杆垂直度,垂直度偏差不超过1%,对好桩位。

(3)钻至设计深度后,清理孔底。清理方法是钻至预定深度,在原处空转清土,提出钻杆,并及时封闭井口。对于含石块较多或含水量较大的软塑黏土层,必须防止钻杆晃动,引起孔径扩大。

(4)检查成孔质量,做好记录。用测深绳(锤)测量孔深、孔径、垂直度,虚土厚度一般不应超过10 cm。

(5)钢筋笼制作应符合设计要求,设置定位钢筋环或混凝土垫块,以堆放两层为好。

(6)钢筋笼吊放时,对准孔位,吊直扶稳,避免碰撞孔壁,放到设计位置后,立即固定,混凝土保护层厚度70 mm。

(7)浇筑混凝土前,应先放置孔口扩孔漏斗,并再次测量孔内虚土厚度。以摩擦力为主的桩,虚土厚度不得大于100 mm;以端承力为主的桩,虚土厚度不得大于50 mm。

(8)混凝土浇筑时,提拔钻杆中应连续泵料,特别是在饱和砂土、饱和粉土层中不得停泵待料,避免造成混凝土离析、桩身缩径和断桩;桩顶以下5 m范围内混凝土应随浇随振动,并且每次浇筑厚度均不得大于1.5 m,其他要求同人工挖孔灌注桩。

5.3.1.2 人工挖孔灌注桩

人工挖孔灌注桩是用人工挖孔,放置钢筋笼、浇筑混凝土成桩的。人工挖孔桩直径一般为800~2 000 mm,最大可达3 500 mm;桩长一般在20 m左右,最深可达40 m,如图5-19所示。

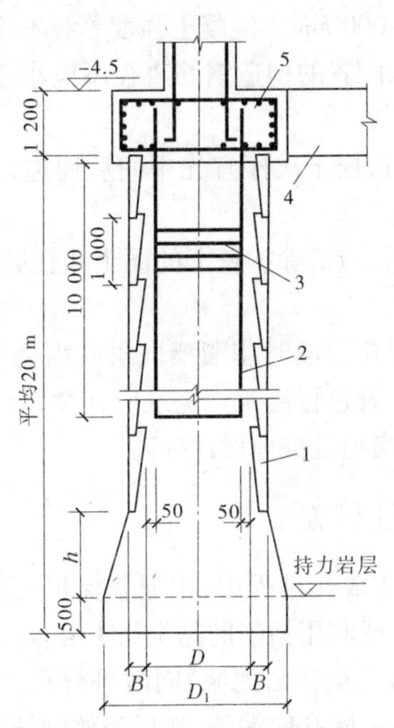

1—护壁;2—主筋;3—箍筋;4—地梁;5—桩帽

图5-19 人工挖孔桩构造图

人工挖孔灌注桩施工,不需大型机具设备,具有成孔机具简单,挖孔作业时无振动、无噪声,施工操作工艺简单,占用施工场地少,对周围建筑物无影响,桩质量可靠,造价较低等特点。其适用于桩径(不含护壁)800 mm以上,无地下水或地下水较少的土层。

1. 施工准备

机具准备:三木搭、卷扬机组或电动葫芦、手推车或翻斗车、镐、锹、手铲、钎、线坠、定滑轮组、导向滑轮组、混凝土搅拌机、吊桶、溜槽、导管、振捣棒、插钎、钢丝绳、安全活动盖板、防水照明灯(低压36 V、100 W)、电焊机、通风及供氧设备、模板、木辘轳、活动爬梯、安全帽、安全带等。

其他施工准备工作见螺旋钻成孔灌注桩。

2. 施工流程

场地平整→放线、定桩位→挖第一节桩孔土方→支模、浇筑第一节混凝土护壁→在护壁第二次投测标高及桩位中心十字线→ 安装活动井盖、垂直运输设备、潜水泵、通风照明设备→ 挖第二节桩孔土方→校核孔的垂直度和直径→拆上一节模板、支第二节模板、浇第二节混凝土→(重复挖土、校核、拆模、支模、浇混凝土)直至设计深度→检查持力层合格后扩底→挖孔验收→吊放钢筋笼→浇筑桩身混凝土。

3. 施工要点

(1)人工挖孔桩的桩净距小于2.5 m时,应采用间隔开挖和间隔灌注,且相邻排桩最小施工净距不应小于5.0 m。

(2)混凝土护壁立切面宜为倒梯形,平均厚度不应小于100 mm,每节高度应根据岩土层条件确定,且不宜大于1 000 mm。混凝土强度等级不应低于C20,并应振捣密实。护壁应根据岩土条件进行配筋,配置的构造钢筋直径不应小于8 mm,竖向筋应上下搭接或拉接。

(3)挖孔应从上而下进行,挖土次序宜先中间后周边,扩底部分应先挖桩身圆柱体,再按扩底尺寸从上而下进行。

(4)挖至设计标高终孔后,应清除护壁上的泥土和孔底残渣、积水,验收合格后,应立即封底和灌注桩身混凝土。

(5)浇筑桩身混凝土:桩孔较浅时用溜槽向桩孔内浇筑,当高度超过3 m时应用串筒。孔深超过12 m时宜用导管进行浇筑。浇筑应连续,分层捣实,分层高度一般不超过1.5 m。浇筑至桩顶时,应适当超过桩顶设计标高。

5.3.2 泥浆护壁成孔灌注桩施工

二维资料5.5

泥浆护壁成孔灌注桩是在成孔过程中,用泥浆保护孔壁、防止孔壁坍塌,在孔内注入制备泥浆或利用钻削的黏土与水混合而成的。护壁泥浆与钻孔的土屑混合,边钻边排出泥浆,同时进行孔内补浆或补水。当钻孔达到规定深度后,清除孔底泥渣,然后吊放钢筋笼,在泥浆下浇筑混凝土成桩。

泥浆护壁成孔灌注桩可用多种形式的机械成孔,如回转钻、潜水钻、冲击钻等。

5.3.2.1 施工准备

(1)技术准备充分。

(2)材料、机具和施工场地的准备满足设计、施工要求。

5.3.2.2 施工流程

(1)施工流程如下:场地平整→放线定桩位→挖泥浆池、沉淀池→埋设护筒→钻孔机就位、调平、拌制泥浆→成孔→第一次清孔→质量检验→吊放钢筋笼→放导管→第二次清孔→灌注水下混凝土→成桩。

(2)施工流程图如图5-20所示。

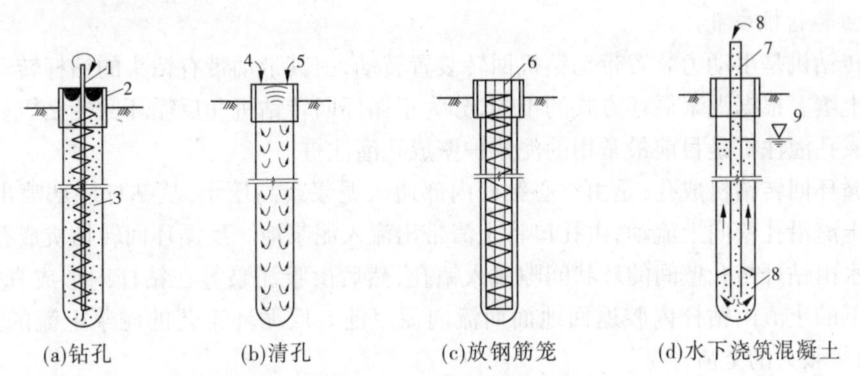

1—钻机;2—护筒;3—泥浆护壁;4—压缩空气;5—清水;
6—钢筋笼;7—导管;8—混凝土;9—地下水位

图5-20 泥浆护壁灌注桩施工流程

5.3.2.3 施工要点

1. 桩位放线

测量基准点设在施工场地外不受其影响的地方,并加以保护,利用全站仪或钢尺配合经纬仪放线定桩位,放线自检合格,报监理单位验收合格后进入下一工序。

2. 埋设护筒

护筒是埋置在钻孔口处的圆筒。护筒在施工中的主要作用是固定桩位、引导钻头方向、隔离地面水、保护孔口、提高孔内水位、增加对孔壁的静压力以防塌方。护筒埋设应准确、稳定,护筒中心与桩位中心误差不大于50 mm。

护筒宜采用10 mm以上有足够刚度和强度的钢板制作。护筒内径应比钻头外径大100 mm,冲击成孔和旋挖成孔的护筒内径应比钻头外径大200 mm,垂直度偏差不宜大于1/100。

护筒的上部应设置溢流孔,下端外侧应采用黏土填实,防止漏水坍塌。护筒埋设应进入稳定土层,黏土中不少于1 m,砂土中不少于1.5 m,软弱土层宜进一步增加埋深;护筒顶面宜高出地面300 mm。护筒可由厂家配套供应,亦可自行制作。

护筒埋设后,应再次检查其平面位置和垂直度是否符合设计要求。

3. 泥浆制备

除能自行制造泥浆的土层外,均应制备泥浆。泥浆制备应选用高塑性黏土或膨润土,比重为1.1~1.15。拌制泥浆应根据施工机械、工艺及穿越的土层进行配合比设计。如在黏土中钻孔,可采用清水钻进,自造泥浆护壁;在砂土中钻进,则应注入制备泥浆钻入,注入泥浆比重控制在1.1左右,排出泥浆比重宜为1.2~1.4。

施工时应维持钻孔内泥浆液面高于地下水位0.5 m;受水位涨落影响时,应高于最高水位1.5 m。

4. 成孔

泥浆护壁成孔灌注桩主要有冲击成孔灌注桩、冲抓锥成孔灌注桩、回转钻机成孔灌注桩和潜水电钻成孔灌注桩等。这里主要介绍回转钻成孔和潜水电钻成孔。

1) 回转钻机成孔

回转钻机是由动力装置带动钻机回转装置转动，由其带动带有钻头的钻杆转动，由钻头切削土壤。根据泥浆循环方式的不同，分为正循环回转钻机和反循环回转钻机。正、反循环钻成孔灌注桩是目前最常用的泥浆护壁成孔灌注桩。

正循环回转钻机成孔，是由空心钻杆内部通入泥浆或高压水，从钻杆底部喷出，挟带钻下的土渣沿孔壁向上流动，由孔口将土渣带出流入泥浆池。反循环回转钻机成孔，是泥浆或清水由钻杆与孔壁间的环状间隙流入钻孔，然后由吸泥泵等在钻杆内形成真空使之挟带钻下的土渣由钻杆内腔返回地面而流向泥浆池。反循环工艺的泥浆上流的速度较高，能挟带较大的土渣。

(1) 正、反循环钻成孔施工如图 5-21 所示。

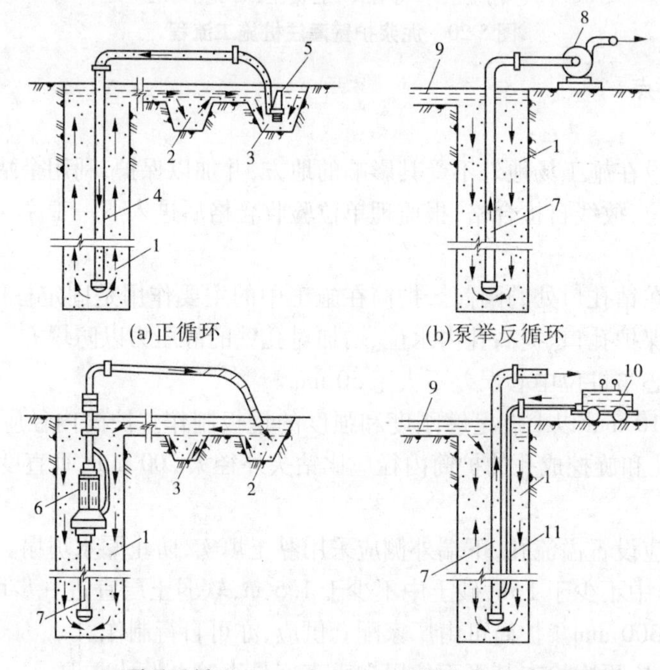

(a)正循环　(b)泵举反循环

(c)泵吸反循环　(d)压缩空气反循环吸泥排渣

1—槽孔；2—沉淀池；3—泥浆池；4—导管；5—泥浆泵；6—潜水砂石泵；
7—吸泥管；8—吸力泵；9—补给泥浆；10—空气压缩机；11—ϕ38 mm 高压风管

图 5-21　正、反循环钻成孔施工示意

(2) 正、反循环钻成孔灌注桩施工流程如图 5-22 所示。

(3) 成孔注意事项。

①规划布置施工现场时，应考虑泥浆循环、排水、清渣系统的安设，以保证作业时，泥浆循环通畅，污水排放彻底，钻渣清除顺利。

②施工中应勤测泥浆密度，控制泥浆指标。

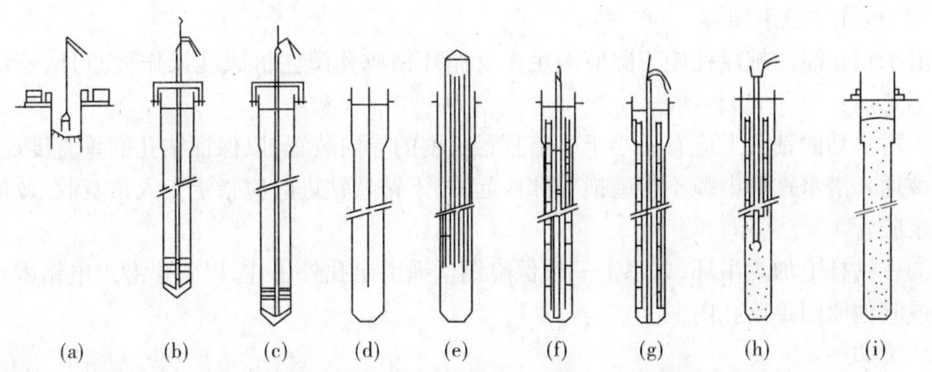

(a)埋设护筒;(b)安装钻机、钻进;(c)第一次清孔;(d)测定孔底沉渣厚度;(e)吊放钢筋笼;(f)插入导管;(g)第二次清孔;(h)灌注水下混凝土、拔出导管;(i)拔出护筒

图 5-22 正、反循环钻成孔灌注桩施工流程

③钻机在钻进时,应根据泥浆补给情况控制钻进速度,保证钻杆的垂直度。

④钻进过程中,如泥浆中不断有气泡出现,或泥浆忽然漏失,表明泥浆护壁不好。若钻孔偏斜,可提起钻头,上下反复钻几次。如纠正无效,应于孔中局部回填黏土至偏孔处 0.5 m 以上,重新钻进。

2)钻机成孔

潜水钻机是一种转式钻孔机械,其动力、变速机构和钻头连在一起,加以密封,共同潜入水下工作,在泥浆中(或地下水位以下)旋转削土,同时用泥浆泵(或水泵)采取正循环工艺输入泥浆(或清水),进行护壁和将钻下的土渣排出孔外成孔,也可用砂石泵或空气吸泥机采用反循环方式排除泥渣成孔。

潜水钻机设备体积小、质量轻,成孔效率高、质量好,无噪声,钻杆不需要旋转,大大避免因钻杆折断而发生的工程事故。

(1)潜水钻成孔灌注桩成桩工艺如图 5-23 所示。

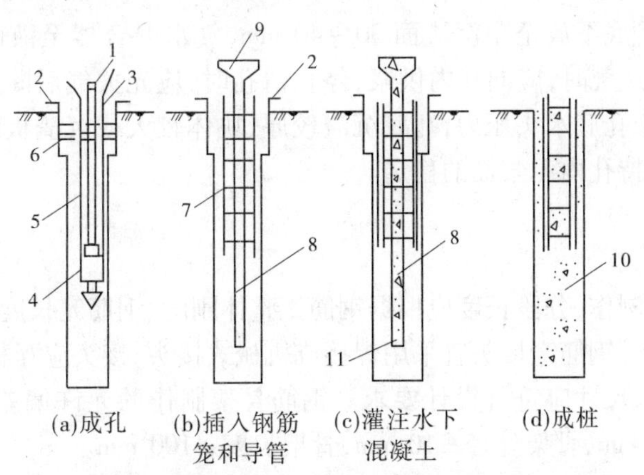

1—钻杆或悬挂绳;2—护筒;3—电缆;4—潜水电钻;5—输水胶管;6—泥浆;7—钢筋笼;8—导管;9—料斗;10—混凝土;11—隔水栓

图 5-23 潜水钻成孔灌注桩成桩工艺示意图

(2)成孔注意事项。

潜水钻孔灌注桩成孔施工除应满足正反循环钻成孔灌注桩成孔操作要点外,还应注意以下几点:

①潜水钻的钻头上应有不小于3倍直径长度的导向装置,以保证钻孔的垂直度。

②通入潜水钻的电缆不得破损、漏电,起钻、下钻及钻进时应指定专人负责收、放电缆和进浆胶管。

③在钻杆上加焊吊环,并系上一根保险钢丝绳引出孔外吊住,以防止潜水电钻因钻杆折断或其他原因掉落孔内。

5. 清孔

灌注混凝土之前,规范要求孔底沉渣厚度指标应符合:端承桩不大于50 mm,摩擦桩不大于100 mm;孔底500 mm以内的泥浆相对密度应小于1.25,含砂率不大于8%,黏度不大于25 s。

当机械钻孔深度达到设计要求后,在桩孔内会留下沉渣层,沉渣层厚度远大于规范要求的沉渣层,泥浆稠度等也远远超标。为了不影响桩的灌注长度和质量,必须进行清孔处理,使孔底沉渣厚度和泥浆指标符合规范要求。

1)正循环清孔

第一次清孔可利用成孔钻机直接进行,清孔时应先将钻头提离孔底0.2~0.3 m,输入符合规范要求的泥浆。孔深小于60 m的桩清孔时间宜为15~30 min,孔深大于60 m的桩清孔时间宜为30~45 min。

第二次清孔利用导管输入泥浆循环清孔,输入的泥浆符合规范规定。

2)泵吸反循环清孔

该法清孔时,应将钻头提离孔底0.5~0.8 m,输入泥浆进行清孔;输入孔内的泥浆量不应小于砂石泵的排量,应合理控制泵量,保持补量充分;输入的泥浆指标符合规范规定。

3)气举反循环清孔

清孔时,排浆管底下放至距沉渣面30~40 mm,气水混合器至液面距离宜为孔深的55%~65%。开始送气时,应向孔内供浆,停止清孔时,应先关气后断浆。送气量应由小到大,气压应稍大于孔底水头压力,孔底沉渣较厚、块体较大或沉渣板结时,可加大气量。整个清孔过程应维持孔内泥浆面的稳定。

6. 吊放钢筋笼

1)钢筋笼制作

钢筋笼宜分段制作,分段长度应根据钢筋笼整体刚度、钢筋笼长度以及起重设备的有效高度等因素确定。钢筋笼接头宜采用焊接或机械式接头,接头应互相错开。

钢筋笼的材质、尺寸应符合设计要求。钢筋骨架制作的允许偏差为:主筋间距±10 mm,箍筋间距±20 mm,骨架外径±10 mm,骨架长度±100 mm。

钢筋笼上应设置保护层垫块,每节钢筋笼不少于2组,每组不少于3块,且应均匀分布于同一截面上。骨架顶端设置吊环。

2)放置钢筋笼

钢筋笼吊放入孔时,应保持垂直,对准孔位轻放,避免碰撞孔壁和自由落下,就位后立即固定。

骨架吊装允许偏差:倾斜度±0.5%,水下灌注混凝土保护层厚度±20 mm,非水下灌注混凝土保护层厚度±10 mm,骨架中心±20 mm,骨架顶端高程±20 mm,骨架底端高程±50 mm。

7.水下灌注混凝土

钢筋笼吊装完毕后,应安置导管或气泵管二次清孔,并应进行孔位、孔径、孔深、垂直度、沉渣厚度等检查,合格后应立即灌注混凝土。

导管法浇筑水下混凝土施工程序如图5-24所示。

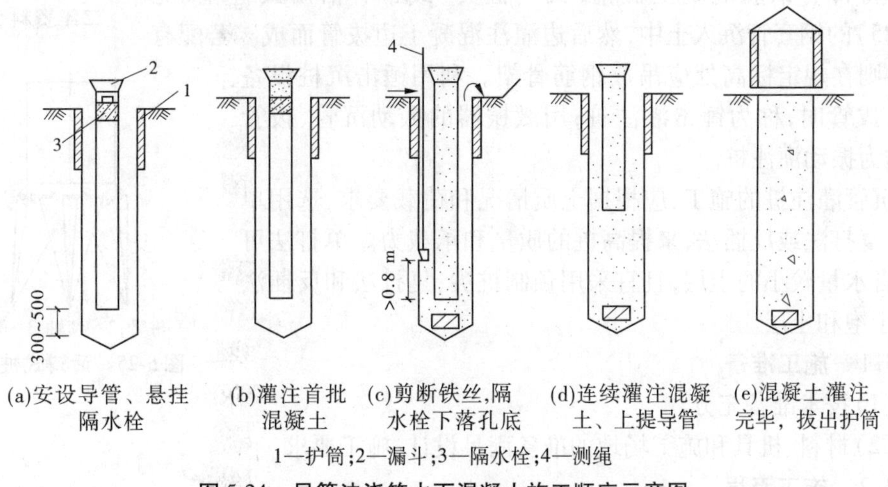

图5-24 导管法浇筑水下混凝土施工顺序示意图

1)混凝土

水下灌注混凝土必须具备良好的和易性,配合比应通过试验确定;坍落度宜为180~220 mm;混凝土强度应按比设计强度提高等级配置。

2)导管

水下灌注混凝土应采用导管法。导管壁厚不宜小于3 mm,直径宜为200~250 mm,导管分节长度根据工艺要求确定,底管长度不宜小于4 m,标准节宜为2.5~3.0 m,并可设置短导管。导管接头宜采用法兰或双螺纹方扣,应保证导管连接可靠且具有良好的水密性。

导管使用前应试拼装、试压,试水压可取为0.6~1.0 MPa,使用完毕后应及时进行清洗。

3)灌注混凝土注意事项

导管内应设隔水栓,隔水栓不仅有良好的隔水性能,还应保证顺利排出;隔水栓宜用球胆或与桩身混凝土强度等级相同的细石混凝土制作,宜制成圆柱形,直径宜比导管内径小20 mm,高度宜比直径大50 mm。

开始灌注混凝土时,导管底部至孔底的距离宜为300~500 mm,并应有足够的混凝土储备,混凝土灌注过程中导管一次埋入混凝土面以下不应少于0.8 m。

后续灌注混凝土时,控制提拔导管速度,注意观察孔内泥浆返出和混凝土下落情况,发现问题及时处理。导管应在一定范围内上下反插,以捣固混凝土并防止混凝土的凝固和加快灌注速度。整个混凝土浇筑过程应连续不断,应保证导管始终埋入混凝土内 2 ~ 6 m,并且严禁将导管提出混凝土面。

浇筑到接近桩顶时应控制最后一次灌注量,超灌高度应高于设计桩顶标高 1.0 m 以上。凿除桩头后,必须保证暴露的桩顶混凝土强度达到设计等级。

5.3.3 沉管灌注桩施工

二维资料 5.6

沉管灌注桩,又称套管成孔灌注桩,是利用锤击打桩法或振动打桩法,将带有钢筋混凝土桩靴(又叫桩尖)或带有活瓣式桩靴(见图 5-25)的钢套管沉入土中,然后边灌注混凝土边拔管而成。若配有钢筋,则在规定标高处应吊放钢筋骨架。利用锤击沉桩设备沉管、拔管时,称为锤击灌注桩;用激振器的振动沉管、拔管时,称为振动灌注桩。

沉管灌注桩的施工,应根据土质情况和荷载要求,选用单打法、复打法或反插法,来提高桩的质量和承载力。单打法可用于含水量较小的土层,且宜采用预制桩尖;复打法和反插法可用于饱和土层。

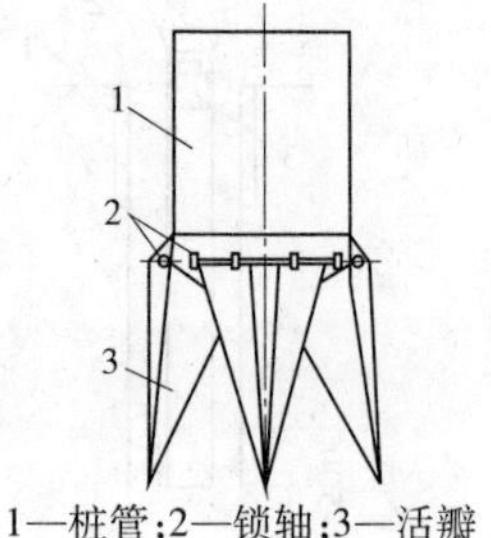

1—桩管;2—锁轴;3—活瓣

图 5-25 活瓣式桩靴

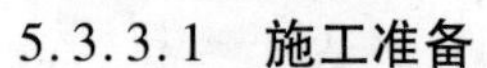

5.3.3.1 施工准备

(1)技术准备充分。

(2)材料、机具和施工场地的准备满足设计、施工要求。

5.3.3.2 施工流程

施工流程如图 5-26 所示。

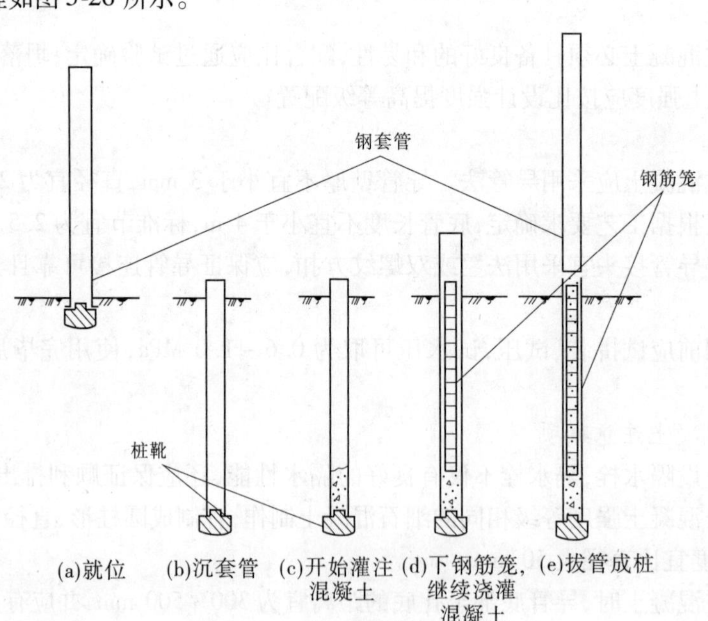

图 5-26 沉管灌注桩施工流程

5.3.3.3 施工要点

1. 打(沉)桩机就位

桩机就位时应垂直、平稳架设在打(沉)桩部位,桩锤(振动箱)应对准桩位。同时,在桩架或套管上标出控制深度标记,以便在施工中进行观测、记录。

2. 桩尖准备

采用活瓣式桩尖时,应先将桩尖活瓣用麻绳或钢丝捆绑合拢,活瓣间隙紧密。采用预制混凝土桩尖时,应先在桩基中心预埋好桩尖。

3. 沉管

打(沉)桩机对好桩位,调直机架挺杆,开动机器沉管。沉管中需注意以下几个方面:

(1)沉管时要"密振慢沉"或"密锤低击"。

(2)沉管时应连续进行,不宜停歇过久。

(3)当水或泥浆有可能进入桩管时,应事先在套管内灌入1.0 m左右的封底混凝土。

(4)应按设计要求和试桩情况,严格控制沉桩最后贯入度。锤击沉桩应测量最后两阵10击贯入度;振动沉管应测量最后两个2 min贯入度。

(5)在沉管过程中,如出现套管快速下沉或套管沉不下去的情况,应及时分析原因,进行处理。

4. 吊放钢筋笼

吊放钢筋笼时应对准管孔,垂直缓慢下降;在混凝土桩顶采取构造连接插筋时,必须沿周围对称均匀地垂直插入。

5. 浇筑混凝土

向套管内灌注混凝土时,若用长套管成孔短桩,则一次灌足;若成孔长桩,则第一次尽量灌满。当桩身配局部长度钢筋笼时,第一次灌注混凝土应先灌至笼底标高,然后放置钢筋笼,再灌混凝土至桩顶标高。混凝土浇筑应连续,混凝土浇筑高度应超过设计标高500 mm以内。

混凝土的充盈系数不得小于1;对充盈系数小于1的桩,应采用全长复打,对可能断桩或缩径桩,应进行局部复打。全长复打时,桩管入土深度宜接近原桩长;局部复打时,桩管入土深度应超过断桩或缩径区1 m以上。

沉管灌注桩全长复打时,第一次灌注混凝土应达到自然地面,然后一边拔管,一边清除粘在管壁上和散落在地面上的混凝土。复打施工应在第一次灌注的混凝土初凝之前完成,初打与复打的桩轴线应重合。

6. 拔管

(1)每次拔管高度控制在能容纳吊斗一次所灌注的混凝土量为限,不宜拔管过高。

(2)在拔管过程中,应有专人用测锤或浮标检查管内混凝土下降情况。在任何情况下,套管内应保持不少于2 m高度的混凝土。

(3)按沉管方式不同采用不同的拔管方法。

锤击沉管拔管:套管内灌满混凝土后,拔管速度应均匀。对一般土层,以不大于1 m/min为宜;在软弱土层及软硬土层交界处,应控制在0.8 m/min以内。拔管时应保持连续"密锤低击"不停。

振动沉管拔管:套管内灌满混凝土后,应先振动再拔管;拔管时应边振边拔,每拔出0.5~1.0 m停拔,振动5~10 s,这样反复进行,直至全部拔出,这也被称为单打法(又称一次拔管法)。拔管速度宜为1.2~1.5 m/min,在软弱土层中,拔管速度宜为0.6~0.8 m/min。

振动沉管灌注桩除了单打法,还可根据地基土质具体情况,选用反插法进行。

反插法施工是在拔管时,先振动再拔管,每次拔管高度0.5~1.0 m,反插深度为0.3~0.5 m,这样反复进行,直至全部拔出。

5.3.4 长螺旋钻孔压灌桩

长螺旋钻孔压灌混凝土桩是我国工程技术人员在不断的实践中开发研制的一种新型桩。目前在国内工程中,已得到广泛使用。长螺旋钻孔压灌混凝土桩设备如图5-27所示。

图5-27 压灌桩螺旋钻

该桩型的原理是利用高压混凝土置换钻孔的土体,桩身混凝土是直接从钻杆中心压入孔中的,采用超流态泵送混凝土技术,边提钻边压灌混凝土,提钻与成桩同步进行,从而在流砂、淤泥、砂卵石易塌孔和地下水的地质条件下,不用泥浆护壁而顺利成桩。

长螺旋钻孔压灌混凝土桩适用范围较大,几乎可以适用各种土层,既能干作业成孔,也能在地下水位较浅的情况下成孔成桩。桩径为400~800 mm,桩长最大可达到32 m。

5.3.4.1 施工准备

(1)技术准备充分。

(2)材料、机具和施工场地的准备满足设计、施工要求。

5.3.4.2 施工流程

施工准备→测量放线→钻机对位→检查桩管、混凝土输送管→长螺旋钻孔→空转清孔→通过长螺旋钻钻杆中心泵压混凝土(边提边压)→钢筋笼安装就位→振捣成桩→移机。

5.3.4.3 施工要点

1. 钻机对位

钻机就位时,液压支腿要落在实处,松软处可用枕木等物垫塞,利用液压支腿使钻机水平并调整钻机立柱与水平面垂直,垂直偏差不大于1%,钻头与桩位点偏差不超过20 mm。

2. 钻进成孔

钻进过程中,不宜反转或提升钻杆。钻进时应采用间歇钻进方法(钻进→空钻→钻进),以利于被切削岩土及时排出地面。当钻至设计深度后空转30~60 s,待电流稳定后停钻并发出信号,为泵送混凝土做好准备。

3. 泵压混凝土与提升钻杆

混凝土强度应满足设计要求,混凝土坍落度一般为180~220 mm。粗骨料可采用卵石或碎石,最大粒径不宜大于30 mm。细骨料应选用中粗砂,砂率宜为40%~50%,可掺加粉煤灰或外加剂。

混凝土泵送型号应根据桩径选择,混凝土泵与钻机的距离不宜大于60 m。钻进至设计深度后,应先泵入混凝土并停顿10~20 s,提钻速度应根据土层情况确定,且应与混凝土泵送量相匹配。

桩身混凝土的压灌应连续进行,钻机移位时,混凝土泵料斗内的混凝土应连续搅拌,斗内混凝土面应高于料斗底面以上不少于400 mm。气温高于30 ℃时,宜在输送泵管上覆盖隔热材料,每隔一段时间应洒水降温。压灌桩的充盈系数宜为1.0~1.2,桩顶混凝土超灌高度不宜小于0.3 m。成桩后及时清除钻杆及泵管内残留的混凝土。

4. 钢筋笼制作与安放

钢筋笼加工质量应符合设计与规范要求。钢筋笼宜整节安放,采用分节安放时接头可采用焊接或机械连接。

在泵送混凝土结束后应迅速将钻具移位,清理孔口,借助副卷扬机吊笼入孔,并将笼体插至设计深度。

5.3.5 灌注桩后注浆

灌注桩后注浆指灌注桩成桩后一定时间,通过预设于桩身内的注浆导管(如图5-28所示)及与之相连的桩端、桩侧注浆阀注入水泥浆,使桩端、桩侧土体(包括沉渣和泥皮)得到加固,从而提高单桩承载力,减小沉降。灌注桩后注浆工法可用于各类钻、挖冲孔灌注桩及地下连续墙的沉渣、泥皮和桩底、桩侧一定范围内土体的加固。

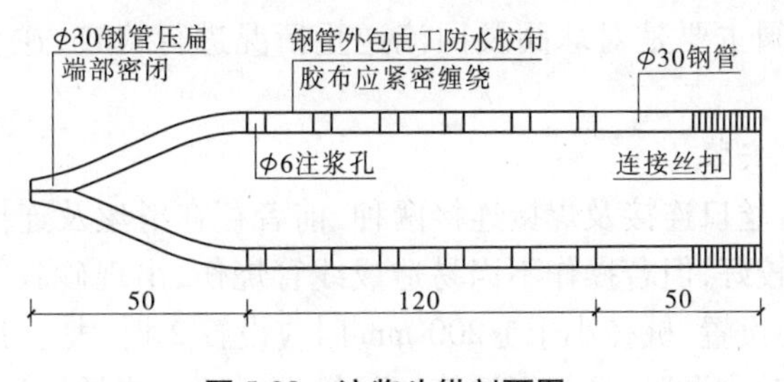

图5-28 注浆头纵剖面图

钻孔灌注桩的后注浆基本上属于劈裂注浆与渗透注浆相结合。所谓劈裂注浆,即压入的高压浆体克服土体主应力面上的初始压应力,使土体产生劈裂破坏,浆体沿劈裂缝隙渗入土体填充空隙,并挤密桩侧土,促使土体固结,从而提高注浆区的土体强度。如注浆区在桩底,则浆液首先在桩底沉渣区劈裂和渗透,使沉渣及桩端附近土体密实,产生“扩底”效应,使端承力提高,如注浆区在桩侧某部位,则该部位也同样出现“扩径”效应。从大量试桩实测资料可看出,桩底注浆后不仅桩的端承力提高了,在桩端以上5 m甚至更大范围内的桩侧摩阻力也有较大提高。如果在桩侧某断面注浆,同样该断面以上一定范围内的桩侧摩阻力也有明显提高。

5.3.5.1 施工流程

灌注桩后注浆的施工流程如图 5-29 所示。

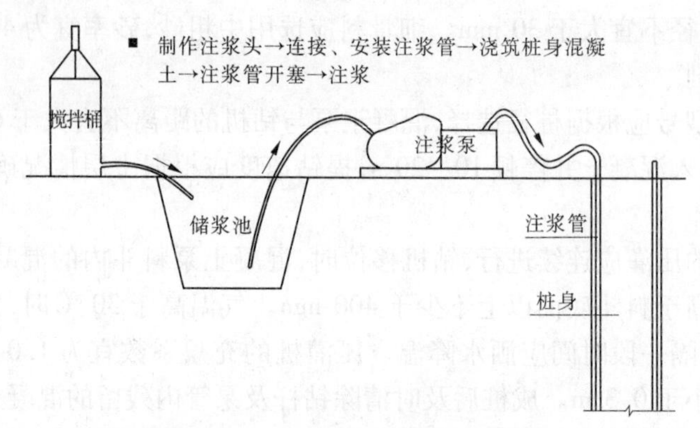

图 5-29 灌注桩后注浆的施工流程

5.3.5.2 施工要点

二维资料 5.7

后注浆施工控制重点主要有后注浆装置的设置、注浆管的制作安装、注浆作业起始时间的控制、注浆的控制、注浆顺序的控制、冒浆情况的监控等。

1. 后注浆装置的设置

注浆专用机具主要有高压注浆泵、单向逆止阀、注浆管。其中，高压注浆泵的工作参数必须满足注浆压力要求，且在使用前必须进行注浆泵和管线的密封性试运行，对注浆泵上的压力表及流量表进行检测；注浆管宜采用 A30 mm 或 A38 mm 直径的黑铁管，壁厚大于 2.8 mm，制作前应仔细检查线管的密闭性，安装前应检查注浆头长度、孔径、孔距是否符合要求；单向逆止阀主要是对球阀及回流逆止情况进行检查，逆止阀至少应能承受 1 MPa 静水压力。

2. 注浆管的制作安装

注浆管的连接有丝口连接及焊接连接两种，前者存在滑丝及连接后线管垂直度不足等缺陷，后者牢固性较好，但若操作不当易造成线管烧伤、出现砂眼等情况。注浆管数量设置宜根据桩径大小设置，桩径小于 1 200 mm 时应设置 2 根，大于 1 200 mm 时应设置 3 根，均按钢筋笼圆周对称设置，且与钢筋笼加强筋进行绑扎或焊接连接，连接必须可靠牢固。钢筋笼应下放至孔底，若钢筋笼未通长设计，则应有不少于 2 根与注浆管等长的主筋组成的钢筋笼通底，注浆管头距离孔底以 30 ~ 50 cm 为宜。注浆管上端应略高出地面，端头必须封堵牢固，以防杂物进入。注浆阀外部应设置保护层，避免因受到砂石等硬质物的刮撞而使管阀受损。成桩后应做好成品保护，避免出现机械或人为对注浆管端头造成破坏。

3. 开塞的控制

主要是对开塞时间及开塞压力的控制。开塞时间的确定关系到后续施工是否顺利及桩端混凝土是否完整，开塞时间过早则桩身下部混凝土未形成一定强度，在高压水的冲射下会破坏桩端成型和混凝土强度；开塞时间过迟，则包裹注浆管的混凝土强度过大，造成注浆头保护层打不开，使随后注浆施工无法进行。因此，开塞时桩端混凝土强度应保持在C10～C15，开塞时间应在成桩后3 d左右。开塞时应对开塞压力进行关注，开塞最大压力不应大于10 MPa，且开塞完成后压力应明显回落。若压力超过10 MPa或持续长时间处于高压力状态，则表明下部注浆管堵塞或注浆头周边存在异常情况，应进行记录研究后再处理。对各注浆管的开塞情况应进行详细记录，标明开塞成功注浆管数量，便于后续注浆施工。

4. 注浆的控制

注浆的控制主要是对注浆压力、注浆量、注浆时间的控制。开始注浆时间以在成桩2 d后开始，30 d内为宜，开始注浆前应对水泥浆进行控制，根据不同土层的渗透率确定不同的水灰比（饱和土，水灰比宜为0.45～0.65；非饱和土，水灰比宜为0.7～0.9；松散碎石土、砂砾宜为0.5～0.6），以保证水泥浆液的均匀渗透。注浆过程中应对注浆压力进行控制，注浆压力以3～10 MPa为宜，最好为开塞压力的一半，以注浆压力宜低不宜高、流量宜小不宜大、速度宜慢不宜快、水灰比不宜大为原则。注浆压力值若过大，应间歇性注浆，使水泥浆缓慢扩散；若注浆压力长时间低于正常值，也应停止注浆，查看是否出现冒浆、串浆或考虑注浆管是否损坏等情况。注浆时应采用2根桩循环注浆，即先注第一根桩的A管，注浆量约占总量的70%，注完后再压第二根桩的A管，然后依次为第一根桩B管和第二根桩B管，这样就能保证同一根桩2根管注浆时间间隔30～60 min以上，给水泥浆扩散的时间，注浆流量不宜超过75 L/min。注浆时应做好注浆量、压力、时间的记录，注浆完成后应及时清理线管、泵、储浆器，用堵头将压浆管口堵死。

5. 注浆顺序的控制

因后注浆的最优时间在7 d左右，势必会与周边桩基施工产生冲突，故注浆顺序应在桩基施工中桩机走位时即予以考虑。应坚持整个承台群桩一次性压浆，先施工周围桩再施工中间桩的原则，保证下部水泥浆处于整体封闭环境而不会四下扩散。

6. 冒浆情况监控及处理

因地下情况复杂，水泥浆会选择薄弱土层进行突破，势必会出现地面冒浆或周边桩孔串浆的情况，故注浆作业与成孔点的距离不宜小于8～10 m，以减少串浆发生。注浆过程中除对压力表进行监控外，还应对周边土层及施工桩孔进行巡查关注。若已发生冒浆、串浆情况，也应进行间歇性注浆，或相应调低水泥浆的水灰比，减小扩散阻力。若进行上述操作后效果仍不明显，应停止注浆，并对注浆管进行彻底清洗后，待已先注浆部分初凝堵塞冒浆通道后再重新进行注浆。

7. 工程质量检查预验收

后注浆桩施工完成后应提供水泥材质质检报告、压力表检定证书、试注浆记录、设计工艺参数、后注浆作业记录、特殊情况处理记录等资料。在桩身混凝土强度达到设计要求的条件下，承载力检验应在注浆完成20 d后进行，浆液中掺入早强剂时可于注浆完成15 d后进行。

5.3.6 灌注桩质量检测

根据《建筑地基基础工程施工质量验收规范》（GB 50202—2002），为了保证灌注桩的

施工质量,在其整个施工过程中需要检查以下内容:

(1)灌注桩的桩位偏差必须符合表 5-6 的规定,桩顶标高至少要比设计标高高出 0.5 m,桩底清孔质量按不同的成桩工艺有不同的要求,应按本项目的各部分要求执行。每浇筑 50 m^3 必须有 1 组试件,小于 50 m^3 的桩,每根桩必须有 1 组试件。

表 5-6 灌注桩的平面位置和垂直度的允许偏差

序号	成孔方法		桩径允许偏差(mm)	垂直度允许偏差(%)	桩位允许偏差(mm)	
					1~3 根、单排桩基垂直于中心线方向和群桩基础的边桩	条形桩基沿中心线方向和群桩基础的中间桩
1	泥浆护壁	$D \leqslant 1\ 000$ mm	±50	<1	$D/6$,且不大于 100	$D/4$,且不大于 150
		$D > 1\ 000$ mm	±50		$100 + 0.01H$	$150 + 0.01H$
2	套管成孔灌注桩	$D \leqslant 500$ mm	−20	<1	70	150
		$D > 500$ mm			100	150
3	干成孔灌注桩		−20	<1	70	150
4	人工挖孔桩	混凝土护壁	+50	<0.5	50	150
		钢套管护壁	+50	<1	100	200

注:1. 桩径允许偏差的负值是指个别断面。

2. 采用复打、反插法施工的桩,其桩径允许偏差不受表 5-6 的限制。

3. H 为施工现场地面标高与桩顶设计标高的距离,D 为设计桩径。

(2)施工前对水泥、砂、石子(如现场搅拌)、钢筋等原材料进行检查,对机械设备、施工组织设计中制定的施工顺序、监测手段(包括仪器、方法)也应检查。

(3)施工中对成孔、清渣、钢筋笼的制作和放置、灌注混凝土全程监控,对成孔质量、钢筋笼质量、混凝土质量进行检测。人工挖孔桩尚应复验孔底持力层土(岩)性。嵌岩桩必须有桩端持力层的岩性报告。混凝土灌注桩钢筋笼质量检验标准应符合表 5-7 的规定。

表 5-7 混凝土灌注桩钢筋笼质量检验标准

项目	序号	检查项目	允许偏差或允许值(mm)	检验方法
主控项目	1	主筋间距	±10	用钢尺量
	2	钢筋骨架长度	±100	用钢尺量
一般项目	1	钢筋材质检验	设计要求	抽样送检
	2	箍筋间距	±20	用钢尺量
	3	直径	±10	用钢尺量

注意:沉渣厚度应在钢筋笼放入后,混凝土浇筑前测定,成孔结束后,放钢筋笼、混凝土导管都会造成土体跌落,增加沉渣厚度,因此沉渣厚度应是二次清孔后的结果。沉渣厚

度的检查目前均用线锤，有些地方用较先进的沉渣仪，这种仪器应预先做标定。人工挖孔桩一般对持力层有要求。

(4)施工结束后，应检查混凝土强度，并应做桩体质量及承载力的检验。

承载力检验，对于地基基础设计等级为甲级或地质条件复杂、成桩质量可靠性低的灌注桩，应采用静载荷试验的方法进行检验，检验桩数不应少于总数的1%，且不应少于3根，当总桩数不少于50根时，不应少于2根。

承载力检验不仅是检验施工的质量，而且能检验设计是否达到工程的要求。因此，施工前的试桩如没有破坏又用于实际工程中应可作为验收的依据。非静载荷试验桩的数量，可按国家现行行业标准《建筑基桩检测技术规范》(JGJ 106—2014)的规定。

桩身质量检验，对设计等级为甲级或地质条件复杂、成桩质量可靠性低的灌注桩，抽检数量不应少于总数的30%，且不应少于20根；其他桩基工程的抽检数量不应少于总数的20%，且不应少于10根；对混凝土预制桩及地下水位以上且终孔后经过核验的灌注桩，检验数量不应少于总桩数的10%，且不得少于10根。每个柱子承台下不得少于1根。

桩身质量的检验方法很多，可按国家现行行业标准《建筑基桩检测技术规范》(JGJ 106—2014)所规定的方法执行。混凝土灌注桩的质量检验标准应符合表5-8的规定。

表5-8 灌注桩质量检验标准

<table>
<tr><th rowspan="2">项目</th><th rowspan="2">序号</th><th rowspan="2" colspan="3">检查项目</th><th colspan="2">允许偏差或允许值</th><th rowspan="2">检查方法</th></tr>
<tr><th>单位</th><th>数量</th></tr>
<tr><td rowspan="8">主控项目</td><td rowspan="4">1</td><td rowspan="4">桩位</td><td rowspan="2">1～3根单排桩基垂直于中心线方向和群桩基础的边桩</td><td>设计桩径 d ≤1 000</td><td>mm</td><td>d/6且不大于100</td><td rowspan="4">基坑开挖前量护筒，开挖后量桩中心线</td></tr>
<tr><td>设计桩径 d >1 000</td><td>mm</td><td>100+0.01H</td></tr>
<tr><td rowspan="2">条形桩基沿中心线方向和群桩基础的中心桩</td><td>设计桩径 d ≤1 000</td><td>mm</td><td>d/4且不大于150</td></tr>
<tr><td>设计桩径 d >1 000</td><td>mm</td><td>150+0.01H</td></tr>
<tr><td>2</td><td colspan="3">孔深</td><td>mm</td><td>+300</td><td>只深不浅，用重锤测或测钻杆、套管长度，嵌岩桩应确保进入设计要求的嵌岩深度</td></tr>
<tr><td>3</td><td colspan="3">桩体质量检验</td><td colspan="2"></td><td>按《建筑基桩检测技术规范》</td></tr>
<tr><td>4</td><td colspan="3">混凝土强度</td><td colspan="2">设计要求</td><td>试件报告或钻芯取样送检</td></tr>
<tr><td>5</td><td colspan="3">承载力</td><td colspan="2">按《建筑基桩检测技术规范》</td><td>按《建筑基桩检测技术规范》</td></tr>
</table>

续表 5-8

项目	序号	检查项目	允许偏差或允许值		检查方法
			单位	数量	
一般项目	1	垂直度		≤1%	测套管或钻杆,或用超声波探测
	2	桩径	mm	±50	井径仪或超声波检测
	3	混凝土坍落度	mm	70~100	坍落度仪
	4	钢筋笼安装深度	mm	±100	用钢尺量
	5	混凝土充盈系数		>1	检查每根桩的实际灌入量
	6	桩顶标高	mm	+30,-50	水准仪,需扣除桩顶浮浆层及劣质桩体

注:H 为施工现场地面标高与桩设计标高的距离。

【常见问题解析】

混凝土灌注桩施工过程中,地质缺陷、施工操作不规范,以及一些施工现场的突发事件等原因,经常会导致桩基础水下混凝土灌注过程中出现导管进水、埋管、导管堵塞、坍孔、钢筋骨架上升、夹渣等一系列施工问题。桩基施工现场常见问题桩的处理方法如下。

1. 导管进水

(1)初灌导管进水。即首批混凝土拌和物下落到导管底部后,出现导管进水现象。出现这种现象的原因主要有:①孔底部出现严重坍孔;②孔底进入地下水层;③导管提升速度过快将导管底口拔出混凝土表面;④初灌混凝土方量不足,混凝土没有埋住导管;⑤导管底部距孔底距离过大超过施工规范要求。

处理方法:应将已灌注的混凝土拌和物用吸泥机(可用导管做吸泥管)全部吸出,再针对进水原因,改正操作工艺或增加首批灌注量,重新进行灌注施工。

(2)中期导管进水。在提升导管过程中发生,主要原因为:导管提升过快或导管提升节数计算失误或导管接头密封效果较差,接头没拧紧等。

处理方法:可依次将所有导管拔出,用吸泥机或潜水泥浆泵将原灌注混凝土拌和物表面的沉淀土或泥浆全部吸出后,再将装有底塞的导管压重插入原灌注混凝土拌和物表面以下 2.5 m 处灌注混凝土。

2. 导管堵塞

(1)初灌导管堵塞。多因隔水硬球栓或者硬柱栓不符合要求被卡在导管内而产生。

处理方法:可采用长钢筋冲捣,或用附着于导管外侧的振动器振动导管,或上下反复提升导管振冲,或用钻杆上加配重冲击导管内的混凝土。若以上方法均无效,应提出导管,取出障碍物,重新改用其他隔水设施进行灌注施工。

(2)中期导管堵塞。主要因为灌注时间过长,表层混凝土拌和物已经产生初凝,或因其他某种故障,混凝土拌和物在导管内停留时间过长而发生堵塞。

处理方法:将导管连同堵塞物一起拔出,如原灌注混凝土表层尚未初凝,可用新导管插入原灌注混凝土内2.0 m深处,将底部水抽出,掏干净残余渣土,然后在新导管内继续灌注混凝土,但是灌注结束后,此桩应作为断桩予以补强;如若表层发生初凝,无法采用该方法处理,该桩即作为断桩予以处理,处理方法多采用在孔内回填块石或片石,再用冲击钻将凝固的混凝土拌和物冲出形成新孔,重新灌注。

3.埋管

灌注过程中导管提升不动,或灌注完成后导管拔不出来,统称为埋管。常因导管埋置过深所致。

处理方法:采用插入一直径稍小的护筒至已灌注混凝土中,用吸泥机吸出混凝土表面的泥渣,然后将导管齐混凝土表面切断,拔出安全护筒,重新下放导管灌注,该桩灌注完成后,上下断层间应予以补强。

4.灌注坍孔

产生灌注坍孔的主要原因有护筒底脚漏水、潮汐区未保持所需水头、孔内泥浆相对密度和黏度过小、地下水压力超过原承压力、孔口周围堆放重物或机械振动。

若坍塌数量不大,采取措施后可用吸泥机吸出混凝土表面的坍塌泥土,如不继续坍孔,可恢复正常灌注;如坍孔仍不停止,且有扩大之势,应将导管和钢筋骨架拔出,将孔用黏土或掺入5% ~8%水泥的普通土回填,待数日后孔口周围的地层稳定时,再重新进行钻孔施工。

5.短头桩

灌注结束后,桩头高程低于设计高程,属桩头灌短事故。多由于灌注过程中,孔壁断续发生小面积塌方,施工人员未发觉、未处理,测探锤达不到混凝土表面造成。

处理方法:可依照处理埋管的办法,插入一直径稍小的护筒,深入到原灌混凝土内,用吸泥机吸出塌方土和沉淀土,拔出小护筒,重新下导管灌注,此桩灌注完成后上下断层间予以补强。

6.夹层断桩

混凝土中夹杂泥沙层的情况,称为夹层断桩事故。多数因为首批混凝土隔离层上升已接近初凝,流动性降低,在导管埋置深度较小时,后续灌注的混凝土冲破隔离层上升,将原灌注混凝土表层的沉淀土覆盖在后灌注混凝土下面造成的。在灌注施工过程中不易发觉,多在桩身质量检测时才发现。

预防方法:在进行灌注施工时,混凝土拌和量应考虑发生故障时的备用数量。灌注的首批混凝土拌和物的初凝时间不得早于灌注桩全部混凝土灌注完成的时间,当桩身混凝土数量较大、灌注需要时间较长时,应通过试验在首批混凝土中掺入外加剂(主要为缓凝剂)。若已发现夹层断桩事故,应予以补强。

7.混凝土严重离析

多由导管漏水引起水浸、地下水渗流等原因造成的。

预防方法:除使灌注的混凝土拌和物符合设计及施工的规范要求外,灌注前应严格检验导管的水密性,灌注中应注意防止导管内产生高压气囊,在承压地下水地区应检测地下水的压力高度和渗流速度,当其渗流速度超过12 m/min时,应注意在此地区进行钻孔灌注桩的施工措施。

此种事故多在桩身质量检测时发现,处理方法是予以补强。

灌注桩的补强方法:

(1)钻孔灌注桩经桩身质量检测后,发现有夹层断桩、混凝土严重离析、空洞等事故时,经设计代表及监理工程师的同意后方可进行补强处理。具体的补强措施应经业主、设计、监理三方同意后根据现场实际情况予以确定,常用的补强方法有压入水泥浆的补强方法和补桩补强方法。

(2)压入水泥浆补强:先钻两个小孔,分别用于压浆和出浆;深度要求应达到补强处以下1 m,对于柱桩应达到桩底基岩。然后用高压水泵向孔内压入清水,使高压水挟带夹层泥沙从出浆孔被冲洗出来。再用压浆泵先压入水灰比为0.8的纯水泥浆,进浆口应用麻絮填堵在铁管周围,待孔内原有清水从另一孔全部压出之后,再用水灰比为0.5的浓水泥浆压入。浓浆压入时应使其充分扩散,当浓浆从出浆口冒出时停止压浆,用碎石将出浆口封填,并用麻絮堵实。最后用水灰比为0.4的水泥浆压入,压力达到0.7~0.8 MPa时关闭进浆阀,稳压压浆20~25 min,压浆补强工作结束。待水泥浆硬化后,应再钻孔取芯检验补强效果。

(3)补桩补强:一般在问题桩两侧加设两根桩径略小于原设计桩径的扁担桩予以补强,扁担桩的桩径、桩长以及距问题桩的距离均需经设计方重新计算后予以确定。对于桩柱式基础,要在问题桩和扁担桩顶部加设系梁,加强桩间的横向联系刚度;对于群桩承台式基础,进行补桩补强有可能造成承台平面形式的变更,造成异型承台,不利于下一步工序的施工。由于受施工现场环境以及其他方面的影响,进行补桩补强会造成很多问题,如施工空间不足、异型承台的实现比较困难等,除非特殊情况一般不建议采用补桩补强措施予以补强桩基承载力。

【知识/应用拓展】

实例一　预制桩工程施工方案

通过此实例,使学生了解施工方案的内容组成,为将来现场施工看懂和编制施工方案打下基础。

××市商务中心区城中村改造5号安置房项目工程 B1#楼静压桩桩基工程施工方案

目　录

第一章 桩基施工方案编制说明

1.1 编制依据

1. 业主提供的桩基工程议标文件。

2. 施工现场的实际情况。

3. 施工执行规范：

(1)《建筑桩基技术规范》(JGJ 94—2008)。

(2)《建筑桩基检测技术规范》(JGJ 106—2003)。

(3)《预应力混凝土管桩》(10G409)。

(4)《预应力混凝土空心方桩》(12ZTG208)。

(5)其他现行的工程技术、施工验收标准及规范。

1.2 工程概况

本工程包括××市商务中心区城中村改造5号安置房项目工程B1#楼。根据设计图纸中B1#楼管桩型号为PHC－400AB(95)型，A3#、A5#楼管桩型号为PHC－AB 400(95)型。本工程采用高强预应力管桩，主楼管桩深度18.5 m，裙楼16.5 m。

1.3 场地特征及地质概况

具体情况详见地质勘察报告。

第二章 施工准备

2.1 现场准备

1. 根据施工总平面布置图的要求和施工需要量计划，搭设临建，安装静压桩机，为正式开工做准备。

2. 根据业主提供的供水水源、供电电源，按施工现场用水、用电布置图布设临时用水、用电管线。

3. 做好“三通一平”，确保现场水通、电通、路通和场地平整。

4. 组织施工机具进场，根据施工机具需要量计划，按施工平面图要求，组织施工机械、设备工具进场，按规定地点和方式存放，并应进行相应的保养和试运转。机械设备安装调试正常后请监理工程师检查，填写设备进场报验单。

2.2 技术准备

1. 组织技术人员熟悉图纸及有关资料，参加技术交底和图纸会审，进行第一次技术复核，发现问题做好记录，并及时向设计院提出修改建议。

2. 为了将各项技术要求真正落到实处，我们根据以往的惯例认真做好对作业层的技术交底工作，使作业层真正知道其所干工序的操作要求的质量标准，并召开技术交底会。

3. 认真研究工程各轴线及桩位的相对关系，向业主主动索取基准点的资料，制订放线方案和措施，报监理工程师审查。

4. 对测量仪器和钢尺进行检测，发现问题及时修理、检定。

2.3 材料准备

2.3.1 进场的成品管桩必须有合格证，且在桩端1.5 m范围内应标有制造厂的厂名、产品外径和长度。

2.3.2 现场技术员应对桩身外观质量进行检查。

2.4 材料供应计划

开工前两天管桩进场20套,以后施工期间管桩进场每天不低于20套。

第三章 主要施工方法

根据××市商务中心区城中村改造5号安置房项目工程B1#楼设计图纸,本工程制定以下施工方法。

3.1 施工顺序及施工流向安排

测量复核→桩机定位→吊桩插桩→桩身对中调直→静压沉桩→焊接接桩→再静压沉桩→终止压桩。

3.2 施工工艺和方法

3.2.1 压桩机的安装,必须按有关操作程序或说明书进行(详见桩机说明书)。压桩机的配重应平衡置于平台上。压桩面就位时应对准桩位,启动平台支腿抱压油缸,校正平台处于水平状态。

3.2.2 启动门架支撑油缸,使门架微倾15°,以便吊插预制桩。

3.2.3 起吊预制桩。先拴好吊装用的钢丝绳及索具,然后用索具捆绑住桩上部约50 cm处,启动机器起吊预制桩对准桩位,缓缓放下插入土中。

3.2.4 稳压和压桩。当桩插入桩位后,微微启动抱压油缸,抱压力应根据压桩力及管桩桩身强度由技术人员确定,当桩入土中至5 cm时,再次校正桩的垂直度和平台的水平度,保证桩的纵横双向垂直偏差不得超过0.5%。然后启动压桩油缸,把桩徐徐压下,控制施工压桩速度。

3.2.5 接桩。在桩长度不够的情况下,根据图集要求采用拼接连接成整桩,采用CO_2气体保护焊焊接法接桩。

1.焊接法接桩时,应先确认管桩头是否合格,上下端板表面应用铁刷子等清理干净,坡口处应刷至露出金属光泽,并清除油污和铁锈;焊接时宜先在坡口圆周上对称点焊4~6点,待上下桩节固定后拆除导向箍,再分层施焊,施焊宜对称进行;焊接采用二氧化碳保护焊,分三层施焊,焊接层数分为两层,内层焊渣必须清理干净后方可施焊外一层,焊缝应饱满、连续,且根部必须焊透;焊接接头应自然冷却,时间不宜少于8 min,严禁用水冷却或焊好后立即沉桩。

2.接桩时桩头一般高出地面0.5~1 m。上、下节桩的错位偏差不得大于2 mm。

3.接桩时,桩头部分不宜处于地质报告反映的硬夹层位置。

3.2.6 送桩。设计要求送桩时,"送桩器"的中心线应与桩身吻合一致方能送桩,避免产生偏位而造成桩头局部受压或桩身偏心受压,导致桩身开裂或桩头压烂。

3.2.7 压桩应连续进行,同一根桩的中间间歇时间不宜超过0.5 h。

3.2.8 复压:当压桩已达到持力层,同时满足设计压桩力时,应进行2次复压,复压压桩力应与压桩压力相同。

预制管桩的沉桩工艺见图5-30。

3.3 成品保护方案及措施

3.3.1 桩的运输与堆放

1.打桩前,将桩运到现场堆放或直接运至桩架前。一般应按打桩顺序和进度随打随

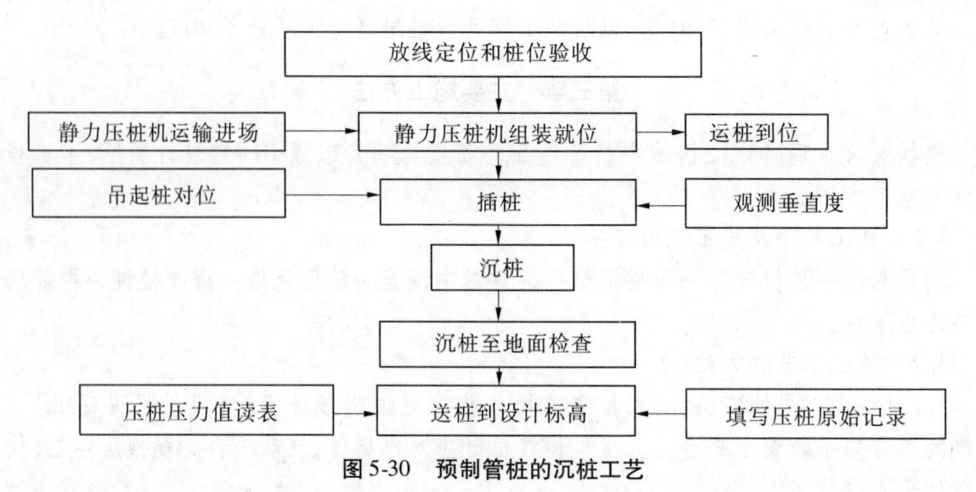

图5-30 预制管桩的沉桩工艺

运,以减少二次搬运,避免损坏桩体。

2. 运桩必须平稳,不得损伤。支垫点应设在吊点处,不得因搬运使桩身产生的应力超过容许值。

3. 运桩前,按验收规范要求,检查桩的外观质量及产品合格证、检测报告等产品技术资料。运至现场后,应进行外观复查。

4. 管桩的装车、运输、堆放、起吊严格按照有关规定进行,确保管桩质量不受损坏。

5. 堆桩场要平稳坚实,不得产生过大的沉陷或不均匀沉陷。支点垫木的间距应与吊点位置相同,并保持在同一水平面上,各层垫木应上下对齐处于同一垂直线上,最下层的垫木应适当加宽。堆桩层数,应根据地基强度和堆放时间而定,一般不宜超过四层,不能由于堆存原因,使桩身产生的应力超过容许值,甚至倾倒。

3.3.2 管桩施工

1. 使用前质检员应组织有关人员对进场管桩进行质量检查,不合格的桩不得使用。

2. 接桩前应清除端部的浮锈、油污,保持干燥。

3. 接桩就位时,下节桩头须设导向以保证上下节桩找正接直,如桩节之间间隙较大,可用铁片填实焊牢,接合面之间的间隙不得大于2 mm。

4. 焊接时应采取措施,减少焊接变形,沿接口圆周对称点焊六点,待上下桩固定后再拆除导向,分三层施焊,以保证焊接质量。

5. 施工中用双垂线约成90°方向测量导杆和桩身的垂直度,桩的垂直度偏差不得超过0.5%,严禁采用桩机回转进行快速纠偏。

6. 送桩器与桩顶接触面必须咬合齐整,送桩器、桩身、卡盘中心应在同一轴线上,以防止压桩过程中发生桩身倾斜及桩的位移。

7. 施工记录应真实。

8. 桩顶标高偏差应在 -50 ~ +100 mm 范围内,平面位移应符合规范要求。

9. 施工过程中,遇到贯入度剧变,桩身突然倾斜、移位或有严重反弹,桩顶或桩身出现裂缝等异常情况,应及时会同建设单位、现场监理人员和设计部门共同协商解决。

3.3.3 压桩过程中的保护

压桩时,桩架应坚固、稳定,配重重心应基本与压桩力吻合。基础开挖时,严禁挖掘机开挖时破坏桩身。机械开挖应保留桩顶上的1 m范围采用人工挖土,破桩时注意保护桩身,不可伤及桩顶标高以下部分。开挖应沿桩周围同步进行,桩的周围土体高差不宜超过1 m,避免因土体压力而造成管桩偏移或断裂。

第四章　劳动力计划及主要施工机械计划

4.1　劳动力计划

根据施工场地及工期要求,计划一台机械,每日24 h施工,计划投入人员如下:

项目经理:	1人	现场管理:	1人
现场技术负责:	1人	技术人员:	2人
生 产 组:	14人	安全文明组:	1人
合　计:	20人		

公司将该工程作为2015年度的重点工程,公司领导高度重视,建立以项目总工程师为首的质量管理保证体系,成立商务中心区5#安置地块工程项目经理部,确保该工程圆满完工。

本工程的结构特点和重要意义决定了配备的管理人员必须全面具有较高的专业素质及类似的施工经验。

在本工程施工管理上,执行全面责任承包制,在部门设置上配齐从开工至交工所有的职能部门人员,以确保整个工程在施工全过程中具有连贯性,从而为全面管理、全面协调、全面控制创造有利条件。

4.2　投入设备计划

为保证本工程按期完工,结合施工技术要求和本工程具体情况,计划投入设备见表5-9、表5-10。

表5-9　主要机械设备配备表

序号	设备名称	型号	单位	数量(台)	额定功率(kW/台)
1	静力压桩机	ZYJ-800B	台	2	155
2	汽车起重机	JQZQY25B	辆	2	
3	电焊机	500A	台	2	100

表5-10　测量仪器配备表

名称	型号	台数	配套
全站仪	NTS352R	1	全套
水准仪	DSZ3-1-28	2	三脚架2个,水准标尺2对
电脑		1	打印机、复印机
其他			钢卷尺2把,计算器2个,铅锤2把,水准尺2把

4.3　劳动力使用计划

施工劳务层人员计划见表5-11。

表 5-11 施工劳务层人员计划表

工种	主机手	吊机手	机修工	电工	辅助用工	合计
人数(单位:人)	4	4	1	1	8	18

第五章 确保工程质量的技术、经济、组织措施

5.1 工程质量目标

1. 严格按图纸设计施工,确保工程达到现行国家质量验收规范标准。

2. 桩检测应按《建筑桩基检测技术规范》(JGJ 106—2003),质量等级标准合格。

5.2 工程质量保证体系及创优措施

为了确保本工程的顺利进行,我公司本着"百年大计,质量第一"的原则,按照ISO9001体系《质量保修手册》的要求科学有效地组织强有力的工程项目经理部,选派施工经验丰富、组织协调能力强的项目管理人员,建立质量岗位责任制。

该体系运作以后,形成强有力的质量双向保证体系,即下级向上级要质量保证文件,上级向下级要质量检查结果,同时各层上级可随时抽查其下级的质量管理方面的工作情况。为配合体系的运作,项目部内设立质量奖,对工作责任心强、质量管理较出色的职工予以重奖,同时对质量把关不严的职工给以处罚和处分。

1. 建立以项目经理为首的质量岗位责任制,项目经理是工程质量的第一责任人,项目工程师是技术负责人,项目各部门负责人履行各自的职能。

2. 在质量责任制的基础上,签订质量保证书,明确岗位的质量职能、责任及权限。

3. 定期开展质量统计分析活动,掌握工程质量动态,全面控制各分部分项工程质量。

4. 树立全员质量意识,贯彻"谁管生产,谁管质量;谁施工,谁负责质量;谁操作,谁保证质量"的原则。

5. 实行质量"一票否决权"。

6. 采用风险工资制等经济手段来辅助工程质量责任制的实施。

7. 建立健全各项技术管理制度:

(1)技术交底制度。

(2)技术复核制度。

(3)质量检查验收制度。

(4)技术资料归档制度。

8. 加强质量的过程控制、动态管理,全面实施过程精品战略,设置工序质量控制点,施工中要加强对各控制点的监控。

9. 严格执行"三检"制度,即自检、互检、专检。班组在分项工程施工完毕后,必须进行自检和互检,没有自检、互检或自检、互检不合格者,质量检查员不予核定质量等级,下道工序不准施工。

5.3 桩位及标高控制方法

5.3.1 桩位的控制方法

静压桩是一项单工序的常规基础桩型，由于平面定位点较多，经测放复核无误的桩位点，常常在施工过程中被破坏或者精度得不到有效的保证，结果造成桩位平面偏移的工程事故。针对这一情况，利用全站仪、经纬仪平面定位技术对桩位的测放和恢复是一种最佳的定位工艺。

放线人员放线前应认真阅读整套图纸及有关变更文件，依据“桩平面布置图”及规划红线控制点，由技术部专职人员按规划管理部门及监理工程师批准的测量放线方案，绘制施工测量平面布置图。认真计算各桩位坐标，对轴线控制点埋设标志，且四周用混凝土固化30 cm深，对桩位中心点采用钢筋打眼灌白灰及钉$\phi8$短钢筋或竹签作为标志，深度不小于300 mm。绘制测量复核签证单，经甲方或监理工程师认可后方可进行下一道工序。

5.3.2　标高控制

1. 根据甲方提供的水准点，由公司测量人员引入施工现场，做好施工水准点，并予以保护。所有测量记录应经监理工程师审批。

2. 根据现场绝对高程引点及设计要求（桩位图纸）确定管桩桩长及管桩桩顶入土深度，从而确定送桩深度，在送桩器上做好刻划标识。

3. 压桩前复测桩位地表高程，对送桩器刻划的标识进行修正。

4. 一般情况下，以终压力及最后稳压贯入度控制管桩入土深度。当发现持力层起伏时，应随时调整桩长，避免短桩，当桩顶标高接近设计标高时，适当增加稳压时间，尽量压桩到位，避免截桩，无论何种情况，均应以压桩力来确定桩的入土深度，不能为追求标高而造成压桩力偏小、贯入度过大、承载力不足或过大而导致桩身损坏。

5.4　垂直度、压力控制方法及措施

5.4.1　垂直度控制方法及措施

1. 桩身插入桩位后，启动抱压油缸，让夹持机械抱紧桩身。

2. 用线锤大体校正桩身。

3. 再次校正机身，使机身平台处于水平位置，保持夹持机械压桩合力垂直向下。

4. 用双向垂线（视角成90°夹角），观测桩身外轮廓线（或事先在桩身弹出中心线），保证双向偏差均在规范允许之内。

5. 初压时，应缓慢施压，并继续观察桩身垂直度情况，发现偏差立即停机进行校正，当桩入土超过1 m时，严禁采用机身回扳纠偏办法，必要时可拔出管桩，重新校正后压入。

6. 接桩时应事先检查管桩端板平整度及垂直度，均应符合产品标准GB 13476—2009的规定，确保上下桩身连接后中心线方向一致，避免因桩头不垂直而产生曲折。

7. 接桩焊接前应用垂线再次校准上节管桩，使上下管桩垂直度保持一致，避免因桩长增加而造成误差积累。当上下桩垂直度不一致时，可采用楔形薄垫铁垫实焊牢的办法调整上节桩垂直度。

8. 做好垂直度校验记录，并对施工完毕管桩用探灯、线锤等在桩壁内孔进行目测复检，发现问题及时上报，研究处理。

5.4.2　压力控制方法及措施

静压桩的压桩力是沉桩过程中为克服桩端土层的抗冲剪阻力和桩周围土摩擦阻力所施加于桩顶的压桩机静压力。合理的压桩力宜根据当地工程设计经验确定，一般取单桩竖向抗压承载力特征值的2~2.5倍。本工程根据设计要求压桩力不小于2 200 kN,具体参数可根据试桩确定。

5.5 质量保证技术措施

为保证此目标的实现,工程施工除建立健全质保体系、严格按照设计要求和《预应力混凝土管桩》(10G409)、《建筑桩基技术规范》(JGJ 94—2008)执行外,施工中还要采取以下技术措施。

5.5.1 测量放样

1.所有使用的各类测量仪器,必须经检测标定,合格后方可使用,施测人员为专门的测量人员。

2.施工前应重新校核,尽量以远校核点的基点为准。施放所有点位必须经过两人对算无误后报检。

3.各分项工程施工放样必须报验,经监理工程师认可后进入下步施工。

5.5.2 原材料

进场的管桩必须符合设计要求和国家标准,并附有生产厂家的产品合格证和质量检测报告,分批检查验收、储存,采用时必须经监理认可。

5.6 确保工程质量的经济、组织措施

我公司将组织具有丰富施工管理经验和同类桩基工程施工经验的管理人员及技术骨干,组成精干高效的施工项目经理部,为业主提供最优质的服务。

为了强化监督职能,在项目经理部的基础上成立工程指挥部,其职能是监督合同的执行情况,协调各工序之间的工作,并根据桩基工程施工需要及时从全公司范围内充实或调剂施工力量、机械设备和资金,为桩基工程顺利进行创造条件。

建立以项目经理为首的质量岗位责任制。项目经理是工程质量的第一责任人,项目总工程师、技术负责人、项目各部门负有各自的质量职能。在质量责任制的基础上,签订质量保证书,明确岗位的质量职能、责任及权限,定期开展质量统计分析活动,掌握工程质量动态,全面控制各分部分项工程质量。

第六章　确保安全施工的技术、经济、组织措施

6.1 安全保证体系

成立以公司总经理为组长的公司安全生产领导小组,形成强有力的生产指挥系统和安全管理保障体系。建立健全以安全生产责任制为中心的各项管理规章。

6.2 安全技术措施

6.2.1 加强安全宣传教育,教育职工牢固树立"安全第一、预防为主"的思想,并对职工进行不定期抽考,考试情况与奖惩挂钩。按时召开安全会议,及时传达安全信息。

6.2.2 严格遵守各项施工机械操作规程,保证各类施工机械在安装、使用、维修、拆除过程中的安全,杜绝机械事故的发生。加强机械设备的维修保养。安全操作规程挂牌并严格执行。

6.2.3 坚持安全检查制度,公司对工地每周进行一次安全大检查,项目组每周一次。

6.2.4 所有用电线路都要通过配电盘,盘内安装防触电保护器。所有电线、电缆应

高架或埋置,以防被压坏漏电伤人。夜间作业必须有足够的照明。施工用电盘、闸箱要加防雨罩。

6.2.5 遵守建设单位的有关规章制度,服从其安全管理,加强与外部各方的协作,保证安全目标的实现。

6.3 安全管理组织机构

现场建立以项目经理为首的安全保证体系(见图5-31),配备专职安全员,成立安全检查执法队,实行全员、全方位、全过程的"三全"管理,确保在本工程施工中做到"预防为主、安全第一",无安全事故出现。

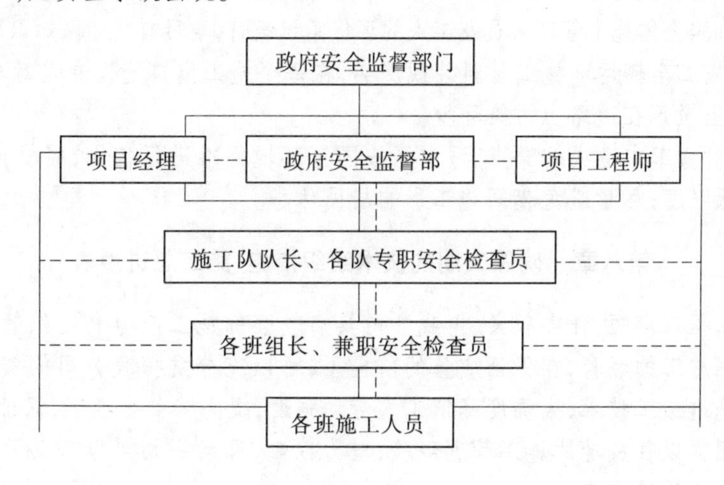

图5-31 安全管理组织机构保证体系

6.4 确保安全生产的组织措施

6.4.1 坚持班前安全交底制度,现场各班组交叉作业时,工地负责人、工地安全员要召集各班组长交代安全注意事项。

6.4.2 坚持每周安全质量检查制度,指出不安全因素和整改措施。

第七章 保证文明施工的技术、经济、组织措施

7.1 文明施工的技术措施

7.1.1 工程开工阶段就要创造文明施工的良好开端,在施工阶段要加强文明施工的管理与监督,使本工程全过程场容保持整洁,从而实现对工程全过程的文明施工管理。不具备文明施工条件的不准施工。

7.1.2 成品桩、设备等放置合理,施工机械设备完好、清洁,安全操作规程齐全,并熟悉机械性能和工作条件。

7.1.3 加强教育,遵纪守法,严守群众纪律,与周围群众搞好关系。

7.1.4 现场施工人员穿戴整齐,持证上岗。工地材料设备布置堆放有序。

7.2 安全文明施工具体措施

7.2.1 工地主要入口要设置简朴规整的大门,门旁必须设立明显的标牌,标明工程

名称、施工单位和工程负责人的姓名,健康文明标语上墙,树企业形象。

7.2.2 施工现场场地平整,道路坚实畅通,有排水措施,机械设备及钻机必须经常保持良好、清洁状态。

7.2.3 施工现场各作业面材料应堆放整齐,并做到工完料尽、脚下清。

7.2.4 噪声治理

1. 施工时间:控制噪声在80 dB以内。

2. 重大节日和活动期间施工,要遵循相关的规定要求。

7.3 减少扰民、降低环境污染和噪声的施工措施

7.3.1 加强全体施工管理人员及工人的环保意识教育,学习有关环保知识及管理规定。

7.3.2 施工车辆运送施工材料装载严实,在每个施工出口处设专人对车辆进行检查放行,避免渣土撒落在道路上污染环境。

7.3.3 对施工中造成的噪声、污水等按国家环境标准进行控制,将机械使用中的噪声减少到最低限度,尽量避免夜间施工影响居民休息。

第八章 确保工期的技术组织措施、施工总进度表

本桩基工程工期短,任务较紧,但我公司具有较强的施工能力和组织管理能力,根据对同类型工程施工的经验,在保证质量的前提下,可以充分发挥我公司的实力,采用各种切实可行的先进施工技术,大幅度降低工人劳动强度,提高劳动生产率,保证工程进度。

我们将根据以往成功的施工管理经验,全力以赴,调动一切可以调动的力量,确保本桩基工程按时优质地完成。

8.1 保证工期的技术措施

技术工作是各项工作的指导,技术工作应在各项工作之前完成,针对影响工期的几个方面,侧重在技术方面采取措施。

8.1.1 由技术业务能力强的人员组成项目经理部(包括质检、安监、材料、班组),实施项目法施工,在项目经理、项目技术负责人的领导下实施工程管理,对本工程行使计划、组织、指挥、协调、控制、监督六项基本职能管理。

8.1.2 资料方面:根据已有的施工图及以往的经验,认真熟悉图纸和进行准备工作,对图纸疏漏的地方,及时提出变更意见,做到施工时心中有数。

8.1.3 施工方面:提前派出技术人员深入现场,踏勘场地,了解施工每个区域地层构成,与有关单位搞好协调,提出合理化建议,尽量减少施工中机械返复。

8.1.4 现场施工技术人员应与材料备件库紧密结合,对每批材料备件进行核对,对供应不及时的备件及时催购,指导班组按计划领取,有效控制待机时间。

8.1.5 设备、劳力保证:采取动态管理措施,切实保证本工程所需各种设备和材料供应(特别是设备易损件,开工前备足)。

8.1.6 技术保证:运用网络技术,对整个工程进行系统化、规范化施工技术管理,严格按照基建程序组织各项工程施工,认真运用我公司在历年的施工经历中摸索和制定的一套行之有效的管理制度。

8.2 管理措施

8.2.1 项目经理应全面负责计划、组织和协调工程施工,确保按合同工期完成施工。

8.2.2 项目经理应每天召开生产调度会,了解施工进度情况,对施工进度落后于计划进度的工序要分析原因并及时采取措施,保证施工进度超前于计划进度。

8.2.3 若打桩速度达不到计划要求,项目部应报请公司增加设备和人员,确保该工程的时间要求。

8.2.4 设备员应加强对各类机械设备的保养和维护,避免因长时间修理停机影响施工进度。

8.2.5 材料员应根据机械特点购置一定数量的设备易损件以备及时更换。

8.2.6 施工员应根据打桩情况,及时向项目部汇报需要提供桩的时间及大概数量,避免因预制桩供应不及时造成停工等现象的发生。

8.3 组织措施

为保证按时完成本次工程的施工任务,必须合理地组织均衡生产及进行资源调配,严格施工管理,确保各工序时间计划的按时完成。

8.3.1 加强各级管理人员和施工人员的时间观念,各施工队严格按施工进度网络计划合理组织资源,按计划工期按时完成各分部分项工程施工任务。

8.3.2 加强岗位责任制和岗位技术培训,提高施工人员的操作技能,与各工班签订保证工期的责任状,激发工人的劳动热情,实行定位、定量、定时、定质的奖罚经济责任制。

8.3.3 将计划施工进度表与实际施工进度表每日进行对比,当出现实际工作进度滞后于计划进度时,要及时查找原因,制订赶工计划。

8.3.4 加强安全、质量管理,避免质量返工及安全事故发生而拖延工期。

第九章 施工现场临时用电施工组织措施

9.1 编制依据

(1)《低压配电设计规范》(GB 50054—2011)。

(2)《建筑工程施工现场供用电安全规范》(GB 50194—2014)。

(3)《通用用电设备配电设计规范》(GB 50055—2011)。

(4)《供配电系统设计规范》(GB 50052—2009)

(5)《施工现场临时用电安全技术规范》(JGJ 46—2012)。

9.2 主要施工用电设备

主要施工用电设备见表5-12。

表5-12 主要施工用电设备

设备名称	数量(台)	额定功率(kW/台)
静压桩机	2	155
起重机	2	30
电焊机	2	80

9.3 负荷概况

9.3.1 用电量概况

本工程临时用电包括施工及照明两个方面,施工用电高峰时期为2台静压桩机、2台交流电焊机和2台起重机同时施工阶段,静压桩机为155 kW,电焊机为80 kW,起重机为30 kW。

9.3.2 厢式变电器及电箱配置

本工程甲方提供1台315 kVA变压器,故电量刚刚满足需要。

本工程施工场地内配置一级配电箱2只,编号1、2,其位置相对固定。厢变至一级配电箱采用150 mm^2三相五线制电缆线。

一级配电箱通过各只分配电箱,分别供2台静压桩机、4台交流电焊机和2台起重机等相关设备使用。从总电箱至分配电箱采用150 mm^2三相五线制电缆线,从分配电箱至静压桩机采用150 mm^2三相五线制电缆线。

以上从厢变及配电箱接出的线路,我方会做到配线规整、相序清楚、绑扎牢固,线路过临时道路有保护管。

配电箱采用安监部门认可的型号,施工前会认真检查配电箱的设备是否完整牢固,漏电开关、空气开关是否完整可靠,其额定容量与被控制的用电设备容量相匹配;各开关接触器操作灵活,其触点应接触良好,箱内无杂物,不积灰。

9.3.3 接地接零保护

所有电器设备的金属外壳及电器设备的金属构架必须由可靠的接地保护。接地用角钢打入土中,入土深度不小于2 m,电阻应小于4 Ω。

接地线和工作零线采用多股铜线,严禁使用独股铝线,零线与接地线应分开,二者不得合为一条线。

9.3.4 安全距离

现场的配电箱分固定的分配电箱和移动的开关箱。从分配电箱到移动电箱的电缆线不能很长,一般不大于50 m,用电设备至配电箱的安全距离应不小于5 m。电缆线不得随意拉伸,施工时,严禁使用裸导线。

9.3.5 电焊机

电焊机外壳完好,输入、输出侧防护罩必须有且牢固,下雨时要把它抬至无雨的地方或用彩胶布、木板等盖好,电焊机的外壳必须有良好的接地装置。

电焊机的一次侧电缆线长度不大于5 m,二次侧电缆使用时,注意不要太长,以排除危险隐患。

9.3.6 漏电保护装置

凡施工现场使用的电机设备、电动工具等均要有合格的漏电保护装置,漏电保护装置应由电工定期检验,保持其灵敏、可靠。

9.3.7 安全管理及安全教育

电工上岗必须有特种作业人员操作证。

施工中发生的有关电器设备、线路故障必须由电工修理解决,非专业电工人员严禁乱动电器设备。

专职电工必须加强安全责任制，定期检查工程施工中的各种电器设备，认真做好检查记录，并及时更换有安全隐患的零部件，坚决纠正不符合安全用电要求的各种行为，杜绝安全用电事故的发生。

第十章　消防措施

1. 本工程防火负责人为工程负责人，负责人应全面负责施工现场的防火安全工作，履行《中华人民共和国消防条例实施细则》。

2. 现场的消防器材由专人维护、管理、定期更新、保持完整有效。

3. 焊割作业点与氧气瓶、乙炔等危险品物品的距离不得小于10 m，与易燃物品的距离不得小于30 m。施工现场的动火作业必须严格执行动火审批制度，并采取有效的安全隔离措施。

4. 气瓶：

(1)各类气瓶应有明显色标和防震圈，并不得在露天暴晒。

(2)乙炔气瓶与氧气距离应大于5 m。

(3)乙炔、氧气在使用时必须装回火防止器。

(4)皮管应用夹头紧固。

(5)操作人员应持有效证件上岗操作。

(6)油料必须集中管理，远离火种，并配备专用灭火器具。

实例二　灌注桩工程施工方案

在此仅摘取方案目录部分，让学生了解灌注桩施工方案的组成，详细内容可参考预制桩的施工方案案例。

琴亭湖畔(一期工程)桩基工程专项施工方案

目　　录

3.3　项目经理部岗位职责

3.4　施工准备

4　施工进度计划

4.1　施工流水段划分

4.2　施工进度安排

5　主要分项工程施工方法

5.1　桩位放样

5.2　冲孔桩施工方法

6　各项管理及保证措施

6.1　质量保证措施

6.2　技术保证措施

6.3　工期保证措施

6.4　降低成本措施

6.5　职业健康、安全、环境保证措施

6.6　文明施工

7　主要经济技术指标

7.1　工期指标

7.2　劳动生产率指标

7.3　分部优良率指标

7.4　降低成本指标

8　半成品及成品保护措施

9　竣工验收应提供的资料

附表一　项目重大危险源清单

附表二　桩基施工进度计划

附图一　桩机走机顺序图

附图二　施工总平面布置图

思考与练习

一、填空题

1. 深基础主要有__________、__________、__________、__________等类型。

2. 桩基由__________和__________组成。

3. 桩基按承载力分为__________型桩和__________型桩。

4. 预制桩在施工时，判断桩入土深度是否符合要求，对于摩擦桩，以控制__________为主，以控制__________为参考。

5. 预制桩施工，沉桩时应__________紧邻建筑物方向打桩。

6. 当预制桩的桩距大于或等于______倍桩径(边长)时,可以不考虑打桩顺序。

7. 灌注桩施工,混凝土灌注之前,孔底沉渣厚度指标应符合:端承桩不大于____ mm,摩擦桩不大于____ mm。

8. 桩身混凝土的泵送压灌应连续进行,料斗内混凝土的高度不得低于______ mm。

二、单项选择题

1. 沉管灌注桩的成桩方法属于(　　)桩。

A. 摩擦桩　　B. 挤土桩　　C. 部分挤土桩　　D. 非挤土桩

2. 下列哪种基型属于深基础?(　　)

A. 箱形基础　　B. 桩基　　C. 筏板基础　　D. 非挤土桩

3. 混凝土预制桩运输时,其强度必须达到设计强度标准值的(　　)。

A. 100%　　B. 95%　　C. 85%　　D. 75%

4. 钢筋混凝土预制桩的接头总数不宜超过(　　)个。

A. 1　　B. 2　　C. 3　　D. 4

5. 预制桩的接桩方式不能用(　　)。

A. 焊接接桩　　B. 法兰接桩　　C. 硫黄胶泥锚接接桩　　D. 机械螺栓接桩

6. 端承桩停止锤击的控制原则是(　　)。

A. 标高为主,以贯入度作为参考　　B. 仅控制贯入度

C. 贯入度为主,以标高为参考　　D. 仅控制标高

7. 混凝土灌注桩在成孔时,需要使用活瓣式桩靴或预制钢筋混凝土桩尖的成孔方法是(　　)。

A. 泥浆护壁成孔灌注桩　　B. 螺旋钻成孔灌注桩

C. 套管成孔灌注桩　　D. 人工挖孔灌注桩

8. 泥浆护壁成孔灌注桩成孔时,泥浆的作用不包括(　　)。

A. 洗渣　　B. 冷却　　C. 护壁　　D. 防止流砂

9. 泥浆护壁灌注桩在浇筑混凝土时,导管底端应(　　)。

A. 在混凝土面上　　B. 在混凝土中 0.8 ~ 1.3 m

C. 在混凝土中 0.5 ~ 1.0 m　　D. 在混凝土中 2 m 以上

三、判断题

1. 桩端没有进入岩石层的,都是摩擦桩。(　　)

2. 预制桩都属于挤土桩。(　　)

3. 钢筋混凝土预制桩堆放时,支承点与吊点的位置应相同,并在同一平面上,最多堆放3层。(　　)

4. 桩基上面根据建筑荷载的大小、特点布置相应的浅基础。(　　)

5. 如果桩的规格不同,则打桩顺序宜先大后小,先长后短。(　　)

6. 预应力管桩的混凝土强度不低于 C40。(　　)

7. 工程中有钢桩和混凝土桩两种类型,应先打钢桩后打混凝土桩。(　　)

8. 灌注桩中钢筋笼的保护层厚度是 70 mm。 (　　)

9. 螺旋钻成孔灌注桩施工中常见的问题是缩径。 (　　)

10. 灌注桩的混凝土充盈系数应大于 1.0，否则桩体质检不合格。 (　　)

11. 灌注桩后注浆的最优时间在 7 d 左右。 (　　)

四、简答题

1. 摩擦桩与端承桩在受力上有何区别？
2. 简述钢筋混凝土预制桩制桩工艺流程。
3. 预制桩施工如何控制桩的入土深度？
4. 如何确定打桩的顺序？打桩顺序与哪些因素有关？
5. 水下灌注混凝土有什么要求？
6. 简述预制桩的施工流程。
7. 简述泥浆护壁灌注桩的施工流程。
8. 长螺旋钻孔压灌混凝土桩施工有什么特点？
9. 灌注桩后注浆的作用是什么？
10. 桩基施工质量事故主要有哪些？如何预防？

项目6　地基处理

【知识目标】

1. 掌握软弱土地基的种类及性质。
2. 掌握常用地基处理的方法及其适用范围。
3. 了解各种地基处理方法的基本原理。
4. 了解常用地基处理方法的设计施工方法。

【能力目标】

1. 能够辨别软弱土的种类。
2. 能够根据软弱土地基的类型选择合适的处理方案。
3. 能够进行简单的地基处理设计与施工。

【知识脉络图】

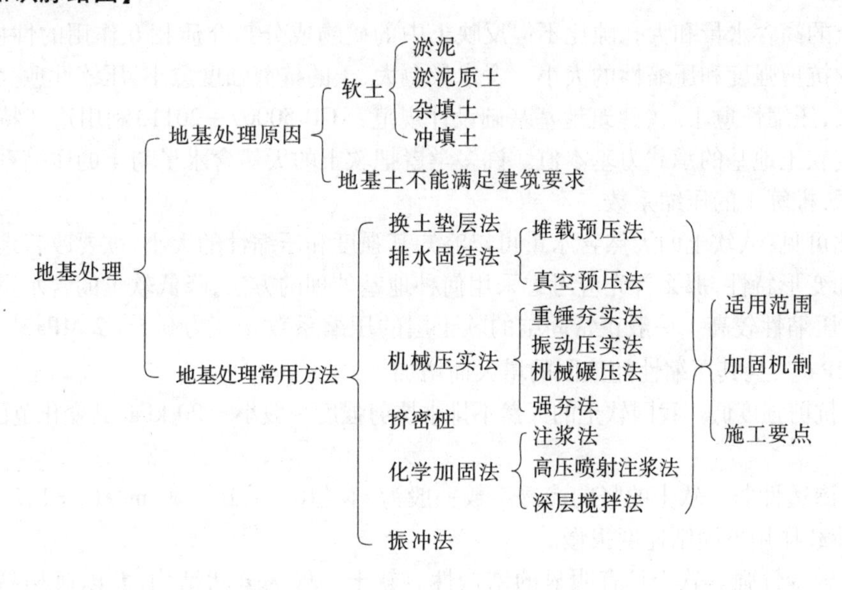

6.1　地基处理基本知识

【任务导入】

自改革开放以来，我国建设事业有了很大的发展，但随着建设规模的扩大，建设用地日趋紧张，许多工程不得不建造在地质条件比较差的场地上，加上目前工程建设项目中高层、重型、大型的项目所占比重较大，针对工程建设中经常存在的不能直接承载建筑物和构筑物全部荷载的软弱地基和不良地基问题，需要利用地基处理方法对地基进行处理，以满足工程建设的需要。

6.1.1 地基处理的对象

二维资料6.1

软弱土是指淤泥、淤泥质土和部分冲填土、杂填土及其他高压缩性土。我国《建筑地基基础设计规范》(GB 50007—2011)中规定,软弱地基是指主要由淤泥、淤泥质土、冲填土、杂填土或其他高压缩性土层构成的地基。一般将下卧土层为淤泥、淤泥质土的地基称为软土地基,将下卧土层为杂填土、冲填土、素填土的地基称为填土地基。

6.1.1.1 淤泥和淤泥质土

淤泥是在静水或缓慢的流水环境中沉积,经生物化学作用形成,含有机质,其天然含水量大于液限、天然孔隙比大于或等于1.5的黏性土。天然含水量大于液限而天然孔隙比小于1.5但大于或等于1.0的黏性土或粉土为淤泥质土。这类土工程特性甚为软弱,抗剪强度很低,压缩性较高,渗透性很小,并具有结构性,广泛分布于我国东南沿海地区和内陆江河湖泊的周围,是软弱土的主要土类,通称软土,一般具有下列工程特性:

(1)天然含水量高,孔隙比较大。淤泥与淤泥质土的天然含水量为35%~80%,孔隙比为1~2。

软土的高含水量和大孔隙比不但反映土中的矿物成分与介质相互作用的性质,也反映软土的抗剪强度和压缩性的大小。含水量愈大,土的抗剪强度愈小,压缩性愈大;反之,强度愈大,压缩性愈小。《建筑地基基础设计规范》(GB 50007—2011)利用这一特性按含水量确定软土地基的承载力基本值。许多学者把软土的天然含水量与土的压缩系数建立相关关系,推算土的压缩系数。

由此可见:从软土的天然含水量可以略知其强度和压缩性的大小,欲要改善地基软土的强度和变形特性,那么首先应考虑采用何种地基处理的方法,降低软土的含水量。

(2)压缩性较高。一般正常固结的软土层的压缩系数 a_{1-2} 为0.5~2 MPa^{-1},个别达到4.5 MPa^{-1},且其压缩性随液限的增大而增加。

(3)抗剪强度低。我国软土的天然不排水抗剪强度一般小于20 kPa,其变化范围在5~25 kPa。

(4)渗透性弱。软土的竖向渗透系数一般为 $i\times(10^{-6}\sim10^{-8})$ cm/s($i=1,2,\cdots,9$),所以在荷载作用下固结速度很慢。

(5)触变性强。软土具有明显的结构性。软土一般为絮状结构,尤以海相黏土更为明显。这种土一旦受到扰动(振动、搅拌、挤压等),土的强度就显著降低,甚至呈流动状态。土的结构性常用灵敏度 S_t 表示。我国沿海软土的灵敏度一般为4~10,属于高灵敏土。因此,在软土层中进行地基处理和基坑开挖,若不注意避免扰动土的结构,就会加剧土体的变形,降低地基土的强度,影响地基处理的效果。

(6)具有明显的流变性。在荷载的作用下,软土承受剪应力的作用产生缓慢的剪切变形,并可能导致抗剪强度的衰减,在主固结沉降完毕之后还可能继续产生可观的次固结沉降。

由于软土具有强度低、压缩性高、渗透性弱等特点,故以软土作为建筑物的地基是十分不利的，承载力基本值一般为 50 ~ 80 kPa，这就不能承受较大的建筑物荷载，否则就可能出现地基的局部破坏乃至整体滑动，在开挖较深的基坑时，就可能出现基坑的隆起和坑壁的失稳现象。因此，在软土地基上建造建筑物，要求对软土地基进行处理。

6.1.1.2　杂填土

杂填土是人类活动而任意堆填的建筑垃圾、工业废料或生活垃圾等。杂填土的成因很不规律，组成的物质杂乱，颗粒尺寸悬殊，颗粒间孔隙大小不一；回填前地貌高低起伏，形成填土厚度不一；回填时间前后不一；取样不易，勘察工作困难，通常无法提出地基承载力值。它的主要特性是强度低，压缩性高和均匀性差，一般具有浸水湿陷性。即使在同一建筑场地的不同位置，地基承载力和压缩性也有较大差异。对有机质含量较多的生活垃圾和对基础有侵蚀性的工业废料等杂填土，设计时尤应注意。杂填土一般未经处理不宜作为持力层。

6.1.1.3　冲填土

冲填土是人工填土之一，它是在治理和疏通江河航道时，用挖泥船通过泥浆泵将泥沙吹到江河两岸而形成的沉积土，即由水力冲填泥沙而成的土，有时也称为吹填土。冲填土形成的地基可视为天然地基的一种，它的工程性质主要取决于冲填土的性质，若冲填物以粉土、黏土为主，则属于欠固结的软弱土；以中砂粒以上的粗颗粒为主，则不属于软弱土。

冲填土地基一般具有如下重要特点：

(1)颗粒沉积分选性明显，在入泥口附近，粗颗粒较先沉积，远离入泥口处，所沉积的颗粒变细；同时在深度方向上存在明显的层理。

(2)冲填土的含水量较高，一般大于液限，呈流动状态。停止冲填后，表面自然蒸发后常呈龟裂状，含水量明显降低，但下部冲填土当排水条件较差时仍呈流动状态，冲填土颗粒愈细，这种现象愈明显。

(3)冲填土地基早期强度很低，压缩性较高，这是由于冲填土处于欠固结状态。冲填土地基随静置时间的增长逐渐达到正常固结状态。其工程性质取决于颗粒组成、均匀性、排水固结条件以及冲填后静置时间。

根据填土的物质组成和堆填方法，填土分为素填土、杂填土和冲填土。素填土是由碎石、砂质土、黏性土、粉煤灰、钢铁渣等组成的填土。经分层压实的素填土，称压实填土。未经分层压实或堆填时间较短的素填土，不能直接作为建筑物的地基持力层。但堆填时间超过 10 年的黏性土、超过 5 年的粉质黏土、超过 2 年的砂土，均具有一定的密实度和强度，可以直接作为一般工业与民用建筑物的地基。

6.1.2　地基处理的目的和方法

地基处理的目的是满足各类工程对地基的稳定性、变形、承载能力、渗透问题的要求，天然地基通过地基处理，形成人工地基，从而满足各类工程对地基的要求。

6.1.2.1　地基处理的方法

根据地基处理的加固机制，一般将地基处理方法分为六大类，如再加上已有建筑物地基加固、纠偏和迁移，可分为八类。

(1)置换。置换是指用物理力学性质较好的岩土材料置换天然地基中部分或全部软

弱土体,以形成双层地基或复合地基,达到提高地基承载力、减少沉降的目的。加固机制主要属于置换的地基处理方法有换土垫层法、挤淤置换法、褥垫法、砂石桩置换法、强夯置换法等。采用石灰桩法加固地基具有多种效应,其中也有置换效应,也可归于此类方法。

(2)排水固结。排水固结是指土体在一定荷载作用下排水固结,孔隙比减小,抗剪强度提高,以达到提高地基承载力、减少沉降的目的。加固机制主要属于排水固结的地基处理方法有加载预压法、超载预压法、真空预压法、真空预压与堆载预压联合作用法、电渗法、降低地下水位法等。按在地基中设置竖向排水系统可分为普通砂井法、袋装砂井法和塑料排水带法等。

(3)化学加固法。化学加固法是指向土体中灌入或拌入水泥、石灰或其他化学固化浆材,在地基中形成增强体,以达到地基处理的目的。加固机制主要属于灌入固化物的地基处理方法有深层搅拌法、高压喷射注浆法、渗入性灌浆法、劈裂灌浆法等。

(4)振密、挤密。振密、挤密是指采用振密或挤密的方法使地基土体密实以达到提高地基承载力和减少沉降的目的。加固机制主要属于振密、挤密的地基处理方法有表层原位压实法、强夯法、振冲密实法、挤密砂石桩法、爆破挤密法、土桩和灰土桩法、夯实水泥桩法、桩锤冲扩桩法、孔内夯扩法等。

(5)加筋。加筋是指在地基中设置强度高、模量大的筋材,如土工格栅、土工织物等,以达到提高地基承载力、减少沉降的目的。加固机制主要属于加筋的地基处理方法有加筋土垫层法等。

(6)冷热处理。冷热处理是通过冻结地基土体,或焙烧、加热地基土体以改变土体物理力学性质达到地基处理的目的。加固机制主要属于冷热处理的地基处理方法有冻结法和烧结法等。

(7)托换。托换是指对已有建筑物地基和基础进行处理和加固。托换技术有基础加宽技术、墩式托换技术、地基加固技术以及综合加固技术等。

(8)纠偏和迁移。纠偏是指对由于沉降不均匀造成倾斜的建筑物进行矫正。纠倾技术有加载纠倾技术、掏土纠倾技术、顶升纠倾技术和综合纠倾技术等。迁移是将已有建筑物从原来位置移到新位置。

6.1.2.2 地基处理方案的确定

地基处理也可根据处理范围分为浅层处理技术和深层处理技术。

地基处理方案的确定可按下列步骤进行:

(1)收集详细的工程质量、水文地质及地基基础的设计材料。

(2)根据结构类型、荷载大小及使用要求,结合地形地貌、土层结构、土质条件、地下水特征、周围环境和相邻建筑物等因素,初步选定几种可供考虑的地基处理方案。另外,在选择地基处理方案时,应同时考虑上部结构、基础和地基的共同作用;也可选用加强结构措施(如设置圈梁和沉降缝等)和处理地基相结合的方案。

(3)对初步选定的各种地基处理方案,分别从处理效果、材料来源及消耗、机具条件、施工进度、环境影响等方面进行认真的技术经济分析和对比,根据安全可靠、施工方便、经济合理等原则,因地制宜地选择最佳的处理方法。值得注意的是,每一种处理方法都有一定的适用范围、局限性和优缺点。没有一种处理方案是万能的。必要时也可选择两种或多种地基处理方法组成的综合方案。

(4)对已选定的地基处理方法,应按建筑物重要性和场地复杂程度,可在有代表性的场地上进行相应的现场试验和试验性施工,并进行必要的测试以验算设计参数和检验处理效果。如达不到设计要求,应查找原因、采取措施或修改设计以达到满足设计要求的目的。

(5)地基土层是复杂多变的,因此确定地基处理方案,一定要有经验的工程技术人员参加,对重大工程的设计一定要请专家参加。当前有一些重大的工程,由于设计部门的缺乏经验和过分保守,往往使很多方案确定得不合理,浪费也是很严重的,必须引起有关领导的重视。

【常见问题解析】

杂填土地基未经处理能否作为天然地基?

不能!杂填土成分复杂,有的有机质含量大、压缩性大,有的含水量高、承载力低等,这些工程特性设计施工时应注意。因此,杂填土一般未经处理不宜作为持力层。

6.2　换土垫层法

【任务导入】

当建筑物基础下的持力层比较软弱,不能满足上部荷载对地基的要求时,常采用换土回填法来处理。施工时先将基础以下一定深度、宽度范围内的软土层挖去,然后回填强度较大的砂、石或灰土等,并夯至密实。换土回填按其材料分为砂地基、砂石地基、灰土地基等。

6.2.1　加固原理及适用范围

当建筑物基础下的持力层比较软弱,不能满足上部结构荷载对地基的要求时,常采用换填土垫层来处理软弱地基,即将基础下一定范围内的土层挖去,然后回填以坚硬、较粗粒径的材料,并夯压密实,形成垫层的地基处理方法,如图6-1所示。工程实践表明,在合适的条件下,采用换土垫层法能有效地解决中小型工程的地基处理问题,是最为常见的地基处理方法之一。

6.2.1.1　换土垫层法加固机制

通常采用的垫层有砂垫层、砂石垫层、碎石垫层、灰土垫层、素土垫层、煤渣垫层、矿渣垫层、粉煤灰垫层等。各种垫层的加固机制主要体现在以下5个方面:

(1)置换作用。将基底以下软弱土全部或部分挖出,换填为较密实材料,可提高地基承载力,增强地基稳定性。

(2)应力扩散作用。基础底面下一定厚度垫层的应力扩散作用,可减小垫层下天然土层所受的压力和附加压力,从而减小基础沉降量,并使下卧层满足承载力的要求。

(3)加速固结作用。用透水性大的材料作垫层时,软土中的水分可部分通过它排除,在建筑物施工过程中,可加速软土的固结,减小建筑物建成后的工后沉降。

(4)防止冻胀。由于垫层材料是不冻胀材料,采用换土垫层将基础地面以下可冻胀

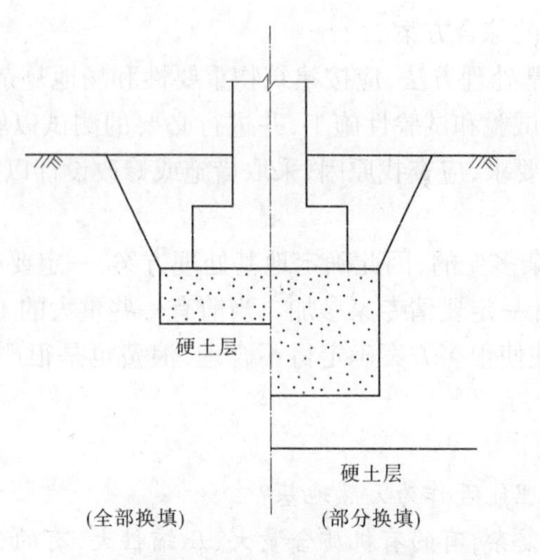

图6-1 换土垫层法示意图

土层全部或部分置换后,可防止土的冻胀作用。

(5)均匀地基反力与沉降作用。对石芽出露的山区地基,将石芽间软弱土层挖出,换填压缩性低的土料,并在石芽以上也设置垫层;或对于建筑物范围内局部存在的松填土、暗沟、暗塘、古井、古墓或拆除旧基础后的坑穴,可进行局部换填,保证基础底面范围内土层压缩性和反力趋于均匀。

因此,换填的目的就是提高承载力,增加地基强度,减少基础沉降;垫层采用透水材料可加速地基的排水固结。

6.2.1.2 适用范围

换填法适用于淤泥、淤泥质土、湿陷性黄土、素填土、杂填土地基及暗沟、暗塘等的浅层地基及不均匀地基的处理。不同垫层的适用范围见表6-1。

表6-1 垫层的适用范围

垫层分类	适用范围
砂(砂石、碎石)垫层	多用于中小型建筑工程的浜、塘、沟等的局部处理。适用于一般饱和、非饱和的软弱土和水下黄土地基处理。不宜用于湿陷性黄土地基,也不宜用于大面积堆载、密集基础和动力基础的软土地基处理,砂垫层不宜用于有地下水流速快、流量大的地基处理
灰土垫层	适用于中小型工程,尤其适用于湿陷性黄土地基的处理
素土垫层	适用于中小型工程及大面积回填、湿陷性黄土地基的处理
粉煤灰垫层	适用于厂房、机场、港区陆域和堆场等大、中、小型工程的大面积填筑,粉煤灰垫层在地下水位以下时,其强度降低幅度在30%左右
矿渣垫层	适用于中小型建筑工程,尤其适用于地坪、堆场等工程大面积的地基处理和场地平整。但对受酸性或碱性废水影响的地基不得采用矿渣垫层

换填时应根据建筑体型、结构特点、荷载性质和岩土工程地质条件、施工机械设备与当地材料性质及来源等综合分析，进行换填垫层的设计，选择换填材料和夯压施工方法。但在用于消除黄土湿陷性时，尚应符合国家现行标准《湿陷性黄土地区建筑规范》(GB 50025—2004)中的有关规定。在采用大面积填土作为建筑地基时，应符合国家标准《建筑地基基础设计规范》(GB 50007—2011)的有关规定。

灰土作为建筑材料，在中国有悠久历史。南北朝(公元6世纪)时，南京西善桥的南朝大墓封门前地面即是灰土夯成的。土壤和石灰是组成灰土的两种基本成分。黏性土壤颗粒细、活性大，因此强度比砂性土壤高。一般情况下，以黏性土配制的灰土强度比砂性土配制的强度高1~2倍。最佳石灰和土的体积比为3:7，俗称三七灰土。灰土中的石灰最好选用磨细生石灰粉，或块灰浇以适量的水，经放置24 h成粉状的消石灰。密实度高的灰土强度高，水稳定性也好。密实度可用干容重控制。28 d龄期的灰土抗压强度可达到0.5~0.7 MPa，200~300年龄期的灰土抗压强度可高达8~10 MPa。不论是用粉质黏土还是黏土制作的三七灰土，在室内养护7 d后浸水48 h的变形模量为10~15 MPa，养护28 d浸水48 h的形变模量为32~40 MPa。

6.2.2　材料及要求

宜采用颗粒级配良好、质地坚硬的中砂、粗砂、砾砂、碎石、石屑或其他工业废粒料。缺少中砂、粗砂和砾砂的地区，也可采用细砂，但宜同时掺入一定数量的碎石或卵石，其掺量应按设计规定(含石量不应大于50%)。所用砂石料，不得含有草根、垃圾等有机杂物。兼起排水固结作用时，含泥量不宜超过3%。碎石或卵石最大颗粒不宜大于50 mm。

6.2.3　垫层的设计要点

6.2.3.1　垫层厚度的确定

垫层的厚度z应根据下卧土层的承载力确定，即作用在垫层底面处的土的自重应力与附加应力之和不应大于软弱下卧层土的承载力特征值，并符合下式要求：

$$p_z + p_{cz} \leqslant f_{az} \tag{6-1}$$

式中　p_z——相应于荷载标准组合时垫层底面处的附加压力值，kPa；

p_{cz}——垫层底面处土的自重压力值，kPa；

f_{az}——垫层底面处经深度修正后的地基承载力特征值，kPa。

垫层底面处的附加压力值p_z按式(6-2)及式(6-3)进行计算：

条形基础
$$p_z = \frac{b(p_k - p_c)}{b + 2z\tan\theta} \tag{6-2}$$

矩形基础
$$p_z = \frac{bl(p_k - p_c)}{(b + 2z\tan\theta)(l + 2z\tan\theta)} \tag{6-3}$$

式中　b——矩形基础或条形基础底面的宽度，m；

l——矩形基础底面的长度，m；

p_k——相应于荷载效应标准组合时，基础底面处的平均压力值，kPa；

p_c——基础底面处土的自重压力值，kPa；

z——基础底面下垫层的厚度,m;

θ——垫层的压力扩散角,(°),宜通过试验确定,当无试验资料时,可按表 6-2 采用。

表 6-2 垫层应力扩散角 θ

z/b	换填材料		
	中砂、粗砂、砾砂、碎石类土、矿渣	粉质黏土、粉煤灰	灰土
0.25	20°	6°	28°
≥0.50	30°	23°	

注:1. 当 $z/b<0.25$ 时,除灰土取 $\theta=28°$ 外,其余材料均取 $\theta=0°$,必要时,宜由试验确定。

2. 当 $0.25<z/b<0.5$ 时,θ 值可内插求得。

注意计算时,一般先初步假定一个垫层厚度,再用式(6-1)验算。若不合要求,则改变厚度,重新验算,直至满足要求。垫层厚度一般不宜大于 3 m,也不宜小于 0.5 m。

6.2.3.2 垫层宽度的确定

垫层底面的宽度 b' 应满足基础底面应力扩散的要求,可按式(6-4)确定:

$$b' \geqslant b + 2z\tan\theta \tag{6-4}$$

式中 b——基础宽度,m;

θ——压力扩散角,(°),可按表 6-2 采用,当 $z/b<0.25$ 时,仍按表 6-2 中 $z/b=0.25$ 取值。

整片垫层底面的宽度可根据施工的要求适当加宽。垫层顶面宽度可从垫层底面两侧向上,按基坑开挖期间保持边坡稳定的当地经验放坡确定。垫层顶面每边超出基础底边不宜小于 300 mm。

6.2.4 施工方法

施工工艺依据《建筑地基处理技术规范》(JGJ 79—2012)执行。

6.2.4.1 施工准备

1. 垫层材料准备

材料包括碎石、卵石、砾石、中砂、粗砂等。

(1)砂石。宜选用碎石、卵石、角砾、圆砾、砾砂、粗砂、中砂或石屑(粒径小于 2 mm 的部分不应超过总重的 45%),应级配良好,不含植物残体、垃圾等杂质。当使用粉细砂或石粉(粒径小于 0.075 mm 的部分不超过总重的 9%)时,应掺入不少于总重 30% 的碎石或卵石。砂石的最大粒径不宜大于 50 mm。对湿陷性黄土地基,不得选用砂石等透水材料。

(2)粉质黏土。土料中有机质含量不得超过 5%,亦不得含有冻土或膨胀土。当含有碎石时,其粒径不宜大于 50 mm。用于湿陷性黄土或膨胀土地基的粉质黏土垫层,土料中不得夹有砖、瓦和石块。

(3)灰土。体积配合比宜为 2∶8 或 3∶7。土料宜用粉质黏土,不宜使用块状黏土和砂质粉土,不得含有松软杂质,并应过筛,其颗粒不得大于 15 mm。石灰宜用新鲜的消石灰,其颗粒不得大于5 mm。

(4)粉煤灰。可用于道路、堆场和小型建筑、构筑物等的换填垫层。粉煤灰垫层上宜覆土0.3~0.5 m。粉煤灰垫层中采用掺加剂时,应通过试验确定其性能及适用条件。作为建筑物垫层的粉煤灰应符合有关放射性安全标准的要求。粉煤灰垫层中的金属构件、管网宜采取适当防腐措施。大量填筑粉煤灰时应考虑对地下水和土壤的环境影响。

(5)矿渣。垫层使用的矿渣是指高炉重矿渣,可分为分级矿渣、混合矿渣及原状矿渣。矿渣垫层主要用于堆场、道路和地坪,也可用于小型建筑、构筑物地基。选用矿渣的松散容重不小于11 kN/m³,有机质及含泥总量不超过5%。设计、施工前必须对选用的矿渣进行试验,在确认其性能稳定并符合安全规定后方可使用。作为建筑物垫层的矿渣,应符合对放射性安全标准的要求。易受酸、碱影响的基础或地下管网,不得采用矿渣垫层。如有大量填筑矿渣,应考虑对地下水和土壤的环境影响。

2.机械设备

铲车、碾压机、重锤、吊车、平板振动器、水泵、水带、水准仪。

3.人员组织

施工机具应由专人负责使用和维护,大、中型机械及特殊机具需执证上岗,操作者须经培训后,执有效的合格证书方可操作。主要作业人员已经过安全培训,并接受了施工技术交底(作业指导书)。

6.2.4.2 垫层压实方法的确定

垫层施工应根据不同的换填材料选择施工机械。粉质黏土、灰土宜采用平碾、振动碾或羊足碾,中小型工程也可采用蛙式夯、柴油夯。砂石等宜采用振动碾。粉煤灰宜采用平碾、振动碾、平板振动器、蛙式夯。矿渣宜采用平板振动器或平碾,也可采用振动碾。

平碾即是常见的"压路机",如图6-2(a)所示;羊足碾如图6-2(b)所示,是在滚筒上装置许多凸块的压路碾,凸块形状有羊足形、圆柱形及方柱形等;振动碾是一种利用振动力来压实土、砂砾或堆石料的机械(如图6-2(c)所示)。砂和砂石垫层的施工方法及每层铺筑厚度、最佳含水量见表6-3。

(a)平碾

(b)羊足碾

(c)自行式振动碾

图6-2 碾压夯实机械

表 6-3 砂和砂石垫层的施工方法及每层铺筑厚度、最佳含水量

捣实方法	每层铺设厚度（mm）	施工最佳含水量（%）	施工说明	备注
平振法	200 ~ 250	15 ~ 20	1. 用平板式振捣器往复振捣，往复次数以简易测定密实度合格为准。 2. 振捣器移动时，每行应搭接 1/3，以防振动面积不搭接	不宜用于细砂或含泥量较大的砂铺筑砂地基
插振法	振捣器插入深度	饱和	1. 用插入式振捣器。 2. 插入间距可根据机械振幅大小决定。 3. 不应插至下卧黏性土层。 4. 插入振捣完毕所留的孔洞，应用砂捣实。 5. 应有控制地注水和排水	不宜用于细砂或含泥量较大的砂铺筑砂地基
水撼法	250	饱和	1. 注水高度略超过铺设面层。 2. 用钢叉摇撼捣实，插入点间距 100 mm 左右。 3. 有控制的注水和排水。 4. 钢叉分四齿，齿的间距 30 mm，长 300 mm，木柄长 900 mm，重 4 kg	湿陷性黄土、膨胀土、细砂地基上不得使用
夯实法	150 ~ 200	8 ~ 12	1. 用木夯或机械夯。 2. 木夯重 40 kg，落距 400 ~ 500 mm。 3. 一夯压半夯，全面夯实	适用于砂石地基
碾压法	150 ~ 350	8 ~ 12	6 ~ 10 t 压路机往复碾压。碾压次数以达到要求密实度为准	适用于大面积的砂石地基，不宜用于地下水位以下的砂地基

6.2.5 工艺流程

6.2.5.1 分层铺填并压实

垫层的施工方法、分层铺填厚度、每层压实遍数等宜通过试验确定。除接触下卧软土层的垫层底部应根据施工机械设备及下卧层土质条件确定厚度外，一般情况下，垫层的分层铺填厚度可取 200 ~ 300 mm。为保证分层压实质量，应控制机械碾压速度。

6.2.5.2 含水量的控制

粉质黏土和灰土垫层土料的施工含水量宜控制在最优含水量 ω_{op} ±2% 的范围内，粉煤灰垫层的施工含水量宜控制在 ω_{op} ±4% 的范围内。最优含水量可通过击实试验确定，也可按当地经验取用。

6.2.6 施工要点

(1)施工前应验槽，先将浮土清除。基槽(坑)的边坡必须稳定，以防止塌土。槽底和两侧如有孔洞、沟、井和墓穴等，应在施工前加以处理。

(2)人工级配的砂、石材料，应按级配拌和均匀，再进行铺填捣实。

(3)砂地基和砂石地基的底面宜铺设在同一标高上，当深度不同时，施工应按先深后浅的程序进行。土面应挖成台阶或斜坡搭接，搭接处应注意捣实。

(4)分段施工时，接头处应做成斜坡，每层错开 0.5～1.0 m，并应充分捣实。

(5)采用碎石换填时，为防止基坑底面的表层软土发生局部破坏，应在基坑底部及四侧先铺一层砂，然后铺设碎石垫层。

(6)换填应分层铺垫、分层夯(压)实，每层的铺设厚度不宜超过表 6-3 中规定的数值。分层厚度可用样桩控制。垫层的捣实方法可视施工条件按表 6-3 选用。捣实砂层应注意不要扰动基坑底部和四周的土，以免影响和降低地基强度。每铺好一层垫层，经密实度检验合格后方可进行上一层施工。

(7)冬季施工时，不得采用夹有冰块的砂石做垫层。

6.2.7 施工质量检测

施工质量的检验可用以下几种方法进行：对于灰土地基、砂和砂石地基、土工合成材料地基、粉煤灰地基、强夯地基、注浆地基、预压地基，其竣工后的结果(地基强度或承载力)必须达到设计要求的标准。检验数量，每单位工程不应少于 3 点，1 000 m^2 以上工程，每 100 m^2 至少应有 1 点，3 000 m^2 以上工程，每 300 m^2 至少应有 1 点，每一独立基础下至少应有 1 点，基槽每 20 延米应有 1 点。灰土最大虚铺厚度见表 6-4，砂及砂石地基质量检验标准见表 6-5。

表 6-4 灰土最大虚铺厚度

序号	夯实机具	质量(t)	厚度(mm)	说明
1	石夯、木夯	0.04～0.08	200～250	人力送夯，落距 400～500 mm，每夯搭接半夯
2	轻型夯实机械	—	200～250	蛙式或柴油打夯机
3	压路机	6～10	200～300	双轮

表6-5 砂及砂石地基质量检验标准

项目	序号	检查项目	允许偏差或允许值		检查方法
			单位	数值	
主控项目	1	地基承载力	设计要求		按规定方法
	2	配合比	设计要求		检查拌和时的体积比或质量比
	3	压实系数	设计要求		现场实测
一般项目	1	砂石料有机质含量	%	≤5	焙烧法
	2	砂石料含泥量	%	≤5	水洗法
	3	石料粒径	mm	≤100	筛分法
	4	含水量(与最优含水量比较)	%	±2	烘干法
	5	分层厚度(与设计要求比较)	mm	±50	水准仪

6.2.7.1 环刀取样法

在压实后的换填材料中用环刀取样，测定其干密度，并以不小于该材料在中密度状态时的干密度(单位体积干土的质量)为合格。中砂或碎石在中密度时的干密度一般可按1.55~1.6 t/m^3 考虑，对于砂石垫层的质量检查，取样时的容积应足够大，且干密度应提高。

6.2.7.2 贯入测定法

采用贯入仪、钢筋或钢叉的贯入度的大小来检测换土垫层法的施工质量时，应先进行干密度和贯入度的对比试验，如检查测定的贯入度小于试验所确定的贯入度，则为合格。进行钢筋贯入度测定时，将直径20 mm、长度1.25 m以上的平头钢筋，在换土层面以上700 mm处自由落下，其贯入度应根据该砂石的干密度试验确定。进行钢叉贯入度测定时，用水撼法施工所使用的钢叉，在离地0.5 m的高度自由落下，并按试验所确定的贯入度作为控制标准。

6.2.7.3 轻便触探法检查

利用轻便触探进行检验。

【常见问题解析】

为什么换填法的处理深度通常控制在0.5~3 m以内较为经济合理？

开挖基坑后，利用分层回填夯实，也可处理较深的软弱土层，但换填基坑开挖过深，若地下水位高，就需采取降水措施，或坑壁放坡占地面积大，以及需采用支护结构，或因开挖过深易引起邻近地面、管网、道路与建筑的沉降变形增大。另外，施工土方量大、弃土多等因素，常使处理工程费用增高、工期拖长，对环境影响增大。因此，换填法的处理深度通常控制在3 m以内较为经济合理。处理深度也应大于0.5 m，如果垫层太薄，则换土垫层的作用不太明显。

6.3　排水固结法

【任务导入】

利用荷载作用,使土中孔隙水慢慢排出,孔隙比减小,地基发生固结变形,地基土的强度逐渐增长。

6.3.1　加固原理及适用范围

排水固结法又称预压法,排水固结法的作用机制是对天然地基,或先在地基中设置砂井(袋装砂井或塑料排水带)等竖向排水体,然后利用建筑物本身重量分级逐渐加载;或在建筑物建造前在场地先行加载预压,使土体中的孔隙水排出,逐渐固结,土体孔隙比减小,压缩性减小,抗剪强度提高,从而有利于减小地基沉降和提高地基承载力。

排水固结法适用于处理淤泥质土、淤泥和冲填土等饱和黏性土地基。由太沙基渗透固结理论可知,为使土体加速排水固结,最有效的措施是缩短排水距离。应用这一原理的排水预压法由加压系统和排水系统两部分组成,按其加压方法的不同可分为堆载预压法、真空预压法、降水预压法、电渗预压法和联合预压法。每类方法按其排水方式的不同再分成一些具体方法,如堆载预压法又可分为砂井预压法、袋装砂井预压法和塑料排水板预压法。这里主要介绍常用的堆载预压法和真空预压法。

6.3.2　堆载预压法

堆载预压法,如图6-3所示,是由堆载提供预压荷载,而排水系统通常是由地表排水垫层(沟)与竖向排水体构成的。竖向排水体即为普通砂井、袋装砂井和塑料排水板。

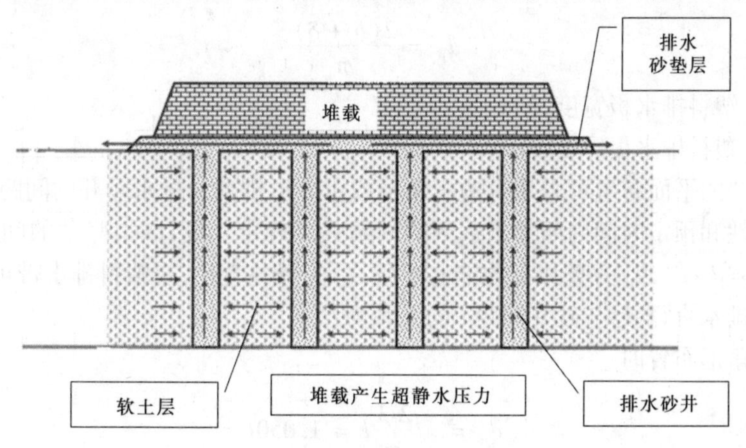

图6-3　堆载预压法示意

砂井(砂桩)指的是为加速软弱地基排水固结,在地基中钻孔,灌入中、粗砂而成的排水柱体。将砂灌入织袋放进孔内形成的井,称袋装砂井。袋装砂井通常不作为基础支承桩,而只用作挤密土层,排出地下水,从而使土壤固结和土层挤密,以提高土壤的承载力。

6.3.2.1 施工主要技术参数

1. 预压荷载的大小与堆载平面范围

通常预压荷载与建筑物的基底压力大小相同;对于沉降有严格限制的建筑,应采用超载预压法。超载的数量根据预定时间内要求消除的沉降量确定,并使超载在地基中的有效应力大于或等于建筑物的附加应力;预压荷载应小于极限荷载 p_u,以免地基发生滑动破坏。堆载的分布应不小于建筑物基础外缘所包围的范围,以保证建筑地基得到均匀加固。

2. 加载的速率

在施加预压荷载时,加载的速率应根据地基土的强度确定,当地基土的强度满足预压荷载下地基的稳定性要求时,可一次加载,否则应分级加载,控制加载速率与地基土的强度增长相适应,待前期预压荷载下地基土的强度增长满足下一级荷载下地基稳定性要求时方可加载。尤其在预压后期更应严格控制加载速率,各阶段均应进行地基稳定计算并应每天进行现场观测,根据经验,加载速率以不使竖向变形超过 10 mm/d、边桩水平位移超过 5 mm/d 为宜。

6.3.2.2 设计施工要点

堆载预压法处理地基的设计应包括下列内容:

(1)选择塑料排水带或砂井,确定其断面尺寸、间距、排列方式和深度。

(2)确定预压区范围、预压荷载大小、荷载分级、加载速率和预压时间。

(3)计算地基土的固结强度、强度增长、抗滑稳定性和变形。

普通砂井直径可取 300 ~ 500 mm,袋装砂井直径可取 70 ~ 120 mm,塑料排水板的宽度和厚度为 100 mm × 4 mm 或 100 mm × 4.5 mm,塑料排水板的当量换算直径 d_p 可按式(6-5)进行:

$$d_p = \frac{2(b + \delta)}{\pi} \tag{6-5}$$

式中 b——塑料排水板宽度,mm;

δ——塑料排水板厚度,mm。

排水竖井的平面布置可采用等边三角形或正方形排列。排水竖井的间距可根据地基土的固结特性和预定时间内所要求达到的固结强度确定。设计时,竖井的间距可按井径比 n 选用,$n = d_e/d_w$,d_e 为竖井有效排水直径,d_w 为竖井直径,对塑料排水带可取 $d_w = d_p$。竖井的有效排水直径 d_e 与砂井间距 l 的关系为:

等边三角形布置时

$$d_e = \sqrt{\frac{2\sqrt{3}}{\pi}}\, l = 1.050l \tag{6-6}$$

正方形布置时

$$d_e = \sqrt{\frac{4}{\pi}}\, l = 1.128l \tag{6-7}$$

塑料排水板或袋装砂井的间距可按 $n = 15 \sim 22$ 选用,普通砂井的间距可按 $n = 6 \sim 8$ 选用。

排水竖井的深度应根据建筑物对地基的稳定性、变形要求和工期确定。对以地基抗滑稳定性控制的工程,竖井深度至少应超过最危险滑动面2.0 m。对以变形控制的建筑,竖井深度应根据在限定的预压时间内需完成的变形量确定。竖井宜穿透受压土层。

注意:堆载预压法处理地基必须在地表铺设与排水竖井相连的砂垫层,砂垫层厚度不应小于500 mm。砂垫层砂料宜用中粗砂,黏粒含量不宜大于3%,砂料中可混有少量粒径小于50 mm的砾石。砂垫层的干密度应大于1.5 g/cm^3,其渗透系数宜大于1×10^{-2} cm/s。在预压区边缘应设置排水沟,在预压区内宜设置与砂垫层相连的排水盲沟。

6.3.3 真空预压法

6.3.3.1 施工主要技术参数

真空预压法(见图6-4)是先在需加固的软土地基表面铺设砂垫层,然后埋设垂直排水管道,再用不透气的封闭膜使其与大气隔绝,通过砂垫层内埋设的吸水滤管,用真空装置进行抽气,并保持较高的真空度,在土的孔隙水中产生负的孔隙压力,使土体内部与排水通道、垫层之间产生压差,将土体中的孔隙水从孔隙中逐渐吸出,使土体固结。

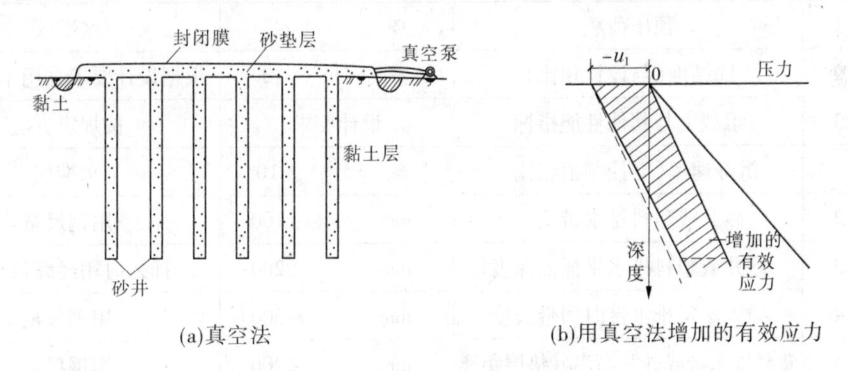

(a)真空法 (b)用真空法增加的有效应力

图6-4 真空预压法示意图

真空预压法的实质是利用大气压差作为预压荷载,其成功的关键在于形成负压区,需要薄膜不漏气,四周地基浅层土体不漏气,这些在施工过程中应特别给予重视。真空预压法的特点及其适用范围如下:

(1)不需要大量堆载,可省去加载和卸载工序,节省大量原材料、能源和运输能力,缩短预压时间。

(2)真空产生的负压使地基土中的孔隙水迅速排出,提高了排水速率,真空预压可一次加足,地基不会发生剪切破坏,能有效缩短总的排水固结时间。

(3)所用设备较为简单,无须大量的大型设备,便于大面积应用。

(4)无噪声、无振动、无污染,可做到文明施工。

真空预压法适用于饱和均质黏性土及含薄砂层的黏性土,特别适用于新冲填土、超软黏性土地基的加固,但不适用于对在加固范围内有足够的水源补给透水土层,以及无法堆载的倾斜地面和施工场地狭窄的工程进行地基处理。

6.3.3.2 施工准备

施工准备应包括下列内容:

(1)调查施工现场的给排水、电、道路条件、地下设施、障碍物情况和周边建筑物等。

(2)熟悉设计文件。

(3)分析水文和地质资料。

(4)复核施工坐标控制点。

(5)编制施工组织设计。

施工前应对排水材料、密封膜和施工设备的质量与性能进行检验,合格后方能使用。

6.3.3.3 施工质量检测

对真空预压处理的软土地基,现场原位强度检测的主要内容为十字板剪切试验和现场静力触探检验等。检验数量,每单位工程不应少于 3 点,1 000 m^2 以上工程,每 100 m^2 至少应有 1 点,3 000 m^2 以上工程,每 300 m^2 至少应有 1 点,每一独立基础下至少应有 1 点,基槽每 20 延米应有 1 点。预压地基和塑料排水带质量检验标准见表 6-6。

表 6-6 预压地基和塑料排水带质量检验标准

项目	序号	检查项目	允许偏差或允许值		检查方法
			单位	数值	
主控项目	1	预压荷载	%	≤2	水准仪
	2	固结度(与设计相比)	%	≤2	根据设计要求采用不同方法
	3	承载力与其他性能指标	设计要求		按规定方法
一般项目	1	沉降速率(与控制值相比)	%	±10	水准仪
	2	砂井或塑料排水带位置	mm	±100	用钢尺量
	3	砂井或塑料排水带插入深度	mm	±200	插入时用经纬仪检查
	4	插入塑料排水带时回带长度	mm	≤500	用钢尺量
	5	塑料排水带或砂井高出砂垫层距离	mm	≥200	用钢尺量
	6	插入塑料排水带的回带根数	%	<5	目测

注:如为真空预压,主控项目预压荷载的允许偏差为真空降低值≤2%。

【常见问题解析】

真空预压法与堆载预压法相比,其优点是什么?

不需要大量堆载,无噪声、无振动、无污染,可做到文明施工。

6.4 机械压实法和强夯法

【任务导入】

大面积平整场地、大型基坑、管沟等回填土工程时,常利用机械压实法将土体中的小颗粒压进大颗粒的孔隙中,从而提高土体的密实度,使土体强度增加,压缩性降低,渗透性减弱。

6.4.1 应用原则

对一定含水量范围内的土,可通过机械压实或落锤夯实以降低其孔隙比,提高其密实度,从而提高其强度,降低其压缩性,这种软弱地基的方法即为机械压实法。机械压实法根据其施工机具、施工方法的不同,常可分为重锤夯实法、机械碾压法、振动压实法和强夯法。

6.4.2　重锤夯实法、机械碾压法、振动压实法

重锤夯实法是用起重机将夯锤提高到一定高度,然后自由下落,利用冲击能重复夯击地基,使地表面形成一层比较密实的硬壳层,从而提高地基表土层的强度,使地基承载力得到改善。重锤夯实法适用于地下水距地表面 0.8 m 以上稍湿的一般黏性土、砂土、湿陷性黄土和杂填土等。

重锤夯实法所用的夯锤通常是由钢底板和底部充填废钢铁的 C20 以上混凝土浇筑的圆台构成的,夯锤一般重 2 ~ 3 t,在起吊能力许可的情况下,宜尽量增大锤的质量,在相同的落距和锤底静压力作用下,夯锤质量越大,锤底面积也就越大,相应的夯实影响深度也就越大,加固效果越好。而片面通过加大夯锤的落距及夯击遍数,事实证明,往往并不能取得较好的效果。

一般来说,增大夯击能(如提高落距)可以提高土的夯实密度,但当土的密实度增加到某一数值后,即使夯击能再增大,也不能使土的密实度增大,甚至反而可能使土的密实度降低。同样,夯击遍数增加也可使土的密实度增大,但当夯击到一定程度后,继续夯击效果就不太大了。因此,施工时应尽可能采用最小的夯击遍数,以取得最好的击实效果。夯击遍数一般应通过现场试验确定。

重锤夯实的效果与锤重、锤底直径、落距、夯击的遍数、夯实土的种类和含水量有密切关系,合理地选定以上参数和控制土的含水量,才能达到好的夯实效果。因此,在施工时,一方面控制土的含水量,使土在最优含水量条件下夯实;另一方面,若夯实土的含水量发生变化,则可以调节夯实功的大小。一般情况下,增大夯实功或增加夯击的遍数可以提高夯实的效果。根据实践经验,夯实的影响深度为重锤底直径的 1 倍左右,夯实后杂填土地基的承载力基本值可达 100 ~ 150 kPa。地下水离地表小于 0.8 m 或饱和软土不宜用重锤夯实法,否则可能将表层土夯成"橡皮土",反而破坏土的结构和加大压缩性。

振动压实法是通过在地基表面施加振动把浅层松散土振密的方法,可用于处理砂土和由炉灰、炉渣、碎砖等组成的杂填土地基。振动压实的效果与振动力的大小、填土的成分和振动时间有关。当杂填土的颗粒或碎裂块较大时,应采用振动力较大的机械。一般来说,振动时间越长,效果越好。但振动超过一定时间后振实效果将趋于稳定。因此,应在施工前进行试振,找出振实稳定所需要的时间。振实范围应从基础边缘 0.6 m 左右起,先振基槽两边,后振中间。当采用振动力为 100 kN 振动压密机时,其有效振动压密深度为 1.0 ~ 1.2 m;振动力为 50 kN 的振动压密机,其有效振动压实深度为 0.50 ~ 0.70 m。一般经过振动压密后,地基承载力可达 100 ~ 120 kPa。

机械碾压法(Compation by rolling)是利用平碾、羊足碾、振动碾等碾压机将地基土压实。对于大面积填土,应分层碾压并逐步升高填土标高。对于杂填土,应把影响深度以上部分挖去,然后分层碾压(最好掺加碎石、粗砂)并逐层回填碾压。黏性土的碾压,一般用质量为$(8 \sim 15) \times 10^3$ kg 的平碾或 12×10^3 kg 的羊足碾,每层铺土(虚铺)厚度为 200 ~

300 mm，碾压8～12遍。

6.4.2.1　施工机具

二维资料6.2

所用施工机具为利用机械力使土壤、碎石等填层密实的土方机械。其广泛用于地基、道路、飞机场、堤坝等工程。压实机械按工作原理分为静力碾压式、冲击式、振动式和复合作用式等。

1.静力碾压式压实机械

静力碾压式压实机械利用碾轮的重力作用，使被压层产生永久变形而密实。其碾轮分为光碾、槽碾、羊足碾和轮胎碾等。光碾压路机压实的表面平整光滑，使用范围最广，适用于各种路面、垫层、飞机场道面和广场等工程的压实。槽碾、羊足碾单位压力较大，压实层厚，适用于路基、堤坝的压实。轮胎式压路机轮胎气压可调节，可增减压重，单位压力可变，压实过程有揉搓作用，使压实层均匀密实，且不伤路面，适用于道路、广场等垫层的压实。

2.冲击式压实机械

冲击式压实机械依靠机械的冲击力压实土壤，有利用二冲程内燃机原理工作的火力夯、利用离心力原理工作的蛙夯和利用连杆机构及弹簧工作的快速冲击夯等。其特点是夯实厚度较大，适用于狭小面积及基坑的夯实。

3.振动式压实机械

振动式压实机械以机械激振力使材料颗粒在共振中重新排列而密实，如板式振动压实机。其特点是振动频率高，对黏结力低的松散土石，如砂土、碎石等压实效果较好。

4.复合作用式压实机械

复合作用压实机械有碾压和振动作用的振动压路机、碾压和冲击作用的冲击式压路碾等。

振动作用的振动式压路机，是在压路机上加装激振器而成的，为目前发展迅速的机型，有取代静力碾压式压实机的趋势。

重锤夯实法的主要机具是起重机和重锤。重锤为一截头的圆锥体，常用重锤质量为1.5～3.0 t，锤底直径为0.7～1.5 m。夯锤落距宜大于4 m，一般为4～6 m。起重设备宜用带有摩擦式卷扬机的起重机，当采用自动脱钩装置时，起重能力应大于锤重的1.5倍；直接用钢丝绳悬吊夯锤时，应大于锤重的3倍。机械碾压法是利用平碾、羊足碾、振动碾等碾压机将地基土压实。

6.4.2.2　施工主要技术参数

1.天然场地土

机械压实法可用于处理由建筑垃圾或工业废料组成的杂填土地基，以及适合用这类措施压实的地基。

2.素填土

素填土作为建筑物浅基础的天然地基一般应经过压实，经压实后成为压实填土地基。对局部软弱地基以及建设场地中的暗塘、沟槽、洞穴等，也可用同类工艺的压实土处理。填土的填料应符合下列规定：

(1)级配良好的砂土或碎石土。

(2)以砾、卵石或块石作填料时,最大粒径应有所控制,不宜大于400 mm。

(3)以细粒土作填料时,应控制其含水量接近最优含水量。

(4)任何情况下填料均应符合设计规定,均不得使用淤泥、耕土、膨胀土以及有机质含量大于5%的土。

3. 边坡压实填土

压实填土作为一种施工手段也常用于边坡填筑。压实填土的边坡允许值应根据其厚度、填料性质等因素,按表6-7的数值确定。表中压实系数 λ_c 为压实填土的控制干密度 ρ_d 与最大干密度 ρ_{dmax} 的比值。

表6-7　预压实填土的边坡允许值

填料名称	压实系数 λ_c	边坡允许值(高宽比) 填土厚度 H(m)			
		$H \leq 5$	$5 < H \leq 10$	$10 < H \leq 15$	$15 < H \leq 20$
碎石、卵石	0.94～0.97	1:1.25	1:1.50	1:1.75	1:2.00
砂夹石(其中碎石、卵石占总质量的30%～50%)		1:1.25	1:1.50	1:1.75	1:2.00
土夹石(其中碎石、卵石占总质量的30%～50%)		1:1.25	1:1.50	1:1.75	1:2.00
粉质黏土、黏质粉土		1:1.50	1:1.75	1:2.00	1:2.25

注:当压实填土厚度大于20 m时,可设计成台阶形,以便进行压实填土的施工。

4. 斜坡上的压实填土

设置在斜坡上的压实填土,应验算其稳定性。当天然地面坡度大于0.20时,应采取措施以防止压实填土可能沿坡面滑动,并应避免雨水沿斜坡排泄。

6.4.2.3　**施工质量监测**

浅基础地基与若干其他场合的压实填土的质量控制标准应符合表6-8的规定,表列场合之外的填土压实质量标准可参考表中规定酌情予以调整后确定。压实填土的质量以压实系数 λ_c 控制,其数值应根据结构类型和压实填土的厚度从表6-8中选用。

表6-8　压实填土的质量控制标准

结构类型	填土部位	压实系数 λ_c	控制含水量
砌体承重结构和框架结构	在地基主要受力层范围内	≥0.97	$\omega_{op} \pm 2\%$
	在地基主要受力层范围以下	≥0.95	
排架结构	在地基主要受力层范围内	≥0.96	
	在地基主要受力层范围以下	≥0.94	

注:地坪垫层以下及基础底面标高以上的压实填土,压实系数不应小于0.94。

6.4.3 强夯法

强夯法如图6-5所示,是将很重的锤(一般为10~40 t)从高处(一般为6~40 m)自由落下,给地基以冲击能和振动,对地基进行强力夯实,从而提高地基承载力,降低其压缩性,使其满足工程需要。

图6-5　强夯法

6.4.3.1　强夯法的加固机制及适用范围

1. 强夯法的加固机制

强夯的加固机制因地基土的类别和强夯施工工艺不同而不同,一般认为强夯法加固地基有三种不同的加固机制:动力密实、动力固结和动力置换。

1)动力密实

采用强夯加固多孔隙、粗颗粒、非饱和土是基于动力密实的机制,即用冲击型动力荷载,使土体中的孔隙减小,土体变得密实,从而提高地基土强度。非饱和土的夯实过程,就是土中的空气被挤出或孔隙中气泡被压缩的过程,其夯实变形主要是由于土颗粒的相对位移引起的。

2)动力固结

用强夯法处理细颗粒饱和土时,则是借助于动力固结的理论,即巨大的冲击能量在土中产生很大的应力波,破坏了土体原有的结构,使土体局部发生液化并产生很多裂缝,增加了排水通道,使孔隙水顺利逸出,待超孔隙水压力消散后,土体固结。由于软土的触变性,强度得到提高,这就是动力固结。

3)动力置换

对于透水性极低的饱和软土,强夯使土的结构破坏,但难以使孔隙水压力迅速消散,夯坑周围土体隆起,土的体积无明显减小,因而对这种土进行夯击处理效果不佳,甚至形成橡皮土。对这种土可以先在土中设置砂井等改善土的透水性,然后进行强夯。此时加固机制类似动力固结,也可采用动力置换。动力置换可分为整体置换和桩式置换两种,如图6-6所示,整体置换是采用强夯将碎石整体挤入淤泥中,其作用机制类似换土垫层。桩式置换是通过强夯将碎石填筑土体中,部分碎石桩(或墩)间隔地夯入软土中,形成桩式碎石墩(或墩式碎石桩)。由于碎石墩具有较高的强度,能和周围土形成复合地基,而且碎石墩中的空隙是软土孔隙水良好的排水通道,因此缩短了软土的排水固结时间,使土体强度得到提高,取得良好的地基处理效果。

强夯加固地基的机制,与重锤夯实法有着本质的不同,一般的重锤夯实是通过浅层振密作用加大土体表层的强度;而强夯则是通过巨大的冲击能量加大土体深层的强度,两者的夯击能差别较大。强夯主要是将机械能转化为势能,再由势能转化为夯击能(动能),在地基中产生强大的动应力和冲击波,其加固机制可概括为加密作用、液化作用、固结作

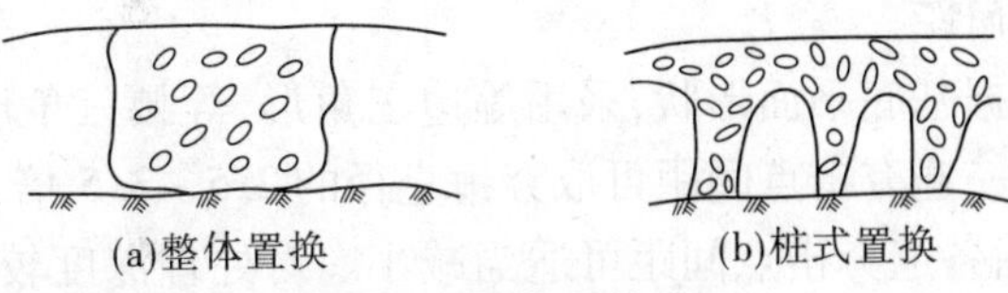

图6-6　强夯置换法

用和时效作用,而重锤夯实更多的是加密作用。

2. 强夯法的适用范围

强夯法适用于处理碎石土、砂土、低饱和度的粉土与黏性土、湿陷性黄土、素填土和杂填土等地基。目前,应用强夯法处理的工程范围是很广的,有工业与民用建筑、仓库、油罐、储仓、公路、铁路路基、飞机场跑道、码头堆场等。工程实践表明,强夯法具有施工简单、加固效果好、工效高、使用经济等优点,一般地基土通过强夯其强度可提高2~5倍,压缩性可降低2~10倍,加固影响深度可达6~10 m。其缺点是施工时的噪声和振动较大,因而不宜在人口密集的城市内使用,也不得用于不允许对工程周围建筑物和设备有一定振动影响的地基加固工程。

6.4.3.2　强夯法的施工技术参数

1. 强夯法的有效加固深度

强夯法的有效加固深度应根据现场试夯或当地经验确定,在缺少试验资料或经验时可按表6-9预估。

表6-9　强夯法的有效加固深度

单位夯击能(kN·m)	碎石土、砂土等粗粒土(m)	粉土、黏性土、湿陷性黄土等细粒土(m)
1 000	5.0~6.0	4.0~5.0
2 000	6.0~7.0	5.0~6.0
3 000	7.0~8.0	6.0~7.0
4 000	8.0~9.0	7.0~8.0
5 000	9.0~9.5	8.0~8.5
6 000	9.5~10.0	8.5~9.0
8 000	10.0~10.5	9.0~9.5

注:强夯法的有效加固深度应从最初起夯面算起。

强夯法的有效加固深度H(m)与夯击能的关系,也可用经验公式估算,即

$$H = \alpha\sqrt{Wh/10} \tag{6-8}$$

式中　W——夯锤重,kN;

h——落距,m;

α——折减系数,黏性土取0.5,砂性土取0.7,黄土取0.35~0.50。

2. 单位夯击能

锤重与落距的乘积即为夯击能,而在单位面积上所施加的总夯击能即为强夯的单位夯击能。单位夯击能应根据地基土类别、结构类型、荷载大小和需处理深度等综合考虑,并通过现场试验确定。一般粗颗粒土可取1 000~3 000 kN·m/m^2,细颗粒土可取1 500~4 000 kN·m/m^2。

3. 夯击点布置及间距

夯击点布置可根据基底平面形状，采用等边三角形、等腰三角形、正方形布置，成行、单点或成组布置。第一遍夯击点间距可取夯锤直径的 2.5 ~ 3.5 倍，第二遍夯击点位于第一遍夯击点之间，以后各遍夯击点间距可适当减小。对处理深度较深或单击夯击能较大的工程，第一遍夯击点间距宜适当增大。

4. 夯点夯击次数与夯击遍数

夯点的夯击次数，应按现场试夯得到的夯击次数和夯沉量关系曲线确定，并应同时满足下列条件：

(1)最后两击的平均夯沉量不宜大于下列数值：当单击夯击能小于 4 000 kN · m 时为 50 mm，当单击夯击能为 4 000 ~ 6 000 kN · m 时为 100 mm，当单击夯击能大于 6 000 kN · m 时为 200 mm。

(2)夯坑周围地面不应发生过大的隆起。

(3)不因夯坑过深而发生提锤困难。

夯击遍数应根据地基土的性质确定，可采用点夯 2 ~ 3 遍，对于渗透性较差的细颗粒土，必要时夯击遍数可适当增加。最后以低能量满夯 2 遍，满夯可采用轻锤或低落距锤多次夯击，锤印搭接。

5. 两遍夯击间隔

两遍夯击之间应有一定的时间间隔，间隔时间取决于土中超静孔隙水压力的消散时间。当缺少实测资料时，可根据地基土的渗透性确定，对于渗透性较差的黏性土地基，间隔时间不应少于 3 ~ 4 周；对于渗透性好的地基可连续夯击。

6. 处理范围

强夯处理范围应大于建筑物基础范围，每边超出基础外缘的宽度宜为基底下设计处理深度的 1/2 ~ 2/3，并且不宜小于 3 m。

7. 强夯地基承载力

特征值应通过现场载荷试验确定，初步设计时也可根据夯后原位测试和土工试验指标按国家标准《建筑地基基础设计规范》(GB 50007—2011)的有关规定确定。

6.4.3.3 施工质量检测

强夯地基施工前应检查夯锤质量、尺寸，落距控制手段，排水设施及被夯地基的土质。为避免对附近建筑物影响，在强夯 10 ~ 15 m 内应采取防振或隔振措施。

施工中应检查落距、夯击遍数、夯点位置、夯击范围。如无经验，应先试夯取得各类施工参数后再正式施工。对透水性差、含水量高的土层，前后两遍夯击应有一定间歇期，一般为 2 ~ 4 周。夯点超出需加固的范围为加固深度的 1/2 ~ 1/3，且不小于 3 m，施工时要有排水措施。施工结束后，应检查被夯地基的强度并进行承载力检验。强夯地基质量检验标准见表 6-10。

表6-10 强夯地基质量检验标准

项目	序号	检查项目	允许偏差或允许值		检查方法
			单位	数值	
主控项目	1	地基强度	设计要求		按规定方法
	2	地基承载力	设计要求		按规定方法
一般项目	1	夯锤落距	mm	±300	钢索设标志
	2	锤重	kg	±100	称重
	3	夯击遍数及顺序	设计要求		计数法
	4	夯点间距	mm	±500	用钢尺量
	5	夯击范围(超出基础范围)	设计要求		用钢尺量
	6	前后两遍间歇时间	设计要求		

【常见问题解析】

机械压实施工中应注意什么问题?

通常情况下,在进行机械压实施工之前会采用灵活的轻型推土机对土层进行推平,确保填土作业时能够对填土压实进行有效控制,达到填土的密度及均匀化要求,避免有碾轮下沉的现象发生,提升了碾压的整体效果。预压施工应进行4~5遍。

6.5 复合地基

【任务导入】

当地基为较深厚的淤泥、淤泥质土、粉土和含水量较高且地基承载力不大于120 kPa的黏性土地基时,采用复合地基处理较为理想,一般分为水泥土搅拌桩复合地基、高压喷射注浆桩复合地基、砂桩地基、振冲桩复合地基、土和灰土挤密桩复合地基、水泥粉煤灰碎石桩复合地基及夯实水泥土桩复合地基。其多用于墙下条形基础、大面积堆料场房地基,深基坑开挖时防止坑壁及边坡坍塌、坑底隆起等以及地下防渗墙等工程中。

6.5.1 水泥粉煤灰碎石桩(CFG桩)地基

二维资料6.3

CFG桩是英文Cement Fly-ash Gravel的缩写,意为水泥粉煤灰碎石桩,是由碎石、石屑、砂、粉煤灰掺水泥加水拌和,用各种成桩机械制成的具有一定强度的可变强度桩。CFG桩是一种低强度混凝土桩,可充分利用桩间土的承载力共同作用,并可传递荷载到深层地基中去,具有较好的技术性能和经济效果。

CFG桩复合地基是在碎石桩加固地基法的基础上发展起来的一种地基处理技术。通过调整水泥掺量及配比,其强度等级为C15~C25,是介于刚性桩与柔性桩之间的一种桩型。CFG桩和桩间土一起,通过褥垫层形成CFG桩复合地基共同工作,故可根据复合地基性状和计算进行工程设计。CFG 桩一般不用计算配筋,并且可利用工业废料粉煤灰和石屑作掺和料,进一步降低了工程造价。

6.5.1.1 CFG 桩基本原理

CFG 桩是由水泥、粉煤灰、碎石、石屑或砂加水拌和形成的高黏结强度桩,和桩间土、褥垫层一起形成复合地基。CFG 桩复合地基通过褥垫层与基础连接,无论桩端落在一般土层还是坚硬土层,均可保证桩间土始终参与工作。由于桩体的强度和模量比桩间土大,在荷载作用下,桩顶应力比桩间土表面应力大。桩可将承受的荷载向较深的土层中传递并相应减小了桩间土承担的荷载。这样,由于桩的作用使复合地基承载力提高,变形减小,再加上 CFG 桩不配筋,桩体利用工业废料粉煤灰作为掺和料,大大降低了工程造价。

复合地基设计中,基础与桩和桩间土之间设置一定厚度散体粒状材料组成的褥垫层,是复合地基的一个核心技术。基础下是否设置褥垫层,对复合地基受力影响很大。若不设置褥垫层,复合地基承载特性与桩基础相似,桩间土承载能力难以发挥,不能成为复合地基。基础下设置褥垫层,桩间土承载力的发挥就不单纯依赖于桩的沉降,即使桩端落在好土层上,也能保证荷载通过褥垫层作用到桩间土上,使桩土共同承担荷载。

6.5.1.2 CFG 桩适用范围

CFG 桩适用于处理黏性土、粉土、砂土和桩端具有相对硬土层、承载力标准值不低于 70 kPa 的淤泥质土、非欠固结人工填土等地基。

6.5.1.3 CFG 桩技术指标

根据工程实际情况,水泥粉煤灰碎石桩常用的施工工艺包括长螺旋钻孔管内泵压混合料成桩、振动沉管灌注成桩和长螺旋钻孔灌注成桩。主要技术指标为:

(1)地基承载力:设计要求。

(2)桩径:宜取 350 ~600 mm。

(3)桩长:设计要求,桩端持力层应选择承载力相对较高的土层。

(4)桩身强度:混凝土强度满足设计要求,通常≥C15。

(5)桩间距: 宜取 3 ~5 倍桩径。

(6)桩垂直度:≤1.5%。

(7)褥垫层:宜用中砂、粗砂、碎石或级配砂石等,不宜选用卵石,最大粒径不宜大于 30 mm。厚度 150 ~300 mm,夯填度≤0.9。

在实际工程中,以上参数根据地质条件、基础类型、结构类型、地基承载力和变形要求等条件或现场每台班或每日留取试块 1 ~2 组确定。

6.5.1.4 CFG 桩材料要求

混凝土、混凝土外加剂和掺和料: 缓凝剂、粉煤灰,均应符合相应标准要求,其掺量应根据施工要求通过实验室确定。

严格按照配合比配制混合料。

长螺旋钻孔管内泵压混合料灌注成桩施工的坍落度宜为 160 ~200 mm,振动沉管灌注成桩施工的坍落度宜为 30 ~50 mm,振动沉管灌注成桩后桩顶浮浆厚度不宜超过 200 mm。

长螺旋钻孔管内泵压混合料成桩施工在钻至设计深度后,应准确掌握提拔钻杆时间,混合料泵送量应与拔管速度相配合，遇到饱和砂土或饱和粉土层，不得停泵待料；沉管灌注成桩施工拔管速度应按匀速控制，拔管速度应控制在 1.2 ~ 1.5 m/min，如遇淤泥或淤泥质土，拔管速度应适当放慢。

6.5.1.5 CFG 桩施工要点

冬期施工时混合料入孔温度不得低于 5 ℃，对桩头和桩间土应采取保温措施。施工垂直度偏差不应大于1%；对满堂布桩基础，桩位偏差不应大于桩径的2/5；对条形基础，桩位偏差不应大于桩径的1/4，对单排布桩桩位偏差不应大于60 mm。

(1)水泥粉煤灰碎石的施工，应按设计要求和现场条件选用相应施工工艺，并应按照国家现行有关规范执行：长螺旋钻孔灌注成桩，适用于地下水位以上的黏性土、粉土、人工填土地基；泥浆护壁钻孔灌注成桩，适用于黏性土、粉土、砂土、人工填土、碎(砾)石土及风化岩层分布的地基；长螺旋钻孔管内泵压混合料成桩，适用于黏性土、粉土、砂土等地基，以及对噪声及泥浆污染要求严格的场地；沉管灌注成桩，适用于黏性土、粉土、淤泥质土、人工填土及无密实厚砂层的地基。

(2)长螺旋钻孔管内泵压混合料成桩施工和沉管灌注成桩施工除应执行国家现行有关规范外，尚应符合下列要求：施工时应按设计配合比配置混合料，投入搅拌机加水量由混合料坍落度控制，长螺旋钻孔管内泵压混合料成桩施工的坍落度宜为180 ~ 200 mm，沉管灌注成桩施工的塌落度宜为30 ~ 50 mm，成桩后桩顶浮浆厚度不宜超过200 mm；长螺旋钻孔管内泵压混合料成桩施工在钻至设计深度后，应准确掌握提拔钻杆时间，混合料泵送量应同拔管速度相配合，以保证管内有一定高度的混合料，遇到饱和砂土或饱和粉土层，不得停泵待料；沉管灌注成桩施工拔管速度应按均匀线速度控制，拔管线速度应控制在1.2 ~ 1.5 m/min，如遇淤泥或淤泥质土，拔管速度可适当放慢。施工时，桩顶标高应高出设计桩顶标高，高出长度应根据桩距、布桩形式、现场地质条件和成桩顺序等综合确定，一般不应小于0.5 m。成桩过程中，抽样做混合料试块，每台机械一天应做一组(3 块)试块(边长为150 mm 的立方体)，标准养护28 d，测定其抗压强度。沉管灌注成桩施工过程中应观测新施工桩对已施工桩的影响，当发现桩断裂并脱开时，必须对工程桩逐桩静压，静压时间一般为3 min，静压荷载以保证使断桩接起来为准。

(3)复合地基的基坑可采用人工或机械、人工联合开挖。机械、人工联合开挖时，预留人工开挖厚度应由现场开挖确定，以保障机械开挖造成桩的断裂部位不低于基础底面标高，且桩间土不受扰动。

(4)褥垫层铺设宜采用静力压实法，当基础底面下桩间土的含水量较小时，也可采用动力夯实法。

(5)施工中桩长允许偏差为 100 mm，桩径允许偏差为 20 mm，垂直度允许偏差为1.5%，对满堂布桩基础，桩位允许偏差为0.5 倍桩径；对条形基础，垂直于轴线方向的桩位允许偏差为桩径的1/4，顺轴线方向的桩位允许偏差为桩径的3/10，对单排布桩桩位允许偏差不得大于60 mm。

6.5.1.6 CFG 桩施工质量检验

(1)复合地基检测应在桩体强度满足试验荷载条件下进行，一般宜在施工结束 2 ~ 4 周后检测。

(2)复合地基承载力宜由单桩或多桩复合地基载荷试验确定,复合地基载荷试验方法应符合《建筑基桩检测技术规范》(JGJ 106—2014)的规定,试验数量不应少于3个试验点。

(3)对高层建筑或重要建筑,可抽取总桩数的10%进行应变动力检测,检验桩身结构完整性。

6.5.2 振冲碎石桩地基

6.5.2.1 振冲工艺、机制与适用条件

振冲法又称振动水冲法,它是利用振动和压力水冲击加固地基的一种方法。在振冲器水平振动和高压水共同作用下,使松砂土层振实,或在软土中成孔,然后回填碎石等粗颗粒形成桩柱,并和原地基土组成复合地基的地基处理方法。

振冲法按加固机制和效果不同,又分为振冲置换法(见图6-7)和振冲密实法两类。前者是在地基土中借振冲器成孔,振密填料置换,制造一群由碎石、砂砾等散粒材料组成的桩体,与原地基土一起构成复合地基,使其排水性能得到很大改善,有利于加速土层固结,使承载力提高,沉降量减少,它又被称为振冲置换碎石桩法;振冲密实法主要是利用振动和压力水使砂层液化,砂颗粒相互挤密,重新排列,孔隙减少,从而提高砂层的承载力和抗液化能力,又被称为振冲挤密砂桩法。

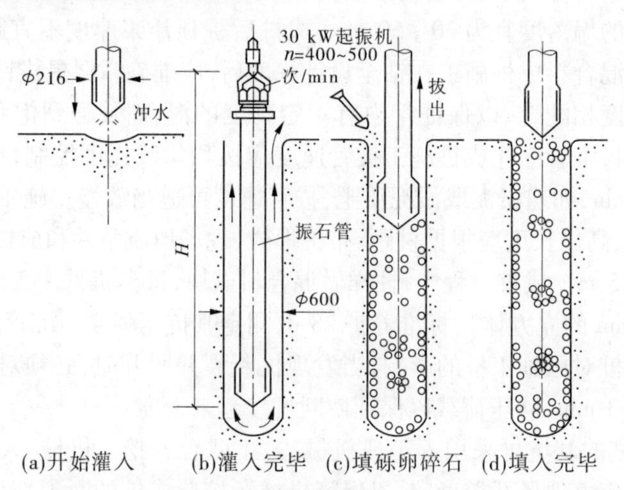

图6-7 振冲置换法

振冲置换法适用于处理不排水抗剪强度小于20 kPa的黏性土、粉土、饱和黄土和人工填土等地基,如果桩周土的强度过低,则难以形成桩体。振冲密实法适用于处理砂土和粉土等地基,不加填料的振冲密实法仅适用于处理黏粒含量小于10%的粗砂、中砂地基。振冲法不适于在地下水位较高、土质松散、易塌方和含有大块石等障碍物的土层中使用。此外,因为采用水冲,传统振冲法会产生大量泥浆,易对环境造成污染,在市区施工受到一定限制,为此河北省建筑科学研究所等单位从1979年开始研究干法振动砂石桩,并取得了成功。

6.5.2.2 振冲法的设计要点

1. 振冲置换法

1)处理范围

振冲桩处理范围应根据建筑物的重要性和场地条件确定，当用于多层建筑和高层建筑时，宜在基础外缘扩大1~2排桩。当要求消除地基液化时，在基础外缘扩大宽度不应小于基底下可液化土层厚度的1/2。

2)桩位布置及桩间距

对大面积满堂基础，宜用等边三角形布置；对单独基础或条形基础，宜用正方形、矩形或等腰三角形布置。

振冲桩的间距应根据上部结构荷载大小和场地土层情况，并结合所采用的振冲器功率大小综合考虑。30 kW振冲器布桩间距可采用1.3~2.0 m;55 kW振冲器布桩间距可采用1.4~2.5 m;75 kW振冲器布桩间距可采用1.5~3.0 m。荷载大或对黏性土宜采用较小的间距，荷载小或对砂土宜采用较大的间距。

3)桩长、桩径的确定

当相对硬层埋深不大时，应按相对硬层埋深确定；当相对硬层埋深较大时，按建筑物地基变形允许值确定；在可液化地基中，桩长应按要求的抗震处理深度确定。桩长不宜小于4 m。振冲桩的平均直径可按每根桩所用填料量计算。

4)垫层的设置

在桩顶和基础之间宜铺设一层300~500 mm厚的碎石垫层。

5)桩体材料的选用

桩体材料可用含泥量不大于5%的碎石、卵石、矿渣或其他性能稳定的硬质材料，不宜使用风化易碎的石料。常用的填料粒径为:30 kW振冲器20~80 mm,55 kW振冲器30~100 mm,75 kW振冲器40~150 mm。

6)振冲桩复合地基承载力特征值的确定

振冲桩复合地基承载力特征值应通过现场复合地基载荷试验确定，初步设计时也可用单桩和处理后桩间土承载力特征值按下式估算：

$$f_{spk} = mf_{pk} + (1 - m)f_{sk} \tag{6-9}$$

式中 f_{spk}——振冲桩复合地基承载力特征值,kPa;

f_{pk}——桩体承载力特征值,kPa,宜通过单桩载荷试验确定；

f_{sk}——处理后桩间土承载力特征值,kPa,宜按当地经验取值，如无经验，可取天然地基承载力特征值；

m——桩土面积置换率。

对小型工程的黏性土地基如无现场载荷试验资料，初步设计时复合地基的承载力特征值也可按式(6-10)估算：

$$f_{spk} = [1 + m(n - 1)]f_{sk} \tag{6-10}$$

式中 n——桩土应力比，在无实测资料时，可取2~4,原土强度低时取大值，原土强度高时取小值。

振冲处理地基的变形计算应按现行国家标准《建筑地基基础设计规范》(GB 50007—

2011)有关规定进行。

2. 振动挤密法

不加填料振冲加密宜在初步设计阶段进行现场工艺试验，确定不加填料振密的可能性、孔距、振密电流值、振冲水压力、振后砂层的物理力学指标等。用 30 kW 振冲器振密深度不宜超过 7 m，75 kW 振冲器不宜超过 15 m。不加填料振冲加密孔距可为 2～3 m，宜用等边三角形布孔。

6.5.2.3 振冲地基质量检验标准

振冲地基质量检验标准见表 6-11。

表 6-11 振冲地基质量检验标准

项目	序号	检验项目	允许偏差或允许值		检验方法
			单位	数值	
主控项目	1	填料粒径	设计要求		抽样检验
	2	密实电流(黏性土)	A	50～55	电流表读数
		密实电流(砂性土或粉土)(以上为功率 30 kW 振冲器)	A	40～50	
		密实电流(其他类型振冲器)	A	$(1.5\sim2.0)A_0$	电流表读数，A_0 为空振电流
	3	压实系数	设计要求		按规定方法
一般项目	1	石灰粒径	mm	≤5	抽样检验
	2	土料有机质含量	%	≤5	实验室试验
	3	土颗粒粒径	mm	≤5	实验室试验
	4	含水量(与要求的最优含水量比较)	%	±2	实验室试验
	5	分层厚度偏差(与设计要求比较)	mm	±50	水准仪

6.5.3 深层搅拌水泥桩地基

6.5.3.1 加固机制及适用范围

深层搅拌法是利用水泥作为固化剂，通过特别的深层搅拌机械，在地基深处就地将软土和水泥(浆液或粉体)强制搅拌后，水泥和软土将产生一系列物理－化学反应，使软土硬结改性。改性后的软土强度大大高于天然强度，其压缩性、渗水性比天然软土大大降低。

深层搅拌法加固软土的基本原理，是基于水泥加固土的物理－化学反应过程，减少了软土中的含水量，增加了颗粒之间的黏结力，增加了水泥土的强度和足够的水稳定性。在水泥加固土中，由于水泥的掺量较小，一般占被加固土重的 10%～15%，水泥的水化反应完全是在具有一定活性的介质——土的围绕下进行，所以硬化速度较慢且作用复杂。

深层搅拌法适用于处理淤泥、淤泥质土、粉土和含水量较高且地基承载力标准值不大于 120 kPa 的黏性土地基，对软土效果更为显著。其多用于墙下条形基础，大面积堆料厂房地基、深基坑开挖时防止坑壁及边坡塌滑、坑底隆起等以及地下防渗墙等工程中。冬季施工时，应注意负温对处理效果的影响。该法用于处理泥炭土、有机质土、塑性指数 I_P 大于25的黏土，地下水具有腐蚀性时以及无工程经验的地区，必须通过现场试验确定其适用性。

6.5.3.2 设计要点

深层搅拌法的设计，主要是确定搅拌桩的置换率和长度，要满足承载力和变形的要求。采用深层搅拌法形成的复合地基承载力可按式(6-11)计算：

$$f_{spk} = m\frac{R_a}{A_p} + \beta(1-m)f_{sk} \tag{6-11}$$

$$m = d^2/d_e^2$$

式中 f_{spk}——复合地基的承载力特征值，kPa；

m——桩土面积置换率；

d——桩身平均直径，m；

d_e——1根桩分担的处理地基面积的等效圆直径，等边三角形布桩 $d_e=1.5s$，正方形布桩 $d_e=1.13s$，矩形布桩 $d_e=1.13\sqrt{s_1s_2}$，s、s_1、s_2 分别为桩间距、纵向间距和横向间距；

R_a——单桩竖向承载力特征值；

A_p——桩的截面面积，m^2；

β——桩间土承载力折减系数，宜按地区经验取值，如无经验可取0.75～0.95，天然地基承载力较高时取大值；

f_{sk}——处理后桩间土承载力特征值，kPa，宜按当地经验取值，如无经验，可取天然地基承载力特征值。

单桩竖向承载力特征值 R_a 应通过现场载荷试验确定。初步设计时也可按式(6-12)估算，并应同时满足式(6-13)的要求，应使由桩身材料强度确定的单桩承载力大于或等于由桩周土和桩端土的抗力所提供的单桩承载力。

$$R_a = u_p\sum_{i=1}^{n} q_{si}l_i + \alpha q_pA_p \tag{6-12}$$

$$R_a = \eta f_{cu}A_p \tag{6-13}$$

式中 f_{cu}——与搅拌桩桩身水泥土配合比相同的室内加固土试块(边长为70.7 mm的立方体，也可采用边长为50 mm的立方体)在标准养护条件下90 d龄期的立方体抗压强度平均值，kPa；

η——桩身强度折减系数，采用粉体时(干法)可取0.20～0.30，采用水泥浆液时(湿法)可取0.25～0.33；

u_p——桩的周长，m；

n——桩长范围内所划分的土层数；

q_{si}——桩周第 i 层土的侧阻力特征值，kPa，对淤泥可取4～7 kPa，对淤泥质土可取6～12 kPa，对软塑状态的黏性土可取10～15 kPa，对可塑状态的黏性土可取12～18 kPa；

l_i——桩长范围内第 i 层土的厚度，m；

q_p——桩端地基土未经修正的承载力特征值，kPa，可按现行国家标准《建筑地基基础设计规范》（GB 50007—2011）的有关规定确定；

α——桩端天然地基土的承载力折减系数，可取 0.4～0.6，承载力高时取小值。

注意在设计时，可先假定搅拌桩的桩长和桩径，由式（6-12）或式（6-13）计算搅拌桩单桩竖向承载力特征值 R_a，然后按要求的复合地基承载力特征值 f_{spk} 确定置换率 m。

竖向承载搅拌桩复合地基应在基础和桩之间设置褥垫层。褥垫层厚度可取 200～300 mm。其材料可选用中砂、粗砂、级配砂石等，最大粒径不宜大于 20 mm。竖向承载搅拌桩复合地基中的桩长超过 10 m 时，可采用变掺量设计。在全桩水泥总掺量不变的前提下，桩身上部 1/3 桩长范围内可适当增加水泥掺量及搅拌次数；桩身下部 1/3 桩长范围内可适当减少水泥掺量；竖向承载搅拌桩的平面布置可根据上部结构特点及对地基承载力和变形的要求，采用柱状、壁状、格栅状或块状等加固形式。桩可只在基础平面范围内布置，独立基础下的桩数不宜少于 3 根。柱状加固可采用正方形、等边三角形等布桩形式。

当搅拌桩处理范围以下存在软弱下卧层时，应按现行国家标准《建筑地基基础设计规范》（GB 50007--2011）的有关规定进行下卧层承载力验算。

6.5.3.3　质量检验

对水泥土搅拌复合地基，其承载力检验，数量为总数的 1%～1.5%，且不应少于 3 根。振冲地基质量检验标准见表 6-12。

表 6-12　振冲地基质量检验标准

项目	序号	检验项目	允许偏差或允许值		检验方法
			单位	数值	
主控项目	1	水泥及外掺剂质量	设计要求		查产品合格证书或抽样送检
	2	水泥用量	参数指标		参看流量计
	3	桩体强度	设计要求		按规定方法
	4	地基承载力	设计要求		按规定方法
一般项目	1	机头提升速度	m/min	≤0.5	量机头上升距离及时间
	2	桩底标高	mm	+200	测机头深度
	3	桩顶标高	mm	+100 -50	水准仪（最上部 500 mm 不计入）
	4	桩位偏差	mm	<50	用钢尺量
	5	桩径	mm	<0.04D	用钢尺量，D 为桩径
	6	垂直度	%	≤1.5	经纬仪
	7	搭接	mm	>200	用钢尺量

6.5.4　注浆加固法

注浆法又称灌浆法，是利用一般的液压、气压或电化学法通过注浆管把浆液注入地层中，浆液以填充、渗透和挤密等方式，进入土颗粒间孔隙或岩石裂隙中，经一定时间后，将原来松散的土粒或裂隙胶结成一个整体,形成一个结构新、强度大、防水性能强和化学稳定性良好的"结石体"。

6.5.4.1　注浆法的适用范围

注浆法适用于处理砂土、粉土、黏性土和人工填土等地基。注浆的主要目的有:

(1)防渗:降低渗透性,减小渗流量,提高抗渗能力,降低孔隙压力。

(2)堵漏:封堵孔洞,堵截流水。

(3)加固:提高岩土的力学强度和变形模量,恢复混凝土结构及水工建筑物的整体性。

(4)纠偏:使已发生不均匀沉降的建筑物恢复原位或减小其偏斜度。

6.5.4.2　注浆材料

注浆材料是由主剂(原材料)、溶剂(水或其他溶剂)及各种外加剂混合而成的,通常所说的注浆材料即为注浆中所用的主剂。

浆液材料的分类见表6-13。

表6-13　浆液材料的分类

浆液材料	分类	
粒状浆液(悬液)	不稳定粒状材料	水泥浆
		水泥砂浆
	稳定粒状材料	黏土浆
		水泥黏土浆
化学浆液(真溶液)	无机浆材	硅酸盐
	有机浆材	环氧树脂类
		甲基丙烯酸脂类
		聚氨酯类
		丙烯酰胺类
		木质素类
		其他

6.5.4.3　注浆法的分类

注浆法按工艺性质分类可分为单液注浆(一种注浆溶液)和双液注浆(两种注浆溶液)。在有地下水流动的情况下,不应采用单液注浆,而应采用双液注浆,以及时凝结,避免流失。

注浆方法按注浆依据的理论或浆液在土中的流动方式,可将注浆法分为渗透注浆、压密注浆、劈裂注浆和电化学注浆。

1.渗透注浆

通常用钻机成孔,将注浆管放入孔中需要灌浆的深度,钻孔四周顶部封死。启动压力泵,将搅拌均匀的浆液压入土的孔隙或岩石的裂隙中,同时挤出土中的自由水。凝固后,土体或岩石裂隙胶结成整体。此法基本上不改变原状土的结构和体积,所用注浆压力较小。注浆材料多用水泥浆或水泥砂浆，适用于卵石、中砂、粗砂和有裂隙的岩石。

2. 压密注浆

压密注浆与渗透注浆相似，但需用较高的压力灌入浓度较大的水泥浆或水泥砂浆。注浆管管壁为封闭型，浆液在注浆管底端挤压土体，形成"浆泡"，使地层上抬。硬化后的浆土混合物为坚固球体。压密注浆的主要特点之一是它在较软弱的土体中具有良好的处理效果。这种方法最常用于中砂地基，黏土地基中若有适宜的排水条件也可采用。若因排水不畅而可能在土体中引起高孔隙水压力，就必须采用很低的注浆速率。

进行压密注浆时，随着土体的压密和浆液的挤入，浆泡尺寸逐渐增大，产生较大的辐射状上抬力而使地面抬起，当合理地使用注浆压力并造成适宜的上抬力时，能使下沉的建筑物回升到相当精确的范围。压密注浆正是利用了这一原理对建筑物的不均匀沉降进行纠正的。

3. 劈裂注浆

劈裂注浆是在较高压力作用下，浆液克服地层的初始应力和抗剪抗拉强度，使其在地层内发生水力劈裂作用，从而破坏和扰动地层结构，在地层内产生一系列裂隙，使原有的孔隙或裂隙进一步扩展，促使浆液的可注性和扩散范围增大。这种注浆方法一般在渗透系数小及颗粒很小的中、细、粉砂岩土或淤泥中使用。

4. 电化学注浆

这种方法是指在施工中预先在需要加固的地层中把两个电极按一定的电极距置入地层中，将有孔的金属管作为注浆管，接到直流电源的正极，另一电极接到电源的负极，并通以直流电源，在土中引起电渗、电泳和离子交换等作用，促使在通电区域内的含水量显著降低，从而在土内形成渗浆"通道"。若在通电的同时向土中灌注硅酸盐溶液，就能在"通道"中形成硅胶，并与土粒胶结成具有一定强度的加固体。

6.5.5 高压喷射注浆法

高压喷射注浆是利用钻机把带有喷嘴的注浆管钻入至土层预定的深度后，以 20～40 MPa 的压力把浆液从喷嘴中喷射出来，形成喷射流冲击破坏土层及预定形状的空间，当能量大、速度快、呈脉动状的喷射流的动压力大于土层结构强度时，土颗粒便从土体上剥落下来。部分细小的土颗粒随着浆液冒出水面，其余土粒在喷射流的冲击力、离心力和重力等作用下，与浆液搅拌混合，并按一定的浆土比例有规律地重新排列。这样注入的浆液将冲下的部分土混合凝结成加固体，从而达到加固土体的目的。

6.5.5.1 高压喷射注浆法的分类

高压喷射注浆法所形成的固结体的形态与高压喷射流的作用方向、移动轨迹和持续喷射时间有密切关系，一般分为旋转喷射（旋喷）、定向喷射（定喷）和摆动喷射（摆喷）三种，如图 6-8 所示。

喷射法施工时，喷嘴一面喷射，一面旋转并提升，固结体呈圆柱状。主要用于加固地基，提高地基的抗剪强度，改善土的变形性质；也可组成闭合的帷幕，用于截阻地下水流和治理流砂。喷射法施工后，在地基中形成的圆柱体，称为旋喷桩。

定喷法施工时，喷嘴一面喷射，一面提升，喷射的方向固定不变，固结体形如板状或

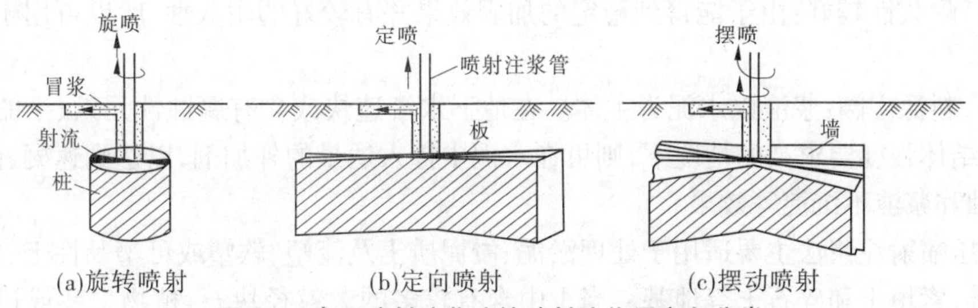

图6-8　高压喷射注浆法按喷射流作用方向分类

壁状。

摆喷法施工时，喷嘴一面喷射，一面提升，喷射的方向呈较小角度来回摆动，固结体形如较厚墙状。

定喷及摆喷两种方法通常用于基坑防渗、改善地基土的渗流性质和稳定边坡等工程。

此外，根据使用机具和设备的不同又分为单管法、双管法、三重管法和多重管法。单管法是利用钻机把安装在注浆管（单管）底部侧面的特殊喷嘴置入土层预定深度后，用高压泥浆泵等装置，以20 MPa左右的压力，把浆液从喷嘴中喷射出去冲击破坏土体，使浆液与土体上崩落下来的土搅拌混合，经过一定时间凝固，便在土中形成一定形状的固结体。双管法是使用双通道的注浆管，当注浆管钻进到土层的预定深度后，通过在管底部侧面的同轴双重喷嘴（1～2个），同时喷射出高压浆液和空气两种介质的喷射流冲击破坏土体。即以高压泥浆泵等高压发生装置喷射出20 MPa左右的压力的浆液，从内喷嘴中高速喷出，并用0.7 MPa左右的压力把压缩空气从外喷嘴中喷出。在高压浆液和它外圈环绕气流的共同作用下，破坏土体的能量显著增大，最后在土中形成较大的固结体，固结体的范围明显增加。三重管法是在以高压泵等高压发生装置产生20～30 MPa的高压水喷射流的周围，环绕一股0.5～0.7 MPa的圆筒状气流，进行高压水喷射流和气流同轴喷射冲切土体，形成较大的空隙，再由泥浆泵注入压力为1～5 MPa的浆液填充，喷嘴做旋转和提升运动，最后便在土中凝固为较大的固结体。多重管法首先需要在地面钻一个导孔，然后置入多重管，用逐渐向下运动的旋转超高压力水射流（压力约40 MPa），切削破坏四周的土体，经高压水冲击下来的土、砂和砾石成为泥浆后，立即用真空泵从多重管中抽出。如此反复地冲和抽，便在地层中形成一个较大的空洞。

6.5.5.2　特点及适用范围

高压喷射注浆法具有以下特点：

（1）施工简便：高压喷射注浆全套设备结构紧凑、体积小、机动性强、占地少，能在狭窄和低矮的空间施工。施工时只需在土层中钻一个孔径为50 mm或300 mm的小孔，便可在土中喷射成直径为0.4～4.0 m的固结体，因而施工时能贴近已有建（构）筑物，成型灵活，既可在钻孔的全长范围形成柱形固结体，也可仅作其中一段。

（2）可控制固结体形状：在施工中可调整旋喷速度和提升速度、增减喷射压力或更换喷嘴孔径改变流量，使固结体形成工程设计所需要的形状。

（3）可垂直、倾斜和水平喷射：通常是在地面上进行垂直喷射注浆，但在隧道、矿山井巷工程、地下铁道等建设中，亦可采用倾斜和水平喷射注浆。处理深度已达30 m以上。

(4)耐久性较好:由于能得到稳定的加固效果并有较好的耐久性,所以可用于永久性工程。

(5)料源广阔:浆液以水泥为主体。在地下水流速快或含有腐蚀性元素、土的含水量大或固结体强度要求高的情况下,则可在水泥中掺入适量的外加剂,以达到速凝、高强、抗冻、耐蚀和浆液不沉淀等效果。

高压喷射注浆法主要适用于处理淤泥、淤泥质土及流塑、软塑或可塑黏性土、粉土、砂土、黄土、素填土和碎石土等地基。当土中含有较多的大粒径块石、植物根茎或过多的有机质时,应根据现场试验确定其适用范围,对地下水流速度大、浆液无法凝固、永久冻土及对水泥有严重腐蚀性的地基不宜采用。

注浆地基质量检验标准见表6-14。

表6-14　注浆地基质量检验标准

项目	序号	检查项目		允许偏差或允许值		检查方法
				单位	数值	
主控项目	1	原材料检验	水泥	设计要求		查产品合格证书或抽样送检
			注浆用砂:粒径	mm	<2.5	实验室试验
			细度模数	mm	<2.0	
			含泥量及有机质含量	%	<3	
			注浆用黏土:塑性指数		>14	实验室试验
			黏粒含量	%	>25	
			含砂量	%	<5	
			有机物含量	%	<3	
			粉煤灰:细度	不粗于同时使用的水泥		实验室试验
			烧失量	%	<3	
			水玻璃:模数	2.5~3.3		抽样送检
			其他化学浆液	设计要求		查产品合格证书或抽样送检
	2	注浆体强度		设计要求		取样检验
	3	地基承载力		设计要求		按规定方法
一般项目	1	各种注浆材料称量误差		%	<3	抽查
	2	注浆孔位		mm	±20	用钢尺量
	3	注浆孔深		mm	±100	量测注浆管长度
	4	注浆压力(与设计参数相比)		%	±10	检查压力表读数

【常见问题解析】

CFG桩施工中最常见的成桩质量问题一般有哪些?

出现缩颈、断桩现象,桩体强度不足和不均。应严格按设计要求控制混合料的坍落度,确保混合料的供应。灌注提管速度按确定参数匀速上提。

【知识/应用拓展】

工程案例

1. 工程概况

某住宅楼为26层,另有1层地下室,为剪力墙结构。地基采用CFG桩复合地基进行加固处理,总桩数为360余根,桩长10 m,桩径400 mm。基础采用筏板基础,复合地基承载力特征值430 kPa。CFG桩采用长螺旋钻成孔,桩身强度为20 MPa;褥垫层采用级配砂石,厚度为0.2 m。

1.1　工程地质条件

本住宅楼场地地形较平坦,场地属于平原,为第四纪全新世冲积沉积形成。

1.2　平面布置

住宅楼占地26.1 m×14.6 m,高78.6 m,平面形状为长方形,地下室层高为4.70 m,采用CFG桩复合地基。布桩时考虑桩受力的合理性,尽量利用桩间土应力σ_s产生的附加应力对桩侧阻力的增大作用。通常σ_s越大,作用在桩上的水平力越大,桩的侧阻力越大。此复合地基采用CFG桩,按正方形布置,间距1.45 m,本楼的CFG桩有效桩长不小于10 m,桩径400 mm,预估的单桩承载力特征值为560 kN。CFG桩复合地基的设置,不仅可以大幅度地提高地基承载力,减小变形,而且充分利用了桩间土的作用,降低了工程造价,一般为桩基的1/3~1/2,经济效益和社会效益非常显著。

2. 试验结果分析

2.1　复合地基静载荷试验

试验采用单桩复合地基承载力按单桩处理面积加权平均的办法,评价CFG桩和水泥土桩混合地基承载力。有两组复合地基试验,每组试验各有一个CFG桩与一个水泥土桩单桩复合地基试验点。第一组为CFG-308#和SNT-410#,第二组为CFG-518#和SNT-632#。从p—s曲线可以看出,复合地基静载荷试验曲线基本属于渐进型的光滑曲线,不存在陡降点。取$s/b=0.01$(b为方形压板的宽度)对应的荷载,其值均超过最大加荷量的一半,因此取最大加荷量的一半作为CFG桩、水泥土桩的单桩复合地基承载力设计值。即CFG桩单桩复合地基承载力设计值大于550 kPa,水泥土桩单桩复合地基承载力设计值大于200 kPa,对两组值进行加权平均后,可知CFG桩与夯实水泥土桩混合桩型复合地基承载力不小于375 kPa,复合地基承载力提高1倍,满足设计要求。分别对两组中的CFG桩及夯实水泥土桩的试验曲线作比较,两组复合地基的承载力相差不大,说明主楼部分的地基土质分布比较均匀,基底持力层的承载力和压缩模量差别不大。

2.2　单桩竖向抗压静载荷试验结果

试验进行了3根CFG桩单桩静载荷试验,检测结果显示:CFG桩单桩极限承载力不小于2 000 kN,地基承载力提高160%,满足设计要求。从检测结果可以看出,3根桩的总沉降都小于10 mm,远小于《建筑基桩检测技术规范》(JGJ 106—2014)的要求值,且沉降随时间、荷载的变化都是均匀的,基本上是弹性的。由此可以看出,当$Q=1\ 000$ kN时,CFG桩还没有达到极限承载力状态,当$Q=500$ kN时,水泥土桩也没有达到极限承载力状态,还有很大“储备”。由卸载曲线可以看出,桩的弹性回弹量很小,最多只有2 m,说明桩体刚度很大。

2.3　轻便触探试验

为对比加固前后桩间土承载力的变化,完工后,布置了7个轻便触探点进行试验。综合分析桩间土测试结果可知,经水泥土桩与CFG桩处理后浅层桩间土的承载力基本值不低于200 kPa,比地基处理前的桩间土承载力有所提高。

2.4　应变桩身完整性检测

本工程检测CFG桩桩身完整性65根桩,检测比例约为30%。所测的65根CFG桩均属于完整桩或基本完整桩,没有影响正常使用的桩。

3. 结论

从复合地基静压结果数据看,本工程所采用的组合型复合地基的应用,可最大限度地发挥CFG桩的优点,使复合地基的承载力得到大幅度的提高,地基变形得以减少和控制。

复合地基中由于CFG桩中掺入少量的粉煤灰,不配筋以及充分发挥桩间土的承载力,其受力和变形类似于素混凝土桩,具有地基承载力高、变形小、稳定快、施工简单易行,且工程造价低等优点,经济效益和社会效益明显。CFG施工现场见图6-9。

图6-9　CFG桩施工现场

是否设置褥垫层以及垫层的材料和厚度,直接影响复合地基的桩和桩间土强度的发挥,合理的垫层厚度对提高复合地基承载力和减少沉降变形是非常有利的。

该工程证明此种地基处理方案,质量易控制,造价低,经济、社会、环境效益明显,有极大的发展潜力。

思考与练习

一、填空题

1. 常用的机械压实方法有__________、__________、__________等。

2. 碾压法适用于__________的填土工程。

3. 影响填土压实质量的主要因素有__________、__________和__________。

4. 土的含水量对填土压实质量有较大影响，能够使填土获得最大密实度的含水量称为__________。

5. 为保证地基取得良好的压实效果，应将地基土的含水量控制在__________附近。

6. 压实系数是指土压实后的干密度与其__________之比。

7. 填土压实后必须达到要求的密实度，它是以设计规定的__________作为控制标准。

二、单项选择题

1. 我国《建筑地基基础设计规范》(GB 50007—2011)中规定，软弱地基是由高压缩性土层构成的地基，其中不包括哪类地基土？(　　)

A. 淤泥质土　　B. 冲填土　　C. 红黏土　　D. 饱和松散粉细砂土

2. 换填法适用于(　　)。

A. 所有的土层　　B. 全部软弱土

C. 部分软弱土　　D. 膨胀土

3. 在人工填土地基的换填垫层法中，下面(　　)不宜于用作填土材料。

A. 级配砂石　　B. 矿渣　　C. 膨胀性土　　D. 灰土

4. 填土的压实就是通过夯击、碾压、振动等动力作用使(　　)减少而增加其密实度。

A. 土体的孔隙　　B. 土体的比重　　C. 土体中的水　　D. 土体颗粒

5. 土压实的目的是减小其(　　)，增加土的强度。

A. 渗透性　　B. 压缩性　　C. 湿陷性　　D. 膨胀性

6. 在填方工程中，若采用的填料具有不同透水性，宜将透水性较大的填料(　　)。

A. 填在上部　　B. 填在中间

C. 填在下部　　D. 与透水性小的填料掺杂

7. 压实机械按照工作原理分为(　　)机械。

A. 碾压　　B. 夯实　　C. 振动　　D. 以上三种都是

8. 强夯法不适用于以下哪种地基土？(　　)

A. 软弱砂土　　B. 杂填土　　C. 饱和软黏土　　D. 湿陷性黄土

9. 采用堆载预压处理软基时，为加快地基土压缩过程，有时采用超载预压，指(　　)。

A. 在预压荷载旁边施加荷载

B. 采用比建筑物本身重量更大的荷载进行预压

C. 采取其他辅助方法如真空预压进行联合预压

D. 在土中设置砂井加速排水固结

10. CFG 桩的主要成分是(　　)。

A. 石灰、水泥、粉煤灰

B. 黏土、碎石、粉煤灰

C. 水泥、碎石、粉煤灰

11. CFG 桩是(　　)的简称。

A. 水泥深层搅拌桩　　B. 水泥粉煤灰碎石桩

C. 水泥高压旋喷桩　　D. 水泥聚苯乙烯碎石桩

三、判断题

1. 击实曲线中,最大干密度对应的含水量是最佳含水量。 ( )

2. 土的压实系数是压实后的干密度与最大干密度之比。 ( )

四、简答题

1. 地基处理方法一般有哪几种?试述各自的适用性。

2. 填土压实有哪几种方法?试述各自的适用性。

3. 影响填土压实的主要因素有哪些?如何检查填土压实的质量?

项目7 特殊土地基处理

【知识目标】

1. 了解特殊土的类型。
2. 掌握湿陷性黄土、膨胀土、红黏土的特点及施工措施。
3. 了解湿陷性黄土、膨胀土、红黏土地基的处理方法。

【能力目标】

1. 能够根据特殊土的特点,选择确定合理的施工方案。
2. 能够在湿陷性黄土、膨胀土、红黏土地基的施工中控制施工质量。

【知识脉络图】

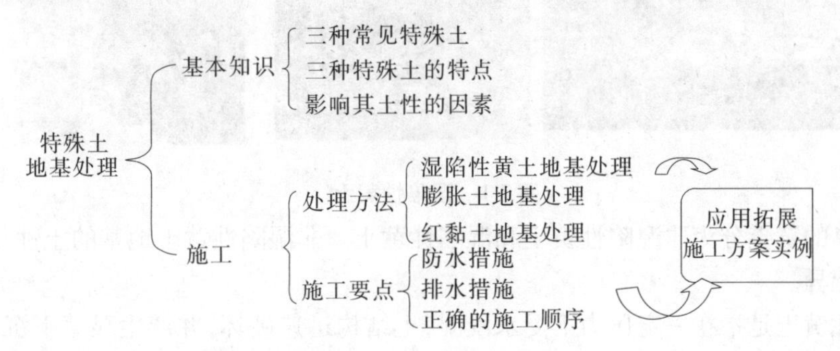

【任务导入】

随着工业化步伐的加快,城市化的进程也越来越快。规模宏大的工业及民用建筑、水利工程、环境工程、港口工程、高速铁路、高速公路、机场跑道等的兴建,不可避免地需要在各种复杂的地基上进行工程建设。而特殊的土壤状况是工程建设遇到的最普遍的问题,因此工程师们越来越重视对特殊土壤地区工程建设特征的研究。

我国地域广阔,各地区的地理位置、气象条件、地质构造及地层成因、物质成分等各异,分布着多种多样的土类。当其作为建筑物地基时,如果不注意这些特性,可能引起事故。

人们把具有特殊工程性质的土类叫作特殊土。我国的特殊土主要指沿海和内陆地区的软土、杂填土、冲填土、松散砂土和粉土,分布于西北和华北、东北等地区的湿陷性黄土,分散于各地的膨胀土、红黏土、盐渍土、高纬度和高海拔地区的多年冻土以及山区岩土地基等。各种天然形成的特殊土的地理分布,存在着一定的规律,表现出一定的区域性,所以又称为区域性特殊土。

7.1 湿陷性黄土地基

7.1.1 湿陷性黄土的特征

遍布在我国西北等部分地区(甘、陕、晋大部分地区以及豫、冀、鲁、宁、辽、新等部分地区)的黄土是第四纪干旱和半干旱气候条件下形成的一种特殊沉积物。颜色多呈黄色、淡灰黄色或褐黄色;颗粒组成以粉土粒(尤以粗粉土粒)为主,粒度大小较均匀,黏粒含量较少,一般仅占10%~20%;含碳酸盐、硫酸盐及少量易溶盐;孔隙比大,且具有肉眼可见的大孔隙,常呈现直立的陡壁,如图7-1所示。黄土的工程性质评价应综合考虑地层、地貌、水文地质条件等因素。

图7-1 湿陷性黄土

自然界的黄土分为非湿陷性黄土和湿陷性黄土。非湿陷性黄土地基的土性与一般黏性土地基无异。

湿陷性黄土是指在一定压力下受水浸湿,土结构迅速破坏,并产生显著下沉的黄土。具有天然含水量的黄土,如未受水浸湿,一般强度较高,压缩性较小。湿陷性黄土主要有以下特点。

7.1.1.1 压缩性

湿陷性黄土由于所含可溶盐的胶结作用,天然状态下的压缩性较小,一旦遇到水的作用,可溶盐类溶解,压缩性骤然增大,此时土即产生湿陷。

7.1.1.2 抗剪强度

湿陷性黄土由于存在可溶盐类和部分原始黏聚力,形成较高的结构强度,使土的黏聚力增大。但如受水浸湿,易产生溶胶作用,使土的结构强度减弱,土结构迅速破坏。湿陷性黄土的内摩擦角与含水量有很大的关系,含水量越大,内摩擦角越小,抗剪强度越小。

7.1.1.3 渗透性

湿陷性黄土由于具有垂直节理,因此其渗透性具有显著的各向异性,垂直向渗透系数要比水平向大得多。

7.1.1.4 湿陷性

湿陷性黄土的湿陷性与物理性指标的关系极为密切。干密度越小,湿陷性越强;孔隙比越大,湿陷性越强;初始含水量越低,湿陷性越强;液限越小,湿陷性越强。

湿陷性黄土的定量判定指标是其湿陷系数≥0.015。

我国黄土地区面积约达60万km^2,其中湿陷性黄土约占3/4。我国湿陷性黄土工程地质分区略图可查阅《湿陷性黄土地区建筑规范》(GB 50025)。

湿陷性黄土地基分为自重湿陷与非自重湿陷两种类型。湿陷性黄土地基或场地浸水后,没有任何外部的附加荷载,仅在地基土的自重压力作用下发生湿陷的,称为自重湿陷性黄土地基或场地;湿陷性黄土地基或场地没有外部附加荷载的作用下浸水不发生湿陷,需要在一定的附加荷载作用下浸水才能发生湿陷的,称为非自重湿陷性黄土地基。

黄土湿陷的发生是由于管道(或水池)漏水、地面积水、生产和生活用水等渗入地下,或由于降水量较大,灌溉渠和水库的渗漏或回水使地下水位上升而引起的。受水浸湿是湿陷发生所必需的外界条件。黄土的结构特征及其物质成分是产生湿陷性的内在原因。

干旱或半干旱的气候是黄土形成的必要条件。黄土受水浸湿时,结合水膜增厚锲入颗粒之间,于是盐类溶于水中,骨架强度随着降低,土体在上覆土层的自重应力或在附加应力与自重应力综合作用下,其结构迅速破坏,土粒滑向大孔,粒间孔隙减少。这就是黄土湿陷现象的内在过程。

黄土的湿陷性还与孔隙比、含水量以及所受压力的大小有关。天然孔隙比愈大,或天然含水量愈小则湿陷性愈强。在天然孔隙比和含水量不变的情况下,随着压力的增大,黄土的湿陷量增加,但当压力超过某一数值后,再增加压力,湿陷量反而减少。

7.1.2 湿陷性黄土地基的处理方法

湿陷性黄土地基的设计和施工,除必须遵循一般地基的设计和施工原则外,还应针对黄土湿陷性这个特点和工程要求,因地制宜采取以地基处理为主的综合措施。其目的在于破坏湿陷性黄土的大孔结构,以便全部或部分消除地基的湿陷性,从根本上避免或减少湿陷现象的发生。

7.1.2.1 地基处理措施

1.地基处理范围

湿陷性黄土地基的平面处理范围,应符合下列规定:

(1)当为局部处理时,其处理范围在非自重湿陷性黄土场地,每边应超出基础底面宽度的1/4,并不应小于0.5 m;在自重湿陷性黄土场地,每边应超出基础底面宽度3/4,并且不应小于1 m。

(2)当为整片处理时,其处理范围应大于建筑物底层平面的面积,超出建筑物外墙基础外缘的宽度,每边不宜小于处理土层厚度的1/2,并且不应小于2 m。

(3)水池类构筑物的地基处理,应采用整片土(或灰土)垫层。在非自重湿陷性黄土场地,灰土垫层的厚度不宜小于0.30 m,土垫层的厚度不应小于0.50 m;在自重湿陷性黄土场地,对一般水池,应设1.00~2.50 m厚度的土(或灰土)垫层;对特别重要的水池,宜消除地基的全部湿陷量。

2.处理方法

常用的地基处理方法有土(或灰土)垫层、重锤夯实、强夯、预浸水、化学加固(主要是硅化和碱液加固)、土(灰土)桩挤密等,也可选择其中一种或多种相结合的最佳处理方法,或采用将桩端进入非湿陷性土层的桩基。

(1)垫层法。湿陷性黄土地基采用垫层法主要是指素土垫层和灰土垫层,当仅要求消除地基下1~3 m的湿陷性黄土的湿陷量时,宜采用局部(或整片)素土垫层。当同时要求提高垫层土的承载力及增强水稳性时,宜采用整片灰土垫层。

(2)强夯法。采用强夯法处理湿陷性黄土地基,土的天然含水量宜低于塑限1%~3%。当天然含水量低于10%时,宜对其增湿至接近最优含水量,当土的天然含水量大于塑限3%时,宜采取晾干或其他措施适当降低含水量。

强夯法消除湿陷性黄土层的有效深度,应根据试夯测试结果确定。在强夯土表面以上宜设置300~500 mm厚的灰土垫层。

(3)挤密法。挤密法适用于处理地下水位以上的湿陷性黄土,挤密孔的孔位,宜按正三角形布置。孔底在填料前必须夯实,孔内填料宜用素土或灰土,必要时可用强度高的水泥土等。当仅要求消除基底下湿陷性黄土的湿陷量时,宜填素土;当同时要求提高承载力时,宜填灰土、水泥土等强度高的材料。

挤密地基在基础下宜设置0.5 m厚的灰土(或土)垫层。

(4)预浸水法。预浸水法主要用于湿陷性黄土地基。湿陷性黄土地基预浸水法是利用黄土浸水后产生自重湿陷的特性,在施工前进行大面积浸水,使土体预先产生自重湿陷,以消除黄土层的自重湿陷性。它适用于处理土层厚度大、自重湿陷性强烈的湿陷性黄土地基,是一种比较经济有效的处理方法。经预浸水法处理后,浅层黄土可能仍具有外荷湿陷性,需做浅层处理。

预浸水法用水量大、工期长,一般应比正式工程至少提前半年到一年进行,并且应有充足的水源保证。浸水场地与周围已有建筑物应留有足够的安全距离,当地基存在隔水层时,其净距应不小于湿陷性黄土层厚度的3倍;当不存在隔水层时,应不小于湿陷性黄土层厚度的1.5倍。此外,还应考虑浸水对场地附近边坡稳定性的影响。

浸水场地的面积应根据建筑物的平面尺寸和湿陷性黄土层的厚度确定,对于平面为矩形的建筑物,浸水场地的尺寸应比建筑物长边长5~8 m,比短边长2~4 m,并且不应小于湿陷性黄土层的厚度。对于平面为方形或圆形的建筑物,浸水场地的边长或直径应比建筑物平面尺寸放宽3~5 m,并不应小于湿陷性黄土层的厚度。

当浸水场地的面积较大时,应分段进行浸水,每段长50 m左右。浸水前,沿场地四周修土埂或向下挖深0.5 m,并设置标点以观测地面及深层土的湿陷变形。浸水期间要加强观测,如发现有跑水现象,要及时填土堵塞。浸水初期,水位不宜过高,待周围地表出现环形裂缝后再提高水位。湿陷变形的观测应到沉陷基本稳定。

7.1.2.2 防水措施

不仅要放眼于整个建筑场地的排水、防水问题,而且要考虑到单体建筑物的防水措施,在建筑物长期使用过程中要防止地基被浸湿,同时也要做好施工阶段的排水、防水工作。

7.1.2.3 结构措施

在建筑物设计中,应从地基、基础和上部结构相互作用的概念出发,采取适当的措施,增强建筑物适应或抵抗因湿陷引起的不均匀沉降的能力。这样,即使地基处理或防水措施不周密而发生湿陷,也不致造成建筑物的严重破坏,或减轻其破坏程度。

在上述措施中，地基处理是主要的工程措施。防水、结构措施一般用于地基不处理或消除地基部分湿陷量的建筑物，以弥补地基处理（或不处理）的不足。

7.1.3　湿陷性黄土地基的施工

7.1.3.1　施工注意事项

（1）施工前应完成场区土方、挡土墙、护坡、防洪沟及排水沟等工程，使排水畅通，边坡稳定。建筑场地的防洪工程应提前施工，并应在汛期前完成。

（2）遵循“先地下后地上”的施工程序，对体型复杂的建筑，先施工深、重、高的部分，后施工浅、轻、低的部分。

（3）敷设管道时，先施工排水管道，并保证其畅通，防止施工用水管网漏水。

（4）当基坑或基槽挖至设计深度或标高时，应进行验槽。

（5）对用水量较大的施工及生活设施如临时水池、洗料场、淋灰池、防洪沟及搅拌站等，至建筑物外墙的距离，在非自重湿陷性黄土场地，不宜小于12 m；在自重湿陷性黄土场地，不得小于湿陷性黄土层厚度的3倍，并不应小于25 m。

（6）临时给排水管道至建筑物外墙的距离，在非自重湿陷性黄土场地，不宜小于7 m；在自重湿陷性黄土场地，不宜小于10 m。

（7）制作和堆放预制构件或重型吊车行走的场地，必须整平夯实，保持场地排水畅通。在现场堆放材料和设备时，对需大量浇水的材料，应堆放在距基坑（槽）边缘5 m以外，浇水时必须有专人管理，严禁水流入基坑或基槽内。

（8）地基基础和地下管道的施工，应尽量缩短基坑或基槽的暴露时间。在雨季、冬季施工时，应采取专门措施，确保工程质量。

（9）分部分项工程和隐蔽工程完工时，应进行质量评定和验收，并应将有关资料及记录存入工程技术档案，作为竣工验收文件。

（10）当发现地基浸水湿陷和建筑物产生沉降或裂缝时，应暂时停止施工，切断有关水源，查明浸水原因和范围，对建筑物的沉降和裂缝加强观测，并绘图记录，经处理后方可继续施工。

7.1.3.2　检查

（1）场地内排水线路能否保证雨水迅速排至场外。

（2）建筑物施工顺序的安排是否合理。

（3）防止施工用水浸入地基的措施是否有效。

（4）沉降观测所采用的水准仪精度、测量方法、水准基点和观测点的埋设方法和裂缝观测方法等是否符合要求。

【常见问题解析】

为什么黄土容易产生穴陷？

由于黄土具有垂直节理、天然含水量小且含有丰富的易溶盐，因此容易产生陷穴。对于黄土陷穴，在查明发生的部位、深度以及范围之后，按照不同的陷穴形式可分别采用回填夯实、明挖回填夯实、支撑回填夯实、灌砂灌浆等方法处理。

7.2　膨胀土地基

7.2.1　膨胀土的特征

膨胀土一般由亲水性黏土矿物组成，黏粒含量一般很高，具有显著的吸水膨胀和失水收缩两种变形特性。膨胀土自由膨胀率大于或等于40%的黏性土，天然孔隙比小（一般为0.50～0.80），天然含水量接近或略小于塑限，液性指数常小于零。它一般强度较高，压缩性低，易被误认为是建筑性能较好的地基土。但由于具有膨胀和收缩的特性，当利用这种土作为建筑物地基时，如果对这种特性缺乏认识，或在设计和施工中没有采取必要的措施，会给建筑物造成危害。

膨胀土分布范围很广，根据现有资料，我国广西、云南、湖北、河南、安徽、四川、河北、山东、陕西、江苏、贵州和广东等地均有不同范围的分布。在膨胀土地区进行建设，要认真调查研究，通过勘察工作，对膨胀土做出必要的判断和评价，以便采取相应的设计和施工措施，从而保证房屋和构筑物的安全和正常使用。

在自然条件下，膨胀土多呈硬塑或坚硬状态，具黄、红、灰白等颜色，如图7-2所示。膨胀土地区旱季地表常出现地裂，雨季则裂缝闭合。地裂上宽下窄，一般长10～80 m，深度多为3.5～8.5 m，壁面陡立而粗糙。

图7-2　膨胀土

7.2.2　膨胀土地基的现象

膨胀土具有显著的吸水膨胀、失水收缩和反复胀缩变形的特性，浸水强度衰减，干缩裂隙发育，性质不稳定。建造在膨胀土地基上的建筑物，随季节性气候的变化会反复不断地产生不均匀的升降，造成位移、开裂、倾斜，而使房屋破坏，而且往往成群出现，尤以低层平房严重，因为这类建筑物的质量轻，整体性差，基础埋置较浅，地基土易受外界因素的影响而产生胀缩变形，故极易裂损，危害性较大。

建筑物的开裂破坏具有地区性成群出现的特点。遇干旱年份裂缝发展更为严重，建筑物裂缝随气候变化时而张开和闭合。一般于建筑物完工后半年到5年出现。

7.2.2.1　建筑物裂缝特征

（1）外墙垂直裂缝、端部斜向裂缝和窗台下水平裂缝。

（2）房屋墙面两端转角处的裂缝，例如内、外山墙对称或不对称的倒八字形裂缝等

(见图7-3)。

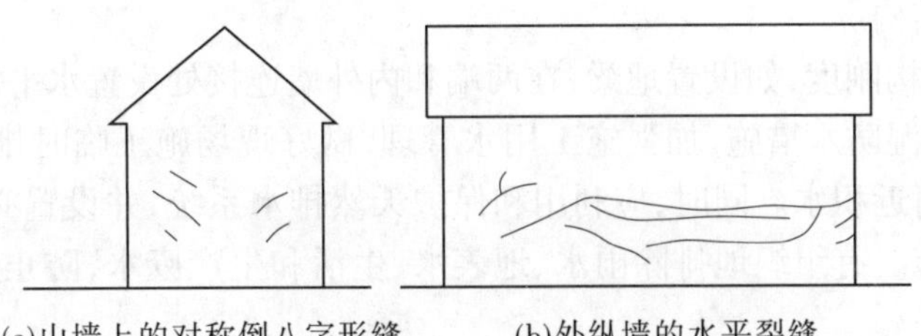

(a)山墙上的对称倒八字形缝　(b)外纵墙的水平裂缝

图7-3　膨胀土地基上房屋墙面的裂缝

(3)墙体外倾并有水平错动。

(4)由于土的胀缩交替变形,墙体会出现交叉裂缝。

(5)隆起的地坪出现纵向长条和网格状的裂缝,并常与室外地裂相连。

(6)房屋的独立砖柱可能发生水平断裂,并伴随有水平位移和转动。

(7)在地裂通过建筑物的地方,建筑物墙体上出现上小下大的竖向或斜向裂缝。

膨胀土边坡极不稳定,易产生浅层滑坡,并引起房屋和构筑物的开裂。

7.2.2.2　膨胀土地基的形成原因

膨胀土主要由蒙脱石(微晶高岭土)、伊利石(水云母)等亲水性矿物组成。蒙脱石矿物亲水性强,具有既易吸水又易失水的强烈活动性。伊利石亲水性比蒙脱石低,但也有较高的活动性。土的细颗粒含量较高,具有明显的湿胀干缩效应。遇水时,土体即膨胀隆起(一般自由膨胀率在40%以上),产生很大的上举力,使房屋上升(可高达10 cm);失水时,土体即收缩下沉,由于这种体积膨胀收缩的反复可逆运动和建筑物各部挖方深度、上部荷载以及地基土浸湿、脱水的差异,因而使建筑物产生不均匀升降运动而造成裂缝、位移、倾斜甚至倒塌。

当然,气候条件和地形地貌等也是影响膨胀土地基的主要外部因素。在雨季,土中水分增加,在干旱季节则减少。房屋建造后,室外土层受季节性气候影响较大,因此基础的室内外两侧土的胀缩变形也就有了明显的差别,有时甚至外缩内胀,而使建筑物受到反复的不均匀变形的影响。这样,经过一段时间以后,就会导致建筑物的开裂。

7.2.3　膨胀土地基的处理

7.2.3.1　处理措施

(1)尽量保持原自然边坡、场地的稳定条件,避免大挖大填。

(2)基础不宜设置在季节性干湿变化剧烈的土层内。当膨胀土位于地表下3 m,或地下水位较高时,基础可以浅埋。若膨胀土层不厚,则尽可能将基础埋置在非膨胀土上。

(3)采用垫层时,须将地基中膨胀土全部或部分挖除,用砂、碎石、块石、煤渣、灰土等材料作垫层,厚度不小于300 mm。垫层宽度应大于基础宽度,两侧回填相同的材料,并做好防水处理。

(4)临坡建筑不宜在坡脚挖土施工,避免改变坡体平衡,使建筑物产生水平膨胀位移。

(5)在建筑物周围做好地表渗、排水沟等。散水坡做成宽度大于2 m的宽散水,其下做砂或炉渣垫层，并设隔水层。室内下水道设防漏、防湿设施，使地基土尽量保持原有天然湿度和天然结构。

(6)加强结构刚度，如设置地梁，在两端和内外墙连接处设置水平钢筋加强联结等。

(7)做好保湿防水措施，加强施工用水管理，做好现场施工临时排水，避免基坑(槽)浸泡和建筑物附近积水。同时，应利用和保护天然排水系统，并设置必要的排洪、截流和导流等排水设施。有组织地排除雨水、地表水、生活和生产废水，防止局部浸水和渗漏现象。

7.2.3.2 处理方法

膨胀土地基可选用的地基处理方法有换土垫层法、浸水保湿法、灌浆法和其他措施(如增大基础埋深、砂包基础、宽散水、保湿暗沟、地基帷幕)。

1. 浸水保湿法

浸水保湿法用于膨胀土地基是让土在建筑物施工以前就产生膨胀，建筑物完工后又采取措施如设置保湿暗沟，或防渗帷幕，保持地基土中水分不变，以防止竣工后地基土胀缩变形。通常基槽开挖完成后，暴晒 2 ~ 3 d，垫铺 200 mm 厚砂垫层，浸水 7 ~ 30 d，基础砌筑前，将积水面降至砂垫层顶面以下，再砌筑基础。基础砌完、基坑回填后，向砂垫层中灌水，使水位保持在砂垫层顶面以上，铺以保湿暗沟。竣工使用直至建筑物正常排放下水后，才可停灌。

2. 地基帷幕法

地基帷幕作为地基防水保湿屏障，可隔断外界因素对地基中水分的影响，保持膨胀土地基中水分稳定，防止膨胀土发生胀缩变形。地基帷幕有砂帷幕、填砂的塑料薄膜帷幕、填土的塑料薄膜帷幕、沥青油毡帷幕、土工合成材料帷幕，以及塑料薄膜灰土帷幕(见图 7-4)等。

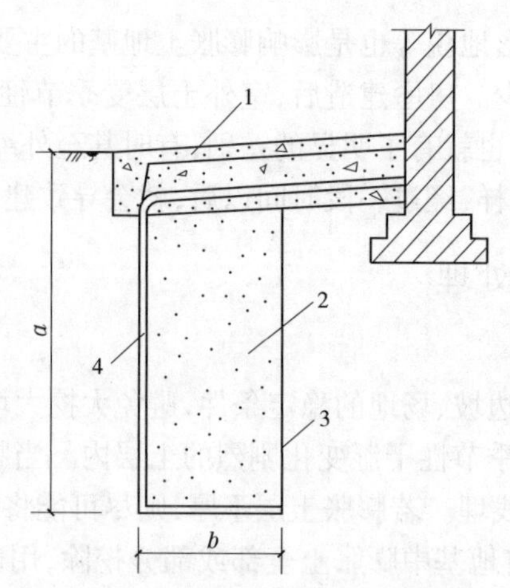

1—散水；2—灰土；3—沟壁；4—塑料薄膜帷幕；
a—合理的基础埋深；b—能施工的最小宽度

图 7-4 塑料薄膜灰土帷幕构造

一般帷幕的埋深，是根据建筑场地条件和当地大气影响急剧层深度来确定的。根据地基土层水分变化情况，在房屋四周分别采用不同帷幕深度以截断侧向土层水分的转移。

帷幕配合2 m宽散水进行地基处理,效果明显,尤其当膨胀土地基上部覆盖层为卵石、砂质土等透水层时,采用地基帷幕防水保湿法,防止侧向渗水浸入地基,效果良好。

地基帷幕也可用于已损坏房屋的修缮处理。用于新建房屋时,最好在建房的同时建造帷幕:

(1)塑料薄膜应选用较厚的聚乙烯薄膜,一般宜用两层,铺设时搭接部分不应少于10 cm,并应用热合处理。

(2)塑料薄膜如有撕裂等疵病,应按搭接处理。

(3)隔水壁宜采用2:8或3:7灰土夯填。

(4)散水做法应严格遵守规定。

3. 保湿暗沟法

保湿暗沟(见图7-5)是浸水保湿法的措施,常用于有经常水源的房屋的地基处理。对于无经常水源的房屋、强膨胀土地基和长期干旱地区不宜采用。

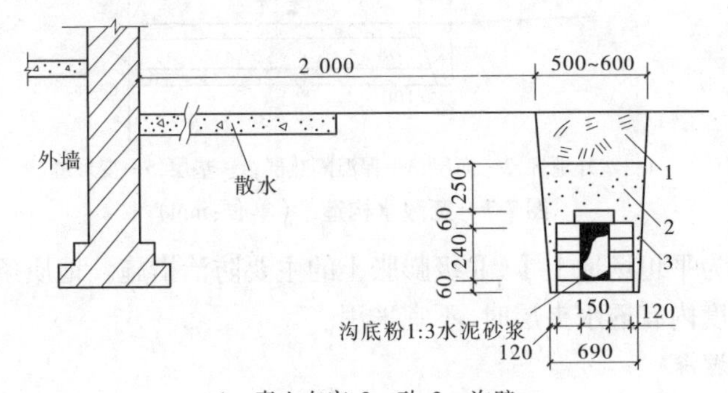

1—素土夯实;2—砂;3—沟壁

图7-5 保湿暗沟构造 (单位:mm)

(1)土沟底应有0.5%的坡度。

(2)干砌砖暗沟,沟底用1:3水泥砂浆抹平,沟外侧应用砂填实。

(3)沟顶铺砂25 cm,拍实,上部回填素土应分层夯实。

(4)将盥洗室或经粗滤的厨房污水引入暗沟,绕房一周后排入建筑物下水道。

4. 砂包基础法

砂包基础作为地裂处理措施,能释放地裂应力,在膨胀土地裂发育地区,对中等胀缩性土地基可取得明显效果。砂包基础构造如图7-6所示。

5. 宽散水法

宽散水是膨胀土地基上建筑物地基防水保湿的有效措施。宽散水构造如图7-7所示。其做法如下:

(1)面层用C15混凝土,厚80~120 mm,随捣随抹;保温隔热层用1:3石灰焦渣,厚150 mm;垫层用2:8灰土或三合土等不透水材料,厚150 mm。保温隔热层与垫层也可合并为1:2:7水泥石灰焦渣,厚200 mm。散水面必须做伸缩缝,间距不大于4 m,并与水落管错开,靠外墙角的伸缩缝应垂直墙面,不可做对角线缝,变形缝均需填嵌缝膏。

(2)宽散水宽度,在Ⅰ级膨胀土地基上为2 m,在Ⅱ级膨胀土地基上为3 m。

(3)横向坡度3%。

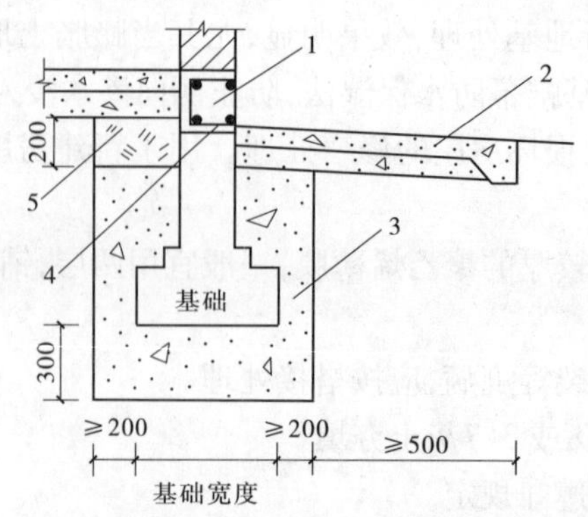

1—地圈梁;2—散水;3—砂包;4—油毡;5—不透水层

图7-6　砂包基础构造　(单位:mm)

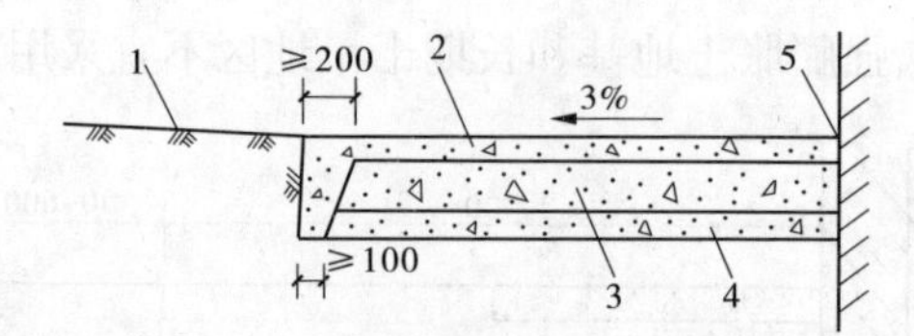

1—室外地坪;2—面层;3—保温隔热层;4—垫层;5—变形缝

图7-7　宽散水构造　(单位:mm)

宽散水可作为平坦场地上Ⅰ、Ⅱ级膨胀土的主要防治措施。地质条件复杂,如在大气影响急剧层的深度内有透水夹层时,不宜采用。

6.增大基础埋深

增大基础埋深作为膨胀土地基防治的主要措施适用于季节分明的湿润区和亚湿润区、地基胀缩等级属中等或中等偏弱的平坦地区。经多年在膨胀土地区进行的调查,得出这些地区的大气影响急剧层深度一般为1.5~2.0 m,基础应砌置在大于1.5 m深的土层上。这时,因为土层含水量变化不大或趋于稳定,所以地基胀缩变形通常在容许的范围内。相应的基础埋深称为基础最小埋深,在确定基础最小埋深时,应重视当地的建筑经验。

当地下水位较高时,基础可砌置于常年稳定水位以上3 m内。常用的基础形式有砂垫层上的条基,砂垫层采用中砂、粗砂,厚300~500 mm,在含水量10%左右时分层夯实。设置地梁,梁高300 mm左右。

7.2.4　膨胀土地基的施工

7.2.4.1　施工注意事项

膨胀土地区的建筑物,应根据设计要求、场地条件和施工季节,做好施工组织设计。在施工中应尽量减少地基中含水量的变化,以便减少土的胀缩变形。

(1)建筑场地施工前,应完成场地土方、挡土墙、护坡、防洪沟及排水沟等工程,使排水畅通、边坡稳定。

(2)施工用水应妥善管理,防止管网漏水。敷设管道时,先施工排水管道,并保证其畅通。临时水池、洗料场、淋灰池、防洪沟及搅拌站等至建筑物外墙的距离,不应小于10

m。临时性生活设施至建筑物外墙的距离,应大于15 m,并应做好排水设施,防止施工用水流入基坑(槽)。

(3)堆放材料和设备的现场,应整平夯实,采取措施保持场地排水通畅,排水流向应背离基坑(槽)。需大量浇水的材料,应堆放在距基坑(槽)边缘10 m以外。

(4)强调"先地下后地上""先深、重、高部分,后浅、轻、低部分"的施工程序,防止由于施工程序不当,导致建筑物产生局部倾斜和裂缝。

(5)开挖基坑(槽)发现地裂、局部上层滞水或土层有较大变化时,应及时处理后,方能继续施工。

(6)基槽施工宜采用分段快速作业,在施工过程中,基槽不应暴晒或浸泡。被水浸湿后的软弱层必须清除,雨季施工应采取防水措施。

(7)基坑(槽)开挖时,应及时采取措施,如坑壁支护、喷浆、锚固等方法,防止坑(槽)壁坍塌。基坑(槽)挖土接近基底设计标高时,宜在其上部预留150~300 mm土层,待下一工序开始前继续挖除。验槽后,应及时浇筑混凝土垫层或采取封闭坑底措施。封闭方法可选用喷(抹)1:3水泥砂浆或土工塑料膜覆盖。

(8)在坡地土方施工时,挖方作业应由坡上方自上而下开挖,填方作业应由下至上分层夯(压)填。坡面完成后,应立即封闭。开挖土方时应保护坡脚。弃土至开挖线的距离应根据开挖深度确定,不应小于5 m。

(9)施工灌注桩时,在成孔过程中不得向孔内注水。孔底虚土经处理后,方可向孔内浇灌混凝土。

(10)基础施工出地面后,基坑(槽)和室内回填土应及时分层夯实,填料可选用非膨胀土、弱膨胀土及掺有石灰的膨胀土,每层虚铺厚度300 mm。

(11)地坪面层施工时应尽量减少地基浸水,并宜用覆盖物湿润养护。

(12)散水施工前应先夯实基土,如基土为回填土应检查回填土质量,不符合要求时,需重新处理。伸缩缝内的防水材料应填密实,并略高于散水,或做成脊背形。

(13)对已有胀缩裂缝的建筑物应迅速修复,断沟漏水,堵住局部渗漏,加宽排水坡,做渗排水沟,以加快稳定。

7.2.4.2 检查

(1)场地内排水线路能否保证雨水迅速排至场外。

(2)建筑物施工顺序的安排是否合理。

(3)防止施工用水浸入地基的措施是否有效。

(4)沉降观测所采用的水准仪精度、测量方法、水准基点和观测点的埋设方法和裂缝观测方法等是否符合要求。

【常见问题解析】

为什么膨胀土地区的路基普遍存在基床变形和边坡变形?

由于膨胀土有多裂隙性、超固结性、强度衰减性、快速崩解性、胀缩特性及压缩特性,因此要想解决这一问题,在水的处理上一定要慎重考虑,对于地表水及地下水的防排水措施应合理。而路堑横断面形式的选择应结合地形、汇水面积等设计,以防止地表水渗入、冲蚀,预防膨胀变形与强度衰减。

7.3　红黏土地基

7.3.1　红黏土的特征

红黏土中除有一定数量的石英外,大量黏粒的矿物成分主要为高岭石(或伊利石),在自然条件下浸水时,可表现出较好的水稳性。

红黏土一般呈褐红、棕红、紫红和黄褐等色。它常堆积于山麓坡地、丘陵、谷地等处,如图7-8所示。红黏土分为原生红黏土和次生红黏土。当原生红黏土层受间歇性水流的冲蚀作用时,土粒被带到低洼处堆积成新的土层,其颜色较未经搬运者浅,常含粗颗粒,并仍保持红黏土的基本特征。液限大于45的土称次生红黏土。次生红黏土情况比较复杂,在矿物和粒度成分上,次生红黏土由于搬运过程掺和其他成分和较粗颗粒物质,呈可塑至软塑状,其固结度差,压缩性普遍比红黏土高。

图7-8　红黏土

红黏土具有高塑性、以含结合水为主、天然孔隙比大(在孔隙比相同时,它的承载力为软黏土的2~3倍)、浸水膨胀量小、失水收缩强烈、易产生裂隙等特点。红黏土常为岩溶地区的覆盖层,因受基岩起伏的影响,其厚度不大,但变化颇剧,导致红黏土地基的不均匀性。另外,隐伏岩溶上的红黏土层常有土洞存在,土洞塌落形成场地塌陷,土洞对建筑物的危害远大于岩溶。

红黏土主要分布在我国长江以南(北纬33°以南)的地区,西起云贵高原,经四川盆地南缘,鄂西、湘西、广西向东延伸到粤北、湘南、皖南、浙西等丘陵山地。

《岩土工程勘察规范》(GB 50021—2001)(2009年版)将红黏土的地基均匀性分为两类:地基压缩层范围内的岩土全部由红黏土组成的为均匀地基,由红黏土和岩石组成的为不均匀地基。

实践证明,尽管红黏土有较高的含水量和较大的孔隙比,却具有较高强度和较低的压缩性,如果分布均匀,又无岩溶、土洞存在,则是中小型建筑物的良好地基。

7.3.2　红黏土地基的工程措施

7.3.2.1　土性好的红黏土地基

根据红黏土地基湿度状态的分布特征,红黏土上部常呈坚硬至硬塑状态,一般尽量将基础浅埋,充分利用它作为天然地基的持力层。这样既可充分利用其较高的承载力,又可使基底下保持相对较厚的硬土层,使传递到软塑土上的附加应力相对减小,以满足下卧层的承载力要求。

7.3.2.2　**土性不好的红黏土地基**

当红黏土层下部存在局部的软弱下卧层或岩层起伏过大时,应考虑地基不均匀性。对不均匀地基,可采取如下措施:

(1)对地基中石芽密布、不宽的溶槽中有小于《岩土工程勘察规范》(GB 50021—2001)(2009 年版)规定厚度红黏土层的情况,可不必处理,而将基础直接置于其上;若土层超过规定厚度,可全部或部分挖除溶槽中的土,并将墙基础底面沿墙长分段造成埋深逐渐增加的台阶状,以便保持基底下压缩土层厚度逐段渐变以调整不均匀沉降,此外也可布设短桩,而将荷载传至基岩;对石芽零星分布,周围有厚度不等的红黏土地基,其中以岩石为主地段,应处理土层,以土层为主时,则应以褥垫法处理石芽。

(2)对基础下红黏土厚度变化较大的地基,主要采用调整基础沉降差的办法,此时可以选用压缩性较低的材料进行置换或用密度较小的填土来置换局部原有的红黏土以达到沉降均匀的目的,如换土、填洞,加强基础和上部结构的刚度或采取桩基础等。

(3)施工时,必须做好防水排水措施,避免水分渗透进地基中。基槽开挖后,不得长久暴露使地基干缩开裂或浸水软化,应迅速清理基槽修筑基础,并及时回填夯实。由于红黏土的不均匀性,对于重要建筑物,开挖基槽时,应注意做好施工验槽工作。

(4)对于天然土坡和开挖人工边坡或基槽时,必须注意土体中裂隙发育情况,避免水分渗入引起滑坡或崩塌事故。应防止破坏坡面植被和自然排水系统,土面上的裂隙应填塞,应做好建筑场地的地表水、地下水以及生产和生活用水的排水、防水措施,以保证土体的稳定性。

(5)边坡应及时维护,防止失水干缩。

7.3.3　红黏土地基施工注意事项

7.3.3.1　**防排水措施**

(1)采用综合排水体系,使危害路基性能及稳定的地面水、地下水能顺畅排走,防止积水侵入。

(2)红黏土路堑边沟一般路段应适当加深,边沟深度不小于 80 cm,边沟采用浆砌片石固化。为增加行车安全,边沟顶部可用盖板覆盖。

(3)路堑顶部设置截水沟,防止水流冲蚀坡面、渗入坡体。

(4)台阶式高边坡,应在每一级平台内侧设截水沟,以截取上部坡面水。

(5)路堤施工前应做好临时排水及防渗设施,截断流向路堤作业区的水源,疏干地表水。

7.3.3.2　**压实设备**

红黏土压实采用自重 18 t 以上的凸块振动碾、羊足碾和光轮振动碾。其中,光轮振动碾用于碾压层的第一遍静碾和下雨前对工作面的及时覆盖碾压,凸块振动碾、羊足碾为主要碾压设备。

7.3.3.3　**上土及层厚控制**

红黏土填筑段,上土不得使用后八轮等大型运输车辆,每层压实厚度不得超过 20 cm,经现场检验合格后及时上土覆盖,防止暴晒开裂,下雨渗透。

7.3.3.4　**稠度 1.0 ~ 1.3 内直接碾压利用红黏土**

在此范围内的红黏土强度 *CBR* 值最高,泡水前后 *CBR* 值差别较小,膨胀量较小,水稳定性较好。

【常见问题解析】

红黏土能进行路堤填筑吗?

可以。红黏土作为路基填料,填筑时应采用土性改良法。比如采用石灰改良法时,对不适宜作路堤填料的红黏土可通过掺 3% ~5% 的石灰改良;采用掺碎石改良法时,松铺 20 cm 厚的红黏土,然后在上面铺 10 cm 的碎石,再用旋耕机搅拌,最后碾压。

【知识/应用拓展】

特殊土地基破坏处理的工程实例

1. 背景资料

河北石家庄某办公楼长 56.6 m,宽 12.68 m,高 11.9 m,砖砌体结构,外墙厚 370 mm,内墙厚 240 mm,楼(屋)面板均为预制空心板,基础及屋顶设置钢筋混凝土圈梁,二、三层楼板处设配筋砖带,基础为毛石砌体,砖大放脚,外墙基础宽 1.20 ~ 1.36 m,内墙基础宽 1.1 ~ 1.2 m。此工程于 1984 年 8 月完成主体结构并开始做屋面保温层和室内抹灰。8 月 10 日晚下大雨,降雨量达 87.8 mm,12 日晨发现墙体和楼面已严重开裂。

2. 事故原因分析

对地基勘察试验结果表明,该建筑地基土为轻微或中等湿陷性黄土,由于下雨及施工现场排水不畅,使地基土受水浸湿。湿陷性黄土在天然状态时具有较高的强度和较低的压缩性,但受水浸湿后土的结构迅速破坏,强度降低,并产生显著的不均匀沉降,进而导致房屋开裂。此外,由于圈梁的构造做法不好,大大加重了房屋开裂的严重程度,如圈梁与预制进深梁顶皮为同一标高,圈梁在纵向没有贯通,现浇圈梁和预制梁连接是靠梁两侧伸出的短钢筋和圈梁钢筋绑扎搭接,施工中存在搭接长度不足和搭接筋未绑扎等。

3. 处理措施

屋面用 4 道通长角钢加固,二、三层楼面采用钢筋混凝土连接方法拉结裂缝两侧楼板;外墙顶层圈梁由 240 mm × 180 mm 改为 360 mm × 180 mm,内墙顶层圈梁在原有基础上加设钢筋;在圈梁与预制梁交接处普遍凿开,用焊接方法加以纠正并加密箍筋;对严重开裂墙体拆除重砌,一般开裂用钢筋混凝土扒锯拉结,小裂缝用压力灌浆补强;加宽散水宽度等。

思考与练习

一、填空题

1. 自然界的黄土分为__________和__________黄土。

2. 黄土的湿陷性与__________、__________和__________的大小有关。

3. 膨胀土具有显著的__________和__________两种变形特性。

4. 膨胀土地基可选用的地基处理方法有__________、__________、__________和其他措施。

5. 红黏土具有__________，以含__________为主。

二、判断题

1. 黄土都有湿陷性。（　）
2. 红黏土可以进行路堤填筑。（　）
3. 湿陷性黄土容易产生塌方。（　）
4. 特殊土地基施工，都要做好防水、排水措施。（　）

三、简答题

1. 何谓特殊土？

2. 何谓湿陷性黄土？其地基处理的方法有哪些？工程措施有哪些？

3. 何谓膨胀土？膨胀土的基本特性有哪些？膨胀土地基处理方法有哪些？施工注意事项有哪些？

4. 何谓红黏土？红黏土的基本特性有哪些？其地基处理应采取哪些工程措施？

项目8 职业训练

根据多方面的调研,现在社会、企业对职业院校学生的要求更多的是职业素质和实践技能。从基础工程施工这门课程对学生现场实践方面的具体要求出发,编者设计以下实训任务进行综合训练。

实训任务8.1 土工试验

【知识目标】

1. 现场取土测定土的密度和含水量。
2. 测定黏性土的界限含水量(液限、塑限)。
3. 室内试验测定土的压缩系数、压缩模量。
4. 直剪切试验测定土的抗剪强度指标。
5. 击实试验测定土的最优含水量。

【技能目标】

1. 掌握各试验的试验方法步骤和操作要领。
2. 能够独立进行试验操作。
3. 能够进行试验数据分析处理,整理出试验报告。

【时间安排】

本实训任务前4项,每项需要2学时;击实试验需要3次、6学时。

8.1.1 土的基本物理性指标

8.1.1.1 实训项目

测原状土的密度和含水量。

8.1.1.2 实训准备

(1)实验室提供一块原状土样或提供取土场地,并准备下列试验仪器:

①环刀:内径(61.8±0.15) mm或(79.8±0.15) mm,高20 mm,体积为60 cm^3、100 cm^3,壁厚1.5~2.0 mm。环刀剖面见图8-1。

②天平:称量500 g,最小分度值0.1 g;称量200 g,最小分度值0.01 g。

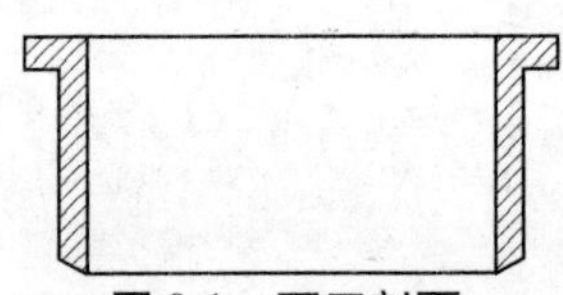
图8-1 环刀剖面

③烘箱:采用电热烘箱,保持恒温100~105 ℃。

④其他:铁铲、切土刀、玻璃片、凡士林、铝盒、酒精等。

(2)学生根据土的天然密度和含水量的概念试着设计测定方法。

(3)学生试验前一天预习密度、相对密度、含水量、孔隙比、孔隙率、饱和度、干土密度和饱和密度的定义,并且思考下列问题:

①什么时候必须测定土的密度和含水量?试验结果有什么用处?

②试验的操作步骤和要点是什么?

③含水量试验中烘箱法与酒精燃烧法的异同点是什么?

8.1.1.3　试验步骤

1.环刀法测土的质量密度

土的质量密度测定方法:对一般黏性土、粉土采用环刀法;若试样是易破裂土或形状不规则的坚硬土,可采用蜡封法;若现场测定原状砂、卵石、砾质土的密度,采用灌砂法。

本试验采用环刀法。

1)试验步骤

(1)现场刨开原状土或按需要制备的重塑土,用切土刀整平其上表面。

(2)用切土刀将土样切成略大于环刀直径的土柱,然后在环刀内壁涂一薄层凡士林,刃口向下放在土样上。

(3)手按环刀边沿将环刀垂直均匀下压,边压边削,至土样露出环刀上口5 mm左右,铲出下面带1~2 cm厚原土的环刀土样。削去环刀两端余土,并修平(修平时,不得在试样表面往返压抹)。

(4)擦净环刀外壁,称环刀加土的质量 m_1,准确至0.01 g。

(5)记录 m_1、环刀号数以及由实验室提供的环刀质量 m_2 和环刀体积 V。

2)试验注意事项

(1)环刀切取土样时,应垂直下压且手不触压土体。

(2)修平试样时,一般不应填补。如确需填补,填补部分不得超过环刀容积的10%。

(3)修平试样时,环刀试样应侧拿,不许放在掌心。

(4)取样、修平后,为防止试样中水分的变化,可用两块玻璃片盖住环刀上、下口。

(5)称量前,链条天平应调平;称量中,应注意称量、读数准确。

3)计算

$$\rho = \frac{m_1 - m_2}{V} \tag{8-1}$$

式中　ρ——土的密度,g/cm^3;

m_1——环刀加土的质量,g;

m_2——环刀的质量,g;

V——环刀的体积,cm^3。

4)结果评定

密度试验需进行两次平行测定,要求平行差$\leq 0.03\ g/cm^3$。若满足平行差要求,则取两次试验结果的算术平均值作为最后结果；若试验结果不符合平行差要求，则需寻找误差原因，重做试验。

2. 含水量试验

含水量测定方法有烘干法和酒精燃烧法。

酒精燃烧法是现场快速测定法。当无烘箱设备或要求快速测定含水量时，可采用该方法，试验时只要方法准确、严格按要求执行，就可以保证试验精度。

本试验采用酒精燃烧法。

1）试验步骤

（1）取5～10 g原土试样，装入称量盒内，称湿土加盒总质量m_1。

（2）将无水酒精注入放试样的称量盒中，酒精注入量以出现自由液面为宜。

（3）点燃称量盒中酒精，烧至火焰熄灭，一般烧3～4次。

（4）冷却试样至室温，然后称干土加盒总质量m_2。

（5）计算土样含水量。

2）试验注意事项

（1）取代表性土样装入铝盒后，立即盖上盒盖。

（2）加入酒精燃烧时，不应敲击铝盒或搅拌土样。

（3）燃烧后称量时，不要错盖铝盒盒盖。

（4）称空铝盒质量时，需擦净盒内的干土。

3）计算

$$\omega = \frac{m_1 - m_2}{m_2 - m_3} \times 100\% \tag{8-2}$$

式中　ω——土的含水量（%）；

$m_1 - m_2$——试样中所含水分的质量，g；

m_3——铝盒的质量，g；

$m_2 - m_3$——试样土颗粒（干土）的质量，g。

计算精确至0.1%。

4）结果评定

含水量试验需进行两次平行测定，两次测定含水量的差值需满足：当含水量小于40%时，差值不得大于1%；当含水量大于40%时，差值不得大于2%。检验满足要求后，取两次试验值的算术平均值作为最终试验结果。

3. 试验报告

试验报告见表 8-1、表 8-2。

表 8-1 密度试验

工地名称:______ 组 别:______ 试验日期:______

试 验 者:______ 计 算 者:______ 校 核 者:______

土样编号	环刀编号	环刀+土质量	环刀质量	环刀内土样质量	环刀体积	质量密度	是否满足平行差要求	平均密度
		m_1	m_2	m_1-m_2	V	ρ		$\frac{\rho_1+\rho_2}{2}$
		g	g	g	cm^3	g/cm^3		g/cm^3

表 8-2 含水量试验

工地名称:______ 组 别:______ 试验日期:______

试 验 者:______ 计 算 者:______ 校 核 者:______

土样编号	铝盒编号	铝盒+湿土质量	铝盒+干土质量	铝盒质量	土样中水的质量	干土质量	含水量	是否满足平行差要求	平均含水量
		m_1	m_2	m_3	m_1-m_2	m_2-m_3	ω		$\frac{\omega_1+\omega_2}{2}$
		g	g	g	g	g	%		%

4. 教师评阅

教师根据学生在试验中的态度、试验的精度、试验操作中的主动性、协同性、仪器使用的正确性、试验报告的正确性等综合给定学生的试验成绩。

8.1.2 黏性土的液限、塑限试验

8.1.2.1 实训项目

测定黏性土的液限、塑限。

8.1.2.2 试验准备

(1)实验室准备足量的黏土,并准备下列试验仪器:

①液塑限联合测定仪:包括带标尺的圆锥仪、电磁铁、显示屏、控制开关。

②链条天平:精度0.01 g。

③其他:烘箱、干燥器、铝盒、调土碗、调土刀、孔径0.5 mm的筛、凡士林等。

(2)学生试着设计液限、塑限测定方法。

(3)要求学生试验前一天预习液限、塑限的定义及其作用,并且思考下列问题:

①塑限与最佳含水量之间有什么关系?

②该试验的操作步骤是什么?

8.1.2.3 操作步骤

土的液限、塑限试验采用液塑限联合测定法。

本次试验采用液塑限联合测定法(适用于粒径小于0.5 mm颗粒组成及有机质含量不大于干土质量5%的土)。

(1)制备土样:试验宜用天然含水量试样,当土样不均时,采用风干土样,当试样中含有粒径大于0.5 mm的土粒或杂物时,应用带橡皮头的研杵研碎或用木棒在橡皮板上压碎土块,过0.5 mm的筛。当采用天然含水量土样时,取有代表性土样250 g;将土样分成三份,分别放入盛土皿,按锥下沉深度为3 ~4 mm、7 ~9 mm、15 ~17 mm,加不同数量的纯水,制成不同稠度的试样,将试样调匀。

(2)将制备好的土样充分搅拌均匀,装入土样杯;对于较干的土样,应先充分搓揉,用调土刀反复压实;试杯装满后,刮平表面。

(3)将试样杯放在联合测定仪的升降座上,在圆锥上抹一薄层凡士林,接通电源,使电磁铁吸住圆锥。

(4)调节零点,将屏幕上的标尺调在零位,调整升降座,使圆锥尖接触试样表面,指示灯亮时圆锥在自重下沉入试样,经5 s后从显示屏幕上测读圆锥下沉深度h_1。

(5)改变锥尖与土样的接触位置(锥尖两次锥入位置距离不小于1 cm),重复(3)、(4)步骤,得锥入深度h_2,取h_1、h_2的平均值作为该锥点的锥入深度h。

(6)取出试样杯,挖去锥尖入土处的凡士林,取锥体附近不少于10 g的土样两个,分别放入称量盒,测定含水量。计算平均含水量。

(7)重复(2) ~(6)步骤,对其余两个含水量试样进行试验,测定其锥入深度与相应的含水量。

8.1.2.4 试验注意事项

(1)土样分层装杯时,注意土中不能留有空隙。

(2)每种含水量需测两个测点,其锥入深度为h_1、h_2。两个测点允许误差为0.5 mm,若两点下沉深度相差太大,则必须重新调试土样。

8.1.2.5　**计算与制图**

1. 计算含水量

$$\omega = \frac{m_1 - m_2}{m_2 - m_0} \times 100\% \tag{8-3}$$

式中　ω——含水量(%)；

m_1——称量盒加湿土质量,g；

m_2——称量盒加干土质量,g；

m_0——称量盒质量,g。

计算结果精确至0.1%。

2. 绘制圆锥下沉深度 h 与含水量 ω 的关系曲线

以含水量为横坐标,圆锥下沉深度为纵坐标,在双对数纸上绘制 h—ω 的关系曲线,如图8-2所示。

(1)三点连一条直线。

(2)当三点不在一直线上时,通过高含水量的一点分别与其余两点连成两条直线,在圆锥下沉深度为2 mm处查得相应的含水量。

注:①当两个含水量的差值小于2%时,应以两点含水量的平均值与高含水量的点连成一直线。②当两个含水量的差值大于或等于2%时,应补做试验。

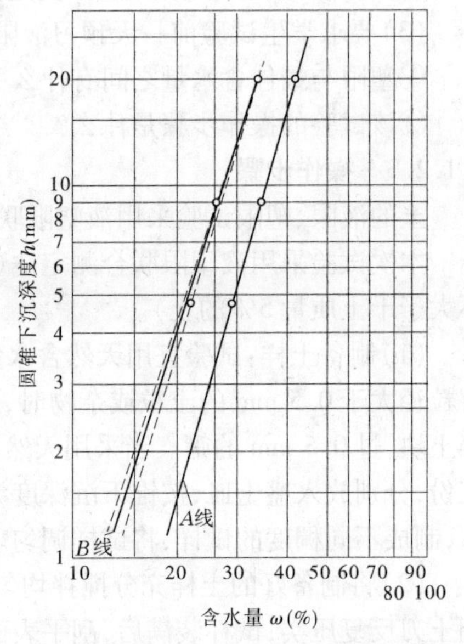

图8-2　圆锥入土深度与含水量关系

3. 确定液限、塑限

在圆锥下沉深度 h 与含水量 ω 关系图上,查得下沉深度为17 mm所对应的含水量为液限,查得下沉深度为10 mm所对应的含水量为10 mm液限,查得下沉深度为2 mm所对应的含水量为塑限,取值以百分数表示,准确至0.1%。

4. 计算塑性指数和液性指数

塑性指数

$$I_P = \omega_L - \omega_P \tag{8-4}$$

液性指数

$$I_L = \frac{\omega - \omega_P}{I_P} \tag{8-5}$$

式中　ω、ω_L、ω_P——天然含水量、液限及塑限。

8.1.2.6　试验报告

试验报告见表 8-3，h—ω 图可画在图 8-3 中。

表 8-3　界限含水量试验记录(液塑限联合测定法)

工地名称:＿＿＿＿＿　组　别:＿＿＿＿＿　试验日期:＿＿＿＿＿

试 验 者:＿＿＿＿＿　计算者:＿＿＿＿＿　校 核 者:＿＿＿＿＿

试样编号			
圆锥下沉深度 (mm)			
盒号			
盒质量(g)			
盒+湿土质量(g)			
盒+干土质量 (g)			
湿土质量(g)			
水质量(g)			
干土质量(g)			
含水量(%)			
液限(%)			
塑限(%)			
塑性指数			
液性指数			
土样分类名称			

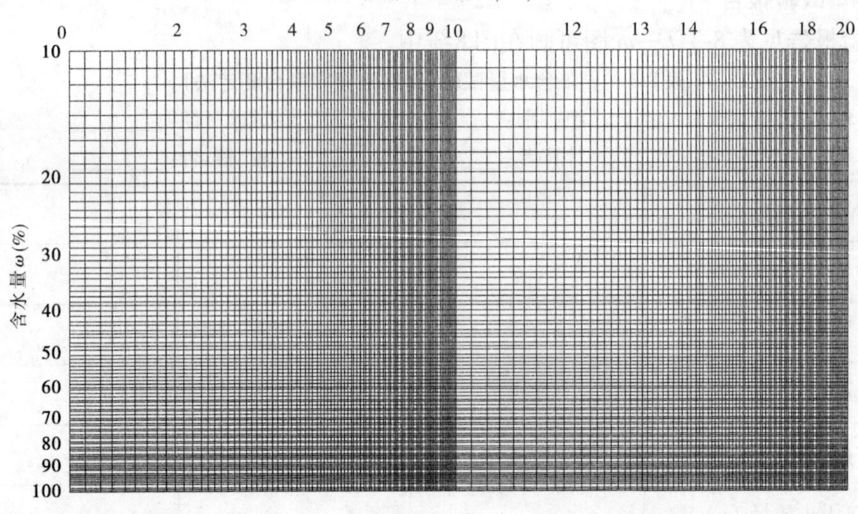

图 8-3　h—ω 图

8.1.2.7　教师评阅

教师根据学生在试验中的态度、试验的精度、试验操作中的主动性、协同性、仪器使用的正确性、试验报告的正确性等综合给定学生的试验成绩。

8.1.3 固结试验

8.1.3.1 实训项目

固结试验测定土的压缩性指标。

8.1.3.2 试验准备

(1)实验室提供取土场地,调试、准备下列试验仪器:

①固结仪:包括固结容器和加压设备两部分,固结容器如图 8-4 所示,土样面积 30 cm^2 或 50 cm^2,高 2 cm;加压设备为杠杆及砝码。

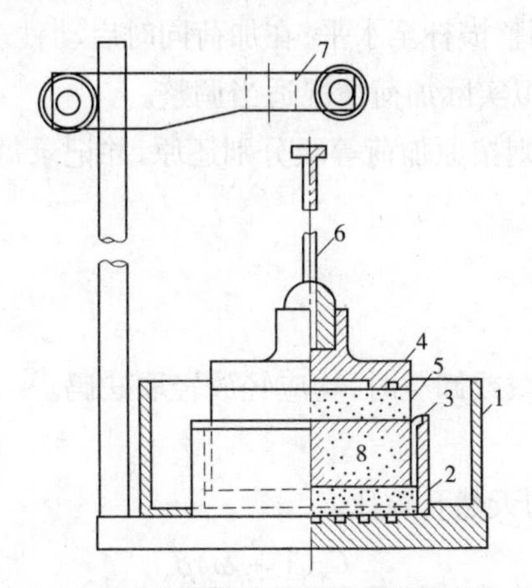

1—水槽;2—护环;3—环刀;4—加压上盖;

5—透水石;6—量表导杆;7—量表架;8—试样

图 8-4 固结仪示意图

②百分表:量程为 10 mm,最小分度为 0.01 mm。

③其他:刮土刀、秒表、薄滤纸等。

(2)学生试着设计测定土样的压缩性指标:压缩系数、压缩模量。

(3)学生预习压缩试验原理,并且思考下列问题:

①压缩系数、压缩模量之间有什么关系?如何使用?a_{1-2}表示什么?

②该试验的操作步骤是什么?

8.1.3.3 试验步骤

固结试验是指研究土体一维变形特性的测试方法。试验时将试样放在没有侧向变形的厚壁压缩容器内,分级施加垂直压力,测记加压不同时间的压缩变形,直到各级压力下的变形量趋于某一稳定标准。然后将各级压力下最终的变形与相应的压强绘制压缩曲线图,从而求得压缩性指标值。压缩性指标可用来分析、判别土的压缩特性和天然土层的固结状态。

(1)测定土的质量密度和含水量。

(2)用环刀取样。

(3)把固结仪放置平稳,并使杠杆位于升降支架之间,使之不产生摩擦。

(4)在压缩容器内,顺次放上透水石一块、滤纸一张;将带有环刀的试样刀口向下,装入压缩容器护环内,放好导环,覆盖上直径略小于试样的滤水纸和透水石,放好传压板,使各部件之间接触良好。

(5)安装测微表(百分表),将表预调 5 ~ 6 mm,并检查表是否灵敏和垂直。为了使仪器各部件和试样上下之间接触良好,应加 1 kPa 的预载荷砝码,调整测微表小指针对准某整数、长针对准零点,作为起始读数,并记录。

(6)在砝码吊盘上分别按照 50 kPa、100 kPa、200 kPa、300 kPa、400 kPa 的顺序施加荷载,在每次加压后应立即调整横杆至水平;在加荷同时启动秒表,每级按 8 min 读数一次,并记录,或按设计要求,模拟实际加荷情况适当调整。

(7)如进行膨胀试验,则按原加荷等级分别还原,并记录每次膨胀后测微表读数。

8.1.3.4 注意事项

(1)装土准确。

(2)测微表读数准确。

(3)每级加载准确,加载或卸载时,均应轻放轻取砝码。

8.1.3.5 计算

(1)按下式计算试样的天然孔隙比 e:

$$e_0 = \frac{G_s(1+\omega)\rho_w}{\rho_0} - 1 \tag{8-6}$$

式中 G_s、ρ、ω、ρ_w——试样的相对密度、土粒密度、土粒含水量、水的密度。

(2)按下式计算某级荷重压缩稳定后的孔隙比 e_i:

$$e_i = 1 - \frac{\Delta h_i}{h_0}(1 + e_0) \tag{8-7}$$

式中 Δh_i——压力增至 P_i 时,土样的稳定变形量;

h_0——试样原始高度。

(3)按下式计算某两级荷重范围的压缩系数 a:

$$a = 1\ 000 \times \frac{e_i - e_{i+1}}{p_{i+1} - p_i} \tag{8-8}$$

(4)按下式计算某两级荷重范围的压缩系数 E_s:

$$E_s = \frac{1 + e_i}{a} \tag{8-9}$$

注意:a_{1-2} 为 $P = 100 \sim 200$ kPa 时的压缩系数及相应的压缩模量。

8.1.3.6 试验报告

试验报告见表 8-4。

表 8-4 压缩试验记录表

工地名称:__________ 组 别:__________ 试验日期:__________

试 验 者:__________ 计 算 者:__________ 校 核 者:__________

试样原始高度 h_0 = 土粒密度 ρ = 土粒相对密度 G_s =

土粒含水量 ω = 原始孔隙比 e_0 = 百分表初读数 R_0 =

压力(kPa)		50	100	200	300	400
百分表读数(mm)						
测记时间	1 min					
	3 min					
	5 min					
	8 min					
总变形量 $R_i - R_0$						
仪器变形量 $\Delta h_i e$						
试样总变形量 $\sum \Delta h_i$						
孔隙比变化量 $\Delta e_i = \frac{1+e_0}{h_0} \cdot \sum \Delta h_i$						
$e_i = e_0 - \Delta e_i$						
$a(\mathrm{MPa}^{-1})$						
$E_s(\mathrm{MPa}^{-1})$						

a_{1-2} = __________ 该土为__________压缩性土

绘制压缩曲线图(e—p 曲线):

试验过程中发生和出现的问题：

试验结果分析、评定：

8.1.3.7　**教师评阅**

教师根据学生在试验中的态度、试验的精度、试验操作中的主动性和协同性、仪器使用的正确性、试验报告的正确性等综合给定学生的试验成绩。

8.1.4　直接剪切试验

8.1.4.1　实训项目

直接剪切试验测定土的抗剪强度指标。

8.1.4.2　试验准备

(1)实验室调试仪器设备、提供取土场地,准备好下列试验仪器:

①仪器:应变控制式直接剪切仪(如图8-5所示)、量力环。

②百分表:量程5～10 mm,最小分度为0.01 mm。

③其他:环刀、刮土刀、秒表及滤纸或蜡纸等。

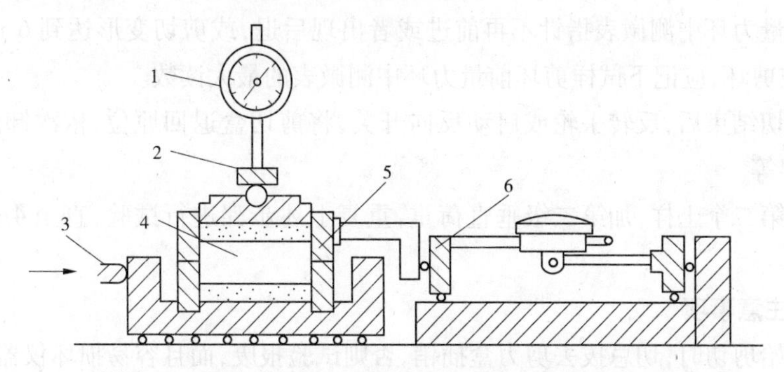

1—百分表;2—垂直加荷框架;3—推动座;4—试样;5—剪切盒;6—量力环

图8-5　应变控制式直接剪切仪

(2)要求学生测出该土样的抗剪强度指标:内摩擦角 φ 和凝聚力 c。

(3)要求学生思考下列问题:

①内摩擦角 φ 和凝聚力 c 对地基承载力有哪些影响?土的哪些因素对它们有影响?

②为什么不同试验方法,有的试样两端放滤纸,有的放隔水纸?

③该试验的操作步骤是什么?

8.1.4.3　试验步骤

抗剪强度是指土体在外力作用下抵抗剪切滑动的极限强度。直接剪切试验是测定土体抗剪强度的一种常用方法。通常将同一土样切取不少于三个试样,分别在不同垂直压力下,施加水平剪切力,求得破坏时的剪切应力,确定土的内摩擦角 φ 和凝聚力 c。

直接剪切仪按施加剪力的方式分应变控制和应力控制两种。试验方法分快剪、固结快剪和慢剪三种。

本试验采用应变快剪试验。

8.1.4.4　试验步骤

(1)用直径6.18 cm、高2 cm的切土环刀,切取4个试样备用。

(2)安装好剪切盒,插入固定销,在盒内依次放入透水石一块、蜡纸一张。将装有试样的环刀口向下,对准剪力盒口,将试样慢慢推入剪力盒,再放入蜡纸、透水石和加压盖板。

(3)依次放上钢珠及加压框架,使仪器各部分接触好,同时在量力环中装好水平测微表。

(4)在试样上加垂直压力,分别为100 kPa、200 kPa、300 kPa、400 kPa,每一个试样,加一级荷重,并应一次轻轻加上。

(5)加垂直压力后,徐徐摇动手轮,使上盒前端的钢珠刚好与量力环接触,调整量力环中测微表读数为零,如不为零需记下初始读数。

(6)拔去固定销钉,启动秒表,同时匀速转动手轮(每分钟4转),或接通电源,换挡至0.02 mm/min(粉土0.06 mm/min)的剪切速度进行剪切。

(7)当量力环中测微表指针不再前进或者出现后退,或剪切变形达到6 mm时,都表示试样已被剪坏,应记下试样剪坏前量力环中测微表的最大读数。

(8)剪切结束后,反转手轮或启动反向开关,将剪切盒退回原位,依次卸除垂直载荷和加压框架等。

(9)用第二个土样,加第二级垂直荷重,重复上述步骤进行试验,直至4个土样剪切完毕。

8.1.4.5 **注意事项**

(1)开始剪切时,切忌拔去剪力盒插销,否则试验报废,而且容易损坏仪器。

(2)施加垂直荷载时,应轻轻放下,避免冲击、振动。

(3)手动摇动施加剪力时应尽量做到连续匀速,切不可中途停顿。

(4)垂直压力越大,抗剪强度也越大,如不对应,应重新取样试验。

8.1.4.6 **计算与制图**

(1)计算:按下式计算每一试样的抗剪强度:

$$\tau_f = cR \tag{8-10}$$

式中 c——测力计率定系数,kPa/(0.01 mm);

R——剪切时测力计初读数与剪坏时终读数的差,0.01 mm。

(2)制图:以抗剪强度为纵坐标,垂直压力 p 为横坐标,绘制抗剪强度与垂直压力的关系曲线。量测出抗剪强度指标内摩擦角 φ 和凝聚力 c。

8.1.4.7　试验报告

试验记录见表 8-5。

表 8-5　应变式直接剪切试验记录表

工地名称:________　组　别:________　试验日期:________

试 验 者:________　计 算 者:________　校 核 者:________

垂直压力(kPa)	100	200	300	400
量力环中表读数(0.01 mm)				
测力计率定系数				
剪切位移(0.01 mm)				

在图 8-6 上完成绘制抗剪强度与垂直压力的关系曲线。

黏聚力 c =

内摩擦角 φ =

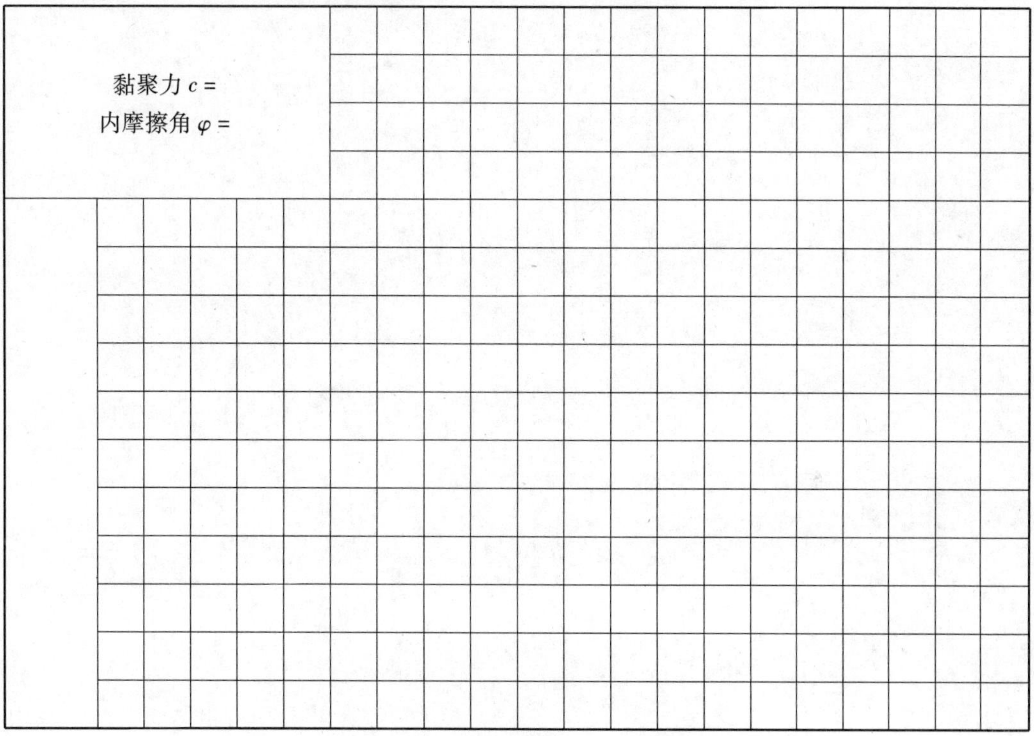

图 8-6　抗剪强度与垂直压力的关系曲线

8.1.4.8 **教师评阅**

教师根据学生在试验中的态度、试验的精度、试验操作中的主动性和协同性、仪器使用的正确性、试验报告的正确性等综合给定学生的试验成绩。

8.1.5 击实试验

8.1.5.1 实训项目

击实试验测定土的最优含水量。

击实试验的目的就是测定试样在一定击实次数下或某种压实功能下的含水量与干密度之间的关系,从而确定土的最大干密度和最优含水量,为施工控制填土密度提供设计依据。

8.1.5.2 试验准备

(1)实验室提供取土场地,调试、准备好下列试验仪器:

①击实仪(筒),击实试验分轻型击实试验和重型击实试验两种方法(见图8-7、图8-8)。轻型击实试验适用于粒径小于5 mm的黏性土,其单位体积击实功约为592.2 kJ/m³;重型击实试验适用于粒径不大于20 mm的土,其单位体积击实功约为2 684.9 kJ/m³。

②天平:称量200 g,最小分度值0.01 g。

③台秤:称量10 kg,最小分度值5 g。

④标准筛:孔径为20 mm、40 mm和5 mm。

⑤推土器:螺旋式千斤顶。

⑥其他:如喷雾器、盛土容器、修土刀及碎土设备等。

(2)学生预习试验,思考如何取得土体干密度。

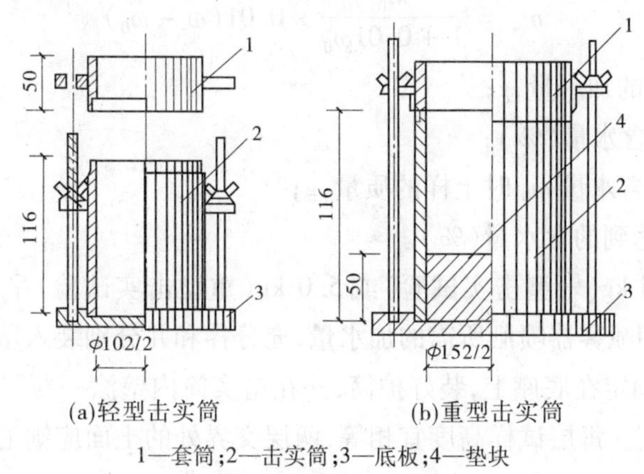

(a)轻型击实筒 (b)重型击实筒

1—套筒;2—击实筒;3—底板;4—垫块

图8-7 击实筒 (单位:mm)

8.1.5.3 操作步骤

(1)取一定量的代表性风干土样,对于轻型击实试验为20 kg,对于重型击实试验为50 kg。

(2)将风干土样碾碎后过5 mm的筛(轻型击实试验)或过20 mm的筛(重型击实试验),将筛下的土样拌匀,并测定土样的风干含水量。

(3)根据土的塑限预估最优含水量,加水湿润制备不少于5个含水量的试样,含水量依次相差为2%,且其中有2个含水量大于塑限,2个含水量小于塑限,1个含水量接近塑限。

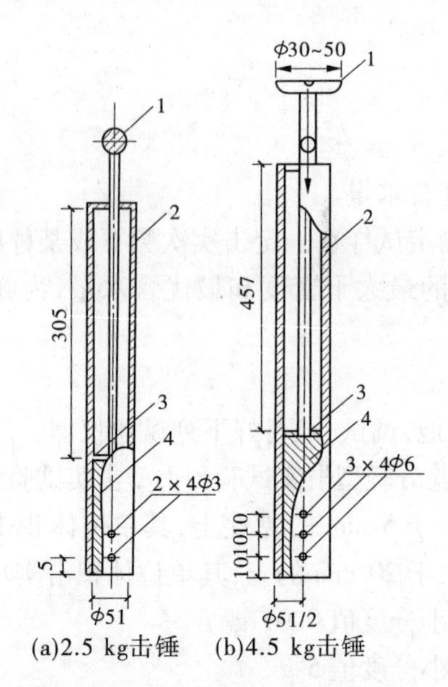

(a)2.5 kg击锤　(b)4.5 kg击锤

1—提手;2—导筒;3—硬橡皮垫;4—击锤

图 8-8　击锤与导筒　(单位:mm)

按下式计算制备试样所需的加水量:

$$m_w = \frac{m_0}{1 + 0.01\omega_0} \times 0.01(\omega - \omega_0) \tag{8-11}$$

式中　m_w——所需的加水量,g;

ω_0——风干含水量(%);

m_0——风干含水量 ω_0 时土样的质量,g;

ω——要求达到的含水量(%)。

(4)将试样 2.5 kg(轻型击实试验)或 5.0 kg(重型击实试验)平铺于不吸水的平板上,按预定含水量用喷雾器喷洒所需的加水量,充分拌和并分别装入塑料袋中静置 24 h。

(5)将击实筒固定在底座上,装好护筒,并在击实筒内壁涂一薄层润滑油。称取一定量的试样,分层击实。每层试样高度宜相等,两层交界处的土面应刨毛,击实完成后,超出击实筒顶的试样高度应小于 6 mm。击实时注意:

①对于轻型击实试验,取 2~5 kg 试样,分层装入击实筒内。分三层,每层 25 击。

②对于重型击实试验,取 4~10 kg 试样,分层装入击实筒内。分五层,每层 56 击。若分三层,每层 94 击。

(6)卸下护筒、拆除底板,用刀修平超出击实筒顶部和底部的试样,擦净击实筒外壁,称击实筒与试样的总质量,准确至 1 g,并计算试样的湿密度。

(7)用推土器将试样从击实筒中推出,从试样中心处取两份一定量土料(轻型击实试验 15~30 g,重型击实试验 50~100 g)测定土的含水量,两份土样的含水量的差值应不大于 1%。

8.1.5.4　**计算**

1. 计算干密度

按下式计算干密度：

$$\rho_d = \frac{\rho_0}{1 + 0.01\omega} \tag{8-12}$$

式中　ρ_d——干密度，g/cm³，精确至 0.01 g/cm³；

ρ_0——密度，g/cm³；

ω——含水量（%）。

2. 计算饱和含水量

按下式计算饱和含水量：

$$\omega_{sat} = \left(\frac{1}{\rho_d} - \frac{1}{G_s}\right) \times 100\% \tag{8-13}$$

式中　ω_{sat}——饱和含水量（%）；

G_s——土颗粒相对密度；

其余符号意义同前。

3. 修正

轻型击实试验中，当试样中粒径大于 5 mm 的土质量小于或等于试样总质量的 30% 时，应对最大干密度和最优含水率进行校正。

（1）最大干密度应按下式校正：

$$\rho'_{dmax} = \frac{1}{\dfrac{1 - P_5}{\rho_{dmax}} + \dfrac{P_5}{\rho_w G_{a2}}} \tag{8-14}$$

式中　ρ'_{dmax}——校正后试样的最大干密度，g/cm³；

P_5——粒径大于 5 mm 土的质量百分数（%）；

G_{a2}——粒径大于 5 mm 土的饱和面干比重。

（2）最优含水量应按下式进行校正，计算精确至 0.1%。

$$\omega'_{opt} = \omega_{opt}(1 - P_5) + P_5\omega_{ab} \tag{8-15}$$

式中　ω'_{opt}——校正后试样的最优含水量（%）；

ω_{opt}——击实试样的最优含水量（%）；

ω_{ab}——粒径大于 5 mm 土的吸着含水量（%）。

4. 绘图

以干密度为纵坐标，含水量为横坐标，绘制干密度与含水量的关系曲线及饱和曲线。干密度与含水量的关系曲线上峰点的坐标分别为土的最大密度与最优含水量。当关系曲线不能绘出峰值点时，应进行补点，土样不宜重复使用。

8.1.5.5 试验报告

试验报告见表8-6。

表8-6 击实试验记录

工地名称:＿＿＿＿　　组　别:＿＿＿＿　　试验日期:＿＿＿＿

试 验 者:＿＿＿＿　　计 算 者:＿＿＿＿　　校 核 者:＿＿＿＿

仪器编号:＿＿＿＿　　土样类别:＿＿＿＿

土粒相对密度:＿＿＿＿　　每层击数:＿＿＿＿　　风干含水量:＿＿＿＿

试验序号	干密度(g/cm^3)					含水量(%)							
	筒加土质量(g)	筒质量(g)	湿土质量(g)	密度(g/cm^3)	干密度	盒号	盒加湿土质量(g)	盒加干土质量(g)	盒质量(g)	湿土质量(g)	干土质量(g)	含水量	平均含水量

最大干密度 = 　　g/cm^3　　最优含水量 = 　　%　　饱和度 = 　　%

大于5 mm颗粒含量 = 　　校正后最大干密度 = 　　g/cm^3　　校正后最优含水量 = 　　%

8.1.5.6 教师评阅

教师根据学生在试验中的态度、试验的精度、试验操作中的主动性和协同性、仪器使用的正确性、试验报告的正确性等综合给定学生的试验成绩。

实训任务8.2 工程地质勘察报告的识读

8.2.1 实训目标

(1)通过4个学时的实训,掌握地质勘察报告中地质柱状图和地质年代的含义,学会力学术语等。

(2)通过识读地质勘察报告,选择合适的地基基础施工方案和施工方法。

8.2.2 实训项目

分析项目1中综合楼岩土工程勘察报告。

8.2.3 实训准备

(1)熟悉综合楼岩土工程勘察报告及相应的规范规程(学生准备)。

(2)针对报告准备向学生提问及讨论的问题(教师准备)。

8.2.4 实训步骤

(1)学生提前准备地质勘察报告中采用的地质勘察、室内土工试验和野外原位试验的规范和规程(纸质版或电子版)。

(2)在教师指导下,学生阅读勘察报告45 min。

(3)学生提出不清楚或不理解的地方,根据具体情况由老师统一或分别解答。

(4)分组讨论,每组4~6人,重点是案例试验报告中采用的室内、原位试验有哪些,地基的承载力概念,液化如何判断等。

(5)根据事先设计出的问题对全班小组进行提问,每组进行2 min的讨论后,以组为单位抢答老师提出的问题。

(6)教师总结。

8.2.5 实训成果报告

试根据勘察报告分析回答以下问题:

(1)解释图8-9中各符号及数字所代表的含义。

(2)该报告中所采用的土工试验有哪些?各试验测定的主要指标有哪些?

(3)解释图8-10中各符号及数字所代表的含义。

图8-9 图8-10

(4)持力层是第几层土?试根据土的物理性质指标(e、a_{1-2}、E_s、I_L等)判断土体的性

质。

(5)若该基础的埋深取1.5 m,试计算地基承载力设计值。

(6)报告中建议采用天然地基和条形基础,试分析是否合理。

(7)地基基础施工过程中为保证周边建筑的安全及防护都采取了哪些措施?

(8)地下水是否具有侵蚀性?地基基础在施工过程中是否需要进行基坑降水?

8.2.6 教师评价

教师根据学生在学习中的态度、主动性等综合给定学生的本次成绩。成绩评定见表8-7。

表8-7 学生试验成绩评定表

项目	小组准备	分工明确	小组合作	抢答积极	回答正确	补充回答	个人准备	个人助组	个人回答	成果报告	合计
分值	10	10	10	10	10	10	10	10	10	10	100
得分											

实训任务8.3 土方工程实训

8.3.1 实训目的及要求

8.3.1.1 目的

理解并系统掌握土方工程施工方案的主要内容,基坑挖土方计算,土方工程技术交底的主要内容,挖土、填土工程的质量检验内容及验收记录填写等。

8.3.1.2 内容及要求

(1)根据工程施工图纸和施工实际条件,选择和制订土方工程合理的施工方案。

(2)根据施工图纸和施工实际条件,编写一般工程土方工程施工技术交底。

(3)根据建筑工程质量验收方法及验收规范进行常规土方工程的质量检验,填写土方开挖、回填检验批质量验收记录。

8.3.2 仪器用具

水准仪、经纬仪、计算机等。

8.3.3 实训项目

8.3.3.1 工程概况

郑州市某小学教学楼采用框架结构,基础底面面积为864.45 m^2。室内外高差0.450 m,建筑最外轴线之间的尺寸为45 m×17.4 m,基底标高 -1.700 m,采用天然地基,柱下筏板基础,垫层厚100 mm,每边宽出基础边缘100 mm。根据岩土工程勘察报告,地下水

标高 -4.700 m,建设场地无不良地质作用,未发现影响工程安全的地下埋藏物,属于可进行建设的一般场地。

8.3.3.2 **土方计算方法**

基坑土方量可按立体几何中拟柱体(所有的顶点都在两个平行平面内的多面体)体积公式计算,如图8-11所示,即

$$V = \frac{H}{6}(A_1 + 4A_0 + A_2) \tag{8-16}$$

式中 H——基坑深度,m;

A_1、A_2——基坑上、下底的面积,m^2;

A_0——基坑中截面的面积,m^2。

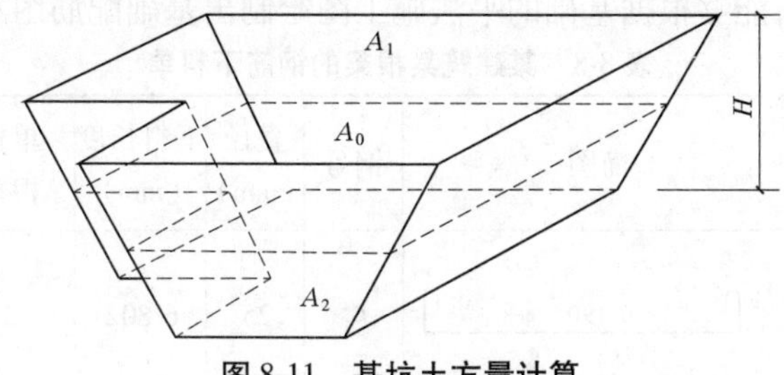

图8-11 基坑土方量计算

8.3.4 实训步骤

(1)熟悉工程施工图纸及工程概况、施工实际条件。

(2)进行土方开挖工程量计算,并确定挖掘机、自卸汽车配备数量。

(3)需要降水时,进行基坑降水计算。

(4)编制土方工程施工方案。

(5)编写土方工程施工技术交底。

(6)填写质量验收记录。

(7)编写、整理实训报告。

8.3.5 实训时间安排

第一天:熟悉实训项目、实训任务,查阅、准备相关资料。

第二天:进行实训步骤(2)~(4)。

第三天:编定施工技术交底。

第四天:模拟实际工程情况编写质量验收记录。

第五天:整理实训报告。

8.3.6 成绩评定

教师根据学生实训中的学习态度、积极性、出勤率、实训报告的完整性、准确度等情况,给出学生优、良、中、及格、不及格五挡成绩。

实训任务 8.4　基础施工图识读

8.4.1　实训目标

8.4.1.1　知识目标

通过本次实训使学生能看懂基础结构施工图，能够更进一步地掌握建筑基础的平法识图规则。

8.4.1.2　技能目标

在能够读懂基础结构施工图的基础上，具有对简单条形基础进行抽筋的能力，了解钢筋配料单（见表 8-8），能够根据基础的平法施工图绘制出基础配筋图和剖面图。

表 8-8　某建筑某根梁的钢筋下料单

构件名称	钢筋编号	简图	钢号	直径（mm）	下料长度（mm）	单根根数	合计根数	质量（kg）
L1 梁（共 5 根）	①	200; 6 190	Φ	25	6 802	2	20	523.75
	②	6 190	Φ	12	6 340	2	20	112.60
	③	765; 636; 3 760	Φ	25	6 824	1	10	262.72
	④	265; 636; 4 760	Φ	25	6 824	1	10	262.72
	⑤	162; 462	Φ	6	1 298	32	320	91.78
合计		Φ 6:91.78 kg; Φ 12:112.60 kg; Φ 25:1 049.19 kg						

8.4.1.3　课时安排

实训的时间安排建议见表 8-9。

表 8-9　实训时间安排

内容	学时（d）
钢筋下料长度计算	1.5
绘制基础配筋图	3.5

8.4.2　实训项目

能够读懂图 8-12 所示的平法施工图，能编制其钢筋配料单。

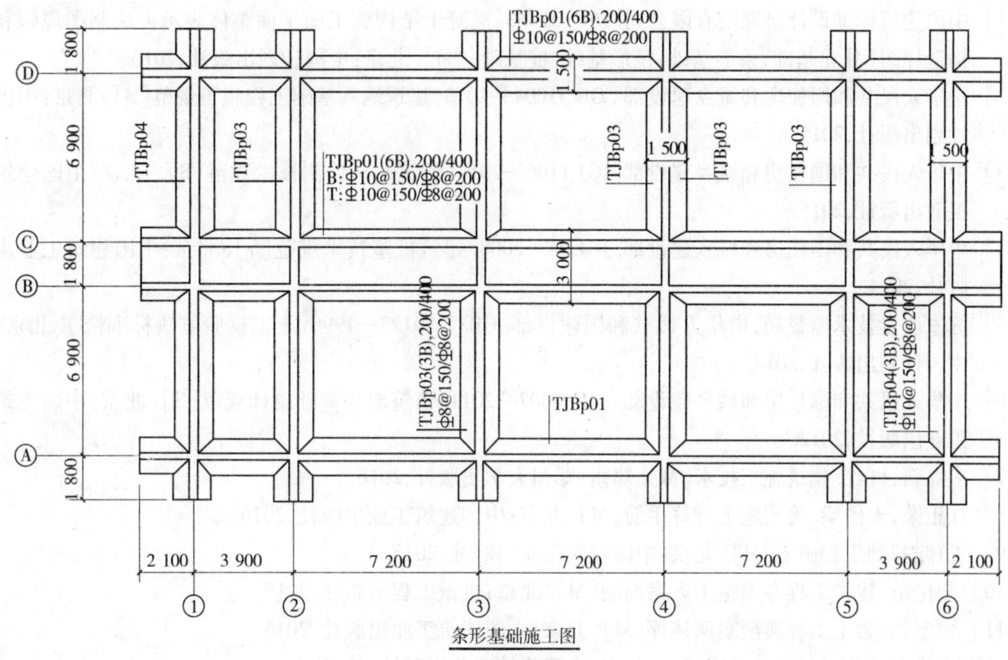

图 8-12　某条形基础

8.4.3　实训准备

在实训前，认真学习本书有关基础平法识图的内容，掌握平法识图规则，同时参照混凝土结构施工图集 16G101 来准备本次实训。

8.4.4　实训步骤

第一步，通过老师的讲解，来了解本次实训的内容、目标、任务。

第二步，在能够读懂施工图的基础上，进行钢筋下料长度的计算。

第三步，绘制传统的基础配筋图和钢筋下料单。

8.4.5　评价标准

学生集中实训评价标准见表 8-10。

表 8-10　集中实训评价标准表

序号	任务模块	评价目标	评价分值(%)
1	识图	看懂基础施工图	20
2	构造	掌握构造要求	20
3	钢筋	能进行钢筋的下料与配料	30
4	图纸	正确绘制基础配筋图及剖面图	30

注：实训成绩由考勤和各阶段评价综合，总成绩按优秀、良好、中等、及格与不及格五个档单独记入学生成绩档案。

参考文献

[1] 中国建筑标准设计研究院有限公司. 16G101—3 混凝土结构施工图平面整体表示方法制图规则和构造详图(独立基础、条形基础,筏形基础、桩基础)[M]. 北京:中国计划出版社,2016.

[2] 中华人民共和国住房和城乡建设部. GB 51004—2015 建筑地基基础工程施工规范[S]. 北京:中国计划出版社,2015.

[3] 中华人民共和国住房和城乡建设部. JGJ 1106—2014 建筑基桩检测技术规范[S]. 北京:中国建筑工业出版社,2015.

[4] 中华人民共和国住房和城乡建设部. JGJ 94—2008 建筑桩基技术规范[S]. 北京:中国建筑工业出版社,2014.

[5] 国家质量技术监督局,中华人民共和国建设部. GB/T 50123—1999 土工试验方法标准[S]. 北京:中国计划出版社,2014.

[6] 中华人民共和国住房和城乡建设部. GB 50007—2011 建筑地基基础设计规范[S]. 北京:中国建筑工业出版社,2012.

[7] 王立新,许红. 建筑施工技术[M]. 郑州:郑州大学出版社,2016.

[8] 江正荣,朱国梁. 简明施工计算手册[M]. 北京:中国建筑工业出版社,2016.

[9] 王玮. 基础工程施工[M]. 北京:中国建筑工业出版社,2015.

[10] 胡伦坚. 建设工程专项施工方案编制[M]. 北京:机械工程出版社,2015.

[11] 顾宝和. 岩土工程典型案例述评[M]. 北京:中国建筑工业出版社,2015.

[12] 龚晓南,谢康和. 基础工程[M]. 北京:中国建筑工业出版社,2015.

[13] 金德钧. 建筑工程施工作业技术细则[M]. 北京:中国建材工业出版社,2014.

[14] 徐向东. 土力学与地基基础[M]. 郑州:黄河水利出版社,2014.

[15]《建筑施工手册》编委会. 建筑施工手册[M]. 5 版. 北京:中国建筑工业出版社,2013.

[16] 秦继英. 地基与基础工程施工[M]. 西安:西北工业大学出版社,2013.

[17] 侯琳. 钢筋翻样及加工[M]. 武汉:武汉理工大学出版社,2012.

[18] 刘国彬,王卫东. 基坑工程手册[M]. 北京:中国建筑工业出版社,2009.

[19]《基础工程施工手册》编写组. 基础工程施工手册[M]. 2 版. 北京:中国计划出版社,2006.